高等教育"十三五"规划教材

建筑环境学

主　编　杜传梅

副主编　刘晓平　张红英

中国矿业大学出版社

内 容 提 要

建筑环境学是建筑环境与能源应用工程专业的一门核心基础课。本书依据最新专业教学大纲的要求,结合多年的教学经验完成编写。本教材系统地介绍了建筑室外环境、热湿环境、室内空气品质、空气流动、声与光环境;分析了室内污染物的来源;从物理、化学、生理及心理方面阐述了室内主要污染物对人体健康的危害及防治措施,探讨了室内污染物的处理及评价方法。全书共分 9 章,主要内容包括:绪论、建筑外环境、建筑环境中热湿环境、人体对热湿环境的反应、室内空气品质、通风与气流组织、建筑声环境、建筑光环境、绿色建筑的评价。每部分均相对独立,各章都提供了思考题、符号说明和参考文献。

本书为高等学校建筑环境与能源应用工程专业基础专业课程用教材,可作为建筑学、土木工程、环境工程等专业教学用书,也可作为相关专业了解建筑环境学知识的辅助教材,并可作为相应部门科研、管理、工程技术人员的参考用书。

图书在版编目(C I P)数据

建筑环境学 / 杜传梅主编. — 徐州 :中国矿业大
学出版社,2017.8
 ISBN 978 - 7 - 5646 - 3534 - 3

Ⅰ.①建… Ⅱ.①杜… Ⅲ.①建筑学—环境理论
Ⅳ.①TU-023

中国版本图书馆 CIP 数据核字(2017)第 112835 号

书　　名	建筑环境学
主　　编	杜传梅
责任编辑	杨　洋
出版发行	中国矿业大学出版社有限责任公司
	(江苏省徐州市解放南路　邮编 221008)
营销热线	(0516)83885307　83884995
出版服务	(0516)83885767　83884920
网　　址	http://www.cumtp.com　E-mail:cumtpvip@cumtp.com
印　　刷	江苏淮阴新华印刷厂
开　　本	787×1092　1/16　**印张** 19.75　**字数** 493 千字
版次印次	2017 年 8 月第 1 版　2017 年 8 月第 1 次印刷
定　　价	35.00 元

(图书出现印装质量问题,本社负责调换)

前　言

　　为贯彻执行国家节约能源、开发利用新能源和可再生能源、保护环境的法规和政策，创造舒适的建筑室内热、光、声环境，提高冬季采暖和夏季空气调节的能源利用效率，发展节能省地型建筑，达到建设节约型和谐社会的目标。本教材的编写思路是：① 顺应高等教育教学改革形势，打通大土木工程中的专业课，同时保留原专业的主干课程，同时满足大土木工程的需要，培养宽口径复合型人才；② 注重学生的基本素质和基本能力培养，将本教材分为基本知识技能培养、拓展和提高的教学参考教材，工作的着力点为基本知识技能培养。目前，高等院校土木工程专业通常细分为建筑工程、道路与桥梁专业、岩土工程专业等方向，本教材主要针对土木工程专业建筑工程方向本科生学习建筑环境学而编写。以目前情况来看，要实现大土木工程专业的"一本书"教学，即建筑环境学仅以一门课程就完成专业方向教学，在有限的课时下，尽量做到、做好拓宽专业面。本教材编写的目标是能够适用于各专业的建筑环境专门知识的教学，包括土木工程、交通工程、矿山建设、工程管理等专业。

　　教材主要内容包括建筑光学、建筑声学、建筑热湿学、室内空气品质及处理、绿色建筑等，内容全面、重点突出、特色鲜明。编者凭借多年的教学与实践经验，对建筑环境学的知识体系进行了系统梳理，使教材内容脉络更具条理性和系统性。编写组计划依据新规范更新已有教材中相应内容。对近几年提出的建筑环境的新理念以及建筑环境设计与施工的新技术均进行了介绍。本教材不仅对建筑光、声、热湿、空气品质的理论知识内容进行了较为系统的阐述，同时紧扣当今建筑环境学的发展，反映建筑环境的最新研究成果。

　　本教材由安徽理工大学杜传梅主编，副主编为合肥工业大学刘晓平和中国矿业大学张红英，安徽理工大学张琳郍参编。具体编写分工为：安徽理工大学杜传梅编写第1、3、4章；合肥工业大学刘晓平编写第5、6章；中国矿业大学张红英编写第7、8章；安徽理工大学杜传梅和张琳郍编写第2、9章；安徽理工大学土木建筑学院研究生胡国帅等参与了部分制图和录入工作。

在编写本书过程中，参考了许多同行专家的教材、专著及研究论文，列于各章后以便查阅，谨向相关文献的作者表示感谢。

由于编写时间仓促及本人水平所限，错误和缺点在所难免，恳请读者提出宝贵意见。

作 者

2017 年 3 月

目 录

第一章 绪论……………………………………………………………………… 1
　第一节 人、建筑与环境的关系 ……………………………………………… 1
　第二节 建筑环境、能源利用、环境污染的关系 …………………………… 6
　第三节 绿色建筑与病态建筑 ………………………………………………… 7
　第四节 建筑环境学的作用与地位 …………………………………………… 9
　第五节 建筑环境学主要研究内容及研究方法 …………………………… 10
　思考题 ………………………………………………………………………… 12
　参考文献 ……………………………………………………………………… 12

第二章 建筑外环境 …………………………………………………………… 13
　第一节 地球运行的基本知识 ……………………………………………… 13
　第二节 太阳辐射与日照 …………………………………………………… 17
　第三节 室外气候 …………………………………………………………… 25
　第四节 中国的气候分区 …………………………………………………… 38
　本章符号说明 ………………………………………………………………… 43
　思考题 ………………………………………………………………………… 43
　参考文献 ……………………………………………………………………… 43

第三章 建筑环境中的热湿环境 …………………………………………… 45
　第一节 传热的基本方式 …………………………………………………… 46
　第二节 太阳辐射对建筑物的热作用 ……………………………………… 47
　第三节 建筑围护结构的热湿传递与得热 ………………………………… 54
　第四节 以其他形式进入室内的热量和湿量 ……………………………… 77
　第五节 冷负荷与热负荷 …………………………………………………… 82
　第六节 典型负荷计算方法原理介绍 ……………………………………… 89
　本章符号说明 ………………………………………………………………… 96
　思考题 ………………………………………………………………………… 98
　参考文献 ……………………………………………………………………… 99

第四章 人体对热湿环境的反应 …………………………………………… 100
　第一节 人体对热湿环境反应的生理学和心理学基础 …………………… 100
　第二节 影响人体与外界显热交换的几个环境因素 ……………………… 115
　第三节 服装的热湿特性及对人的热舒适影响 …………………………… 116

第四节　一般条件下的稳态热环境的评价指标 …………………………… 118

第五节　人体在动态热湿环境下的控制要素 …………………………… 122

第六节　热环境与工作效率 …………………………………………… 128

本章符号说明 …………………………………………………………… 133

思考题 …………………………………………………………………… 135

参考文献 ………………………………………………………………… 135

第五章　室内空气品质 ……………………………………………………… 136

第一节　室内空气污染 ………………………………………………… 136

第二节　室内空气品质 ………………………………………………… 148

第三节　室内空气污染物的控制方法 …………………………………… 160

本章符号说明 …………………………………………………………… 172

思考题 …………………………………………………………………… 173

参考文献 ………………………………………………………………… 173

第六章　通风与气流组织 …………………………………………………… 175

第一节　通风概述 ……………………………………………………… 175

第二节　自然通风 ……………………………………………………… 187

第三节　气流组织 ……………………………………………………… 201

第四节　室内空气环境模拟 …………………………………………… 211

本章符号说明 …………………………………………………………… 220

思考题 …………………………………………………………………… 221

参考文献 ………………………………………………………………… 222

第七章　建筑声环境 ………………………………………………………… 223

第一节　声音的基本概念及特性 ……………………………………… 223

第二节　人的听觉特性与噪声评价 …………………………………… 227

第三节　声音的传播 …………………………………………………… 234

第四节　吸声与吸声材料 ……………………………………………… 236

第五节　环境噪声的控制 ……………………………………………… 239

本章符号说明 …………………………………………………………… 251

思考题 …………………………………………………………………… 252

参考文献 ………………………………………………………………… 253

第八章　建筑光环境 ………………………………………………………… 254

第一节　光的性质与度量 ……………………………………………… 254

第二节　视觉与光环境 ………………………………………………… 263

第三节　天然光环境 …………………………………………………… 271

第四节　人工光环境 …………………………………………………… 280

第五节　照明的节能措施……………………………………………………290

本章符号说明……………………………………………………………………293

思考题……………………………………………………………………………293

参考文献…………………………………………………………………………294

第九章　绿色建筑的评价………………………………………………………295

第一节　绿色建筑体系及绿色建筑设计………………………………………295

第二节　国内外绿色建筑的认证体系…………………………………………298

第三节　绿色建筑关键技术及案例……………………………………………304

思考题……………………………………………………………………………307

参考文献…………………………………………………………………………307

第一章　绪　论

第一节　人、建筑与环境的关系

一、人与环境的关系

环境是在人们周围对其生存有很大影响的物质的、生物的和社会条件的综合。它不仅包括空气、水、食物、居住地等生命保障系统,也蓄积了对人们产生刺激甚至袭击的物理的、化学的和生物的力量。研究环境需要针对某一主体。可能危及人们健康的环境因素大致归为三类,即物理的、化学的(或称为无机的环境因素)、生物的(或称为有机的环境因素)和社会文化的环境因素。"人类即是他的环境的创造物,又是他的环境的创造者……在人类在地球上的漫长和曲折的进化过程中,已经到了这样一个阶段,即由于科学技术发展的迅速加快,人们获得了以无数方法和在空前规模上改造环境的能力。"1972 年在斯德哥尔摩召开的联合国人类环境会议宣言中的这一论述,从本质上分析了人与环境的关系。

二、建筑与环境的关系

建筑是人类发展到一定阶段后才出现的。人类的一切建筑活动都是为了满足生产和生活的需要。从最早为了躲避自然环境对人类的伤害,用树枝、石头等天然材料建造的原始小屋,到现代化的高楼大厦,人类几千年的建筑活动无不受到环境条件和科学技术发展的影响,同时,随着人们对人与自然、建筑与人、建筑与环境之间关系的认识不断调整与深化,人们对建筑在人类社会中的地位以及建筑发展模式的认识也在不断提高。

如图 1-1 所示,世界上比较古老的文明都位于南北纬 20°～40°纬度之间。人类活动的发展越是高纬度地区,人类遗址的时间就越晚,所以建筑出现也是逐渐向两极移动。随着现代科学技术的发展,目前人类活动遍布全球。人类早期的居住方式——树居和岩洞居。在热带雨林、热带草原等湿热地区的人类主要栖息在树上,可避免外界的侵害,是人类祖先南方古猿生活方式的延续。随着人类向温带迁移,人类住所过渡到冬暖夏凉的岩洞居,适合年温差和日温差都较大的地区。

炎热或高海拔地区的穴居方式见图 1-2,可获得相对稳定的室内热环境,顶部的天窗既可采光又可排烟。

1. 自然环境与建筑环境

环境科学所研究的环境,其中心事物是人类。以人类为主体的外部世界,分为社会环境、自然环境和人工环境。社会环境探讨的是人与人之间的关系;自然环境是人与自然环境之间的关系;人工环境是人工创造的环境(常指物理环境)。一般环境之间有这样的从属关系,依次从属关系为室内环境、建筑环境、城市环境、自然环境。如图 1-3 所示。

图 1-1　古老的文明发源地

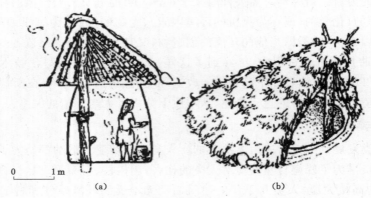

图 1-2　河南偃师汤泉沟穴居遗址

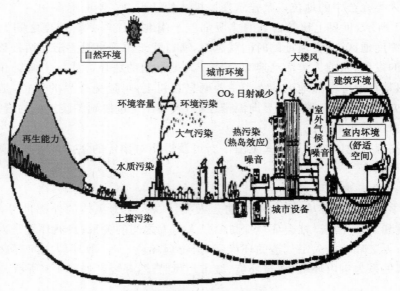

图 1-3　环境之间的从属关系

2. 不同地区的建筑环境

人们在长期的建筑活动中,结合各自生活所在地的资源、自然地理和气候条件,就地取材、因地制宜,积累了很多设计经验,也形成了一方水土一方建筑风格。在现代人工环境技术尚未出现的时代,在现今还未能采用现代技术的地区,地区之间巨大的气候差异是造成世界各地建筑形态差异的重要原因。

(1)寒冷地区建筑(图1-4)——因纽特人的雪屋

用干雪砌成,厚度500 mm的墙体可以提供较好的保温性能。当室外平均温度−30 ℃时可维持室内在−5 ℃以上。

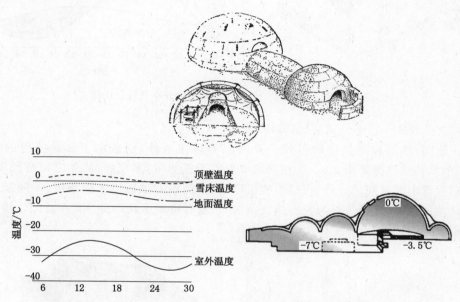

图1-4 寒冷地区建筑

将兽皮衬在雪屋内表面,通过鲸油灯取暖,可使室内温度达到15 ℃。

(2)干热地区建筑——吐鲁番地区的半地窖式(图1-5)和埃及的民居(图1-6)

吐鲁番地区室外夏季室外可达47 ℃,太阳直射处可达80 ℃,沙面可烤熟鸡蛋。土坯散热快,室内冬暖夏凉。土壤的散湿减缓干热气候的负面影响。

图1-5 吐鲁番地区的半地窖式的民居

图1-6 埃及的民居

巴格达地区的传统建筑:墙厚 340～450 mm,屋面厚度 460 mm,利用土坯热惯性,室外日夜温差 24 ℃,室内不到 6 ℃,如图 1-7 所示。

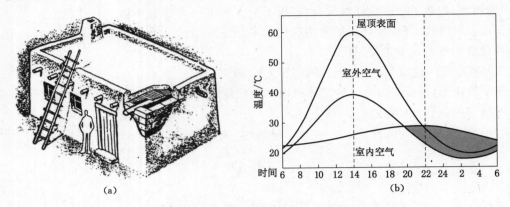

图 1-7　巴格达地区的传统建筑及室内外空气温差变化

（3）湿热地区——干栏建筑:吊脚楼/鼓楼

为了防雨、防湿和防热以取得较干爽阴凉的居住条件,创造出了颇具特色的架竹木楼——"干栏",建筑图见图 1-8。干栏建筑一般处于亚热带,多雨潮湿,加之树林茂密,豺狼虎豹野猪经常出没其间。一般为三层:楼板以下为"地层",顶棚以上为楼层,中间层为居住层。就其功能而言,地层一般为牲畜圈及杂物间,也有将厨房及碓房设置在此间。楼层主要是贮藏层。

图 1-8　湿热地区的中国民居及云南干阑竹楼:防雨,防湿和防热

（4）大陆气候的中国民居

在我国的西北、华北黄土高原地区,由于土质坚实、干燥、地下水位低等特殊的地理条件,人们"创造"土窑洞借助土壤大热惯性,达到冬暖夏凉的目的,见图 1-9。

在我国北方寒冷的华北地区,由于冬季干冷,夏季湿热,为了能在冬季保暖防寒,夏季遮阳防热、防雨以及春季防风沙,就出现了大屋顶的"四合院",见图 1-10。四合院建筑冬季有效利用了太阳能采暖和抵御北风侵袭,屋顶设计避免了夏季室内过热,坐北朝南的典范。利用太阳高度角的特点仅在北方出现。

图 1-9 黄土高原地区土窑洞

(a)

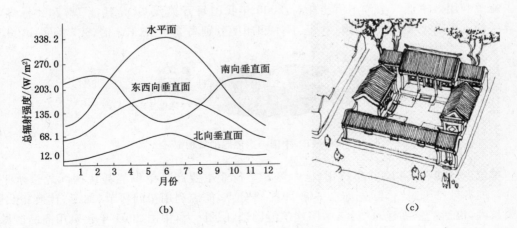

(b)

(c)

图 1-10 中国四合院

第二节　建筑环境、能源利用、环境污染的关系

一、暖通空调设备与耗能

1. 满足室内环境的基本手段

① 采暖——从火炕到集中采暖,控制对象:温度。

② 通风——自然通风,控制对象:温度、湿度。

③ 空调——最早的汉墓用木炭吸湿,用天然冰进行防暑降温,近代中央空调诞生于1904 年,我国最早应用于上海大光明剧院。控制对象为所有参数。建筑环境质量的保障总是要以资源,能源的巨额消费为代价,在一些工业发达国家,建筑能耗占总能耗的 30%～40%,而其中约 2/3 消耗于暖通空调系统中(我国建筑能耗约 20%)。

2. 能源利用与环境污染

温室效应、酸雨、臭氧层破坏、热污染、放射性污染、能源对人体健康具有不利影响。目前几大世界性环境问题多多少少都与能源利用有关。① 燃煤造成的环境问题:主要的污染是煤的燃烧产生二氧化硫,而二氧化硫是产生酸雨的主要原料。② 制冷造成的环境问题:制冷过程中的氟利昂散发到空气中,会与臭氧发生化学反应,从而破坏臭氧层使臭氧层变薄。削弱了阻挡紫外线的能力,使人类、动物等更容易受到紫外线的伤害。

3. 我国能源结构

将能源进行分类,其中一次常规不可再生能源有:煤、石油、天然气。可再生能源有:水力、地热、海洋能;可再生新能源:太阳能、生物能。不可再生新能源:核燃料。二次能源有:电力、焦炭、煤气、沼气、蒸汽、重油、激光。

4. 我国的能源形势与利用现状

如图 1-11 所示,我国能源以煤为主(75%,劣质能源),石油(优质能源)一半以上靠进口。能源利用效率低。单位产值能耗高:2000 年我国每万美元 GDP 耗能 12.74 t 标煤,比世界平均水平高 2.4 倍,比美国、欧盟、日本和印度分别高 2.5 倍、4.9 倍、8.7 倍和 43%。

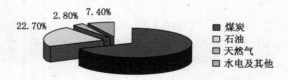

2.80%　7.40%

22.70%

■ 煤炭
□ 石油
□ 天然气
□ 水电及其他

图 1-11　中国一次能源消费构成

单位产品能耗高:2000 年石化、电力等 8 个行业主要产品单位能耗比国际先进水平高40%。能源效率低:比国际先进水平低 10 个百分点,能源利用中间环节(加工、转换和贮运)损失量大,浪费严重。建筑能耗:中国建筑能源消耗量巨大,中国 2001 年建筑用商品能源消耗共计 3.58 亿 t 标准煤,占当年全社会终端能源消耗量的比重为 27.5%。而且根据发达国家的经验,这个比例还会持续上升并将最终达到 35% 左右;中国目前正在面临新一轮的能源短缺问题,从 2002 年起这个问题日趋严重。建筑用能效低:单位建筑面积能耗高与气候条件接近的西欧或北美国家相比,中国住宅的单位采暖建筑面积一般要多消耗 2～3 倍以上

的能源,而且舒适性较差。中国建筑外墙热损失是加拿大和其他北半球国家同类建筑的 3
～5 倍,窗的热损失 2 倍以上。建筑能耗污染:中国建筑能源消耗引起的污染严重;建筑用
能对温室气体排放的贡献率已达 25％;中国北方城市冬季由于燃煤导致空气污染指数是世
界卫生组织推荐的最高标准的 2～5 倍。

5. 节能和环保是我国经济发展长期战略

创造一个舒适的室内环境不能以牺牲室外环境为代价。需要在保证室内舒适性、节能
与环境保护之间找到平衡点。建筑环境与能源应用工程专业是将环境与能源联系最紧密的
专业,建环的人员肩负着研究室内环境与能源利用两大主题。近几年来,人们提出绿色建筑
和可持续发展的概念,在建筑内环境与外环境之间找到平衡点。

第三节 绿色建筑与病态建筑

可持续发展的概念:既满足当代人的需要,又不对后代人满足其需要的能力构成危害的
发展。有人预测下一次工业革命:全面否定了自然是为人类而存在,是为了人类服务,人类
要征服自然和利用自然的想法、做法,而是工业是自然循环的一部分,不破坏与自然和谐发
展,做到零污染。

一、绿色建筑

定义:充分利用可再生的材料和能源、亲和自然(利用自然通风、自然采光),尽量不破坏
环境和文化传统,保护居住者的健康,充分体现可持续发展和人类回归自然的理念。如
图 1-12 和图 1-13 所示。

图 1-12 上海生态建筑示范楼

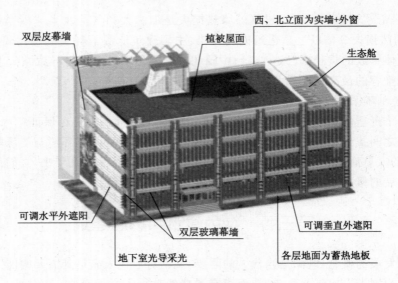

图 1-13　北京超低能耗建筑

二、最新提出的绿色建筑九大指标

① 能源系统：避免多条动力管道入户。对住宅的围护结构和供热、空调系统进行节能设计，建筑节能至少达到 50% 以上。

② 水环境系统：设立中水系统、雨水收集利用系统等；景观用水系统要专门设计并将其纳入中水系统一并考虑。小区的供水设施宜采用节水节能型。

③ 气环境系统：室外空气质量达到二级标准。居室内自然通风，卫生间具备通风换气设施，厨房设有烟气集中排放系统。

④ 声环境系统：采用隔音降噪措施使室内声环境系统满足：日间噪声小于 35 dB，夜间小于 30 dB。

⑤ 光环境系统：室内尽量采用自然光，居住区内防止光污染，提倡由新能源提供的绿色照明。

⑥ 热环境系统：冬季室内适宜温度：20～24 ℃；夏季：22～27 ℃。采暖、空调应该采用清洁能源。

⑦ 绿化系统：应具备三个功能，包括生态环境功能、休闲活动功能和景观文化功能。

⑧ 废弃物管理与处置系统：生活垃圾的收集要全部袋装，密闭容器存放，收集率应达到100%。垃圾应实行分类收集，分为有害物、无机物、有机物三类，分类率应达到 50%。

⑨ 绿色建筑材料系统：提倡使用 3R 材料（可重复使用、可循环使用、可再生使用）；选用无毒、无害、有益人体健康的材料和产品。

三、病态建筑综合征

1. 两个概念

① 由室内空气品质、室内热环境、室内声环境和室内光环境等的恶化而引起的人体病态症状。

症状：眼睛、鼻子和喉咙受到刺激，精神疲劳、头痛、困倦、胸闷、过敏等症状，工作心不在焉,工作效率下降等现象。

② 室内热环境长期稳定引起的人体隐性病态症状。

症状:人体适应能力下降,生理抵抗力、免疫力减弱。

2. 病态建筑内主要四大污染源

① 物理污染:主要指空气中的粉尘、油烟、悬浮微粒等对室内空气的污染。

② 放射性污染:普通建材中的花岗岩、大理石、页岩、硅等。

③ 化学污染:甲醛、二甲苯、氨气、一氧化碳、二氧化碳以及挥发性有机化合物等。

④ 生物污染:霉菌、细菌、尘螨、病毒、生物皮屑等。

资料表明,有 50.1% 的急性病与室内环境有关,空气受到污染,空气品质恶化,新风量不足,其原因包括:① 建筑设备的操作管理问题;② 通风问题;③ 过滤器问题;④ 室内通风管道及水管道的污染问题。

第四节 建筑环境学的作用与地位

一、建筑环境学在环境学中的作用与地位

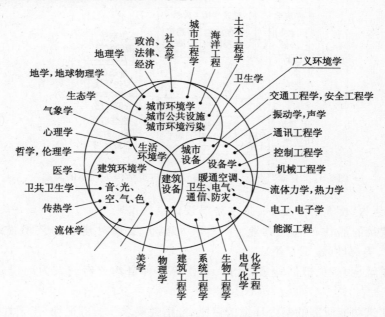

图 1-14　建筑环境学在环境学中的地位

二、建筑环境学在建筑领域中的作用与地位

建筑环境学是建筑环境与能源应用工程专业重要的专业基础课。建筑环境与能源应用工程专业有几门专业基础课,包括工程热力学、流体力学、传热学、建筑环境学、热质交换原理与设备、流体输配管网等。专业改名称前(供热通风与空调工程)专业基础工程课:工程热力学、传热学流体力学,改专业名称后增加了几门专业基础课,其中把一部分专业课中的理论部分等进行归纳并增加了新的内容。供热通风与空调工程改为建筑环境与设备工程,增加了建筑环境学等几门课,体现了专业方向的调整:强调了室内环境。调整后的专业是以建筑环境学为学科基础,真正体现了本学科的特点。建筑环境学的研究内容代表了本专业的发展方向。从不同使用者和使用功能出发,研究各种建筑环境,并为营造所需环境提供理论依据。

1. 建筑的功能

建筑的根本功能:创造一个微环境满足安全与健康生产过程需要。安全、健康、舒适,维持高劳动生产率的要求:住宅、影剧院、商场及办公楼、体育场馆等。生产工艺要求:生物实验室、制药厂、集成电路车间等;舞台、演播室、体育赛场、手术室等。两者兼而有之:各种有人员的生产场所,如手术室、体育赛场、舞台等。

建筑物必须满足的要求:

① 安全性:满足由于地震、台风、暴雨等各种自然灾害所引起的危害或人为的侵害。

② 功能性:满足建筑的居住、办公、营业、生产等功能。

③ 舒适性:使用对象在建筑内的健康。

④ 美观性:不要水泥森林,要有亲和感。

2. 建筑环境工程学与建筑学、建筑结构工程学的关系

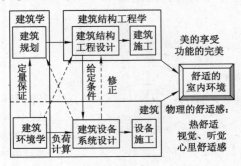

图 1-15　建筑环境工程学与建筑学、建筑结构工程学的关系

3. 建筑、结构、设备三个主要专业在房屋设计中的作用

① 满足建筑的居住、办公、营业、生产等功能,并实现对建筑的艺术描绘,具有亲和性——功能性、美观性(建筑专业)。

② 满足建筑承载,免遭因地震、台风、暴雨等各种自然灾害或人为的侵害——安全性(结构专业)。

③ 实现建筑功能所需的室内环境的健康、舒适性要求——舒适性、工艺性。

第五节　建筑环境学主要研究内容及研究方法

一、建筑环境学定义

建筑环境学定义:在建筑空间内,在满足使用功能的前提下,如何让人们在使用过程中感到舒适和健康的一门科学。① 室内环境;② 满足功能要求;③ 舒适和健康。

内容——室内环境:温度、湿度、气流速度,空气品质:气味 CO,CO_2、O_2 含量(是否含有害物)采光、照明、噪声。建筑本身是一种人工环境,建筑在构筑室内外空间的同时,也在创

造一个供人居住、生活的环境,无论哪一种生活形态,都必须以舒适、有效、安全为前提。建筑环境学属于环境工程学的内容,是一门跨学科的边缘科学。

二、内容

内容:根据使用功能不同,从使用者的角度出发,研究室内的温度、湿度、气流组织的分布、空气品质、采光性能、照明、噪声和音响效果等及其相互间组合后产生的效果,并对此做出科学的评价。本教材由六大部分组成:建筑外环境、室内空气品质、热湿环境及人体对热湿环境的反应、建筑光环境、建筑声环境、绿色建筑。

三、建筑环境学内容的多样性

建筑环境学是综合建筑物理、传热学、生理学、心理学、劳动保护等各类学科的研究成果,包含了建筑、传热、声光、材料、生理、心理等多门学科的内容,完整准确地描述室内环境,并有可能给出一个评判环境的标准。

四、建筑环境学涉及的设计内容及其工程学

在建筑外环境影响下的针对工业和民用建筑室内环境的要求是室内的空气环境、热环境、声环境、光环境及水环境都要达到较好的状况,相对应的建筑环境学的内容就是开口设计,建筑保温、隔热设计,音响、隔音、防震设计,日照、采光、照明设计,建筑防雨设计等。而相对应的建筑环境工程内容就是通风工程,供热、空调工程,空调工程系统等消声设计,建筑电气设计,建筑给排水设计。如图 1-16 所示。

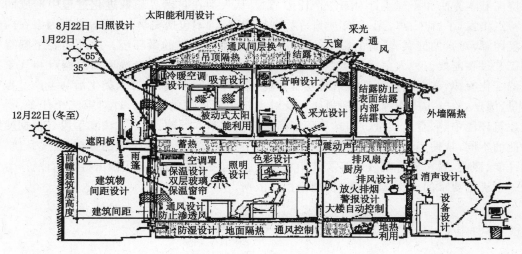

图 1-16 建筑涉及的设计内容及其工程学

五、建筑环境学与后续课程的关系

建筑环境学是后续课程的基础和平台,是学习专业原理课程与技巧操作课程之间的桥梁。

六、建筑环境学研究方法

运用有关知识对物理对象运用物理概念,进行数学处理得到分析解或数值解,如图1-17所示。

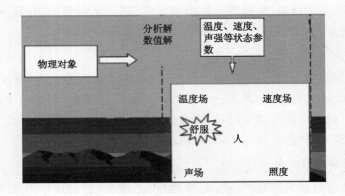

图 1-17　建筑环境学研究方法示意图

　　综上所述,"建筑环境学"内容具有多样性,涉及热学、流体力学、物理学、心理学、生理学、劳动卫生学、城市气象学、房屋建筑学、建筑物理等学科知识。事实上,它是一门跨学科的边缘科学,因此对建筑环境或者人工微环境的认识需要综合以上各类学科的研究成果,这样才能完整和准确地描述建筑环境,合理地调节控制建筑环境,并给出评价的标准。通过学习"建筑环境学",我们要完成这样的三个任务:① 了解人类生活和生产过程需要什么样的室内外环境;② 了解各种内外部因素是如何影响人工微环境的;③ 掌握改变或控制人工微环境的基本方法和原理。针对第一个任务,需要从人类在自然界长期进化过程中形成的生理特点出发,了解热、声、光、空气质量等物理环境因素(不包括美学、文化等主观因素在内的环境因素)对人的健康、舒适的影响,了解人到底需要什么样的微环境。此外还要了解特定的工艺过程需要何种人工微环境。针对第二个任务,要了解外部自然环境的特点和气象参数的变化规律,掌握这些外部因素对建筑环境各种参数的影响;掌握人类生活与生产过程中热量、湿量、空气污染物等产生的规律以及对建筑环境形成的作用。针对第三个任务,要了解建筑环境中热、空气质量、声、光等环境因素控制的基本原理、基本方法和手段。根据使用功能的不同,从使用者的角度出发,研究微环境中温度、湿度、气流组织的分布、空气品质、采光性能、照明、噪声和音响效果等及其相互组合后产生的效果,并对此做出科学的评价,为营造一个满足要求的人工微环境提供理论指导依据。

思　考　题

1. 简述建筑环境、环境污染与能源利用之间的关系。

参　考　文　献

[1]　王鹏. 建筑适应气候——兼论乡土建筑及其气候策略[D]. 北京:清华大学,2001.

第二章　建筑外环境

　　建筑外环境指建筑周围或建筑与建筑之间的环境,是以建筑构筑空间的方式从人的周围环境中进一步界定而形成的特定环境,与建筑室内环境同是人类最基本的生存活动的环境。围绕建筑物的外环境,通过围护结构会直接影响室内环境。当地的室外空气品质、热能、光能、风能等要素,均会对如何合理和更节能地设计舒适建筑内环境产生影响。因此,为了得到舒适的室内环境以满足人们生活和生产的需求,必须了解建筑外环境的各个环境要素及变化规律的特征。

　　本章主要从宏观气候和微观气候两部分来探讨建筑外环境的变化规律及特征。宏观气候主要从太阳辐射作用与地球气候的特点出发,分析与建筑环境密切相关的太阳辐射、温湿度、风、降水等因素。微观气候主要分析人类营造活动形成的局部微气候,如城市风场、城市热岛、建筑日照等。

第一节　地球运行的基本知识

一、经线与纬线

　　一切通过地轴的平面同地球表面相交而成的圆叫经度圈。经度圈都要通过南北两极,形成两个180°的半圆,这样的半圆叫经线,或称子午线。全球共分为180个经圈,360条经线(子午线)。1884年在华盛顿召开的国际会议商定,以英国伦敦的格林尼治天文台所在的子午线为全世界通用的本初子午线(图2-1)。

　　一切垂直于地轴的平面同地球表面相割而成的圆,称为纬线,且彼此平行。其中通过地心的纬线叫赤道。赤道面将地球分为南、北两个半球(图2-2)。

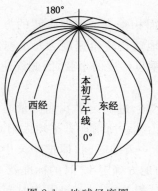

图2-1　地球经度圈

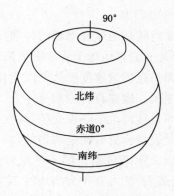

图2-2　地球纬度圈

二、经度与纬度

不同的经线和纬线,可以分别按不同的经度和纬度来区分。地球上任何一点的位置,都可用经度和纬度两个纵横坐标来表示。

经度就是地球上某点本初子午线所在的平面与本地子午线所在平面的夹角(通常在赤道平面上度量)(图 2-3)。因此经度以本初子午线为零度线,自零度线向东分 180°,称为东经;自西分 180°,称为西经。

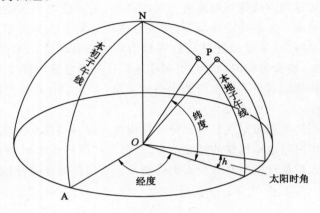

图 2-3 经纬度

纬度是本地法线(地平面的垂线)与赤道平面的夹角,是在本地子午线上度量的(图 2-3)。赤道面为纬度度量的起点,赤道的纬度为零。自赤道向北极方向分 90°,称为北纬;向南极方向分 90°,称为南纬。

三、地球的公转与自转

地球的运动是很复杂的,是多种形式运动的综合。地球既有绕地轴的自转运动,又有以太阳为中心的公转运动;同时地球又随同整个太阳系绕银河系中心运动。人们在地球上感觉不到地球的这些运动,但可以感觉到太阳东升西落和一年四季的交替变化,而这些现象正是地球运动的反映。

1. 地球自转

地球自转是地球绕地轴的转动,地轴与地球的赤道面相垂直。地球自转的方向是自西向东,因此人们在地球上看才有太阳东升西落的现象。地球自转角速度为每小时转动 15°,地球表面每点的线速度随纬度而变化,是赤道的线速度乘以纬度的余弦,因此线速度由赤道向两级递减。地球自转周期是一天。

地球自转产生了昼夜交替,昼夜更替的周期为 24 小时,进而给了我们测量时间的一种尺度。钟表指示的时间是均匀的,均以地方平均太阳时为准。所谓地方平均太阳时(钟表时间),是以太阳通过当地的子午线时为正午 12 点来计算一天的时间,即把一天中太阳最高(高度角最大)的时刻定为当地的 12 时,这样经线不同的地方确定 12 时的标准就不一样,这种因经线而不同的时刻就是地方时,经度每隔 1°,地方时相差 4 min,使得该时间使用起来不方便。因此,规定在一定经度范围内统一使用一种标准时间,在该范围内同一时刻的钟点均为相同,称为地区标准时间。经国际协议,以本初子午线处的平均太阳时为世界时间的标准时,称"世界时"。

为了统一时间标准,1884 年在华盛顿召开的一次国际经度会议(又称国际子午线会议)上,规定将全球划分为 24 个时区。它们是中时区(零时区)、东 1~12 区,西 1~12 区。每个时区横跨经度 15°,时间正好是 1 小时。最后的东、西第 12 区各跨经度 7.5 度,以东、西经 180 度为界(图 2-4)。例如,为了计算方便,我国统一采用东 8 时区的时间,即北京时间,凡向西走,每过一个时区,就要把表向前拨 1 小时(比如 2 点拨到 1 点);凡向东走,每过一个时区,就要把表向后拨 1 小时(比如 1 点拨到 2 点)。

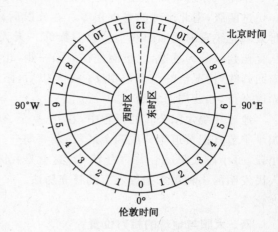

图 2-4 时区的划分

地球自转还产生了地方时差。真太阳时是以当地太阳位于正南向的瞬时为正午 12 时,地球自转 15° 为 1 h。但是由于太阳与地球之间的距离和相对位置随时间在变化,以及地球赤道与黄道平面的不一致,致使当地子午线与正南方向有一定的差异,所以真太阳时比地方的平均太阳时有时快一些,有时慢一些。真太阳时与地方平均太阳时之间的差值为时差,故某地的真太阳时 T 可按下式计算:

$$T = T_m \pm \frac{L - L_m}{15} + \frac{e}{60} \tag{2-1}$$

式中 T, T_m——当地的真太阳时和该地区的地方平均太阳时,h;

L, L_m——当地子午线和该时区中央子午线的经度,(°);

e——时差,min;

$\pm$——东半球取正值,西半球取负值。

若不考虑时差 e,则可由式(2-1)求得当地的地方平均太阳时 T_0,时间为 h:

$$T_0 = T_m \pm \frac{L - L_m}{15} \tag{2-2}$$

2. 地球公转

地球绕太阳逆时针旋转称为公转,其运行轨道的平面称为黄道平面,黄道平面与赤道平面的夹角为黄赤交角,角度为 23°26′。公转的轨道是椭圆轨道,太阳位于椭圆的一个焦点上。地球公转及黄赤交角的存在造成了四季的交替。季节更迭的根本原因是地球的自转轴与其公转轨道平面不垂直,偏离的角度是黄赤交角。地球中心和太阳中心的连线与地球赤道平面交角,称为赤纬 δ(或赤纬角)。由于地轴的倾斜角永远保持不变,致使赤纬随地球在公转轨道上的位置,即日期的不同而变化,全年赤纬在 +23.5°~−23.5° 之间(即南北回归线之间)变化。从而形成了一年中春、夏、秋、冬四季的更替。赤纬 δ 随时都在变化,可用以下简化公式计算赤纬 δ:

$$\delta = 23.45 \times \sin\left(360 \times \frac{284 + n}{365}\right) \tag{2-3}$$

式中 δ——赤纬,(°);

n——计算日在一年中的日期序号。

赤纬从赤道平面算起,向北为正,向南为负。春分时,赤纬为 0°,阳光直射赤道,并且正好切过两级,南北半球的昼夜相等。春分以后,赤纬逐渐增加,到夏至达到最大+23.5°,此时太阳光线直射北回归线上。以后赤纬一天天变小,秋分日的赤纬又变回 0°。在北半球,从夏至到秋分为夏季,北极圈处在太阳一侧,北半球昼长夜短,南半球夜长昼短,到秋分直射南回归线,情况恰好与夏至相反。冬至以后,阳光又从北移动返回赤道,至春分太阳光线与赤道平行,如此周而复始。

地球在绕太阳公转的行程中,春分、夏至、秋分、冬至是四个典型季节日,从天球上看,这四个季节日把黄道等分成四个区段,若将每一个区段再等分成六个小段,则全年可分为 24 小段,每小段太阳运行大约为 15 d。这就是我国传统的历法——二十四节气,它是中国古代人民发明的一种用来指导农事的补充历法。二十四节气的命名反映了季节、气候现象、气候变化等。

四、太阳与地球的相对位置

地球上某一点所看到的太阳方向,称为太阳位置。太阳位置常用两个角度来表示,即太阳高度角 β 和太阳方位角 A。太阳高度角 β 是指太阳光线与水平面的夹角。太阳方位角 A 为太阳至地面上某给定点连线在地面上的投影与当地子午线(南向)的夹角。太阳偏东时为负,太阳偏西时为正,如图 2-5 所示。

确定太阳高度角和方位角在建筑环境控制领域具有非常重要的作用。确定不同季节设计代表日或代表时刻的太阳位置,可以进行建筑朝向确定、建筑间距以及周围阴影区范围计算等建筑的日照设计,可以进行建筑的日射得热量与空调负荷的计算和建筑自然采光设计。

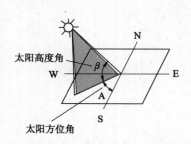

图 2-5　太阳高度角与方位角

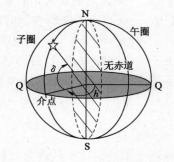

图 2-6　赤纬与时角

影响太阳高度角和方位角有三个因素:① 赤纬(δ)——表明季节(日期)的变化;② 时角(h)——表明时间的变化;③ 地理纬度(φ)——表明观察点所在的位置。

太阳高度角 β 与方位角 A 可用以下两式来表示:

$$\sin \beta = \cos \varphi \cos h \cos \delta + \sin \varphi \sin \delta \tag{2-4}$$

$$\sin A = \frac{\cos \delta \sin h}{\cos \beta} \tag{2-5}$$

第二节　太阳辐射与日照

太阳辐射能是地球上热量的基本来源，是决定气候的主要因素，也是建筑物外部最重要的气候条件之一。

一、太阳常数与太阳波谱

1. 太阳常数

太阳是一个直径相当于地球 110 倍的高温气团，其表面温度约为 6 000 K，内部温度则高达 2×10^7 K。太阳表面不断以电磁辐射形式向宇宙空间发射出巨大的能量，其辐射波长范围为从波长为 0.1 μm 的 X 射线到波长达 100 m 的无线电波。地球接受的太阳辐射能约为 1.7×10^{14} kW，仅占其辐射总能量的二十亿分之一左右。

太阳辐射热量用辐射照度来表示。它是指 1 m^2 黑体表面在太阳辐射下所获得的辐射能通量，单位为 W/m^2。地球大气层外与太阳光线垂直的表面上的太阳辐射照度几乎是定值。在地球大气层外，太阳与地球的年平均距离处，与太阳光线垂直的表面上的太阳辐射照度为 $I_0 = 1 353$ W/m^2，被称为太阳常数。

由于太阳与地球之间的距离在逐日变化，地球大气层上边界处与太阳光线垂直的表面上的太阳辐射照度也会随之变化，1 月 1 日最大，为 1 405 W/m^2，7 月 1 日最小，为 1 308 W/m^2，相差约 7%。计算太阳辐射时，如果按月份取不同的数值，可达到比较高的精度。表 2-1 给出了各月大气层外边界太阳辐射照度。

表 2-1　　　　　　　　　　　各月大气层外边界太阳辐射照度

月份	1	2	3	4	5	6	7	8	9	10	11	12
辐射照度/(W/m^2)	1 405	1 394	1 378	1 353	1 334	1 316	1 308	1 315	1 330	1 350	1 372	1 392

2. 太阳波谱

太阳辐射的波谱见图 2-7，各种波长的辐射中能转化为热能的主要是可见光和红外线。可见光的波长在 0.38～0.76 μm 范围内，是眼睛所能感知的光线，在照明学上具有重要的意义。波长在 0.76～0.63 μm 范围的是红色，在 0.63～0.59 μm 的为橙色，在 0.59～0.56 μm 的为黄色，在 0.56～0.49 μm 的为绿色，在 0.49～0.45 μm 的为蓝色，在 0.45～0.38 μm 的为绿色。

太阳的总辐射能中约有 7% 来自于波长 0.38 μm 以下的紫外线，45.6% 来自于波长为 0.38～0.76 μm 的可见光，45.2% 来自于波长在 0.76～3.0 μm 的近红外线，2.2% 来自于波长在 3.0 μm 以上的远红外线。

当太阳辐射透过大气层时，由于大气对不同波长的射线具有选择性的反射和吸收作用，到达地球表面的光谱成分发生了一些变化，而且在不同的太阳高度角下，太阳光的路径长度不同，导致光谱的成分变化也不相同，见表 2-2。从表中可看出，太阳高度角越高，紫外线及可见光成分越多；红外线则相反，其成分随太阳高度角的增加而减少。

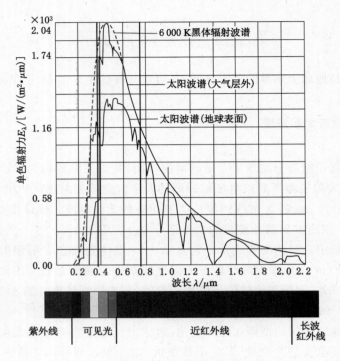

图 2-7　太阳辐射的波谱

表 2-2	太阳辐射光谱的成分		%
太阳高度角 β	紫外线	可见光	红外线
90°	4	46	50
30°	3	44	53
0.5°	0	28	72

3. 太阳常数与太阳波谱的关系

太阳常数与太阳辐射光谱之间的关系可用下式表示：

$$I_0 = \int_0^\infty E(\lambda)\,\mathrm{d}\lambda \tag{2-6}$$

式中　I_0——太阳常数，W/m^2；

λ——辐射波长，μm；

$E(\lambda)$——太阳辐射频谱强度，$W/(m^2 \cdot \mu m)$。

二、大气层对太阳辐射的吸收

太阳辐射通过大气层时，其中一部分辐射能被云层反射到宇宙空间，一部分短波辐射受天空中的各种气体分子、尘埃、微小水珠等质点的散射，使得天空呈现蓝色。太阳光谱中的 X 射线和其他一些超短波射线在通过电离层时，会被氧、氮及其他大气成分强烈吸收，大部分紫外线被大气中的臭氧所吸收，大部分的长波红外线则被大气层中的二氧化碳和水蒸气等温室气体所吸收，因此由于反射、散射和吸收的共同影响，使到达地球表面的太阳辐射强度大大削弱。同时，辐射光谱也发生了变化，到达地面的太阳辐射能主要是可见光和近红外线部分,即波长为 $0.32\sim2.5~\mu m$ 部分的射线。

大气层外的太阳辐射在通过大气层时,除了一部分被大气层吸收与阻隔以外,到达地面的太阳辐射由两部分组成:一部分是太阳直接照射到地面的部分,称为直接辐射;另一部分是经过大气散射后到达地面的,称为散射辐射。直射辐射与散射辐射之和就是到达地面的太阳辐射能总和,称为总辐射。另外,还有一部分被大气层吸收掉的太阳辐射会以长波辐射的形式将其中一部分能量送到地面。不过这部分能量相对于太阳总辐射能量来说要小得多。

大气对太阳辐射的削弱程度取决于射线在大气中行程的长短及大气层质量。而行程长短又与太阳高度角和海拔高度有关。水平面上太阳直接辐射照度与太阳高度角、大气透明度成正比。在低纬度地区,太阳高度角高,阳光通过的大气层厚度较薄,因而太阳直射辐射照度较大。高纬度地区,太阳高度角低,阳光通过大气层厚度较厚,因此太阳直接辐射照度较小。在中午,太阳高度角大,太阳射线穿过大气层的射程短,直射辐射照度就大;早晨和傍晚的太阳高度角小,行程长,直射辐射照度就小。

距大气层上边界 x 处与太阳光线垂直的表面上(即太阳法向)的太阳直射辐射照度 I_x 的梯度与其本身强度成正比(图 2-8):

$$\frac{\mathrm{d}I_x}{\mathrm{d}x} = -kI_x \qquad (2\text{-}7)$$

式中 I_x——距大气层上边界 x 处的法向表面太阳直射辐射照度,$\mathrm{W/m^2}$;

k——比例常数,$\mathrm{m^{-1}}$;

x——太阳光线的行程,m。

对式(2-7)积分求解得:

$$I_x = I_0 \exp(-kx) \qquad (2\text{-}8)$$

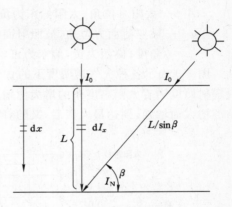

图 2-8 太阳光的路程长度

从上式可以看出,k 值越大,辐射照度衰减越大,因此 $a=kL$ 值又称为大气层消光系数,L 是当太阳位于天顶时(日射垂直于地面)到达地面的太阳辐射行程,而 k 相当于单位厚度大气层的消光系数。大气层消光系数 a 与大气成分、云量等有关。云量的意思是将天空分为 10 份,被云遮盖的份数。如运量为 4,是指天空有 4/10 被云遮蔽。太阳光线的行进路程 x,即太阳光线透过大气层的距离,可由太阳位置来计算。

当太阳位于天顶时(日射垂直于地面),到达地面的太阳辐射行程为 L,有:

$$I_x = I_0 \exp(-a) \qquad (2\text{-}9)$$

令 $P=I_L/I_0=\exp(-a)$,称为大气透明度,它是衡量大气透明度的标志,P 越接近 1,大气越清澈。P 值一般为 $0.65\sim0.75$。即使在晴天,大气透明度也是每个月不同的,这是由于大气中水蒸气含量不同的缘故。但在同一个月的晴天中,大气透明度可近似认为是常数。

当太阳不在天顶,太阳高度角为 β 时,太阳光线到达地面的路程长度为 $L'=L/\sin\beta$。地球表面处的法向太阳直射辐射照度为:

$$I_N = I_0 \exp(-am) = I_0 P^m \qquad (2\text{-}10)$$

式中,$m = L'/L = 1/\sin\beta$,称为大气层质量,反映了太阳光在大气层中通过距离的长短,取决于太阳高度角的大小。

因此,到达地面的太阳辐射照度大小取决于地球对太阳的相对位置(太阳的高度角和路径)以及大气透明度。

根据太阳直射辐射照度可以分别算出水平面上的直射辐射照度和垂直面上的直射辐射照度。某坡度为 θ 的平面上的直射辐射照度:

$$I_{Di} = I_N \cos i = I_N \sin(\beta+\theta)\cos(A+\alpha) \qquad (2\text{-}11)$$

水平面上的直射辐射照度:

$$I_{DH} = I_N \sin\beta \qquad (2\text{-}12)$$

垂直面上的直射辐射照度:

$$I_{DV} = I_N \cos\beta\cos(A+\alpha) \qquad (2\text{-}13)$$

式中　i——太阳辐射线与被照射面法线的夹角,(°);

　　　A——太阳方位角,太阳偏东为负,偏西为正,(°);

　　　α——被照射面方位角,被照射面的法线在水平面上的投影偏离当地子午线(南向)的角度,偏西为负,偏东为正,(°)。

图 2-9 表示各种大气透明度下的直射辐射照度。图中表明在法线方向和水平面上的直射辐射照度随着太阳高度角的增大而增强,而垂直面上的直射辐射照度开始随着太阳高度角的增大而增强,到达最大值后,又随着太阳高度角的增大而减弱。

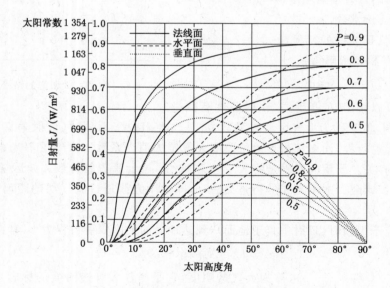

图 2-9　不同太阳高度角和太阳透明度下的太阳直射

图 2-10 给出了北纬 40°全年各月水平面、南向表面和东西向表面每天获得的太阳总辐射照度。从图中可以看出,对于水平面来说,夏季总辐射照度达到最大;而南向垂直表面,在冬季所接受的总辐射照度为最大。

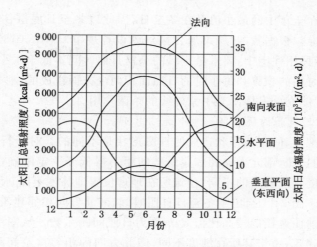

图 2-10　北纬 40°的太阳总辐射照度

三、日照与建筑物的布置

1. 日照的作用与日照标准

日照是指物体表面被太阳光直接照射的现象。建筑对日照的要求主要根据它的使用性质和当地气候情况而定。寒冷地区的建筑特别是病房、幼儿活动室等一般都需要争取较好的日照，而在炎热地区的夏季一般建筑都需要避免过量的直射阳光进入室内，尤其是展览室、绘图室、化工车间和药品库都要限制阳光直射到工作面或物体上，以免发生危害。

紫外线的波长为 $0.2\sim0.38~\mu m$。紫外线具有强大的杀菌作用，尤其是波长在 $0.25\sim0.295~\mu m$ 范围内，其杀菌作用更为明显；波长在 $0.29\sim0.32~\mu m$ 的紫外线还能帮助人体合成维生素 D，由于维生素 D 能帮助人的骨骼生长，对婴幼儿进行必要和适当的日光浴，则可预防和治疗由于骨骼组织发育不良从而形成佝偻病。当人体的皮肤被这一段波长所照射后，会产生红斑，继而色素沉淀，也就是人们所说的晒黑。太阳光中可见光照射对建筑的自然采光和居住者的心理影响具有重要意义。冬日室内的大片光斑会给人带来温暖愉悦的感觉，改善室内的热舒适感。波长在 $0.76\sim4.0~\mu m$ 的红外线是造成热效果的主要因素。冬季保证有足够的日照，充分利用太阳能采暖，能够减少建筑的采暖负荷，达到建筑节能的目的。

日照强度大小和时间长短会对人类的行为产生影响。研究表明，在一些纬度较高的地区，每当到了日照时间变短的冬季，有些人会变得非常胆小、疲劳而忧郁。随着冬夏的来临，日照时间变长，这些症状会逐渐消失，人又恢复正常。这是因为在无光照的黑暗环境中，人的机体内会分泌一种褪黑激素，由于冬季日短，褪黑激素分泌增多，使得一些人精神受到压抑。在这种情况下，如果患者连续数次接受光照治疗，包括红外线、紫外线等模拟阳光，忧郁症即可明显缓解。

对于住宅室内的日照标准一般是由日照时间和日照质量来衡量。保证足够或最低的日照时间是对日照要求的最低标准。中国地处北半球的温带地区，居住建筑一般总是希望夏季避免日晒，而冬季又能获得充分的阳光照射。居住建筑多为行列式或组团式布置，为了保持最低限度的日照时间，考虑到前排住宅对后排住宅的遮挡，总是首先着眼于底层住户。北半球的太阳高度角在全年中的最小值是在冬至日,因此以冬至日底层住宅得到的日照时间作为最低的日照标准。根据我国《城市居住区规划设计规范》(GB 50180—93(2016 年版))的规定,在我国一般民用住宅中,要求冬至日的满窗日照时间不低于 1 小时。住宅中的日照质量是由通过日照时间的积累和每小时的日照面积两个方面组成的。只有日照时间和日照面积都得到保证,才能充分发挥阳光中紫外线的杀菌作用。

2. 日照间距与建筑物的阴影区

由于建筑物的配置、间距或形状造成的日影形状是不同的。对于行列式或组团式的建筑,为了得到充分的日照,南北方向相邻建筑楼间距不得低于一定限制,这个限制距离就是日照间距。最低限度日照要求的不同,建筑所在地理位置即纬度不同,使得各地对建筑物日照间距的要求不同。图 2-11 给出了冬至日日照时间、南北方向相邻建筑间距和纬度之间的关系。建筑间距与前面遮挡的楼高比值 d/h 称为日照间距系数。从图中可以看出,对于需要同一日照时间的建筑,由于其所在纬度不同,南北方向的相邻建筑间距是不同的,纬度越高,需要的日照间距也越大。以长春(北纬 43°52′)、北京(北纬 39°57′)和上海(北纬 31°12′)为例,如果要求日照时间为 2 h,在上海地区的日照间距系数为 1.42,北京地区日照间距系数约为 2,而最北的长春则需要 2.5 左右。

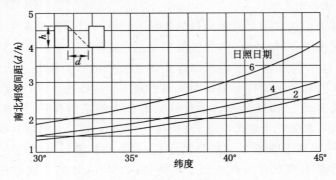

图 2-11　不同纬度下日照间距与日照时间的关系

对于如图 2-12 所示前后任意朝向的平行建筑物,日照间距基本计算式如下:

$$D_0 = (H_0 - H_1) \cot \beta \cos \gamma \tag{2-14}$$

式中　D_0——日照间距,m;

　　　H_0——前栋建筑物计算高度,m;

　　　H_1——计算点 m 高度,一般取后栋建筑底层窗台高度,m;

　　　β——太阳高度角,(°);

　　　γ——后栋建筑物墙面法线与太阳方位所夹的夹角,$\gamma = A - \alpha$,(°);

　　　A——太阳方位角,(°);

　　　α——墙面方位角,即墙面法线与正南方向的夹角,南偏西为正,偏东为负,(°)。

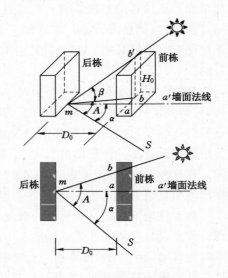

图 2-12　日照间距示意图

被其他建筑物遮挡而得不到日照的情况称为互遮挡,而由于本幢建筑物的某部分的遮挡造成没有日照的现象称为自遮挡。由于建筑的互遮挡和自遮挡,有的地方在一天任何时间都没有日照,这种现象称为终日日影,同样在一年中都没有日照的现象称为永久日影。为了居住者的健康,也为了建筑物的寿命起见,终日日影和永久日影都应该避免。

为了避免终日日影和永久日影,上述的日照间距判别方法仅适用于南北行列式排列的版式建筑,而对于错落式排布的高层点式建筑或平面形状较复杂的建筑就不适用了。高层点式住宅可以在充分保证采光和日照的条件下大大缩小建筑物之间的日照间距,达到减少建设用地的目的。在这种情况下,应该对建筑的布局进行计算机日照模拟分析,以判断是否满足设计规范的要求。图 2-13 给出了一个高层点式布局冬至日的全天日照模拟中的遮挡情况。全天模拟分析的结果证明,该布局有终日阴影区存在,不满足设计规范的要求,需要进行调整。《城市居住区规划设计规范》(GB 50180—93(2016 年版))对日照间距系数给出了推荐指标,另外各地市也都根据当地具体情况对本地建筑的日照间距给出了不同的规定。

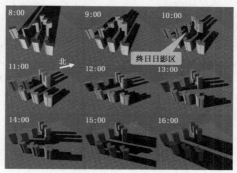

图 2-13　建筑的互遮挡——冬至日情况

建筑物周围的阴影和建筑物自身阴影在墙面上的遮挡情况,是与建筑物平面体形、建筑物高度和建筑朝向有关。常见的建筑平面体形有正方形、长方形、L 形及凹形等种类,它们在周围各朝向场地产生的冬季终日阴影、永久阴影和自身阴影遮蔽的示意图见图 2-14。

从日照角度来考虑建筑的体形,期望冬季建筑阴影范围小,使建筑周围的场地能接受比较充足的阳光,至少没有大片的永久阴影区。在夏季最好有较大的建筑阴影范围,以便对周围场地起一定的遮阳作用。

正方形和长方形是最常用的较简单的平面体形,其最大的优点都是没有永久阴影和自身阴影遮蔽情况。正方形体形由于体积小,在各朝向上冬季的阴影区范围都不太大,能保证周围场地有良好日照。正方形和长方形体形,如果朝向为东南和西南时,不仅场地上无永久阴影区,而且全年无终日阴影区和自身阴影遮蔽情况。单从日照的角度来考虑时,是最好的朝向和体形。

L 形体形的建筑会出现终日阴影和建筑自身阴影遮蔽情况。同时,由于 L 形平面是不对称的,在同一朝向,因转角部分连接在不同方向上的端部,其阴影遮蔽情况也有很大的变化,也会出现局部永久阴影区。

建筑体形较大,并受场地宽度的限制或其他原因,会采用凹形建筑。这种体形虽然南北方向和东西场地没有永久阴影区,但在各朝向因转角部分的连接方向不同,都有不同程度的自身阴影遮蔽情况。

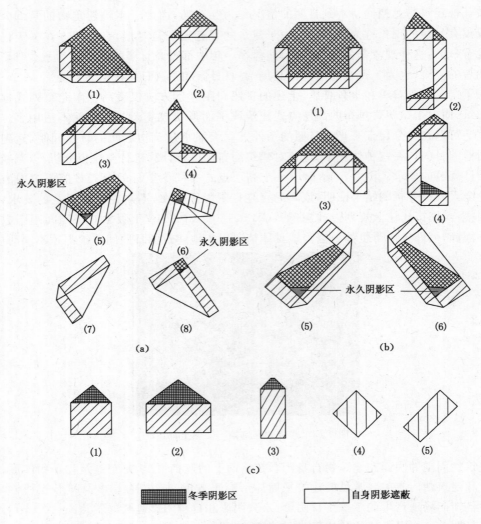

图 2-14　不同平面类型建筑的阴影区
（a）L 形建筑阴影区示意图；（b）凹形建筑阴影区示意图；（c）正方形和长方形建筑物的阴影区

表 2-3　　　　长方形、L 形和凹形建筑物处于不同朝向时冬夏季阴影区的变化情况

朝向	冬季	夏季
南北朝向	冬季阴影区范围较大，在建筑物北边有较大面积的终日阴影区	夏季阴影区范围较小，建筑物南边终年无阴影区
东西朝向	冬季阴影区范围较小，场地日照良好	夏季阴影区都很大，上午阴影区在西边，下午阴影区在东边
东南或西北朝向	冬季阴影区范围较小	夏季阴影区范围较大，上午阴影区在西北边，下午阴影区在东南边
西南或东北朝向	阴影变化情况与东南朝向相同，只是方向相反	阴影变化情况与东南朝向相同，只是方向相反

第三节　室外气候

气候的形成主要是由于热量的变化而引起的,太阳辐射对地球上的气候形成起决定作用,另外地理因素与环流因素也会影响气候的变化。地球表面通过大气层与太阳之间的热交换维持了地球表面的热平衡,从而保持了地球特有的长期稳定的适宜人类生存的气候条件。最新研究表明,人的性格与气候有关,室外气候环境与建筑环境和人的关系越来越引起人们的重视。

地区的气候环境除太阳辐射这一主要因素外,本节主要讲述空气温湿度、气压、风、降水等室外气候因素,并在此基础上分析城市气候的特点与成因。

一、室外气温

1. 气温的形成及影响因素

室外气温是地面气象观测规定高度(即 1.25～2.00 m,国内为 1.5 m)上背阴处的空气温度。室外空气在吸收和放射辐射能时具有选择性,对太阳辐射几乎是透明体,直接接受太阳辐射的增温是非常微弱的,主要靠吸收地面的长波辐射(波长 3～120 μm)而升温。与温暖的地表直接接触的空气层,由于导热的作用而被加热,此热量又靠对流作用而转移到上层空气,气流或风带着空气团不断与地表接触而被加热;在冬季和夜间,由于地面向空间的长波辐射作用,地表较空气冷,与地表所接触的空气就会被冷却。因此地面与空气的热量交换是气温升降的直接原因。

影响地面附近气温的因素主要有三个方面:首先入射到地面上的太阳辐射热量,它起着决定性的作用。例如气温的季节变化、日变化以及随着地理纬度的变化,都是由此引起。其次是地面的覆盖面和地形。不同的地形及地表覆盖面(如草原、森林、沙漠和河流等)对太阳辐射的吸收和反射的性质均不同,由此引起地面的增温也不同。最后是大气的对流作用,它以最强的方式影响气温。无论是水平方向或垂直方向的空气流动,都会使两地的空气进行混合,减小两地的气温差异。

2. 气温的变化

气温有年变化和日变化。一般在晴朗天气下气温一昼夜的变化是有规律的,图 2-15 为武汉市 9 月 1 天 24 小时所测得的温度值,经谐量分析后所得出的曲线。从图中可以看出,气温日变化中有一个最高值和一个最低值。最高值通常出现在下午 14 时左右,最低气温一般出现在日出前后。一日内气温的最高值和最低值之差称为气温的日较差,通常用来表示气温的日变化。日变化主要是由于空气与地面要进行辐射换热而增温或降温,都需要经历一段时间。由于受海陆分布与地形起伏的影响,我国各地气温的日较差一般从东南向西北递增。我国多数地区的夏季计算日较差在 5～10 ℃的范围内。如青海省的玉树,夏季日较差是 12.7 ℃;山东省的青岛市,夏季日较差只有 3.5 ℃。

一年中各月平均气温也有最高值和最低值。一年内最热月与最冷月的平均气温差称为气温的年较差。在中纬度和高纬度地区,年最高气温出现在 7 月(大陆地区)或 8 月(沿海或岛屿),而年最低气温出现在 1 月或 2 月。处于北半球的我国大部分地区地处中纬度,属季风气候,四季分明,气温年变化较大。我国各地气温的年较差自南到北、自沿海到内陆逐渐

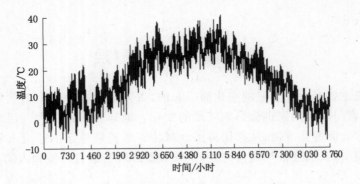

图 2-15　武汉市某年 9 月某日气象数据

增大。华南和云贵高原为 10～20 ℃,长江流域增加到 20～30 ℃,华北和东北南部为 30～
40 ℃,东北的北部与西北部则超出了 40 ℃。我国冬季最冷的地方是黑龙江的漠河镇,
1 月份平均气温为－30.6 ℃。我国夏季最热的地方是新疆的吐鲁番,7 月份的平均气温为
33 ℃。

　　3. 微气候的气温

　　微气候是指在建筑物周围地面上及屋面、墙面、窗台等特定地点的气候。该区域的温度
受到土壤反射率、夜间辐射、气流形式以及土壤受遮挡情况的影响较大,在微气候范围内的
空气层温度随着空间和时间的改变会有很大变化。图 2-16 给出了草地与混凝土地面上典
型的温度变化以及靠近墙面处的温度所受的影响。从图中可以看出,在同一高度,离建筑物
越远,温度越低;草地地面的温度明显低于混凝土地面的温度,最大温差可达 7 ℃,微气候区
两者的温差也可达 5 ℃左右。

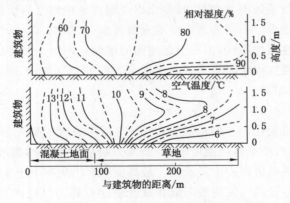

图 2-16　不同下垫面上空气温湿度变化

　　在接近地面的大气层中,正常情况下日间空气温度随高度的增加而降低,即由于日间太
阳辐射的作用,靠近地面的空气温度高,而远离地面空气温度低。气温随高度的垂直递减率
平均为 0.6 ℃/100 m。但当空气流入山谷、洼地、沟底,且没有风力扰动时,空气就会如池
水一样积聚在一起,造成该处气温低于地面上的气温,这种温度局地倒置现象的极端形式称
为“霜洞”。在寒冷、晴朗的夜晚,凹地里的建筑或住宅以及建筑物底层或位于普通地面以下
而室外有凹坑的半地下室最可能出现这种现象,如图 2-17 所示。

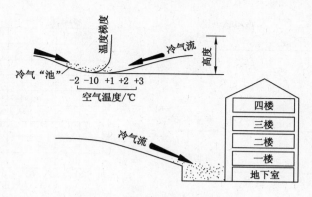

图 2-17　室外气温"霜洞"效应

二、空气湿度

空气湿度是指空气中水蒸气的含量。不含水蒸气的空气被称为干空气。这些水蒸气来源于江河湖海的水面、植物及其他水体的水面蒸发，一般以绝对湿度和相对湿度来表示。绝对湿度是指在某个温度和压力下一个单位体积的湿空气中所含水分的重量，通常以 g/m^3 来表示。相对湿度是指在特定温度下的水蒸气分压力和饱和水蒸气分压力之比，是用％来表示。地面空气湿度可用安装在百叶箱中的干湿球温度表和湿度计等仪器测定。相对湿度受温度的影响很大，压力也会改变相对湿度。

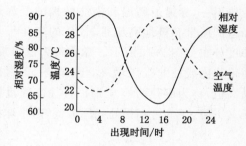

图 2-18　相对湿度的日变化

一天中绝对湿度比较稳定，而相对湿度有较大的变化。有时即使绝对湿度接近于基本不变，相对湿度的变化范围也可以很大，这是由于气温的日变化引起的。相对湿度的日变化受地面性质、水陆分布、季节寒暑、天气阴晴等因素的影响，一般是大陆大于海面，夏季大于冬季，晴天大于阴天。如图 2-18 所示，相对湿度日变化趋势与气温日变化趋势相反，晴天时的最高值出现在黎明前后，此时虽然空气中的水蒸气含量少，但温度最低，所以相对湿度最大；最低值出现在午后，此时空气中的水蒸气含量虽然较大，但由于温度已达最高，所以相对湿度最低。显著的相对湿度日变化主要发生在气温日较差较大的大陆上。在这一类地区，中午以后不久当气温达到最高值时，相对湿度会变很低，而到夜间气温很低时，相对湿度又变得很高。

在一年中，最热月的绝对湿度最大，最冷月的绝对湿度最小。这是因为蒸发量随温度的变化而变化的缘故。我国因受海洋气候的影响，大部分地区的相对湿度在一年中以夏季最大，秋季最小。华南地区和东南沿海一带，因春季海洋气团的侵入，由于此时的温度还不高，所以形成了较高的相对湿度，在 3～5 月为最大，秋季最小，所以在南方地区的春夏交接的时候，气候较为潮湿，室内地面产生泛潮现象。如图 2-19 所示，北京、广州两地的相对湿度年变化便反映了这些特征。图 2-20 所示空气中水蒸气的含量随着海拔高度增加而降低，上部空气层的水蒸气含量低于近地面的空气层，因此海拔高的地区相对湿度较低。

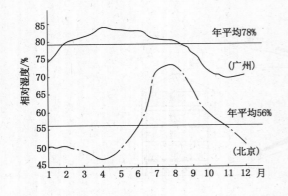

图 2-19　内陆和沿海相对湿度的年变化

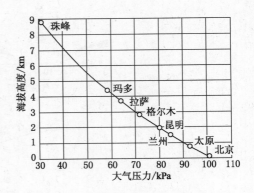

图 2-20　随海拔高度不同的大气压力

三、气压

由于地球引力的作用,空气聚集于地表之上,地表气压最高,离地表越远,空气越稀薄,气压便越低。因此气压一般折算至平均海平面,并定义平均海平面大气压力(标准大气压)为 101 325 Pa,即每平方厘米的空气柱质量约为 1 kg。我国城镇海拔高度最高达 4 000 m以上,气压变化很大。图 2-20 所列我国不同海拔的气压差可达一倍多。

地球表面因接受的太阳辐射量不同,其表面冷热不一,赤道的高温和南北两极的低温形成了赤道低压带和极地高压带,气压的多年平均值随纬度分布如图 2-21 所示。赤道带为低压带,由赤道带往南或往北气压增高,于 30°～50°附近达到最高值,称为副热带高压带。再往高纬度区则气压又下降,于 60°～70°处气压最低,南半球的气压

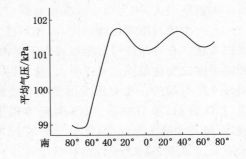

图 2-21　平均气压随纬度的分布

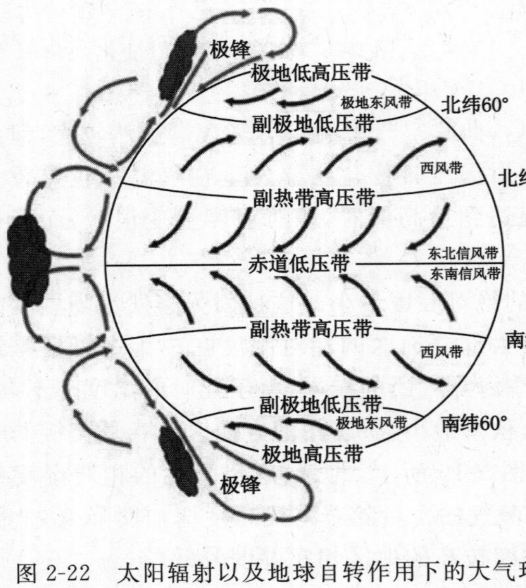

下降尤为显著,极地区域的气压又有所增加,造成了如图 2-22 所示的大气环流。地球表面不同的气压,使空气由高压地区流向低压地区,这种因气压不同而造成空气流动的力称为气压梯度力,气压梯度的方向是沿着气压变化最快的途径,从高压指向低压。如果气压梯度为唯一的控制大气运动的力,则风向应与气压梯度一致,即自高气压吹向低气压处,但一般实测风向并非自高压向低压直吹,而是斜吹,这是因为地球自转所造成的,北半球向行径路径右偏,而南半球则向左偏。

图 2-22　太阳辐射以及地球自转作用下的大气环境

气压有周期性的日变化和年变化,还有非周期性的变化。气压的非周期性变化常和大气环流及天气系统有关系,而且变化幅度大。气压的日变化在热带表现很明显,如图 2-23 所示,一昼夜有两个最高值(9～10 时及 21～22 时)和两个最低值(3～4 时及 15～16 时)。温带地区气压的日变化平缓一些。

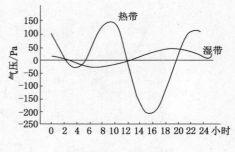

图 2-23 气压日变化

气压的年变化由地理状况决定。赤道区年变化不大,高纬度区年变化较大。大陆和海洋也有显著的差别,大陆冬季气压高,夏季最低,而海洋恰好相反。此外,由于空气的密度与温度成反比,因此在陆地上的同一位置,冬季的大气压力要比夏季的高,但变化范围仅在 5% 以内。

四、风

1. 风的成因及分类

风是指由于大气压差所引起的大气水平方向的运动。地表增温不同是引起大气压力差的主要原因,也是风形成的主要成因。风可分为大气环流与地方风两大类。由于照射在地球上的太阳辐射不均匀,造成赤道和两极间的温差,由此引发大气从赤道到两极和从两极到赤道的经常性活动,称为大气环流。它是造成各地气候差异的主要原因之一,如图 2-22 所示,地球的自转和公转也影响了大气环流的走向。

地方风是由于地表水陆分布、地势起伏、表面覆盖等地方性条件不同所引起的,如海陆风、季风、山谷风、庭院风及巷道风等。地方风造成了局部气候差异。

山谷风与海陆风是由于局部地方昼夜受热不均匀而引起的 24 h 为周期的地方性风,如图 2-24 所示。山谷风多发生在较大的山谷地区或者山与平原相连的地带。由于山坡在谷底造成阴影,使得日间山坡获得的太阳辐射量多于谷底,其空气受热后上升,沿着山坡爬向山顶,这就是谷风。而山顶和山腰夜间对天空的长波辐射量也多于谷地,因此靠近山顶和山腰的一薄层空气冷得特别快,而积聚在山谷里的空气还是暖暖的。这时,山顶和山腰的冷空气流向山谷,就形成了山风。山风和谷风合称山谷风。山谷风常发生在晴朗而稳定的天气条件下,热带和副热带在旱季以及温带在夏季时最易形成。

可是在海拔很高的地方,当山谷里积满了雪,或山谷里流的不是水而是冰川,情况就完全不一样了。如 1960 年春季,我国登山队首次攀登珠峰时,就发现珠峰北坡的许多冰川谷里,长达 20 km 的绒布冰川上,夜间是吹下山的南风,而白天也多是吹下山的南风,这就是"冰川风"。这是由于冰川上的气温永远比同高度上的自由大气冷的缘故。

海陆风的形成机理和山谷风一样,由于海水的蓄热与自然对流作用,日间陆地的表面温度高于海面的温度,而夜间海面的温度高于陆地的表面温度。因此,日间陆地表面的热空气上升,海面的冷空气流向陆地予以补充,形成海风,夜间陆地表面附近的冷空气流向海面形成陆风。由于大陆及邻近海洋之间存在的季节温差而形成大范围盛行的风向随季节有显著变化的风系,具有这种大气环流特征的风称为季风。冬季大陆被强制冷却,气压增高,季风从大陆吹向海洋;夏季大陆强烈增温,气压降低,季风由海洋吹向大陆。因此,季风的变化是以年为周期的,它造成季节差异。我国的东部地区,夏季湿润多雨而冬季干燥,就是受强大季风的影响。我国的季风大部分来自热带海洋,影响区域基本是东南和东北的大部分区域,

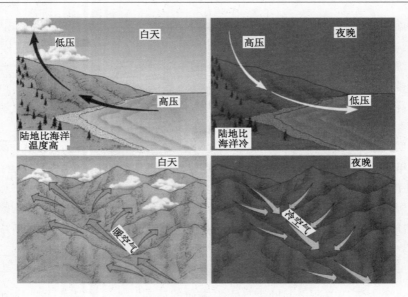

图 2-24　海陆风与山谷风

夏季多为南风和东南风,冬季多为北风和西北风。

2. 风的特征

风向和风速是描述风特征的两个要素。气象台一般以距平坦地面 10 m 高处所测得的风向和风速作为当地的观察数据。通常人们把风吹来的地平方向确定为风的方向,如风来自西北方称为西北风,如风来自东南方称为东南风,在陆地上常用 16 个方位表示。风速则为单位时间风所行进的距离,用 m/s 来表示。风力等级用蒲福(Francis Beaufort)风力等级来描述,见表 2-4。

表 2-4　　　　　　　　　　　　蒲福风力等级表

风力等级	风名	距地 10 m 高处的相当风速/(m/s)	陆地地面征象	自由海面状况(浪高)	
				一般/m	最高/m
0	无风	0～0.2	静,烟直上	—	—
1	软风	0.3～1.5	烟能表示方向,但风向标能转动	0.1	0.1
2	轻风	1.6～3.3	人面感觉有风,树叶微响,风向标能转动	0.2	0.3
3	微风	3.4～5.4	树叶及微枝摇动不息,旌旗展开	0.6	1.0
4	和风	5.5～7.9	能吹起地面灰尘和纸张,树的小枝摇动	1.0	1.5
5	清风	8.0～10.7	有叶的小树摇摆,内陆的水面有小波	2.0	2.5
6	强风	10.8～13.8	大树枝摇动,举伞困难	3.0	4.0
7	疾风	13.9～17.1	全树摇动,迎风步行感觉不便	4.0	5.5
8	大风	17.2～20.7	树枝折毁,人向前行,感觉阻力甚大	5.5	7.5
9	烈风	20.8～24.4	建筑物有小损,烟囱顶部及平屋摇动	7.0	10.0
10	狂风	24.5～28.4	使树木拔起或使建筑物损坏较重,陆上少见	9.0	12.5
11	暴风	28.5～32.6	陆上很少见,有则必有广泛破坏	11.5	16.0
12	飓风	32.7～36.9	陆上绝少见,摧毁力极大	14.0	—

为了直观地反映一个地方的风向和风速,通常用当地的风玫瑰图来表示,如图 2-26 风玫瑰图包括风向频率分布图和风速频率分布图,因图形与玫瑰花相似,故名。风向频率是按照逐时所实测的各个方向风所出现的次数,分别计算出每个方向风出现的次数占总次数的百分比,并按一定比例在各方位线上标出,最后连接各点而成。风向频率图可按年或按月统计,分为年风向频率图或月风向频率图。图 2-25(a)表示某地全年(实线部分)及 7 月份(虚线部分)的风向频率,其中除圆心以外每个圆环间隔代表频率为 5%。从图中可以看出,该地区全年以北风为主,出现频率为 23%;7 月份以西南风为最盛,频率为 19%。根据我国各地 1 月、7 月和全年的风向频率图,按其相似形状进行分类,可分为季节变化、主导风向、双主导风向、无主导风和准静止风等五大类。

风速频率分布图的绘制方法也类似。图 2-25(b)给出了某地各方位的风速频率分布。从图中可以看出,该地一年中以东南风为主,风速也较大,西北风所发生的频率虽较小,但高风速的次数有一定的比例。

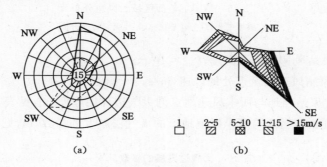

图 2-25 某地的风玫瑰图

(a) 风向频率分布图;(b) 风速频率分布图

风玫瑰图是一个地区特别是平原地区风的一般情况。由于地形、地面情况往往会引起局部气流的变化,使风向、风速改变,因此在进行城市规划与建筑布局设计时,都要考虑风向频率的影响,同时也要充分注意到地方小气候(如城市风、海陆风、山谷风、街巷风和高楼风等)的变化,在设计中善于利用地形、地势,综合考虑对建筑的布置。风玫瑰图在建筑设计审核工作中的作用是不容忽视的,工业布局时注意风向对工程位置的影响,防止出现重大失误。风玫瑰图是消防监督部门根据国家有关消防技术规范在开展建筑设计图纸审核工作时必不可少的工具,一般由当地气象部门提供。

3. 边界层内的风速分布

从地球表面到 500~1 000 m 高的空气层称为大气边界层,其厚度主要取决于地表的粗糙度。在平原地区边界层薄,在城市和山区边界层厚,如图 2-26 所示。在下垫面对气流的摩擦力作用下,贴近地面处的风速为 0;由于地面摩擦力的影响越往上越小,所以风速沿高度方向递增;到达一定高度以后,风速不再增大,人们往往把这个高度称为边界层高度。

边界层内风速沿垂直方向存在风速梯度,可利用气象站风速测量点高度 h_{met} 和测量点处的风速 V_{met} 来求出边界层内高度为 h 的某点风速 V_h:

$$V_h = V_{met} \left(\frac{\delta_{met}}{h_{met}} \right)^{a_{met}} \left(\frac{h}{\delta} \right)^a \tag{2-15}$$

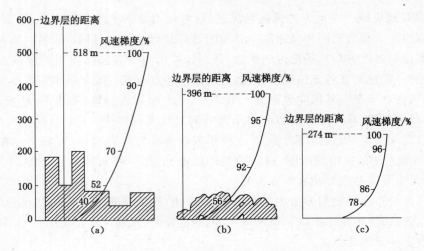

图 2-26　不同下垫面区域的风速分布

(a) 城市中心；(b) 森林区；(c) 开阔农村或海面

式中　h_{met}——气象站风速测量点高度，$h_{met}=10\ m$；

　　　V_{met}——气象站风速测量点处的风速，m/s；

　　　δ_{met}，δ——气象站当地与所求风速地点的大气边界层厚度，m，见表 2-5；

　　　a_{met}，a——气象站当地与所求风速地点的大气层厚度的指数，m，见表 2-5。

表 2-5　大气边界层的参数

序号	地形类型描述	指数 a	边界层厚度 δ
1	大城市中心，至少有 50% 的建筑物高度超过 21 m；建筑物范围至少有 2 km，或达到迎风方向上的建筑物高度的 10 倍以上，两者取高值	0.33	460 m
2	市区、近郊、绿化区，稠密的低层住宅区；建筑物范围至少有 2 km，或达到迎风方向上的建筑物高度的 10 倍以上，两者取高值	0.22	370 m
3	平坦开阔地区，有稀疏的 10 m 以下高度的建筑物，包括气象站附近的开阔乡村	0.14	270 m
4	面向 1.6 km 以上水面来流风的开阔无障碍物地带；范围至少有 500 m，或在陆上构筑物高度的 10 倍以上，两者取高值	0.1	210 m

五、降水

从大地蒸发出来的水进入大气层，经过凝结后又降到地面上的液态或固态水分，称为降雨。雨、雪、冰雹等都属于降水现象，属于由空中降落到地面上的水汽凝结物，又称为垂直降水；而霜、露、雾等属于大气中水汽直接在地面或地表面及低空的凝结物，又称为水平降水，但不作降水量处理。

降水性质包括降水量、降水时间和降水强度。降水量是指降落到地面的雨、雪、冰雹等融化后，未经蒸发或渗透流失而积累在水平面上的水层厚度，以 mm 为单位。降水时间是指一次降水过程从开始到结束的持续时间，用小时或分来表示。降水强度是指单位时间内的降水量。降水强度的等级以 24 h 的总量（mm）来划分：一天之内小于 10 mm 的为小雨；

中雨为 10~25 mm;大雨为 25~50 mm;暴雨为 50~100 mm;大于 200 mm 为特大暴雨。

影响降水分布的因素很复杂。首先是气温与空气中水蒸气含量。在寒冷地区水的蒸发量不大,而且由于冷空气的饱和水蒸气分压力较低,不能包容很多的水汽,因此寒冷地区不可能有大量的降水;在炎热地区,由于蒸发强烈,而且饱和水蒸气分压也较高,所以水汽凝结时会产生较大的降水。此外,大气环流、地形、海陆分布的性质及洋流也会影响降水性质,而且它们往往互相作用。

我国的降水量大体是由东南往西北递增。因受季风的影响,雨量都集中在夏季,变化率大,强度也可观。华南地区季风降水从 5 月到 10 月,长江流域为 6 月到 9 月。梅雨是长江流域夏初气候的一个特殊现象,其特征是雨量缓而范围广,延续时间长,雨期为 20~25 d,梅雨期内第一个雨期开端日为入梅日,通常在 6 月 6~15 日入梅;最后一个雨期结束日的后一天为出梅日,通常在 7 月 8~19 日出梅。珠江口和台湾南部由于西南季风和台风的共同影响,在 7、8 月间多暴雨,特征是单位时间内雨量很大,但一般出现范围小,持续时间短。我国降雪量在不同地区有很大的差别,在北纬 35° 以北到 45° 地段为降雪或多雪地区。

六、城市气候

建筑物本身以及高大墙面会成为一种风障,以及在地面与其他建筑物上投下的阴影,都会改变该处的微气候,再加上城市是一个人口高度聚集、具有高强度的生活和经济活动的区域,其影响就更为严重,可造成与农村腹地气候迥然不同的城市气候,下面对城市气候的主要特点进行分析。

(1) 气温较高而形成热岛现象。

由于城市地面覆盖物多,发热体多,加上密集的城市人口的生活和生产中产生大量的人为热,造成市中心的温度高于郊区温度,且市内各区的温度分布也不一样。如果绘制出等温曲线,就会看到与岛屿的等高线极为相似,人们把这种气温分布的现象称为“热岛现象”。图 2-27 给出了 20 世纪 80 年代初以北京天安门为中心的气温实测结果。7 月份天安门附近的平均气温为 27 ℃,随着向市区外的扩展,温度也依次向外递减,至郊区海淀附近气温已经为 25.5 ℃,下降了 1.5 ℃。

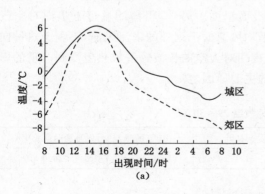
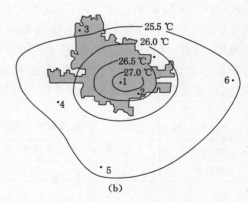

图 2-27　20 世纪 80 年代初北京地区的热岛效应

(a) 1983 年 1 月 26~27 日城市气温;(b) 1982 年 7 月的城市气温分布

1——天安门;2——龙潭;3——海淀;4——丰台;5——大兴;6——通县

奥克(Oke)根据他在加拿大多次观测城市热岛的实例,概括成一幅城市热岛的气温平面图,如图 2-28 所示。依据奥克所提的定义,城市热岛效应的强弱以热岛强度 ΔT 来定量描述,即以热岛中心气温减去同时间同高度(距地 1.5 m 高处)附近郊区的气温差值。利用热岛强度的概念,可以看到图 2-27 所示的北京市夏季城市热岛强度最大达到 1.5 ℃。

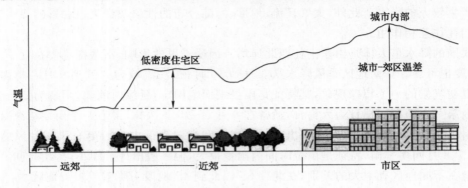

图 2-28 城市热岛

近年来,随着城市建设的高速发展,城市热岛效应也变得越来越明显。气候条件是造成城市热岛效应的外部因素,而城市化才是热岛形成的内因。由于城市下垫面特殊的热物理性质、城市内的低风速、城市内较大的人为热等原因,造成城市的空气温度要高于郊区的温度,是城市热岛产生的原因。

① 城市下垫面特性的影响。由于城市的发展,城市下垫面原有的自然环境如农田、牧场等发生了根本的变化,人工建筑物高度集中,以水泥、沥青、砖石、陶瓦和金属板等坚硬密实、干燥不透水的建筑材料,替代了原来疏松和植物覆盖的土壤;人工铺砌的道路纵横交替,建筑物参差不齐,使得城市的轮廓忽升忽降。下垫面是气候形成的重要因素,它对局部气候的影响非常大。城市人为的立体下垫面,对太阳辐射的反射率和地面的长波净辐射都比郊区小,其热容量和蓄热能力都比郊区大。但因为植被面积小,不透水面积大,储藏水分的能力却比郊区低,蒸发量比郊区小,通过以潜热形式带走的太阳辐射热量也比郊区少得多。表 2-6 给出了某地各种不同性质的下垫面上的表面温度。另外,粗糙的城市下垫面对空气的温度、湿度、风速和风向等都有很大的影响,平均风速低于远郊的来流风速,不利于热量向外扩散。由于城市的大气透明度低,云量较高,夜间对天空的长波辐射散热也受到严重的影响,这也是夜间市区与郊区的温差比白天更大的主要原因之一。

表 2-6 地表面实测温度(当地气温 29～30 ℃)

下垫面性质	湖泊	森林	农田	住宅区	停车场及商业中心
表面温度/℃	27.3	27.5	30.8	32.2	36.0

② 城区人工热源的影响。城市工厂生产、交通运输以及居民生活都需要燃烧各种燃料,每天都在向外排放大量的热量进入城市大气空间,使得城市的气温高于郊区。

③ 城市中的大气污染也是一个重要原因。城市中的机动车、工业生产以及居民生活,产生了大量的烟尘、SO_2、NO_x、CO 和粉尘等排放物。这些物质都是红外辐射的良好吸收

者,会吸收下垫面热辐射,产生温室效应,从而引起大气进一步升温。

④ 城市的区域气候条件和城市的布局形状对热岛强度都有影响。例如在高纬度寒冷地区城市人工取暖消耗能量多,人为热排放量大,热岛强度增大,而常年湿热多云多雨或多大风的地区热岛强度偏弱。城市呈团块状紧凑布置,则城中心增温效应强;而城市呈条形状或呈星形分散结构,则城市中心增温效应弱。

在接近地面的大气层中,正常情况下,日间空气温度随高度的增加而降低,即由于日间太阳辐射的作用,靠近地面的空气温度高,而远离地面空气温度低。在这种条件下,由于自然对流的作用,热空气上升,冷空气下降,空气很容易产生垂直和水平的流动,因此这个空气层处于不稳定状态,这种不稳定状态有利于地面附近的污染物向外部空间扩散。但有时在某个高度范围内,空气的温度随高度的增加而增加,热空气在上,冷空气在下,极大地抑制了自然对流作用,使得这时空气层处于相对稳定状态而不扩散。这种空气层也称为逆温层。逆温层极不利于地面附近空气层中的污染物扩散,对城市的大气污染有加剧作用。

逆温层形成的机理有多种。例如,由于夜间长波辐射的作用使地面冷却,从而使得接近地面的空气被地面所冷却,温度低于远离地面的空气层,就会形成辐射逆温。在白天晴朗无风的情况下,大气层被接收太阳辐射的地面加热升温越多,夜间就越容易形成自地面向上的逆温层;如果城市排热量大,状况就更严重。如果有大量人为散热的工业大城市坐落在海滨,其上空的空气层被大量的城市排热加热,而较低温的海风贴近地面吹入城市使得地面附近的空气层温度低于上部的空气层,也会形成逆温层。另外,低层空气湍流混合,也会在距地面上方的一定高度形成一个悬浮的一定厚度的过渡逆温层。

根据逆温层形成的机理,热岛效应对逆温层的出现有很大的促进作用。热岛影响所及的高度称为混合高度,在小城市约为 50 m,在大城市可达 500 m 以上。混合高度内的空气易于对流混合,但在其上部逆温层的大气则呈稳定状态而不扩散,就像热的盖子一样,使得发生在热岛范围内的各种污染物都被封闭在热岛中。因此,热岛现象对大范围的大气污染也有很大的影响。

控制城市的人口密度和建筑物密度过快发展,合理规划城市;保护并增大城区的绿地和水体面积;提高能源的利用率,减少人为热的释放和减少温室气体的排放等措施对减缓城市热岛效应是行之有效的。例如上海近 3 年来大规模的城市绿地建设,使中心城区夏季的热岛强度减少了 0.2~0.4 ℃。

目前城市的热岛强度的评价方法有现场测试和计算机模拟方法。许多城市应用卫星遥感热图像研究城市热岛效应,从而掌握城市热环境的变化规律。

(2) 城市风场与远郊不同,除风向改变以外,平均风速低于远郊的来流风速。

风场是指风向、风速的分布状况。研究表明,建筑群增多、增密、增高,导致下垫面粗糙度增大,消耗了空气水平运动的动能,使城区的平均风速减小,边界层高度加大。由前面的图 2-26 可以看出,在建筑密集地区、城市边缘的树林地区和开阔区域的风速变化。不仅城市内的风速与远郊来流风速相比有很大的不同,由于大量建筑物的存在,气流遇到障碍物会绕行,产生方向和速度的变化,使得市区内的一些区域的主导风向与来流主导风向也不同。

城市和建筑群内的风场对城市气候和建筑群局部小气候有显著的影响,但两种影响的主要作用不太一样。城市风环境更多的是影响城市的污染状况,因此在进行城市规划的时候,需要考虑城市的主导风向,对污染程度不同的企业、建筑进行布局,把大量产生污染物的企业或建筑布置在城市主导风向的下游位置。而建筑群内的风场主要影响的是热环境,包括小区室外环境的热舒适性、夏季建筑通风以及由于冬季建筑的渗透风附加的采暖负荷。

建筑群内风场的形成取决于建筑的布局,不当的规划设计产生的风场问题主要有:

① 冬季往区内高速风场增加建筑物的冷风渗透,导致采暖负荷增加;② 由于建筑物的遮挡作用,造成夏季建筑的自然通风不良;③ 室外局部的高风速影响行人的活动,并影响热舒适;④ 建筑群内的风速太低,导致建筑群内散发的气体污染物无法有效排除而在小区内聚集;⑤ 建筑群内出现旋风区域,容易积聚落叶、废纸、塑料袋等废弃物。

对于室外的热舒适和行人活动来说,距地面 2 m 以下高度空间的风速分布是最需要关心的。尽管与郊区比,市区和建筑群内风速较低,但会在建筑群特别是高层建筑群内产生局部高速流动,即人们俗称的"风洞效应"。一些高层建筑群中,与冬季主导风向一致的"峡谷"或者过街楼均有在冬季变成"风洞"的危险。图 2-29 给出了北方某城市的一个高层小区距地 1.5 m 高处的数值模拟风场图。在冬季风来流为 7.6 m/s 时,小区内部绝大部分区域的局部风速均低于 3 m/s,但在偏西侧的南北主要干道上出现了 10 m/s 的高风速,直接影响该处行人的行走,并造成极度寒冷的不舒适感。当风吹至高层建筑的墙面向下偏转时,将与水平方向的气流一起在建筑物侧面形成高速风和湍流,在迎风面上形成下行气流,而在背风面上气流上升。街道常成为风漏斗,把靠近两边墙面的风汇集在一起,造成近地面处的高速风。这种风常掀起灰尘,在背风侧的下部聚集垃圾,并在低温时还会形成极不舒适的局部冷风。通过上述分析可以看出,建筑的布局对小区风环境有重要的影响,因此在建筑群的规划设计阶段就应该对这些问题进行认真考虑,调整设计或采取其他措施避免这种现象的出现。

图 2-29　高层建筑群内产生的局部高速气流

研究城市和建筑群风场的方法有利用风洞的物理模型实验方法和计算流体力学(CFD)的数值模拟方法。如图 2-30 所示给出利用 CFD 辅助建筑布局设计的实例,在冬季以北风为主导风向、夏季以南风为主导风向的北方内陆城市设计一个多层建筑的住宅小区,要求达到冬季有效抑制小区内的风速,而夏季又能保证不影响小区内建筑的自然通风。通过不断调整,得到了图中的建筑布局。可以看出,北侧的连排小高层建筑有效地阻碍了冬季北风的侵入,抑制了小区内的风速。而在夏季,非连续的低层建筑为南风的通过留了空间,尽可能地保证后排建筑的自然通风。

(3) 城市中的云量,大气透明度低,太阳总辐射照度也比郊区弱。

由于城市中心上升的气流和大气污染的相互作用,空气中有较多的尘埃和其他吸湿性等凝结核,因此云量比郊区多,导致城市太阳辐射比郊区减少高达 15%～20%。工业区比非工业

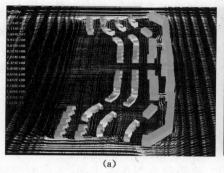 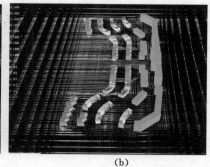

(a)　　　　　　　　　　　　(b)

图 2-30　CFD 辅助建筑布局设计实例(风速场)

(a) 冬季主导风向:北风←;(b) 夏季主导风向:南风→

区要低 10% 左右。因而削弱了城市所获得的太阳辐射,表 2-7 为苏南地区 5 市及 5 县在持续 30 年内年均日照时数下降情况。与此同时,城市上空的这些尘埃等凝结核在条件适宜时,即使空气中水汽未达到饱和,也会出现大量的雾,此时相对湿度可达 70%~80%,因此城市的雾多于郊区。我国最严重的城市,其雾日比郊区多 1~2 倍,有时甚至 4 倍。此外,由于热岛现象,气流容易扰动上升,而且尘粒多,水汽容易凝结,因此城市降水也多于城郊。

表 2-7　　　　　　1961~1992 年苏南 5 市 5 县各时期日照时数年平均值的变化趋势　　　　　　h

年份	苏州	无锡	常州	镇江	南京	吴江	江阴	溧阳	丹阳	江宁	区域平均	
											市	县
1961~1969	2 083	2 097	2 167	2 193	2 280	2 139	2 287	2 205	2 202	2 217	2 164	2 210
1970~1979	1 969	2 027	1 967	2 056	2 053	2 123	2 090	2 017	2 018	2 142	2 014	2 078
1980~1992	1 779	1 937	1 917	2 003	1 921	1 994	1 986	1 974	1 883	1 888	1 911	1 965

(4) 城市大气污染。

城市中人们各种生产和生活活动所产生的热污染、粉尘污染、有害气体污染大大影响了城市气候品质。近年来,随着城市汽车的增多,汽车尾部排放的氮氧化合物和碳氢化合物,经太阳紫外线照射生成的一种毒性很大的不同于煤尘废气的浅蓝色烟雾,即"光化学污染",其主要成分就是臭氧,它具有强烈的刺激作用,能使人眼睛红肿,喉咙疼痛,中毒严重者危害更大。距离地面 15~30 km 的大气平流层中存在臭氧浓度极高的"臭氧层",当大气中含有浓度较高的氟氯化合物(来自工业、民用制冷、家用冰箱、空调等),在吸收紫外辐射后释放氯原子,从而分解臭氧分子,造成"臭氧层空洞",其结果使城市上空原来可吸收紫外线的臭氧大大减少,使大量紫外线透过大气层与人类接触,致使皮肤癌患者增多。此外,大量能源使用所排放的二氧化硫和氮氧化合物,在一系列复杂的化学反应下,形成硫酸和硝酸,通过降雨形成酸雨,导致土壤贫瘠,森林生长速率减慢,微生物活动受到抑制,对鱼类生存构成威胁,刺激人的喉咙和眼睛。各种大气污染在城市高空中的悬浮是造成城市热岛效应的诱因,为此防止城市大气污染刻不容缓。

(5) 城市地表蒸发减弱,湿度变小,城市降水比郊区略多。

城市下垫面多为建筑物和不透水的路面,其地表面温度较高,水汽蒸发量小,且城区降水容易排泄,所以城市空气的平均绝对湿度和相对湿度都较小,在白天易形成"干岛"。夜间城市绝对湿度比郊区大,形成"湿岛"。城市年平均相对湿度一般比农村低 2%～8%。

由于城市热岛的作用,市区上空的上升气流比郊区要强,空气中的烟尘又提供了充足的凝结核,故城市降水较多。根据对欧美许多大城市研究结果,城市降水总量一般比郊区多5%～10%,并且日降水为 0.5 mm 以下的降水日数也比郊区偏多 10%。

第四节　中国的气候分区

我国幅员辽阔,地形复杂。各地由于纬度、地势和地理条件不同,气候差异悬殊。不同的气候条件对房屋建筑提出了不同的要求。炎热地区需要通风、遮阳、隔热;寒冷地区需要采暖、防寒、保温。为了使建筑更充分地利用和适应当地气候条件,需要明确建筑和气候两者的科学联系,因此,我国对国内气候进行了合理分区。常见的气候分区有两种:一是建筑热工设计分区法;二是建筑气候分区法。

一、建筑热工设计分区

在建筑热工设计中,为考虑气候对对室内环境的影响,1993 年我国制订了《民用建筑热工设计规范》(GB 50176—1993),将全国建筑热工设计分为五个分区,其目的就在于使民用建筑(包括住宅、学校、医院、旅馆)的热工设计与地区气候相适应,保证室内基本热环境要求,符合国家节能方针。因此用累年最冷月(一月)和最热月(七月)平均气温作为分区主要指标,累年日平均温度≤5 ℃和≥25℃ 的天数作为辅助指标,将全国划分成五个区,即严寒、寒冷、夏热冬冷、夏热冬暖和温和地区,并提出相应的设计要求。这五个气候区的分区指标、气候特征的定性描述、对建筑的基本要求见表 2-8。

表 2-8　　建筑热工设计分区及设计要求

分区名称	分区指标		设计要求
	主要指标	辅助指标	
严寒地区	最冷月平均温度≤-10 ℃	日平均温度≤5 ℃的天数≥145 d	必须充分满足冬季保温要求,一般可不考虑夏季防热
寒冷地区	最冷月平均温度-10～0 ℃	日平均温度≤5 ℃的天数 90～145 d	应满足冬季保温要求,部分地区兼顾夏季防热
夏热冬冷地区	最冷月平均温度 0～10 ℃,最热月平均温度 25～30 ℃	日平均温度≤5 ℃的天数 0～90 d,日平均温度≥25 ℃的天数为 49～110 d	必须满足夏季防热要求,适当兼顾冬季保温
夏热冬暖地区	最冷月平均温度＞10 ℃,最热月平均温度 25～29 ℃	日平均温度≥25 ℃的天数为 100～200 d	必须充分满足夏季防热要求,一般可不考虑冬季保温
温和地区	最冷月平均温度 0～13 ℃,最热月平均温度 18～25 ℃	日平均温度≤5 ℃的天数 0～90 d	部分地区应考虑冬季保温,一般可不考虑夏季防热

二、建筑气候分区

为区分我国不同地区气候条件对建筑物影响的差异性,明确各气候区的建筑基本要求,从总体上做到合理利用气候资源,防止气候对建筑的不利影响,我国 1993 年制定了《建筑气候区划标准》(GB 50178—1993),适用的范围为一般工业建筑和民用建筑,适用范围更广,涉及的气候参数更多。该标准以累年一月和七月的平均气温、七月平均相对湿度等作为主要指标,以年降水量、年日平均气温≤5 ℃和≥25 ℃的天数等作为辅助指标,将全国划为 7 个一级区,即Ⅰ、Ⅱ、Ⅲ、Ⅳ、Ⅴ、Ⅵ、Ⅶ区,在一级区内,又以一月、七月平均气温、冻土性质、最大风速、年降水量等指标,划分成若干二级区,并提出相应的建筑基本要求。各区的分区指标和气候特征见表 2-9。

表 2-9 建筑气候分区与气候特点

建筑气候区	分区指标		气候特点
	主要指标	辅助指标	
Ⅰ	1 月平均气温为 −31～10 ℃,7 月平均气温低于 25 ℃,年平均相对湿度为 50%～70%	年降水量为 200～800 mm,年日平均气温低于或等于 5 ℃的日数大于 145 d	冬季漫长严寒,夏季短促凉爽;西部偏于干燥,东部偏于湿润;气温年较差很大;冰冻期长,冻土深,积雪厚;太阳辐射量大,日照丰富;冬半年多大风
Ⅱ	1 月平均气温为 −10～0 ℃,7 月平均气温 18～28 ℃,年平均相对湿度为 50%～70%	年降水量为 300～1 000 mm,年日平均气温低于或等于 5 ℃的日数为 90～145 d,年日平均气温高于或等于 25 ℃的日数少于 80 d	冬季较长且寒冷干燥,平原地区夏季较炎热湿润,高原地区夏季较凉爽,降水量相对集中;气温年较差较大,日照较丰富;春、秋季短促,气温变化剧烈;夏季雨雪稀少,多大风风沙天气,夏秋多冰雹和雷暴
Ⅲ	1 月平均气温为 0 ℃～10 ℃,7 月平均气温一般为 25 ℃～30 ℃,年平均相对湿度较高,为 70%～80%	年降水量为 1 000～1 800 mm,年日平均气温低于或等于 5 ℃的日数为 90～0 d,年日平均气温高于或等于 25 ℃的日数 40～110 d	夏季闷热,冬季湿冷,气温日较差小;年降水量大;日照偏少;春末夏初为长江中下游地区的梅雨期,多阴雨天气,常有大雨和暴雨出现;沿海及长江中下游地区夏秋常受热带风暴和台风袭击,易有暴雨大风天气
Ⅳ	1 月平均气温高于 10 ℃,7 月平均气温为 25～29 ℃,年平均相对湿度为 80% 左右	年降水量为 1 500～2 000 mm,年日平均气温高于或等于 25 ℃的日数为 100～200 d	长夏无冬,温高湿重,气温年较差和日较差均小;雨量丰沛,多热带风暴和台风袭击,易有大风暴雨天气;太阳高度角大,日照较小,太阳辐射强烈
Ⅴ	1 月平均气温为 0～13 ℃,7 月平均气温为 18～25 ℃,年平均相对湿度为 60%～80%	年降水量为 600～2 000 mm,年日平均气温低于或等于 5 ℃的日数为 90～0 d	立体气候特征明显,大部分地区冬温夏凉,干湿季分明;常年有雷暴、多雾,气温的年较差偏小,日较差偏大,日照较少,太阳辐射强烈,部分地区冬季气温偏低

建筑气候区	分区指标		气候特点
	主要指标	辅助指标	
Ⅵ	1月平均气温为 0～22 ℃，7月平均气温为 2～18 ℃，年平均相对湿度为 30%～70%	年降水量为 25～900 mm，年日平均气温低于或等于5℃的日数为 90～285 d	长冬无夏，气候寒冷干燥，南部气候较高，降水较多，比较湿润；气温年较差小而日较差大；气压偏低，空气稀薄，透明度高；日照丰富，太阳辐射强烈；冬季多西南大风，冻土深，积雪较厚，气候垂直变化明显
Ⅶ	1月平均气温为－20～－5℃，7月平均气温为 18～33 ℃，年平均相对湿度为 35%～70%	年日平均气温低于或等于5℃的日数为 180～1 110 d，年日平均气温高于或等于25 ℃的日数小于 120 d	地区冬季漫长严寒，南疆盆地冬季寒冷；大部分地区夏季干热，吐鲁番盆地酷热，山地较凉；气温年较差和日较差均大；大部分地区雨量稀少，气候干燥，风沙大；部分地区冻土较深，山地积雪较厚，日照丰富，太阳辐射强烈

三、建筑热工设计分区和建筑气候分区的对比

由于建筑热工设计分区和建筑气候区划（一级区划）的划分主要指标是一致的，因此两者的区划是互相兼容、基本一致的。建筑热工设计分区中的严寒地区，包含建筑气候区划图中全部Ⅰ区，Ⅵ区中的ⅥA、ⅥB以及Ⅶ区中的ⅦA、ⅦB、ⅦC；建筑热工设计分区中的寒冷地区，包含建筑气候区划图中全部Ⅱ区、Ⅵ区中的ⅥC以及Ⅶ区中的ⅦD；建筑热工设计分区中的夏热冬冷、夏热冬暖、温和地区，与建筑气候区划图中全部区Ⅲ、Ⅳ、Ⅴ区完全一致。

四、外国学者的气候分区法

1. 柯本的全球气候分区法

西方学者柯本（W. P. Koppen）提出的全球气候分区法以气温和降水两个气候要素为基础，并参照自然植被的分布，把全球气候分为五个气候区：赤道潮湿性气候区（A）、干燥性气候区（B）、湿润性温和型气候区（C）、湿润性冷温型气候区（D）、极地气候区（E）和山地气候区（H），其中 A、C、D、E 为湿润气候，B 为干旱气候。此外，由于山地气候（H）变化非常复杂，将其单独归为一类，见表 2-10。

表 2-10　　　　　　　　　　柯本的全球气候分区法

气候区	气候特征	气候型	气候特征
A 赤道潮湿性气候区	全年炎热最冷月平均气温≥18 ℃	热带雨林气候 Af	全年多雨，最干月降水量≥60 mm
		热带季风气候 Am	雨季特别多雨，最干月降水量＜60 mm
		热带草原气候 Aw	有干湿季之分，最干月降水量＜60 mm
B 干燥性气候区	全年降水稀少，根据降水的季节分配，分冬雨区、夏雨区、年雨区	沙漠气候 Bwh,Bwk	干旱，降水量＜250 mm
		稀树草原气候 Bsh,Bsk	半干旱，250 mm＜降水量＜750 mm

气候区	气候特征	气候型	气候特征
C 湿润性温和型气候区	最热月平均气温＞10 ℃；0 ℃＜最冷月平均温度＜18 ℃	地中海气候 Csa,Csb	夏季干旱,最干月降水量＜40 mm,不足冬季最多月的 1/3
		亚热带湿润性气候 Cfa,Cwa	
		海洋性西海岸气候 Cfb,Cfc	
D 湿润性冷温型气候区	最热月平均气温＞10 ℃；最冷月平均气温＜0 ℃	湿润性大陆性气候 Dfa,Dfb,Dwa,Dwb	
		针叶林气候 Dfc,Dfd,Dwc,Dwd	
E 极地气候区	全年寒冷最热月平均气温＜10 ℃	苔原气候 ET	0 ℃＜最热月平均气温＜10 ℃,生长有苔藓、地衣类植物
		冰原气候 EF	最热月平均气温＜0 ℃,终年覆盖冰雪
H 山地气候区		山地气候 H	海拔在 2 500 m 以上

注:表中细分区的字母意义是:a 为夏热,b 为夏凉,c 为短夏凉,d 为冬极冷,s 为夏旱,f 为无旱季,w 为冬旱,h 为热,k 为冷。

　　根据柯本的理论和气候分区图,我国被分为 C、D、B、H 四个气候区,和我国的热工设计分区有部分是重叠一致的。

　　2. 斯欧克来的全球气候分区法

　　英国人斯欧克来(Szokolay)根据空气温度、湿度、太阳辐射等因素,将世界各地划分成为 4 个气候区:湿热气候区、干热气候区、温和气候区和寒冷气候区,见表 2-11。西方学者在研究建筑与气候关系的时候,最常用的就是这种分类法。但其缺点是比较感性和主观,也比较粗略。

表 2-11　　　　　　　　　　　斯欧克来的全球气候分区法

	气候区	气候特征及气候因素	建筑气候策略
1	湿热气候区	温度高,年均气温在 18 ℃左右或更高,年较差小；年降水量≥750 mm；潮湿闷热,相对湿度≥80%；阳光暴晒,眩光	遮阳；自然通风降温；低热容的围护结构
2	干热气候区	阳光暴晒,眩光,温度高；年较差、日较差大；降水稀少、空气干燥、湿度低、多风沙	最大限度遮阳；厚重的蓄热墙体增强热稳定性；利用水体调节微气候；内向型院落式格局

	气候区	气候特征及气候因素	建筑气候策略
3	温和气候区	有较寒冷的冬季和较炎热的夏季； 月平均气温的波动范围大； 最冷月可低至−15 ℃，最热月可高达 25 ℃； 气温的年变幅−30～37 ℃	夏季：遮阳、通风； 冬季：保温
4	寒冷气候区	大部分时间月平均温度低于 15 ℃； 风，严寒，雪荷载	最大限度保温

本章符号说明

A——太阳方位角，太阳偏东为正，偏西为负，(°)；

A_g——地面温度波动振幅，℃；

h——时角，(°)；

i——太阳辐射线与被照射法线的夹角，(°)；

I——太阳辐射照度，W/m^2；

I_0——太阳常数，W/m^2；

I_{DH}——水平面上的太阳直射辐射照度，W/m^2；

I_{DV}——垂直面上的太阳直射辐射照度，W/m^2；

I_{Di}——坡度为 θ 的平面上的太阳直射辐射照度，W/m^2；

I_N——地面上的法向太阳直射辐射照度，W/m^2；

a——大气层消光系数，无量纲；

K——玻尔兹曼常数，$1.380\ 6\times10^{-23}$ J/K；

L_0——标准时间子午线的经度，(°)；

L_m——当地时间子午线所在处的经度；

P——大气透明度；

P_a——地面附近的水蒸气分压力，mbar；

p——大气压力，kPa；

S——日照率，全天实际日照时数与可能日照时数之比；

T_g——地表温度，K；

T_a——地面附近的空气温度，K；

T_b——局部空气温度变化的基准温度，K；

T_0——标准时间，min；

T_m——地方平均太阳时间，min；

T_{sky}——有效天空温度，K；

t_{dp}——地面附近的空气露点温度，℃；

α——被照射面方位角，被照射的把线在水平面上的投影偏离当地子午线（南方）的角度，偏西为负，偏东为正，(°)；

β——太阳高度角,(°);

δ——赤纬,(°);

τ——时间,s;

φ——维度,(°);

ε——地面的长波发射率,无量纲;

ε_{air}——地面附近空气的发射率,无量纲;

σ——斯蒂芬—玻尔兹曼常数,5.67×10^{-8} W/(m² · K⁴);

$\Delta T_{sol}(t)$——太阳辐射造成的空气温度温升,K;

$\Delta T_{lw}(t)$——夜间对天空长波辐射造成的空气温降,K。

下标:a——空气;met——气象站;urb——市区。

思 考 题

1. 南北建筑对日照的控制要求有什么差别? 建筑日照对室内外环境有什么影响?

2. 为什么我国北方住宅严格遵守坐北朝南的原则,而南方住宅并不严格遵守此原则?

3. 建筑热环境的特点是什么? 城市热岛效应的特征有哪些? 从建筑环境的角度出发如何改善城市室外热环境?

4. 何谓太阳高度角和太阳方位角? 确定太阳高度角和太阳方位角的目的是什么? 并计算出当地春分(秋分)中午时太阳高度角;冬至及夏至正午时太阳高度角、日出及日落的时间和方位。

5. 分析城市小气候的主要特点。

6. 什么是温室效应、逆温层与城市热岛效应? 它们之间有何相互关系?

7. 建筑外环境的控制要素是什么?

8. 为什么晴朗天气的凌晨时树叶表面容易结霜或结露?

9. 晴朗的夏夜,气温 25 ℃,有效天空温度能达到多少? 如果没有大气层,有效天空温度应该是多少?

10. 不同地表覆盖物对建筑外环境有何影响? 采用高反射率的地表覆盖物对城市热微气候有什么影响?

参 考 文 献

[1] 朱颖心.建筑环境学[M].第3版.北京:中国建筑工业出版社,2010.

[2] 黄晨.建筑环境学[M].北京:机械工业出版社,2007.

[3] 李念平.建筑环境学[M].北京:化学工业出版社,2010.

[4] 杨晚生.建筑环境学[M].武汉:华中科技大学出版社,2009.

[5] 柳孝图.建筑物理[M].第2版.北京:中国建筑工业出版社,2000.

[6] 李先庭,石星文.人工环境学[M].北京:中国建筑工业出版社,2006.

[7] 西安建筑科技大学.建筑物理[M].第3版.北京:中国建筑工业出版社,2004.

[8] 江亿,林波荣,等.住宅节能[M].第2版.北京:中国建筑工业出版社,2006.

［9］ 李铌,等.环境工程概论［M］.北京:中国建筑工业出版社,2008.

［10］ 中国建筑科学研究院.GB 50178—1993　中国标准书号［S］.北京:中国计划出版社,1994.

［11］ 王国安,米洪涛,邓天宏,等.太阳高度角和日出日落时刻方位角一年变化范围计算［J］.气象与环境科学,2007,30(609):161-164.

第三章　建筑环境中的热湿环境

热是贮存于所有物体(不论是固体、液体或气体)中的一种能量,温度是贮存的这种能量对物体产生效应度量。人体只要处于与其体温相同的热环境中,就不会得到或失去热量,即处于平衡状态。但如果是处在较高或较低温度的环境中,人体就会以传导、对流、辐射以及蒸发等方式得到或失去热量。导热是由于较热和较冷固体直接接触引起的热量转移。对流是由于环绕较热或较凉的固体运动的气体或流体而引起的热转移。辐射是温度高于绝对零度的物体,从其表面向外辐射出电磁波并向空间传播(这种传播可以在真空条件下进行),被辐射体将接受的辐射能又转换为热能。辐射换热时不仅存在着能量的转移,还伴随着能量形式的转化(辐射体将热能转换为电磁辐射能向外发射,被辐射体将所接受的辐射能又转换为热能)。此外,参与换热的两物体不需直接接触(例如人体与室内墙面、天棚之间的辐射换热)。人体蒸发散热是通过呼吸和皮肤蒸发进行的,在活动强度较大或环境温度较高时,人体大量出汗,依靠汗液的蒸发大量散热。

热湿环境是建筑环境中最主要的内容,主要反映在空气环境的热湿特性中,建筑热湿环境是如何形成的? 图 3-1 给出了影响室内热湿环境的因素。

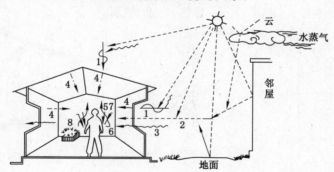

图 3-1　建筑热湿环境的形成

1——气温;2——太阳辐射;3——室外空气综合温度;4——热空气交换;5——建筑内表面辐射;
6——人体辐射换热;7——人体对流换热;8——人体蒸发散热;9——室内热源

建筑热湿环境主要成因是外扰和内扰的影响和建筑本身的热工性能。外扰:室外气候参数,邻室的空气温湿度,外扰作用方式:① 热交换:太阳辐射(透明/半透明体)、热传导(围护结构)/(对流＋辐射);② 空气交换:空气渗透、空调送风。内扰:室内设备、照明、人员等室内热湿源。内扰作用方式:辐射、对流、蒸发。如图 3-2 所示。

无论是通过围护结构的传热传湿还是室内产热产湿,其作用形式包括对流换热(对流质交换)、导热和辐射三种形式。某时刻在内外扰作用下进入房间的总热量称为该时刻的得热(Heat Gain—HG)[1]。如果得热小于零,意味着房间失去热量。由于围护结构热惯性的存在,通过围护结构的得热量与外扰之间存在着衰减和延迟的关系,使得其热湿过程的变化规

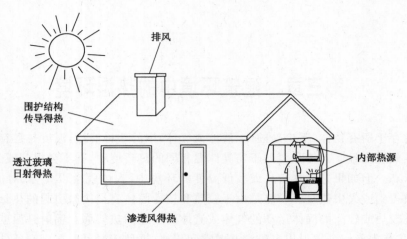

图 3-2 建筑物获得的热量

律变得相当复杂。本章的主要任务就是研究建筑室内热湿环境的形成原理以及室内热湿环境与各种影响因素之间的对应的关系。

第一节 传热的基本方式

传热的特点：传热发生在有温度差的地方，并且总是自发地由高温处向低温处传递。

传热有三种基本方式（图 3-3）——导热、对流、辐射。

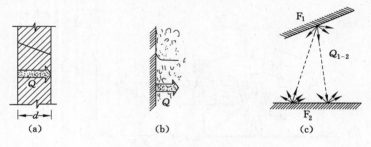

图 3-3 传热的三种基本形式

(a) 导热；(b) 对流；(c) 辐射

一、导热(传热)

定义：指温度不同的物体直接接触时，靠物质微观粒子（分子、原子、自由电子等）的热运动引起的热能转移现象。导热可在固体、液体和气体中发生，但只有在密实的固体中才存在单纯的导热过程。在建筑热工学中，大量课题涉及非金属固体材料的导热，有时也涉及空气、水分或金属导热问题。

二、对流

定义：对流只发生在流体中，是因温度不同的各部分流体之间发生相对运动，互相掺合而传递热能，如图 3-4 所示。促使流体产生对流的原因：① 本来温度相同的流体，因其中某一部分受热（或冷却）而产生温度差，形成对流运动，称为自然对流。② 因受外力作用（如风吹、泵压等)迫使流体产生对流,称为受迫对流。工程上遇到的一般是流体流过一个固体壁面时发生的热量交换过程,称为对流换热。单纯的对流换热不存在,总伴随有导热发生。

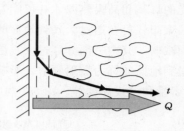

图 3-4　对流换热示意图

三、辐射

定义:辐射指依靠物体表面向外发射热射线(能产生显著效应的电磁波)来传递能量的现象。自然界中凡温度高于绝对零度(0K)的物体,都能发射辐射热,同时也不断吸收其他物体投射来的辐射热。所以在空间任意两个相互分离的物体,彼此间变会产生辐射换热,任意两相对位置的两表面,若不计两表面之间的多次反射仅考虑第一次吸收,则表面辐射换热量的通式为:

$$Q_{1.2} = \alpha_r(\theta_1 - \theta_2) \cdot F \quad \text{或} \quad q_{1.2} = \alpha_r(\theta_1 - \theta_2)$$

式中　α_r——辐射换热系数,W/(m^2·K)。

特点:辐射换热时有能量转化:热能 →辐射能→热能参与换热的物体无须接触。如图 3-5所示,辐射热的反射、吸收与透射。例如普通窗玻璃的保温能力、吸热玻璃。

实际传热过程:例如冬季,室内通过外墙向室外传热是包含三种基本传热方式的复杂过程,如图 3-6 所示。

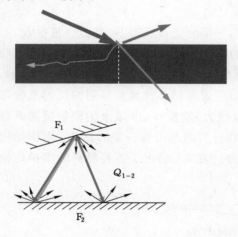

图 3-5　辐射换热示意图

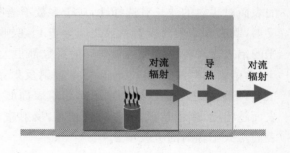

图 3-6　实际传热过程

第二节　太阳辐射对建筑物的热作用

日辐射是建筑物外部的主要热源。太阳的光谱主要是由 0.2~3.0 μm 的波长区域所组成的。太阳光谱的峰值位于 0.5 μm 附近,到达地面的太阳辐射能量在紫外线区(波长为 0.2~0.38 μm)占的比例很小,约为 1%。在各种波长辐射中能转化为热能的主要是可见光和红外线,日辐射照度中约有 52% 来自波长为 0.38~0.76 μm 的可见光;其次为波长在 0.76 μm 以上至 3 μm 的近红外线。而一般工业热源的辐射均为长波辐射,波长为 5 μm 以上。因此,建筑环境所涉及的表面温度范围决定了其发射的辐射均为长波辐射,只有发射可见光的灯具和高温热源才有可能发射可见光和近红外线。

太阳辐射在透过大气到地面的过程中又受到大气臭氧、水蒸气、二氧化碳等的吸收和反射而减弱。其中一部分穿过大气层直接辐射到达地面的称为直接辐射;被大气层吸收后,再辐射到地面的称为散射辐射。影响太阳辐射强度的因素:太阳高度角、大气透明度、地理纬度、云量和海拔高度等。图 3-7 为太阳辐射图解。

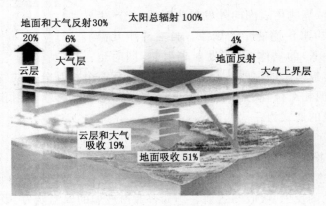

图 3-7　太阳辐射过程图

一、围护结构外表面所吸收的太阳辐射热

当太阳光照射到非透光的围护结构外表面时,一部分会被反射,一部分会被吸收,不同的表面对辐射的波长有选择性,对于多数不透明的物体来说,对外来入射的辐射只有吸收和反射,既吸收系数与反射系数之和等于 1。吸收系数越大,反射系数越小。如图 3-8 所示,擦光的铝表面对各种波长的辐射反射系数都很大,黑色表面对各种波长辐射的反射系数都很小;白色表面对波长为 2 μm 以下的辐射反射系数很大,波长 6 μm 以上的辐射反射系数又很小,接近黑色表面。这种现象对建筑表面颜色和材料的选用有一定的影响。围护结构的表面越粗糙、颜色越深,吸收率就越高,反射率越低。表 3-1 给出了各种材料的围护结构外表面对太阳辐射的吸收率 α。

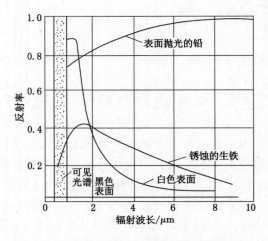

图 3-8　各种表面在不同辐射波长下的反射率

表 3-1　　　　　　　**各种材料的围护结构外表面对太阳辐射的吸收率 α**

材料类别	颜色	吸收率 α	材料类别	颜色	吸收率 α
石棉水泥板	浅	0.7～0.87	红砖墙	红	0.7～0.77
镀锌薄钢板	灰黑	0.87	硅酸盐砖墙	青灰	0.45
拉毛水泥面墙	米黄	0.65	混凝土砌块	灰	0.65
水磨石	浅灰	0.68	混凝土墙	暗灰	0.73
外粉刷	浅	0.4	红褐陶瓦屋面	红褐	0.65～0.74
灰瓦屋面	浅灰	0.52	小豆石保护屋面层	浅黑	0.65
水泥屋面	素灰	0.74	白石子屋面		0.62
水泥瓦屋面	暗灰	0.69	油毛毡屋面		0.86

　　把外围护结构表面涂成白色或玻璃窗上挂白色窗帘可以有效地减少进入室内的太阳辐射热。但同时应注意到,绝大多数材料的表面对长波辐射的吸收率和反射率随波长的变化并不大,可以近似认为是常数。而且不同颜色的材料表面对长波辐射的吸收率和反射率差别也不大。除抛光的表面以外,一般建筑材料的表面对长波辐射的吸收率都比较高,基本上在 0.9 上下。

　　世界上第一座玻璃幕墙建筑是 20 世纪 50 年代的纽约建成的利华大厦(Lever House),这座建筑由 SOM 建筑设计事务所设计,后来作为纽约利华公司的办公大厦来使用,一直沿用至今。当时这种外围护结构全部由玻璃组成的建筑受到了来自业内外人士的极大瞩目。1985 年中国建成了第一座玻璃幕墙建筑,也就是当时的北京长城饭店。玻璃对不同波长的辐射有选择性,玻璃对辐射的选择性如图 3-9 所示。

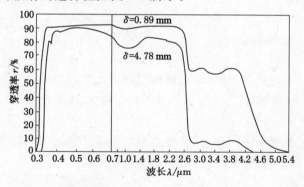

图 3-9　普通玻璃的光谱透过率

　　由图 3-9 可见,普通玻璃对于可见光和波长为 3 μm 以下的近红外线来说几乎是透明的,但却能有效地阻隔长波红外辐射。因此,当太阳直射到普通玻璃窗上时,绝大部分的可见光和短波红外线将会透过玻璃,只有长波红外线(也称作长波辐射)会被玻璃反射和吸收中,但这一部分能量在太阳辐射中所占比例很少。从另一方面来说,玻璃能够有效地阻隔室内向室外发射的长波辐射,因此具有温室效应,如图 3-10 所示。

　　将具有低发射率、高红外反射率的金属(铝、铜、银、锡等),使用真空沉积技术,在玻璃表面沉积一层极薄的金属涂层,这样就制成了 Low-e(Low-emissivity)玻璃,如图 3-11 所示。

这种玻璃外表面看是无色的,有良好的透光性能,可见光透过率可以在 70%~80%。但是,它具有较低的长波红外线发射率和吸收率,反射率很高。普通玻璃的长波红外线发射率和吸收率为 0.84,而 Low-e 玻璃可低达 0.1。尽管 Low-e 玻璃和普通玻璃对长波辐射的透射率都很低,但与普通玻璃不同的是,对 Low-e 玻璃对波长为 0.76~3 μm 的近红外线辐射的透射率比普通玻璃低得多,对太阳辐射有高透和低透不同性能。高透 Low-e 玻璃的近红外线的透射率比较高;低透 Low-e 玻璃的近红外线透射率比较低,对可见光也有一定的影响。

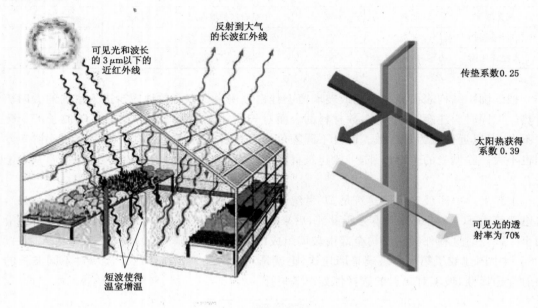

图 3-10 玻璃的温室效应 　　　　　图 3-11 低透 low-e 玻璃

　　阳光照射到单层半透明薄层时,半透明薄层对于太阳辐射的总反射率、吸收率和透过率是阳光在半透明薄层内进行反射、吸收和透过的无穷次反复之后的无穷多项之和(图 3-12)。

　　阳光照射到双层半透明薄层时,还要考虑两层半透明薄层之间的无穷次反射,以及再对反射辐射的透过,如图 3-13 所示。

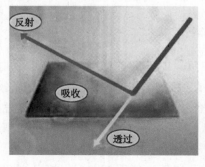

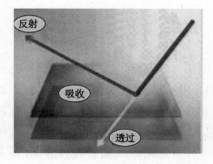

图 3-12 太阳照射在单层玻璃上 　　　　　图 3-13 太阳照射在双层玻璃上

由于玻璃对辐射有一定的阻隔作用,因此不是完全的透明体。当阳光照到两侧均为空气的透明薄层时,例如单层玻璃窗,射线要通过两个分界面才能从一侧透射到另一侧,如图 3-14所示。太阳光首先从空气入射进入玻璃薄层,即通过第一个分界面。如果用 r 代表空气一半透明薄层界面的反射百分比,α_0 代表射线单程通过半透明薄层的吸收百分比,由于分界面的反射作用,只有 $1-r$ 的辐射能进入半透明薄层。经半透明薄层的吸收作用,有 $(1-r)(1-\alpha_0)$ 的辐射能可以达到第二个分界面。由于第二个分界面的反射作用,只有 $(1-r)^2(1-\alpha_0)$ 的辐射能可以进入另一侧的空气,其余 $(1-r)(1-\alpha_0)r$ 的辐射能又被反射回去,再经过玻璃吸收以后,抵达第一分界面……,如此反复。

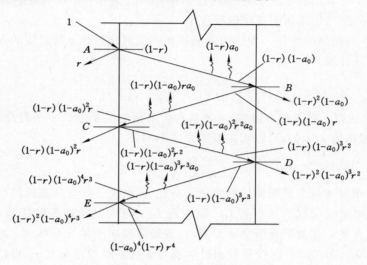

图 3-14　单层半透明薄层中光的行程

因此,当太阳照射到半透明薄层时,半透明薄层对于太阳辐射的总反射率、吸收率和透射率是阳光在半透明薄层内进行反射、吸收和透射的无穷次反复之后的无穷多项之和。

半透明薄层的总吸收率为:

$$\alpha = \alpha_0 (1-r) \sum_{N=0}^{\infty} r^n (1-\alpha_0)^n = \frac{\alpha_0 (1-r)}{1-r(1-\alpha_0)} \tag{3-1}$$

半透明薄层的总反射率为:

$$\rho = r + r (1-\alpha_0)^2 (1-r)^2 \sum_{N=0}^{\infty} r^{2n} (1-\alpha_0)^{2n} = r\left[1 + \frac{(1-\alpha_0)^2 (1-r)^2}{1-r^2 (1-\alpha_0)^2}\right] \tag{3-2}$$

半透明时薄层的总透射率为:

$$\tau_{\text{galss}} = (1-\alpha_0)(1-r)^2 \sum_{N=0}^{\infty} r^{2n} (1-\alpha_0)^{2n} = \frac{(1-\alpha_0)(1-r)^2}{1-r^2 (1-\alpha_0)^2} \tag{3-3}$$

同理,当阳光照射到两层半透明薄层时,其总反射率、总透射率和各层的吸收率也可以用类似方法求得。

总透射率:

$$\tau_{\text{galss}} = \tau_1 \tau_2 \sum_{N=0}^{\infty} (\rho_1 \rho_2)^n = \frac{\tau_1 \tau_2}{1-\rho_1 \rho_2} \tag{3-4}$$

总反射率为:

$$\rho = \rho_1 + \tau_1^2 \rho_2 \sum_{n=0}^{\infty} (\rho_1 \rho_2)^n = \rho_1 + \frac{\tau_1^2 \rho_2}{1 - \rho_1 \rho_2} \tag{3-5}$$

第一层半透明薄层的总吸收率为：

$$\alpha_{c1} = \alpha_1 \left(1 + \frac{\tau_1 \rho_2}{1 - \rho_1 \rho_2} \right) \tag{3-6}$$

第二层半透明薄层的总吸收率为：

$$\alpha_{c2} = \frac{\tau_1 \alpha_2}{1 - \rho_1 \rho_2} \tag{3-7}$$

式中，τ_1、τ_2 为第一、第二层半透明薄层的透射率；ρ_1、ρ_2 为第一、第二层半透明薄层的反射率；α_1、α_2 为第一、第二层半透明薄层的吸收率。

以上各式中所用到的空气—半透明薄层界面的反射百分比 r 与射线的入射角和波长有关，可用以下公式计算：

$$r = \frac{I_\rho}{I} = \frac{1}{2} \left[\frac{\sin^2 (i_2 - i_1)}{\sin^2 (i_2 + i_1)} + \frac{\tan^2 (i_2 - i_1)}{\tan^2 (i_2 + i_1)} \right] \tag{3-8}$$

式中，i_1 和 i_2 分别为入射角和折射角，入射角和折射角的关系取决于两种介质的性质，即与两种介质的折射指数 n 有关，可以用以下关系式表示：

$$\frac{\sin i_2}{\sin i_1} = \frac{n_1}{n_2} \tag{3-9}$$

此外，射线单程通过半透明薄层的吸收百分比 α_0 取决于对应其波长的材料的消光系数 K_λ 以及射线在半透明薄层中的行程 L。而行程 L 又与入射角和折射指数有关，消光系数 K_λ 与射线波长有关。在太阳光谱主要范围内，普通窗玻璃的消光系数 $K_{sol} \approx 0.045$，水白玻璃的消光系数 $K_{sol} \leqslant 0.015$。射线单程通过半透明薄层的吸收百分比 α_0 可以通过以下公式进行计算：

$$\alpha_0 = 1 - \exp(- K_{sol} L) \tag{3-10}$$

因为随着入射角的不同，空气—半透明薄层界面的反射百分比 r 不同，射线单程通过半透明薄层的吸收率 α_0 也不同，从而导致半透明薄层的吸收率、反射率和透射率都随着入射角改变。当阳光入射角大于 60°时，透射率会急剧减少。

二、室外空气综合温度

图 3-15 表示围护结构外表面的热平衡。其中太阳直射辐射、天空散射辐射和地面反射辐射均含有可见光和红外线，与太阳辐射的组成相类似。而大气长波辐射、地面长波辐射和环境表面长波辐射则只含有长波红外线辐射部分。壁体得热等于太阳辐射热量、长波辐射换热量和对流换热量之和。建筑物外表面单位面积上得到的热量为：

$$q = \alpha_{out} (t_{air} - t_w) + \alpha I - Q_{lw} = \alpha_{out} \left[\left(t_{air} + \frac{\alpha I}{\alpha_{out}} - \frac{Q_{lw}}{\alpha_{out}} \right) - t_w \right] = \alpha_{out} (t_z - t_w) \tag{3-11}$$

式中　α_{out}——围护结构外表面的对流换热系数，W/(m²·℃)；

　　　t_{air}——室外空气温度，℃；

　　　t_w——围护结构外表面温度，℃；

　　　α——围护结构外表面对太阳辐射的吸收率；

　　　I——太阳辐射照度，W/m²；

　　　Q_{lw}——围护结构外表面与环境的长波辐射换热量，W/m²。

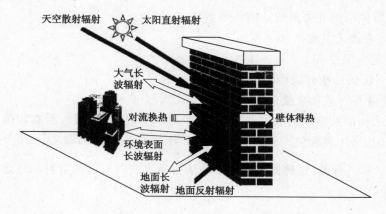

图 3-15　围护结构外表面的热平衡

太阳辐射落在围护结构外表面上的形式包括太阳直射辐射、天空散射辐射和地面反射辐射三种，后两种是以散射辐射的形式出现的。由于入射角不同，围护结构外表面对直射辐射和散射辐射有着不同的吸收率，而地面反射辐射的途径就更为复杂，其强度与地面的表面特性有关。因此式(3-11)中的吸收率 α 只是一个考虑了上述不同因素并进行综合的当量值。式(3-11)中的 t_z 称为室外空气综合温度(Solar-air temperature)。室外空气综合温度是相当于室外气温由原来的 t_{air} 增加了一个太阳辐射的等效温度值，是为了计算方便推出的一个当量的室外温度。如果考虑围护结构外表面与天空和周围物体之间的长波辐射则室外空气综合温度的表达式为：

$$t_z = t_{air} + \frac{aI}{\alpha_{out}} - \frac{Q_L}{\alpha_{out}} \tag{3-12}$$

式(3-11)和式(3-12)不仅考虑了来自太阳对围护结构的短波辐射，而且反映了围护结构外表面与天空和周围物体之间的长波辐射。如果忽略围护结构外表面与天空和周围物体之间的长波辐射，则式(3-12)可以简化成式(3-13)：

$$t_z = t_{air} + \frac{aI}{\alpha_{out}} \tag{3-13}$$

三、天空辐射(夜间辐射，有效辐射)

在计算白天的室外空气综合温度时，由于太阳辐射的强度远大于长波辐射，所以忽略长波辐射的作用是可以接受的。夜间没有太阳辐射的作用，而天空的背景温度远低于空气温度，因此建筑物向天空的辐射放热量是不可以忽略的，尤其是在建筑物与天空之间的角系数比较大的情况下。特别是在冬季夜间忽略掉天空辐射作用可能会导致对热负荷的估计偏低。围护结构外表面与环境的长波辐射换热 Q_L 包括大气长波辐射以及来自地面和周围建筑及其他物体外表面的长波辐射。如果仅考虑对天空的大气长波辐射和对地面的长波辐射，则有：

$$Q_{iw} = \sigma\varepsilon_w [(x_{sky} + x_g \varepsilon_g)] T_w^4 - x_{sky} T_{sky}^4 - x_g \varepsilon_g T_g^4 \tag{3-14}$$

式中　ε_w——围护结构外表面对长波辐射的系统黑度，接近壁面黑度，即壁面的吸收率 α；

　　　ε_g——地面的黑度，即地面的吸收率；

　　　x_{sky}——围护结构外表面对天空的角系数；

x_g——围护结构外表面对地面的角系数;

T_{sky}——有效天空温度,K;

T_g——地表温度,K;

T_{wall}——围护结构外表面温度,K;

σ——斯蒂芬—玻尔兹曼常数,5.67×10^{-8} W/(m$^2 \cdot$ K^4)。

由于环境表面的长波辐射取决于角系数,即与环境表面的形状、距离和角度都有关,很难求得,因此往往采用经验值。有一种方法是对于垂直表面近似取 $Q_{lw} = 0$,对于水平面取 $\dfrac{Q_{lw}}{\alpha_{out}} = 3.5 \sim 4.0$ ℃。可见,这种做法的前提是认为垂直表面与长波辐射换热之差值很小,可以忽略不计。

第三节　建筑围护结构的热湿传递与得热

建筑围护结构传热是很复杂的现象。从传热方式上看,涉及导热、对流、辐射三种基本传热方式;从过程上看,经历了墙体外表面的吸热、墙体结构本身的导热和墙体内表面的放热三个过程;从传热过程的随时间变化的特点来看,通过墙体的传热不论是得热还是散热皆随时间变化的即非稳态导热,边界条件也存在众多非稳态的因素,例如,室外空气温度和太阳辐射等气象条件随季节和昼夜不断变化;围护结构的外表面长期受到室外空气温度、太阳辐射、天空辐射等扰量的作用。这些外扰的影响并不是立即在墙体内表面产生作用,而是逐步反映到内表面的:室外空气温度要通过总换热热阻来影响外壁;太阳辐射要经过外壁的吸收转化为壁面的热能;天空辐射则是壁面与周围环境之间长波辐射的总效果。由此可见,墙体传热属于复杂的非稳态传热过程。求解墙体的非稳态传热过程其目的最终都是求取墙体内、外表面温度及吸热量和传热量随时间的变化规律。

1992 逐时气象参数的测定和动态负荷理论的建立为准确分析墙体的非稳定传热提供了可靠的基础。研究建筑墙体的动态传热特性,寻找墙体传热的传递函数求解,是推动建筑节能技术的发展,进行动态负荷计算和空调系统运行的最优控制所必须解决的一个重要问题。求解墙体非稳定传热的过程,就是要求解它的温度场和热流场随时间的变化过程。

建筑围护结构的热湿传递主要是介绍围护结构在内外扰作用下的传递热湿过程及特点,以及各种得热的数学表述方法。由对于得热的定义,可知某时刻在内外扰作用下进入房间的热量称为该时刻的得热。它是指围护结构的内表面包络的范围之内,包括室内空气、室内家具以及围护结构的内表面。得热就是在外部气象参数作用下,由室外传到外围护结构内表面以内的热量,或者是室内热源散发在室内的全部热量,包括通过对流进入室内空气以及通过辐射落在围护结构内表面和室内家具上的热量。

室内热源形成的总得热量是比较容易求得的,基本取决于热源的发热量,与室内参数和室内表面状态无关。但通过围护结构的总得热量却与很多条件有关,不仅受室外气象参数和室内空气参数的影响,而且与室内其他表面的状态有显著的关系。因此通过外围护结构的得热的求解方法要复杂得多,需要做一定的假定条件来简化得热的求解过程。

通过外围护结构的显热传热过程也有两种不同类型,即通过非透光围护结构的热传导以及通过透光围护结构的日射得热。这两种热传递有着不同的原理,但又相互关联。而通过围护结构形成的潜热得热主要来自于非透光围护结构的湿传递。

通过围护结构的显热得热，通过非透明围护结构的热传导。由于热惯性存在，通过围护结构的传热量和温度的波动幅度与外扰波动幅度之间存在衰减和延迟的关系。衰减和滞后的程度取决于围护结构的蓄热能力。见图 3-16，围护结构的热容量越大，蓄热能力就越大，滞后的时间越长，波幅的衰减就越大。传热系数相同但蓄热能力不同的两种墙体的传热量变化与室外气温之间关系、由于重型墙体的蓄热能力比轻型墙体的蓄热能力大得多，因此其热量的峰值就比较小，延迟时间也长得多。

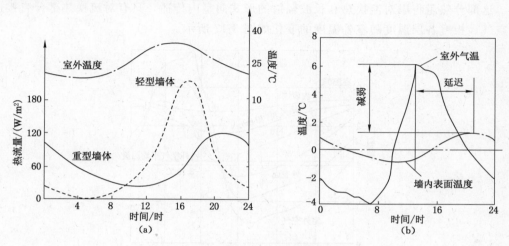

图 3-16　墙体的传热量与温度对外扰的响应
（a）墙体得热与外扰之间的关系；（b）墙内表面温度与外温的关系

一、通过围护结构的显热得热

1. 通过非透明围护结构的热传导

墙体、屋顶等建筑构件的传热过程均可看作非均质板壁的一维不稳定导热过程，x 为板壁厚度方向坐标。描述均质板壁的一维不稳定导热的热平衡的微分方程为：

$$\frac{\partial t}{\partial \tau} = \alpha(x)\,\frac{\partial^2 t}{\partial x^2} + \frac{\partial a(x)}{\partial x}\,\frac{\partial t}{\partial x} \tag{3-15}$$

如果定义 $x=0$ 为围护结构的外侧，$x=\delta$ 为围护结构的内侧，考虑太阳辐射、长波辐射和围护结构内外侧空气温差的作用，可给出边界条件：

$$\begin{cases} \alpha_{\text{out}}\big[t_{\text{out}}(\tau) - t(0,\tau)\big] + Q_{\text{solar}} + Q_{\text{L}} = -\lambda(x)\,\dfrac{\partial t}{\partial x}\,\big|_{x=0} \\[2mm] \alpha_{\text{in}}\big[t(\delta,\tau) - t_{\text{in}}(\tau)\big] + Q_{\text{l}} - Q_{\text{sh}} = -\lambda(x)\,\dfrac{\partial t}{\partial x}\,\big|_{l=\delta^{j}} \end{cases} \tag{3-16}$$

其中内表面长波辐射：

$$Q_{\text{l}} = \sigma \sum_{i=1}^{m} x_{ij}\varepsilon_{ij}\big[T_i^4(\tau) - T_j^2(\tau)\big] \tag{3-17}$$

利用室外空气综合温度简化外边界条件：

$$\alpha_{\text{out}}\big[t_{\text{z}}(\tau) - t(0,\tau)\big] = -\lambda(x)\,\frac{\partial t}{\partial x}\,\big|_{x=0} \tag{3-18}$$

实际由内表面传入室内的热量为：

$$Q_{\text{wail,cond}} = -\lambda(x) \frac{\partial t}{\partial x} \Big|_{x=\delta} \qquad (3\text{-}19)$$

式中　$\lambda(x)$——墙体材料的导温系数，m^2/s；

　　　τ——时间，s；

　　　δ——墙体厚度，m；

　　　$t(x,\tau),T(x,\tau)$——墙体中各点的温度，℃，K。

这部分热量将以对流换热和长波辐射的形式向室内传播。只有对流换热部分直接进入了空气。板壁各层温度随室外温度的变化如图 3-17 所示。

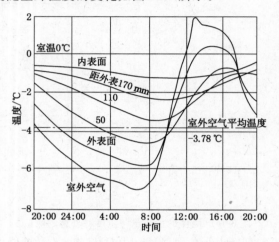

图 3-17　板壁各层温度随室外温度的变化

2. 通过非透明围护结构的得热

板壁内表面温度同时受室内气温、室内辐射热源和其他表面的温度影响：

$$Q_{\text{will,cond}} = -\lambda(x) \frac{\partial t}{\partial x} \Big|_{x=\delta}$$

(1) 一维稳定传热的特征

① 在单位时间、单位面积上通过平壁的热量即热流强度 q 处处相等。就平壁内任一截面而言，流进流出的热量相等。

② 同一材质的平壁内部各界面温度分布呈直线关系。

一维稳定传热的计算公式：

$$q = \frac{t_1 - t_2}{d} \qquad (3\text{-}20)$$

式中　t_2——低温表面温度。

　　　t_1——表面温度。

　　　q——密度，W/m^2，即单位面积上的热流量或热流强度。

　　　d——实体材料的厚度。

　　　λ——材料的导热系数，$W/(m \cdot K)$。它是指温度在其法线方向的变化率（温度梯度）
　　　　　为 1 ℃/m 时，在单位时间内通过单位面积的导热量。

导热系数大,表明材料的导热能力强。某物理意义:在稳定传热状态下当材料厚度为 1 m 且两表面的温差为 1 ℃时,在 1 h 内通过 1 截面积的导热量。影响导热系数的因素有:① 物质的种类;② 结构成分;③ 密度;④ 湿度;⑤ 压力;⑥ 温度等。

不同状态的物质导热系数相差很大,见表 3-2。

表 3-2 不同状态材料的导热系数

材料	导热系数/[W/(m·K)]	特点
气体	0.006～0.6	最小
液体	0.07～0.7	次之
金属	2.2～420	最大
非金属	0.3～3.5	常用建材
保温隔热材料	<0.25	矿棉、泡沫塑料、珍珠岩等

(2) 平壁内的导热过程

① 单层匀质平壁的导热。

单层匀质平壁的稳定导热方程:

$$q = \frac{\theta_1 - \theta_e}{\dfrac{d}{\lambda}} \qquad (3-21)$$

热阻定义:稳定传热计算公式中,d/λ 定义为热阻,用 R 表示,是热量由平壁内表面传至外表面过程中的阻力,表示平壁抵抗热流通过的能力。热阻越大,通过材料的热量越小,围护结构的保温性能越好。增大热阻的方法:加大平壁厚度或选用导热系数小的材料。

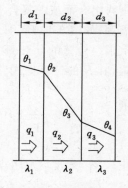

图 3-18 多层平壁导热

② 经过多层平壁导热。

设 3 层材料组成多层壁(图 3-18)各材料层之间紧密配合,各层厚度为 d_1、d_2、d_3,导热系数分别为 λ_1、λ_2、λ_3,平壁内、外温度为 θ_i、θ_e(设 $\theta_i > \theta_e$,且均不随时间变化),可用 θ_2、θ_3 表示层间接触面的温度。

将多层壁视为 3 个单层壁,分别算出通过每层壁的热流强度为:

$$\begin{cases} q_1 = \dfrac{\lambda_1}{d_1}(\theta_1 - \theta_2) \\[2mm] q_2 = \dfrac{\lambda_2}{d_2}(\theta_2 - \theta_3) \\[2mm] q_3 = \dfrac{\lambda_3}{d_3}(\theta_3 - \theta_e) \end{cases} \qquad (3-22)$$

稳定导热条件下有:

$$q = q_1 = q_2 = q_3 \qquad (3-23)$$

由以上四式解得:

$$q = \frac{\theta_i - \theta_e}{\dfrac{d_1}{\lambda_1} + \dfrac{d_2}{\lambda_2} + \dfrac{d_3}{\lambda_3}} = \frac{\theta_i - \theta_e}{R_1 + R_2 + R_3} \qquad (3\text{-}24)$$

多层平壁的总热阻等于各层热阻的总和：

$$R_{\text{平壁}} = \sum \frac{d}{\lambda} \qquad (3\text{-}25)$$

n 层多层壁的导热计算公式：

$$q = \frac{\theta_1 - \theta_{n+1}}{\displaystyle\sum_{j=1}^{n} R_j} \qquad (3\text{-}26)$$

各层接触面的温度：

$$\theta_2 = \theta_1 - q \frac{d_1}{\lambda_1}$$

$$\theta_3 = \theta_2 - q \frac{d_2}{\lambda_2} = \theta - q\left(\frac{d_1}{\lambda_1} + \frac{d_2}{\lambda_2}\right)$$

多层壁内第 j 层与第 $j+1$ 层之间接触面温度：

$$\theta_{j+1} = \theta_1 - q\left(\frac{d_1}{\lambda_1} + \frac{d_2}{\lambda_2} + \cdots + \frac{d_j}{\lambda_j}\right) \qquad (3\text{-}27)$$

③ 多种材料组合成的平壁导热。

在实际应用中围护结构有时是两种或两种以上的材料组合而成的复合结构，如空心楼板、带肋的填充墙等，如图 3-19 所示。

求组合壁的导热量 q，关键是求组合壁的平均热阻，其 $\overline{R}$ 的计算见式（3-28）。

$$\overline{R} = \left[\frac{F_0}{\dfrac{F_1}{R_{01}} + \dfrac{F_2}{R_{02}} + \cdots + \dfrac{F_n}{R_{0n}}} - (R_i + R_e) \right] \varphi$$

$$(3\text{-}28)$$

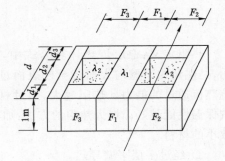

图 3-19 多种材料组合成的平壁导热

式中 $\overline{R}$——平均热阻，m² · K/W；

F_0——与热流方向垂直的总传热面积，m²；

$F_1, F_2, \cdots, F_n$——按平行于热流方向划分的各传热面积，m²；

$R_{01}, R_{02}, \cdots, R_{0n}$——各个传热面部位的传热阻，m² · K/W；

R_i——内表面换热阻，取 0.11 m² · K/W；

R_e——外表面换热阻，m² · K/W；

φ——修正系数。

④ 封闭空气间层的热阻。

静止的空气介质导热性很小，在建筑设计中常用封闭间层作为围护结构的保温层。空气间层的传热：是有限空气层的两个表面之间的热转移过程，包括对流换热和辐射换热。

a. 空气间层的热阻主要取决于间层两个表面间的辐射和对流换热的能力，即取决于表面材料的辐射系数、间层形状、厚度、设置方向（水平或垂直）及间层所处的环境温度。

b. 垂直封闭空气间层辐射与对流传热量的比较如图 3-20 所示。

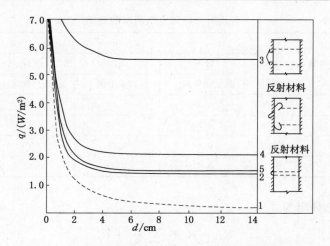

图 3-20　垂直间层内不同传热方式的传热量的比较

"2"线～"3"线：间层空气的辐射换热量。

"1"线：间层空气静止态纯导热量。

"2"线：间层空气对流换热量。

"3"线：间层空气的总的传热量。辐射换热量占总换热量的 70％。

通过间层的辐射换热量与间层表面材料的辐射性能和间层的平均温度高低有关。图 3-19 说明空气间层内，在单位温差下通过不同传热方式所传递的各部分热量的分配情况。对于普通空气间层，在总的传热量中，辐射换热占的比例很大。因此，要提高空气间层的热阻，首先要设法减少辐射传热量。

c. 减少空气间层传热，提高间层热阻方法：将空气间层布置在维护结构的冷侧，降低间层的平均温度，减少辐射换热量。减少辐射换热量，最有效的方法是在间层壁面贴辐射系数小的反射材料，目前采用的主要是铝箔。

在实际设计计算中，空气间层的热阻一般采用表 3-3 和表 3-4 所示计算数据。

表 3-3　　　　　　　　　表面为普通材料的空气间层的热阻

间层厚度/cm	$R/[(m^2 \cdot h \cdot ℃)/J]$		
	垂直间层	热流由下向上的水平间层	热流由上向下的水平间层
1	0.18	0.16	0.18
2	0.20	0.18	0.22
4	0.21	0.18	0.25
6	0.21	0.19	0.26
8	0.21	0.19	0.27
10	0.21	0.19	0.27
15	0.20	0.19	0.28
20	0.20	0.19	0.28

表 3-4　　　　　　　　　　　　　有反射材料时空气间层的热阻

反射材料的辐射系数	垂直间层	$R/[(m^2 \cdot h \cdot ℃)/J]$				
		垂直间层	水平 间层	间层	倾斜 间层	间层
			热流由下向上	热流由上向下	热流由内向外	热流由外向内
1.0	2	0.41	0.28	0.49	0.31	0.46
	10	0.40	0.33	0.83	0.35	0.48
0.25	2	0.57	0.34	0.73	0.40	0.68
	10	0.53	0.42	1.83	0.45	0.69

围护结构的总热阻为：

$$R_0 = R_i + \sum \frac{d}{\lambda} + R_e \tag{3-29}$$

（3）平壁的稳定传热过程

传热过程：室内外热环境通过围护结构而进行的热量交换过程，包含导热、对流及辐射方式的换热，是一种复杂的换热过程。

稳定传热过程：温度场不随时间而变的传热过程。

如图 3-21 所示，设由三层平壁组成的围护结构，平壁厚度分别为 d_1、d_2、d_3，导热系数分别为 λ_1、λ_2、λ_3，围护结构两侧空气及其他物体表面温度分别为 t_i、t_e（设 $t_i > t_e$），室内通过围护结构向室外传热的整个过程要经过三个阶段：内表面吸热、平壁材料层的导热、外表面的散热。

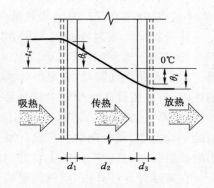

① 内表面吸热：是对流换热与辐射换热的综合过程。

$$q_i = q_{ic} + q_{ir} = (a_{ic} + a_{ir})(t_i - \theta_i)$$
$$= a_i(t_i - \theta_i) \tag{3-30}$$

图 3-21　平壁的传热过程

② 平壁材料层的导热：

$$q_\lambda = \frac{\theta_i - \theta_e}{\dfrac{d_1}{\lambda_1} + \dfrac{d_2}{\lambda_2} + \dfrac{d_3}{\lambda_3}} \tag{3-31}$$

③ 外表面的散热：是平壁把热量以对流及辐射的方式传给室外空气及环境。

$$q_e = \alpha_e(\theta_e - t_e) \tag{3-32}$$

讨论的问题属于一维稳定传热过程，则有：

$$q = q_i = q_\lambda = q_e \tag{3-33}$$

联立上面四式得：

$$q = \frac{t_i - t_e}{\dfrac{1}{\alpha_i} + \sum \dfrac{d}{\lambda} + \dfrac{1}{\alpha_e}} = K_0(t_i - t_e) \tag{3-34}$$

若写成热阻形式得：

$$q_\lambda = \frac{t_i - t_e}{R_0} \tag{3-35}$$

比较两式,可得:

$$R_0 = \frac{1}{\alpha_i} + \sum \frac{d}{\lambda} + \frac{1}{\alpha_e} \quad 或 \quad R_0 = R_i + \sum \frac{d}{\lambda} + R_e \tag{3-36}$$

平壁总传热系数 K_0:

$$K_0 = 1 / \left(\frac{1}{\alpha_i} + \sum \frac{d}{\lambda} + \frac{1}{\alpha_e} \right) \tag{3-37}$$

物理意义:当 $t_i - t_e = 1\ ℃$ 时,在单位时间内通过平壁单位表面积的传热量,单位:$W/(m^2 \cdot K)$。

平壁总传热阻 R_0:

$$R_0 = \frac{1}{K_0} = \frac{1}{\alpha_i} + \sum \frac{d}{\lambda} + \frac{1}{\alpha_e} \tag{3-38}$$

物理意义:表示热量从平壁一侧空间传到另一侧空间时所受到的总阻力,单位是 $m^2 \cdot k/W$。

其中内外表面的换热组、内外表面的换热系数分别见表 3-5 和表 3-6。

表 3-5   内表面换热系数 α_i 和换热阻 R_i

表面特性	$\alpha_i / [W/(m^2 \cdot K)]$	$R_i / [(m^2 \cdot K)/W]$
墙面、地面、表面平整或有肋状突出物的顶棚($h/s \leqslant 0.3$)	8.7	0.11
有肋状突出物的顶棚($h/s > 0.3$)	7.6	0.13

表 3-6   外表面换热系数 α_c 及外表面换热阻 R_e 值

适用季节	表面特征	$\alpha_c / [W/(m^2 \cdot K)]$	$R_e / [(m^2 \cdot K)/W]$
冬季	外墙、屋顶、与室外空气直接接触的表面	23.0	0.04
	与室外空气相通的不采暖地下室上面的楼板	17.0	0.06
	门顶、外墙上有窗的不采暖地下室上面的楼板	12.0	0.08
	外墙上无窗的不采暖地下室上面的楼板	6.0	0.17
夏季	外墙和屋顶	19.0	0.05

(4)平壁内部温度的计算

平壁内部温度的计算包括三个方面:① 求壁体内表面温度。② 计算多层平壁内任一层的内表面温度。③ 求壁体外表面温度。

计算公式如下式:

壁体内表面温度 θ_i:

$$\theta_i = t_i - \frac{R_i}{R_0}(t_i - t_e) \tag{3-39}$$

对于多层平壁内任一层的内表面温度 θ_m,可写成:

$$\theta_m = t_i - \frac{R_i + \sum_{j=1}^{m-1} R_j}{R_0}(t_i - t_e) \tag{3-40}$$

根据 $q = q_1 = q_2$ 得出外表面的温度 θ_e：

$$\theta_e = t_e - \frac{R_e}{R_0}(t_i - t_e) \quad 或 \quad \theta_e = t_i - \frac{R_0 - R_e}{R_0}(t_i - t_e) \tag{3-41}$$

（5）周期性不稳定传热

实际上，围护结构所受到的环境热作用，不论是室内或室外，都在随时间变化，因此围护结构内部的温度和通过围护结构的热流量也必然随时间发生变化。这种传热过程叫不稳定传热。若外界热作用随着时间呈现周期性的变化，则出现周期性不稳定传热。在建筑热工中研究的变化热作用，都带有一定的周期波动性，如室外气温和太阳辐射热的昼夜、小时变化，在一段时间内可以近似看做每天出现重复性的周期变化；当冬天采用间歇采暖时，室内气温也会引起周期性的波动。

① 谐波热作用。

在周期性波动的热作用中，最简单、最基本的是谐波热作用，即温度随时间的正弦或余弦函数作规则变化。一般用余弦函数表示，如下式：

$$t_z = \bar{t} + A_t \cos\left(\frac{360\tau}{z} - \varphi\right) \tag{3-42}$$

式中　t_z——在 τ 时刻的介质温度，℃；

　　　$\bar{t}$——在一周期内的平均温度，℃；

　　　A_t——温度波的振幅，即最高温度与平均温度之差，℃；

　　　z——温度波的周期，对室外温度波，一般以 24 h 为一周期；

　　　τ——以某一指定时刻（如午夜零点）起算的计算时间，h；

　　　φ——温度波的初相角，（°），即从起算时刻（一般为午夜零点）到温度波达到最高点的时间差，以角度计（如以 24 h 为一周期，即 360 ℃，则 1 h 相当于 15 ℃），若起算时刻区在温度出现最大值处则 $\varphi = 0$。

② 谐波热作用的传热特征。

平壁在谐波热作用下具有以下几个基本传热特性：室外温度和平壁表面温度、内部任意截面处的温度都是同一周期的谐波波动，都可用余弦函数表示。从室外空间到平壁内部，温度波动振幅逐渐减小，即室外温度波的振幅（A_e）＞平壁外表面温度波的振幅（A_{ef}）＞平壁内表面温度波的振幅（A_{if}），这种现象叫做温度波的衰减。

传热衰减的程度，即为平壁的总衰减度，用 ν_0 表示：

$$\nu_0 = \frac{A_e}{A_{if}} \tag{3-43}$$

从室外空间到平壁内部，温度波的相位逐渐向后推延，即室外温度波的初相位（φ_e）＜平壁外表面温度波的初相位（φ_{ef}）＜平壁内表面温度波的初相位（φ_{if}）。

③ 谐波热作用下材料和围护结构的热特性指标。

a. 在周期性传热过程中，传热量与材料、材料层的蓄热系数及材料层的热惰性有关。

材料的蓄热系数（S）：一均质半无限大壁体，在其一侧受到周期性波动热作用，迎波面（即直接受到外界热作用的一侧表面）上接受的热流振幅 A_e 与材料表面温度波动的振幅 A_θ 之比，称为材料的蓄热系数，用 S 表示。

$$S = \frac{A_e}{A_\theta} = \sqrt{\frac{2\pi\lambda C\rho}{z}} \quad [\text{W}/(\text{m}^2 \cdot \text{K})] \tag{3-44}$$

式中　λ, C, ρ——材料的导热系数,比热,密度。

材料的蓄热系数(S)反映了材料对波动热作用反应的敏感程度,在同样波动热作用下,蓄热系数大的材料,表面温度波动较小,即热稳定性好。

当波动周期为 24 h 时,得以 24 h 为周期的材料蓄热系数 S_{24},并可按下式计算:

$$S_{24} = 0.51 \sqrt{\lambda c \rho} \quad [\text{W}/(\text{m}^2 \cdot \text{K})] \tag{3-45}$$

b. 围护结构内表面蓄热系数。

当房间内供暖不稳定且具有周期性变化时,通过围护结构的热流量也必还稳定,围护结构内表面的温度必将随之而产生周期性变化,通过围护结构内表面热流波动的振幅 A_t 与内表面温度波动振幅 A_f 之比表示,称为围护结构内表面蓄热系数 Y_i,以公式表示如下:

$$Y_i = \frac{A_t}{A_f} \quad [\text{W}/(\text{m}^2 \cdot \text{K})] \tag{3-46}$$

内表面蓄热系数 Y_i 表示在周期性热作用下,直接受到热作用一侧的表面对周期性热作用反应敏感程度特性的指标。Y_i 越大,表明在同样的周期性热作用下,内表面温度波动越小,温度越稳定。围护结构内表面蓄热系数 Y_i 反映了围护结构内表面的热稳定性。

内表面蓄热系数的数值与围护结构各层材料的性质及厚度有关,大致可分为两种情况加以考虑:

Ⅰ. 当围护结构内表面由较厚的一种材料组成时,内表面蓄热系数可用这层材料的材料蓄热系数值来表示。

Ⅱ. 当围护结构内表面材料层不是很厚时,如由多层材料构成的屋顶或外墙,其内表面温度的波动振幅不仅与面层材料的物理性质有关,而且与其后面材料的性能有关,即在顺着热流波动前进的方向与该材料相接触的介质(另一种材料或空气)的热物理性能和散热条件对内表面的波动也有影响。

c. 围护结构材料层表面蓄热系数。

前面提出了材料蓄热系数 S 的概念,但在工程实践中遇到的大多数是有限厚度的单层平壁或多层平壁,在这种情况下,材料层受到周期波动的温度作用时,其表面温度的波动,不仅与材料本身的热物理性能有关,而且与边界条件有关,即在顺着温度波前进的方向与该材料层相接触的介质(另一种材料或空气)的热物理性能和散热条件,对其表面温度的波动也有影响。所以,对于有限厚度的材料层,在此引进了材料层表面的蓄热系数的概念用"Y"表示,以便与材料蓄热系数区别开来。

其计算方法:依照围护结构的材料分层,逐层计算。如四层薄结构组成的墙,在室内一侧有波动热作用,则其内表面蓄热。系数 Y_i 的计算式应由近及远依次为:

$$\begin{cases} Y_i = Y_4 = \dfrac{R_4 S_4^2 + Y_3}{1 + R_4 Y_3} \\[2mm] Y_3 = \dfrac{R_3 S_3^2 + Y_2}{1 + R_3 Y_2} \\[2mm] Y_2 = \dfrac{R_2 S_2^2 + Y_1}{1 + R_2 Y_1} \\[2mm] Y_1 = \dfrac{R_1 S_1^2 + \alpha_e}{1 + R_1 \alpha_e} \end{cases} \tag{3-47}$$

式中　R, S, Y——各层的热阻、材料蓄热系数、内表面蓄热系数;

α_e——外表面换热系数。

由上式可得由多层"薄"结构组成的围护结构内表面蓄热系数计算方法。各层内表面蓄热系数计算式可以写成以下通用形式：

$$Y_n = \frac{R_n S_n^2 + Y_{n-1}}{1 + R_n Y_{n-1}} \tag{3-48}$$

式中　n——各结构层的编号。

距周期性热作用最远的一层，在此例中为外表面，其 Y_{n-1} 值用表面换热系数 α 代替。对各层编号是从波动热作用方向的反向编起的；构造层中某一层为厚层时，该层 $Y = S$，内表面蓄热系数可从该层算起，后面各层就不再计算。

d. 围护结构的热惰性指标。

当围护结构的表面受到周期性热作用后，温度波将向结构内部传递，同时不断衰减。直到背波面（如波动热作用在外侧，则指内表面）。热惰性指标是表明背波面上温度波衰减程度的一个主要数值，它表明围护结构抵抗周期性温度波动的能力。对单一材料围护结构，热惰性指标为材料热阻与材料蓄热系数的乘积，表示为：

$$D = R \cdot S \tag{3-49}$$

对多层材料的围护结构，热惰性指标为各材料层热惰性指标之和：

$$\sum D = R_1 S_1 + R_2 S_2 + \cdots + R_n S_n = D_1 + D_2 + \cdots + D_n \tag{3-50}$$

式中　R, S——各材料层的热阻和蓄热系数。

围护结构中空气层的蓄热系数(S)为0，该层热惰性指标 D 为0。材料层的热惰性指标越大，说明温度波在其间的衰减越大。温度波的衰减与材料层的热惰性指标是呈指数函数关系，即：

$$\nu_x = \frac{A_\theta}{A_x} \approx e^{\frac{D}{\sqrt{2}}} \tag{3-51}$$

式中　ν_x——温度波在 x 层处的衰减度（衰减倍数）。

e. 温度波在平壁内的衰减和延迟计算。

衰减和延迟的精确计算比较复杂，不作具体介绍，只引用什克洛维尔提出的近似计算方法。

Ⅰ. 室外温度谐波传至平壁内表面时的衰减倍数和延迟时间的计算。

衰减倍数是指室外介质温度谐波的振幅与平壁内表面温度谐波的振幅之比值，其值按下式计算：

$$\nu_0 = 0.9 e^{\frac{\sum D}{\sqrt{2}}} \cdot \frac{S_1 + \alpha_i}{S_1 + Y_{1,e}} \cdot \frac{S_2 + Y_{1,e}}{S_2 + Y_{2,e}} \cdot \cdots \cdot \frac{S_n + Y_{n-1,e}}{S_n + Y_{n,e}} \cdot \frac{\alpha_e + Y_{n,e}}{\alpha_e} \tag{3-52}$$

式中　$\sum D$——平壁总的热惰性指标，等于各材料层的热惰性指标之和；

S_1, S_2——各层材料的蓄热系数，$W/(m^2 \cdot K)$；

$Y_{1,e}, Y_{2,e}$——各材料层外表面的蓄热系数，$W/(m^2 \cdot K)$；

α_i——平壁内表面的换热系数，$W/(m^2 \cdot K)$；

α_e——平壁外表面的换热系数，$W/(m^2 \cdot K)$；

e——自然对数的底，e＝2.718。

ν_0 越大，则表示围护结构抵抗谐波热作用的能力越大。应注意，用式(3-52)计算时，材料层的编号是由内向外（与温度波的谐波的前进方向相反）。

总的相位延迟是指室外介质温度谐波出现最高值的相位与平壁内表面温度谐波出现最高值的相位之差,其值按下式计算:

$$\varphi_0 = \varphi_{\text{e-if}} = 40.5 \sum D + \arctan \frac{Y_{\text{ef}}}{Y_{\text{ef}} + \sqrt{2}\alpha_e} - \arctan \frac{\alpha_i}{\alpha_i + \sqrt{2}Y_{\text{if}}} \tag{3-53}$$

式中　φ_0——总的相位延迟角,deg;

Y_{ef}——平壁外表面的蓄热系数,$W/(m^2 \cdot K)$;

Y_{if}——平壁内表面的蓄热系数,$W/(m^2 \cdot K)$。

在建筑热工设计中,习惯用延迟时间 ξ_0 来评价围护结构的热稳定性,根据时间与相位角的变换关系即可得延迟时间:

$$\xi_0 = \frac{Z}{360} \varphi_0$$

当周期 $Z = 24$ h,则:

$$\xi_0 = \frac{1}{15} \left(40.5 \sum D + \arctan \frac{Y_{\text{ef}}}{Y_{\text{ef}} + \alpha_e\sqrt{2}} \right) - \arctan \frac{\alpha_i}{\alpha_i + Y_{\text{if}}\sqrt{2}} \tag{3-54}$$

Ⅱ. 室内温度谐波传至平壁内表面时衰减和延迟计算。

室内温度谐波传至平壁内表面时,只经过一个边界层的振幅衰减和相位延迟过程,到达内表面时的衰减倍数 ν_{if} 和相位延迟 $\varphi_{\text{i-if}}$ 按下列公式计算:

$$\nu_{\text{if}} = 0.95 \frac{\alpha_i + Y_{\text{if}}}{\alpha_i} \tag{3-55}$$

$$\varphi_{\text{i-if}} = \arctan \frac{Y_{\text{if}}}{Y_{\text{if}} + \alpha_i\sqrt{2}} \tag{3-56}$$

若用时间表示相位延迟,当 $Z = 24$ h,则内表面的延迟时间为:

$$\xi_{if} = \frac{1}{15} \arctan \frac{Y_{\text{if}}}{Y_{\text{if}} + \alpha_i\sqrt{2}} \tag{3-57}$$

以上诸式计算时,arctan 项均用角度数计。

气象和室内气温对板壁传热量的影响比较容易确定,容易求得内表面辐射对传热量的影响较复杂,涉及角系数和各表面温度尽管 Q_{in} 增加了,但 Q_{out} 和 Q_{cond} 却是减少的。

通过非透明围护结构的得热——内表面辐射导致的传热量差值。

HG_{wall}:假定除所考察的围护结构内表面以外,其他各室内表面的温度均与室内空气温度一致,室内没有短波辐。

$$HG_{\text{wall}} = HG_{\text{wall,conv}} + HG_{\text{wall,lw}} = \alpha_{\text{in}}[t(\delta,\tau) - t_{\text{a,in}}(\tau)] \tag{3-58}$$

把 ΔQ_{wall} 称做围护结构实际传热量与得热的差值:

$$\Delta Q_{\text{wall}} = HG_{\text{wall}}(\tau) - Q_{\text{wall,cond}} = \lambda(x) \frac{\partial \Delta t_2}{\partial x} \Big|_{x=\delta} \tag{3-59}$$

3. 通过玻璃窗的得热

(1) 采光口的类型

为了获得天然光,在建筑外维护结构上(如墙和屋顶等处)设计各种形式的洞口,并在其外装上透明材料,如玻璃或有机玻璃等,这些透明的孔洞统称为采光口。可按采光口所出的位置将它们分为侧窗和天窗。

现在所讨论的透光围护结构主要包括玻璃门窗和玻璃幕墙。玻璃窗由窗框和玻璃组成,窗框型材有木框、铝合金框、铝合金断热框、塑钢框、绝热塑钢框等。窗框数目有单框(单层框)、多框(多层框)。窗框上镶嵌的玻璃层数有单层、双层、三层,乘坐单玻、双玻或三玻窗。双层或三层玻璃的玻璃层之间可充的气体如空气(称做中空玻璃层)、氮、氩、氪等,或有真空夹层,密封的夹层内往往放置了干燥剂以保持干燥,如图 3-22 所示。玻璃幕墙除了比玻璃窗面积大,没有框而且隐式的或明式的框架支撑处,其热物性特点和玻璃窗基本一样。

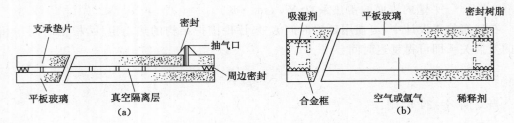

图 3-22　真空、中空玻璃结构示意图
(a) 真空玻璃示意图;(b) 中空的玻璃示意图

(2) 透明维护结构的玻璃选择

昼光透过玻璃射入室内,同时也把太阳辐射带进室内空间,窗玻璃的选择不但要考虑透光量的大小和透射光的分布,也要考虑玻璃的热工性能。如空调设备的房间,减少玻璃的热辐射透过量,对于节能和节省空间设施设备投资有重要的作用,而且利用太阳能取暖的房间,从玻璃窗透入的辐射越多越好。

下面介绍几种常见的玻璃的性能特征(表 3-7)。

表 3-7　　　　　　　　　　　　几种常见玻璃的性能

玻璃类型	可见光		太阳辐射热				传热系数
	τ	ρ	反射比	吸收比	直接透射比	总透射比	
透明玻璃							
单层	0.87	—	0.07	0.13	0.80	0.84	5.6
双层	0.76	—	0.12	0.24	0.64	0.73	3.0
吸热玻璃							
茶褐色	0.50	—	0.05	0.51	0.44	0.60	5.6
灰色	0.40	—	0.05	0.51	0.44	0.50	5.6
热反射玻璃							
茶褐色	0.33	0.34	0.29	0.38	0.33	0.45	5.6
绿色	0.50	0.35	0.29	0.38	0.31	0.43	5.6

① 透明玻璃。其应用最为普遍,包括平板玻璃、夹丝玻璃、透明玻璃砖、聚丙烯和聚碳酸酯塑料板等。这种材料起隔绝风雨的作用,透过光线而不会明显地改变它的方向或颜色,同时从玻璃两侧来看都能有清楚的透视效果。为了减少玻璃的热传导,可以使用双层玻璃作为窗子的透光材料。最好是把两层玻璃密封起来,两层玻璃中间形成了一个 6~20 mm

厚的空气间层,以避免冷凝水和积灰尘。这种密封的双层玻璃结构,透光比减少 10% 左右,而传热系数减少约 50%。

② 有色吸热玻璃。吸热玻璃将大量太阳能吸收,然后又将其中一部分热量重新辐射并通过对流传到室外大气中去,因此减少了室内的得热量。吸热量的大小取决于玻璃的性能,返回室外的热量在玻璃吸热量中占的比例主要取决于室外的风速。着色的吸热玻璃,还起到控制窗子视亮度的作用,但是,它的透光比会相应减小。装这种玻璃的房间,白天向室外看相当清晰,儿童室外向室内看却大大减弱了清晰度。夜间刚好相反,这类玻璃的颜色通常是中性的灰色或茶褐色,透过的天然光颜色失真较小。

③ 反射玻璃。通常焙烧或真空镀膜的方法,将薄薄一层金属或金属氧化物附着在玻璃上,形成反射玻璃。它的反射能力主要是由涂层的厚度决定。这种玻璃透光能力不差,透光比最高可达到 0.60,从室内可以透过反射玻璃看清室外景物,而从室外完全看不见室内的任何东西,在反射玻璃上出现的只是天空与周围环境的镜像。因此,用反射玻璃做幕墙的大厦有一种特殊的艺术魅力,北京长城饭店就是这种镜面反射玻璃的幕墙结构。反射玻璃将太阳辐射热直接反射回大气中去,因此它比吸热玻璃的隔热性能更好,但价格昂贵,一般建筑物很少应用。

④ 半透明玻璃。这类玻璃包括乳白玻璃、磨砂玻璃、花纹玻璃等。它们的特点是隔绝视线,私密性强,有不同程度的散射光和热的能力,不过漫射性能越好,进光比越小。在日光照射下,有些半透明玻璃的表面亮度很高,需要附加亮度控制。

⑤ 定向透射玻璃。这类玻璃通过折射来改变入射光的方向,使光投入到房间深处。属于这类材料的有棱镜玻璃、塑料和定向透光玻璃砖等。要注意按照玻璃安装部位(水平或竖直)选择合适的产品,否则会由于光在玻璃表面上的投射角度改变而达不到预期的折光效果。

(3) 透光维护结构的传热量

室外气象条件是如何通过透光外围护结构影响到室内的呢? 一方面由于阳光的透射直接给室内造成一部分得热,另一方面也会由于室内外温差存在,必然会通过透光外围护结构以导热方式与室内空气进行热交换。由于玻璃和玻璃间的气体夹层本身有热容,因此与墙体一样有衰减延迟作用。但是玻璃和气体夹层的热容很小,即热惰性很小,往往可以被忽略。因此透光外围护结构的传热可近似按稳态传热考虑,由此可得出透过外围护结构的传热得热量为:

$$HG_{wind,cond} = K_{wind}(t_{a,out} - t_{a,in}) \tag{3-60}$$

式中　$HG_{wind,cond}$——通过透光围护结构的传热得热量,W;

　　　K_{wind}——通过透光围护结构的总传热系数,包括框架的影响,W/(m²·℃);

　　　F_{wind}——透过外围护结构的总传热面积,m²;

　　　下标 wind——玻璃窗或透光外维护结构。

式(3-60)右侧的温差给出的是室内外空气的温差,但室外空气通过玻璃板导热进入室内的热量并不是全部以对流换热形式传给室内空气,而是其中一部分以长波辐射的形式传给了室内其他表面,并且室内侧与环境之间也存在长波辐射热换热,因此式(3-60)的传热系数 K_{wind} 除对流换热部分外,还应包括长波辐射的折算部分。

由于透光围护结构材料的不同、结构形式的区别以及工艺水平的差异,透光围护结构的传热系数也有很大的差别,如表 3-8 所示部分类型玻璃的热工参数。图 3-23 给出了不同的玻璃层数、填充气体、气体层厚度和发射率的透光外围护结构的传热系数。从图 3-23 可以看到,由于自然对流的出现对增加的导热热阻的抵消作用,玻璃间层的厚度在大于 13 mm 后对传热系数几乎没什么影响,因此不能仅依靠增加玻璃间层的厚度来增加热度。

表 3-8 部分类型玻璃热工参数

玻璃类型	可见光透过率	太阳能透过率	传热系数 K 值 /[W/(m²·℃)]	太阳能得热系数 SHGC	遮阳系数 SC
单层标准玻璃	0.90	0.90	6.0	0.84	1.0
普通中空玻璃	0.63	0.51	3.1	0.58	0.67
标准真空玻璃	0.74	0.62	1.4	0.66	0.76

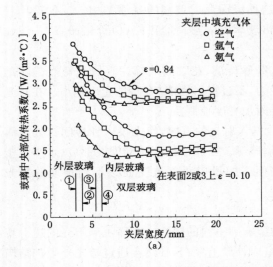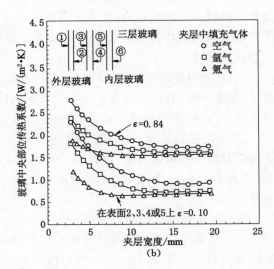

图 3-23 垂直双层和三层透光围护结构中央部位的传热系数

玻璃窗的传热量,是通过玻璃及其窗框组成的玻璃窗进行的,窗框对整个玻璃窗的传热系数有显著的影响。如表 3-9 所示,双玻璃铝塑窗,氩气层 12.7 mm,一层镀膜 $\varepsilon=0.1$,玻璃中央部位传热系数只有 1.53 W/(m²·℃),但整窗传热系数却达到 2.22 W/(m²·℃)。如果采用没有保温的铝合金窗框,则整窗的传热系数上升到 3.7 W/(m²·℃)。因此在降低玻璃的传热系数的同时,也要提高相关固定、支撑构件的隔热性能。采用导热系数更低的非金属材料代替金属型材是一种有效的措施。

(4) 透过标准玻璃的太阳辐射得热 SSG

太阳光线照射到透光材料上,有多少太阳辐射进入室内成为房间得热呢?如图 3-24 所示,阳光照射到玻璃或透光材料表面后,一部分被反射掉,全部不会成为房间的得热;一部分直接透过外围护结构进入室内,全部成为房间的得热量;还有一部分被玻璃或透光材料吸收,使玻璃或透光材料的温度升高,这样其中一部分又将以对流和辐射的形式传入室内,而另一部分则同样以对流和辐射的形式散至室外,不会成为房间的得热。

表 3-9　　　　　　　　　　　几种主要类型玻璃窗的传热系数

窗户构造	传热系数 /[W/(m²·℃)]	窗户构造	传热系数 /[W/(m²·℃)]
3 mm 单层玻璃	5.8	双玻铝塑框,空气层 12.7 mm,一层镀膜 low-e, $\varepsilon=0.4$	2.7
3.2 mm 单层玻璃,塑钢窗	5.14	双层玻璃铝塑框,氩气层 12.7 mm,一层镀膜 low-e,$\varepsilon=0.4$	2.55
3.22 mm 单层玻璃,带保温的铝合金框	6.12	双玻铝塑框,空气层 12.7 mm,一层镀膜 low-e, $\varepsilon=0.1$	2.41
双玻铝塑框,空气层 12.7 mm	3	双层玻璃铝塑框,氩气层 12.7 mm,一层镀膜 low-e,$\varepsilon=0.1$	2.22

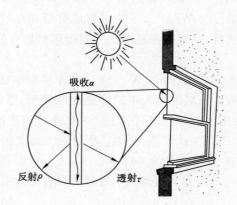

图 3-24　照射到窗玻璃上的太阳辐射热

　　被玻璃或透光材料吸收后又传入室内的热量有两种计算方法。一种方法是以室外空气综合温度的形式考虑到玻璃或透光材料板壁的传热中,因为玻璃或透光材料吸收太阳辐射后,相当于室外空气温度增加;另一种方法是作为透过的太阳辐射中的一部分,计入太阳辐射得热中。如果按后一种算法,透过无遮阳玻璃或透光材料的太阳辐射得热 HG_{glass} 应包括透过的全部 $HG_{glass,\tau}$ 和吸收中的一部分 $HG_{glass,a}$,即:

$$HG_{glass} = HG_{glass,\tau} + HG_{glass,a} \tag{3-61}$$

　　透过单位面积玻璃或透光材料的太阳辐射得热量为:

$$HG_{glass,\tau} = I_{D_i}\tau_{glass,D_i} + I_{dif}\tau_{glass,dif} \tag{3-62}$$

　　假定玻璃或透光材料吸收后同时向两侧空气放热,且两侧玻璃表面与空气温差相等,则玻璃由于吸收太阳辐射所造成的房间得热为:

$$HG_{glss,a} = \frac{R_{out}}{R_{out}+R_{in}}(I_{D_i}a_{glass,D_i} + I_{dif}a_{glass,dif}) \tag{3-63}$$

式中(3-61)至式(3-63)中:

　　HG_{glass}——透过单位面积玻璃或透光围护结构的太阳的热量,W/m²;

　　I——太阳辐射照度,W/m²;

τ_{glass}——玻璃或透光材料的透射率；

a_{glass}——玻璃或透光材料的吸收率；

R——玻璃或透光材料的表面换热热阻，$\text{m}^2 \cdot \text{℃/W}$；

下标：

D_i——入射角为 i 的直射辐射；

dif——散射辐射；

glass——玻璃或透光材料；

in——内；

out——外。

由于玻璃或透光材料的种类繁多，而且厚度也各不相同，所以通过同样大小的玻璃或透光材料的太阳辐射得热也随之不同。为了简化计算，常以某种类型和厚度的玻璃作为标准透光材料，取其在无遮挡条件下的太阳得热量作为标准太阳得热量，用符号 SSG（Standard Solar Heat Gain）来表示，单位为 W/m^2。当采用其他类型和厚度的玻璃或透光材料，或透光材料内外有某种遮阳设施时，只对标准玻璃的太阳得热量加以修正即可，计算得出实际的太阳得热量。

目前，中国、美国和日本均采用 3 mm 厚普通玻璃作为标准透光材料，英国以 5 mm 厚普通玻璃作为标准透光材料。虽然各国采用的都是普通玻璃，但由于玻璃材料材质成分有所不同，故性能上有一定的出入。如我国目前生产的普通玻璃法向入射时透射率为 0.8，反射率为 0.074，吸收率为 0.126，含铁较多，断面呈墨绿色。而美国的普通玻璃法向入射时透射率为 0.86，反射率为 0.08，吸收率为 0.06。

根据式（3-62）和式（3-63），可得入射角为 i 时标准玻璃的太阳能得热量 SSG 为：

$$
\begin{aligned}
SSG &= (I_{D_i}\tau_{\text{glass},D_i} + I_{\text{dif}}\tau_{\text{glass,dif}}) + \frac{R_{\text{out}}}{R_{\text{out}}+R_{\text{in}}}(I_{D_i}a_{\text{glass},D_i} + I_{\text{dif}}a_{\text{glass,dif}}) \\
&= I_{D_i}\left(\tau_{\text{glass},D_i} + \frac{R_{\text{out}}}{R_{\text{out}}+R_{\text{in}}}a_{\text{glass},D_i}\right) + I_{\text{dif}}\left(\tau_{\text{glass,dif}} + \frac{R_{\text{out}}}{R_{\text{out}}+R_{\text{in}}}I_{\text{dif}}a_{\text{glass,dif}}\right) \\
&= I_{D_i}g_{D_i} + I_{\text{dif}}g_{\text{dif}} \\
&= SSG_{D_i} + SSG_{\text{dif}}
\end{aligned}
\tag{3-64}
$$

式中　SSG——入射角为 i 时标准玻璃的太阳得热量，W/m^2；

　　　g——标准太阳得热率。

（4）遮阳设施对透过透光围护结构太阳辐射得热的影响

为了有效遮挡太阳辐射，减少夏季空调负荷，常采用遮阳设施。遮阳设施能阻断直射阳光透过玻璃进入室内，防止阳光过分照射和加热建筑围护结构。

遮阳设施设置在透光外围护结构的内侧和外侧，对透光外围护结构的遮阳效果是完全不同的。如图 3-25 所示，虽然外遮阳和内遮阳设施，都同样可以反射部分阳光，吸收部分阳光，透过部分阳光，但对于外遮阳，只有透过外遮阳设施的部分阳光才会达到玻璃外表面，到达中的一部分透过玻璃进入室内形成冷负荷。而对外遮阳设施吸收的太阳辐射，一般都会通过对流换热和长波辐射散射到室外环境而几乎不会对室内造成影响。

设置在室内的内遮阳设施，尽管同样可以反射掉部分太阳辐射，但向室外方向反射的一部分会被玻璃再反射回室内，使反射出室外的太阳辐射减少。另一方面，内遮阳设施吸收的

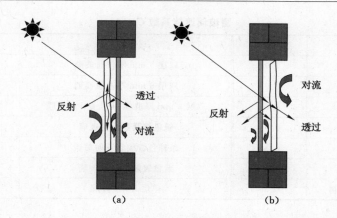

图 3-25 外遮阳设施和内遮阳设施对太阳辐射的影响

辐射热会在室内慢慢释放,全部转化成得热。所以内遮阳设施只反射少量的太阳辐射,而其余部分全部变成室内得热,只是得热的峰值被延迟和衰减,因此对太阳辐射得热的削减效果比外遮阳设施要差得多。

遮阳设施的遮阳作用以遮阳系数 C_n 来描述。其物理意义就是设置了遮阳设施后的透光外维护结构太阳辐射得热量与未设置遮阳设施的太阳辐射得热量之比,包含了通过包括遮阳设施在内的整个外维护结构的透射部分和通过吸收散热进入室内的两部分热量之和。表 3-10 给出了部分常见内遮阳系数设备的遮阳系数 C_n。

表 3-10　　　　　　　　　　　　内遮阳设备的遮阳系数 C_n

内遮阳类型	颜色	C_n	内遮阳类型	颜色	C_n
布窗帘	白色	0.50	活动百叶(叶片 45 ℃)	白色	0.60
布窗帘	中间色	0.60	活动百叶(叶片 45 ℃)	浅灰色	0.75
布窗帘	深黄、紫红、深绿色	0.65	毛玻璃	次白色	0.40

玻璃或透光材料本身对太阳辐射也具有一定的遮阳作用,用遮挡系数 C_s 来表示。其定义是太阳辐射通过某种玻璃或透光材料的实际太阳得热量与通过厚度为 3 mm 厚标准玻璃的太阳得热量 SSG 的比值,同样包含了通过玻璃或透光材料直接透射进入室内和被玻璃或透光材料吸收后又反射到室内的两部分热量总和。不同种类的玻璃或透光材料具有不同的遮挡系数。表 3-11 给出了不同种类玻璃和透光材料本身的遮挡系数 C_s。

对于外遮阳而言,挑檐、遮阳篷或者部分打开的外百合叶、外卷帘等遮阳设施并不会把吸收的辐射热又释放的室内,所以其遮阳本质是减少透光围护结构上的光斑面积,因此往往不用遮阳系数来描述其遮阳作用,而用阳光实际照射面积比 X_s 来描述,X_s 是透光外维护结构上光斑面积与透光外维护结构面积之比,可以通过几何方法计算求的。

(5)通过透光外围护结构的太阳辐射得热量

为求解通过透光围护结构的太阳得热量,对标准玻璃的太阳得热量进行修正的方法包括采用玻璃或透光材料本身的遮挡系数 C_s 和遮挡设施的遮阳系数 C_n。通过透光外围护结构的太阳辐射得热量 $HG_{wind,sol}$ 可表示为:

表 3-11 窗玻璃遮挡系数 C_s

玻璃类型	C_s	玻璃类型	C_s
标准玻璃	1.00	双层 5 mm 厚普通玻璃	0.78
5 mm 厚普通玻璃	0.93	双层 6 mm 厚普通玻璃	0.74
6 mm 厚普通玻璃	0.89	双层 3 mm 厚玻璃，一层贴 low-e 膜	0.66~0.76
3 mm 厚吸热玻璃	0.96	银色镀膜热反射玻璃	0.26~0.37
5 mm 厚吸热玻璃	0.88	茶棕色镀膜热反射玻璃	0.26~0.58
6 mm 厚吸热玻璃	0.83	蓝色镀膜热反射玻璃	0.38~0.56
双层 3 mm 厚普通玻璃	0.86	单层 low-e 玻璃	0.46~0.77

$$HG_{\text{wind,sol}} = (SSG_{D_i} X_s + SSG_{\text{dif}}) C_s C_n X_{\text{wind}} F_{\text{wind}} \qquad (3-65)$$

式中 $HG_{\text{wind,sol}}$——通过透光围护结构的太阳辐射得热量，W；

       X_{wind}——透光外围护结构有效面积系数（一般取单层木窗 0.7，双层木窗 0.6，单层钢窗 0.85，双层钢窗 0.75）；

       F_{wind}——透光外围护结构面积，m^2；

       C_n——遮阳设施的遮阳系数；

       C_s——玻璃或其他透光外围护结构材料对太阳辐射的遮挡系数。

X_s 为阳光实际照射面积比，即透光外围护结构上的光斑面积与透光外围护结构面积之比，可以通过几何方法求得。

（6）通过透光外围护结构的得热 HG_{wind}

综上所述，通过透光外围护结构的瞬时总得热量等于通过透光外围护结构的传热得热量与通过透光外围护结构的太阳辐射得热量之和，即可通过以下公式来求得：

$$HG_{\text{wind}(\tau)} = HG_{\text{wind,cond}(\tau)} + HG_{\text{wind,sol}(\tau)}$$
$$= F_{\text{wind}} \{ K_{\text{wind}} [t_{a,\text{out}}(\tau) - t_{a,\text{in}}(\tau)] + [SSG_{D_i}(\tau) X_s + SSG_{\text{dif}}(\tau)] C_s C_n X_{\text{wind}} \} \qquad (3-66)$$

式中 HG_{wind}——通过透光外围护结构的瞬时的得热量，W/m^2；

       $HG_{\text{wind,cond}}$——通过透光外围护结构的瞬时传热得热量，W/m^2；

       $HG_{\text{wind,sol}}$——通过透光外围护结构的瞬时太阳辐射得热量，W/m^2。

式（3-66）求出的得热量与通过透光外围护结构实际进入室内的热量是有差别的。它如前面所述的通过非透光围护结构传热实际进入室内的热量与"非透光围护结构得热"存在差别相似，通过透光外围护结构的得热也在一定假定条件下所得到的，即产生差别的原因有以下几个方面：

① 采用标准玻璃的太阳的热量 SSG 求得出的 $HG_{\text{wind,sol}}$ 与实际情况存在偏差，偏差的原因有二：其一，因为实际上室内外温度不同的情况居多，与前述的 SSG 定义中两侧玻璃表面与空气之间的温差相等的假定不一致。例如，如图 3-26 所示，当玻璃温度处于室内外空气温度之间时，即比一侧高，又比另一侧低，则玻璃只会向单侧对流散热，而不会向两侧对流散热。其二，玻璃吸收太阳辐射后，并不仅通过对流换热散热，而且还会通过长波辐射散热。

② 玻璃和透光材料吸收部分太阳辐射后，其内温度分布与内表面温度会有显著的改变，见图 3-26。在这种情况下，即便室内外空气温度一定，通过玻璃的总传热量也会产生变

化,因为玻璃内表面与室内表面之间的辐射换热量有所不同,玻璃内表面与空气之间的对流换热热量也有所不同。

③ 当室内存在对玻璃内表面的辐射热源时,同样也会导致通过玻璃的总传热量的改变。因此,在计算冷负荷时无论是对于非透光围护结构热传导引起的得热或是透光围护结构由于热传导和热辐射引起的得热,采用的得热量的数值并非实际进入室内的热量,而是在某些假定条件下的得热量计算值。

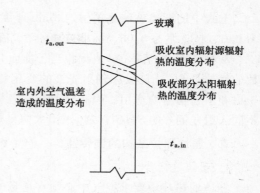

图 3-26　窗玻璃的温度分布

（7）通过透光外围护结构得热量的其他计算方法

欧美国家多采用太阳得热系数 SHGC(Solar Heat Gain Coefficient)来描述玻璃或玻璃幕墙的热工性能。太阳得热系数 SHGC 涉及直接透射进入室内的太阳辐射得热和被玻璃吸收后又传入室内的两部分,其定义为:

$$SHGC = \tau + \sum_{k=1}^{n} N_k a_k \tag{3-67}$$

式中　$SHGC$——太阳得热系数;

τ——玻璃窗的太阳辐射总透射率;

n——玻璃的层数;

a_k——第 k 层玻璃的吸收率;

N_k——第 k 层玻璃吸收的辐射热向内传导的比率。

$SHGC$ 是一个无量纲的量。实际上 $SHGC$ 数值的大小与太阳辐射的入射角有关,包括直射辐射和散射辐射的影响。最复杂的是其中的 N_k 与室内状况有关,即与内外表面传热系数、玻璃总传热系数、室内空间形状和室内表面的长波辐射特性有关,只有将玻璃窗的传热模型与室内空间的热平衡模型联立求解才可准确地求出 N_k。目前只有在 EnergyPlus 等建筑模拟软件包中采用这种详细求解的方法,而在一般工程应用中,常以特定参数条件下的 $SHGC$ 值作为玻璃的评价指标。

利用玻璃的透射率与入射角的关系给出玻璃在不同入射角下的 $SHGC$ 值,即可算出通过透光外围护结构的瞬时得热量:

$$Q_{\text{wind}}(\tau) = K_{\text{wind}} F_{\text{wind}} [t_{a,\text{out}}(\tau) - t_{a,\text{in}}(\tau)] + (SHGC) F_{\text{wind}} I \tag{3-68}$$

式中　Q_{wind}——透光外围护结构的瞬时得热量,W;

K_{wind}——透光外围护结构的总传热系数,W/(m² · ℃);

F_{wind}——透光外围护结构的传热面积,m²。

为了方便求出透过各种不同类型透光外围护结构的太阳辐射得热量,采用遮阳系数 SC(Shading Coefficient)来描述不同类型透光外围护结构的热工特性。其定义为实际透光外围护结构的 $SHGC$ 值标准玻璃的 $SHGC_{\text{ref}}$ 值的比,即:

$$SC = \frac{SHGC}{SHGC_{\text{ref}}} \tag{3-69}$$

上式中的标准玻璃是美国的 3mm 厚度的普通玻璃,法向入射时透射率为 0.86,反射率为 0.08,吸收率为 0.06。标准玻璃的 SC 值是 1。在法向入射条件下,$SHGC_{ref}$ 是 0.87。

从物理意义上说,SC 值就相当于前面介绍的我国采用的玻璃遮挡系数 C_s。采用 SC 参数的好处是 SC 不随太阳辐射光谱的变化而变化,也不随入射角的变化而变化,而且对直射辐射和散射辐射均适用。因此只要获得各种透光围护结构的 SC 值,就可以根据标准玻璃不同入射角的 θ 的 $SHGC(\theta)_{ref}$ 求出太阳得热系数,从而求出其得热量。

二、通过围护结构的湿传递

1. 湿状况问题

舒适的热环境要求空气中必须有适量的水蒸气,但是空气的湿状况也对外围护结构产生负影响:材料受潮后,导热系数将增大,保温能力就降低。湿度过高,材料的机械强度将会降低,对结构产生破坏性的变形。有机材料还会腐朽,从而降低结构的使用质量和耐久性。材料受潮,对房间的卫生情况也有影响。潮湿的材料有利于繁殖霉菌和微生物,这些菌类会散布到空气中和物品上,危害人体健康,使物品变质。

在建筑中要尽量避免空气水蒸气凝结:一是避免在围护结构的内表面产生结露。二是防止在围护结构内部因水蒸气渗透而产生凝结受潮。这一点对结构最为不利。把一块干的材料置于湿空气中,材料会从空气中逐步吸收水蒸气而受潮,这种现象称为材料的吸湿。材料的吸湿特性与空气的相对湿度有关系,可用材料的等温吸湿曲线表示:材料的吸湿湿度在相对湿度相同的条件下随温度的降低而增加。

(1)室内空气湿度

随着室内外空气的对流,室外空气的含湿量直接影响室内空气的湿度。冬季采暖房间室内温度增高,使空气的饱和水蒸气分压力大大高于室外,虽然室内的一些设备和人的活动会散发水蒸气,增加室内湿度,使室内实际水蒸气分压力高于室外,但由于冬季室内外空气温度相差较大,两者的饱和水蒸气分压力有很大的差距,从而使室内相对湿度往往偏低。一般换气次数越多,室内外温差越大,室内的相对湿度会越低,甚至需要另外加湿才能满足正常的舒适要求。

(2)相对湿度和露点温度

在一定的气压和温度条件下,空气中所能容纳的水蒸气量有一饱和值,超过这个值,水蒸气就开始凝结,变为液态水。与饱和含湿量对应的蒸汽分压力,称为饱和水蒸气分压力。饱和水蒸气分压力值随空气温度的不同而改变(图 3-28)。

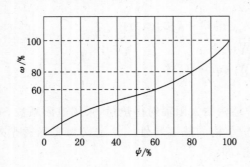

图 3-27 材料的等温吸热线

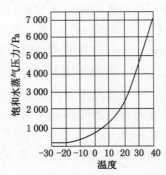

图 3-28 饱和水蒸气压力与温度的关系

空气的相对湿度:一定温度和一定大气压下,空气中实际的水蒸气分压力与该温度下饱和水蒸气分压力之比 $\varphi = p / p_s \times 100\%$。

相对湿度达到 100%,即空气达到饱和状态时所对应的温度,称为露点温度。

2. 外围护结构中的水分迁移(蒸气渗透)

(1)围护结构的蒸汽渗透(图 3-29)

当室内外空气中的含湿量不等,也就是围护结构的两侧存在着水蒸气分压力差时,水蒸气分子就会从分压力高的一侧通过围护结构向分压力低的一侧渗透扩散或迁移,这种传湿现象叫蒸气渗透。

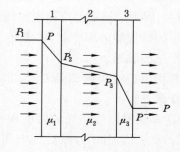

如果结构设计不当,蒸汽通过围护结构时,会在材料孔隙中凝结成水或冻结成冰,使结构内部冷凝受潮。

图 3-29 围护结构的蒸汽渗透过程

(2)蒸汽渗透过程的计算

在蒸汽渗透过程的计算中,围护结构内外的水蒸气分压力及其室内外温度可视为稳定状态。要计算的量:蒸汽渗透量(ω)、蒸汽渗透阻 H_0、围护结构内任一层面的水蒸气压力。

① 蒸汽渗透量——蒸汽渗透强度(ω),ω 即为单位时间内通过单位面积围护结构的水蒸气渗透量。它与室内外的水蒸气分压力差成正比,与渗透过程中受到的阻力成反比,单位为 $g/(m^2 \cdot h)$。

$$\omega = \frac{1}{H_0}(p_i - p_e) \tag{3-70}$$

② 围护结构的总渗透阻 $H_0(m^2 \cdot h \cdot p_a/g)$ 按下式确定:

$$H_0 = H_1 + H_2 + H_3 + \cdots = \frac{d_1}{\mu_1} + \frac{d_2}{\mu_2} + \frac{d_3}{\mu_3} + \cdots \tag{3-71}$$

式中,μ 为任一分层材料的蒸汽渗透系数,表明材料透过蒸汽的能力。即 1 m 厚物体,两侧水蒸汽分压力差为 1 Pa,单位时间(1 小时)内通过 1 m^2 面积渗透的水蒸气量。与材料的密实程度有关。材料的孔隙率越大,透气性越强,蒸汽渗透系数就大。如果材料的空隙率大,蒸汽渗透系数就大。材料的蒸汽渗透系数值可以查参考表 3-12。

表 3-12　　　　　　　　　　　常见材料蒸汽渗透系数

油毡	$\mu = 0.000\ 18$	静止空气	$\mu = 0.018$
玻璃棉	$\mu = 0.065$	玻璃和金属	不渗透蒸汽
垂直空气间层和热流由下向上的水平间层			$\mu = 0.135$

围护结构内任一层面的水蒸气压力,围护结构内外表面的水蒸气分压力可以近似看做与室内外空气的水蒸气分压力相等。围护结构内任一层内界面上的水蒸气分压力计算公式:

$$P_m = P_i - \frac{\sum\limits_{j=1}^{m-1} H_j}{H_0}(P_i - P_e) \quad (m = 2,3,4,\cdots,n) \tag{3-72}$$

从室内一侧算起，由第 1 层至第 $m-1$ 层的蒸汽渗透阻之和。

3. 围护结构内部冷凝的检验

(1) 围护结构内部冷凝现象的判别（图 3-30）

围护结构的内部冷凝，危害是很大的，而且是一种看不见的隐患。

判别围护结构内部是否会出现冷凝现象，可按以下步骤进行：

① 根据室内外空气的温度和相对湿度，确定水蒸气分压力 P_m 和 P_i，然后按下列公式求各层的水蒸气分压力，并作出实际水蒸气分压 P 分布线。

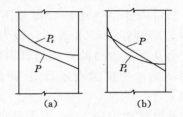

图 3-30 判别围护结构内部冷凝情况
(a) 无内部冷凝；(b) 有内部冷凝

$$P_m = P_i - \frac{\sum\limits_{j=1}^{m-1} H_j}{H_0}(P_i - P_e) \quad (m = 2,3,4,\cdots,n) \tag{3-73}$$

② 根据室内外空气温度 t_i 和 t_a，确定各层的温度，按参考教材附录 2 确定相应的饱和水蒸气分压力 P_s，并作出 P_s 的分布线。

③ 根据"P 线"和"P_s 线"相交与否来判断围护结构内部是否出现冷凝现象。不相交说明内部不会产生冷凝，如相交，则内部有冷凝。

经判别，围护结构内部有冷凝时，一般发生在"冷凝界面"，即渗透阻小的材料和渗透阻大的材料的交接面。在此界面处，水蒸气不易通过，会出现冷凝现象，例如保温材料与其外侧密实材料交界处。

(2) 围护结构采暖期内冷凝量的计算

当"冷凝界面"处有冷凝时，该界面的水蒸气分压力已达到该界面温度下的饱和态为 $P_{s,c}$，根据"冷凝界面"两侧的蒸汽渗透强度之差，可计算出界面处的冷凝量：

$$\overline{\omega}_c = \overline{\omega}_1 - \overline{\omega}_2 = \frac{P_A - P_{s,c}}{H_{0,i}} - \frac{P_{s,c} - P_B}{H_{0,e}} \tag{3-74}$$

式中　$\overline{\omega}_c$——界面处的冷凝强度，$g/(m^2 \cdot h)$；

ω_1, ω_2——界面两侧的蒸汽渗透强度，$g/(m^2 \cdot h)$；

P_A——分压力较高一侧空气的水蒸气分压力，Pa；

P_B——分压力较低一侧空气的水蒸气分压力，Pa；

$P_{s,c}$——冷凝界面处的饱和水蒸气分压力，Pa；

$H_{0,i}$——在冷凝界面蒸汽流入一侧的蒸汽渗透阻，$m^2 \cdot h \cdot Pa/g$；

$H_{0,e}$——在冷凝界面蒸汽流出一侧的蒸汽渗透阻，$m^2 \cdot h \cdot Pa/g$。

采暖期内总的冷凝量的近似估算值为：

$$\omega_{c,0} = 24\omega_c Z_h \tag{3-75}$$

采暖期内保温材料的重量湿度增量为：

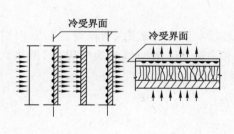

图 3-31 冷界面位置

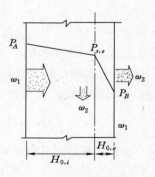

图 3-32 内部冷凝强度

$$\Delta\omega = \frac{24\omega_c Z_h}{1\,000 d_i \rho_i} \times 100\% \tag{3-76}$$

根据"冷凝界面"的冷凝强度的量和当地采暖期的天数:求采暖期内总的冷凝量;求采暖期内保温层材料湿度的增量;当墙体内实际水蒸气分压力高于饱和水蒸气分压力时,就可能出现凝结或冻结,影响墙体保温能力和强度。室内产热与产湿:室内显热热源包括照明、电器设备、人员。

第四节 以其他形式进入室内的热量和湿量

其他形式进入室内的热量和湿量包括室内的产热产湿和因空气渗透带来的热量和湿量两部分。

一、室内产热产湿

室内的热湿源一般包括人体、设备和照明设施。人体一方面会通过皮肤和服装向环境散发显热,另一方面通过呼吸、出汗向环境散发潜热。照明设施向环境散发的显热。工业建筑的设备(例如电动机、加热水槽等)的散热和散湿取决于工艺过程的需要。一般民用建筑的散热散湿设备包括家用电器、厨房设施、食品、游泳池、体育和娱乐设施等。

1. 设备与照明的散热

室内设备可分为电动设备和加热设备,照明设施也是加热设备的一种。加热设备只要把热量散入室内,就全部成为室内得热。而电动设备所消耗的能量中有一部分能量转化为热能散入室内成为得热,还有一部分成为机械能。这部分机械能可能在该室内被消耗掉,最终都会转化为该空间的得热。但如果这部分机械能没有消耗在该室内,而是输送到室外或者其他空间,就不会成为该室内的得热。另外,工艺设备的额定功率只反映装机容量,实际的最大运行功率往往小于装机容量,而且实际上也往往不是在最大功率下运行。在考虑工艺设备发热量时一定要考虑到这些因素的影响。工艺设备和照明设施有可能不同时使用,因此在考虑总得热量时,需要考虑不同时使用时的影响。因此,无论是在考虑设备还是考虑照明散热的时候,都要根据实际情况考虑实际时入所研究空间中的能量,而不是铭牌上所标注的功率。

2. 人体的散热和散湿

人体的总散热量取决于人体的代谢率,其中显热散热和潜热散热的比例与空气温度以及平均辐射温度有关。

3. 室内湿源

① 如果室内有一个热的湿表面,水分通过水面蒸发向空气扩散,则该设施与室内空气既有显热交换又有潜热交换。显热交换量取决于水表面与室内空气的换热温差、换热面积以及空气掠过水面的流速,散湿量则可用下式求得:

$$W = 1\ 000\beta(P_b - P_a)F\frac{B_0}{B}\quad (\text{g/s}) \tag{3-77}$$

式中　P_b——水表面温度下的饱和空气的水蒸气分压力,Pa;

　　　　P_a——空气中的水蒸气分压力,Pa;

　　　　B_0——标准大气压力,101 325 Pa;

　　　　β——水流传质系数,kg/(N·s),$\beta = \beta_0 + 3.63 \times 10^{-8}v$,$\beta_0$是不同水温下的扩散系数,kg/(N·s),见表 3-13;

　　　　v——水面上的空气流速,m/s。

表 3-13　　　　　　　　　　　　　　　不同水温下的扩散系数

水温/℃	<30	40	50	60	70	80	90	100
$\beta_0 \times 10^8$	4.5	5.8	6.9	7.7	8.8	9.6	10.6	12.5

② 如果室内的湿表面水分是通过吸收空气中的显热量蒸发的,而没有其他的加热热源,也就是说蒸发过程是一个绝热过程,则室内的总得热量为零,只是在水面上有部分显热转化为潜热,即产生了潜热得热和绝对值相等的显热负得热而已。

③ 如果室内有一个蒸汽散发源,则加入蒸汽所含的热量就是其潜热散热量。

4. 室内热源得热 HG_H 和总散湿量 W_H

综上所述,室内热源得热 HG_H 是室内设备的散热、照明设备的散热和人体散热之和,室内热源总得热取决于热源的发热量,如设备的功率、人体的代谢率等。尽管如此,由于室内热源的散热形式有显热和潜热两种,显热散热和潜热散热的比例则与空气的温、湿度参数有关。而显热散热的形式也有对流和辐射两种,对流散热和辐射散热的比例和空气温度与四周的表面温度有关。其中辐射散热也有两种形式:一是以可见光与近红外线为主的短波辐射,散发量与接受辐射的表面温度无关,只与热源的发射能力有关,如照明设备发出的光;二是热源表面散发的长波辐射,如一般热表面散发的远红外辐射,散发量与接受的表面温度与表面特性有关。

所以,如果室内有 N 个热源,又有 m 个能够接收到热源辐射的室内表面,则这些热源的总显热 $HG_{H,s}$ 可用下式表示:

$$
\begin{aligned}
HG_{H,S} &= \sum_i^N HG_{H,S,i} = \sum HG_{H,conv,i} + \sum HG_{H,rad,i} \\
&= \sum HG_{H,conv,i} + \sum HG_{H,sh,i} + \sum HG_{H,lw,i} \\
&= \sum \alpha_i(t_{H,i} - t_{a,in}) + \sum HG_{H,shw,i} + \sum_j^m \sigma x_{H,ij}\varepsilon_{H,j}(t_H^4 - t_{sf,j}^4)
\end{aligned} \tag{3-78}
$$

对长波辐射项进行线性化,则有:

$$HG_{H,s} = \sum \alpha_i (t_{H,i} - t_{a,in}) + \sum HG_{H,shw,i} + \sum_i^N \sum_j^m \alpha_{r,H,ij} (t_{H,i} - t_{sf,j}) \tag{3-79}$$

室内产湿量 W_H 除围护结构传入室内的水蒸气量以外，还应包括人体散湿量、室内设备散湿量和各种湿表面的散湿量，W_H 是所有这些散湿量之和：

$$W_H = \sum W_{H,i}$$

在室内总冷负荷计算时往往需要知道室内散湿源以热单位 W 来度量的总得热量，因此需要把室内散湿源的散湿量 W_H 折算为室内热湿源的潜热得热。0 ℃水蒸气的汽化潜热是 2 500 kJ/kg，水蒸气的定压比热是 1.84 kJ/(kg·℃)，即质量为 1 g 的温度等于室温的水蒸气带入到室内空气中的潜热量为：

$$HG_{H,L} + (2\,500 + 1.84 t_{a,in}) W_H \tag{3-80}$$

因此，室内热源的总得热为：

$$HG_H = HG_{H,s} + HG_{H,L} = HG_{H,s} + (2\,500 + 1.84 t_{a,in}) W_H \tag{3-81}$$

式中　$HG_{H,s}$——室内热源的显热得热，W；

$HG_{H,L}$——室内热源的潜热得热，W；

$HG_{H,conv,i}$——室内热源 i 的对流得热，W；

$HG_{H,rad,i}$——室内热源 i 的辐射得热，W；

$HG_{H,shw,i}$——室内热源 i 的短波辐射得热，W；

$HG_{H,lw,i}$——室内热源 i 的长波辐射得热，W；

$t_{H,i}$——室内热源 i 的表面温度，℃；

$t_{sf,j}$——室内表面 j 的温度，℃；

$t_{a,in}$——室内空气温度，℃；

W_H——室内散湿量，g/s。

二、空气渗透带来的得热 $HG_{inf\,il}$

由于建筑存在各种门、窗和其他类型的开口，室外空气有可能进入房间，从而给房间空气直接带入热量和湿量，并即刻影响到室内空气的温湿度。因此需要考虑空气渗透给室内带来的得热量。

空气渗透是指由于室内外存在压力差，从而导致室外空气通过门窗缝隙和外围护结构上的其他小孔或洞口进入室内的现象，也就是所谓的非人为组织（无组织）的通风。在一般情况下，空气的渗入和空气的渗出总是同时出现的。由于渗出是室内状态的空气，渗入的是外界的空气，所以渗入的空气量和空气状态决定了室内的得热量，因此在冷热负荷的计算中只考虑空气的渗入。

对于形状比较简单的孔口出流，流带较高，流动多处于阻力平方区，流速与内外压力差存在如下关系：

$$\nu \propto \Delta P^{1/2}$$

对于渗流来说，流速缓慢，流道断面细小而复杂。此时可认为流动处于层流区，流速与内外压力差的关系为：

$$\nu \propto \Delta P$$

而对于门窗缝隙的空气渗透量的计算式可写为：

$$\nu \propto \Delta P^{1/1.5}$$

所以通过门窗缝隙的空气渗透量的计算式可写为：

$$L_a = vF_{crack} = al\Delta P^{1/1.5} = F_d\Delta P^{1/1.5} \tag{3-82}$$

式中 L_a——通过门窗缝隙的空气渗透量，m^3/h；

F_{crack}——门窗缝隙面积，m^2；

l——门窗缝隙长度，m；

a——实验系数，取决于门窗的气密性，见表 3-14。

表 3-14 门窗的气密性系数 a

气密性	好	一般	不好
缝宽/mm	~0.2	~0.5	1~1.5
系数 a	0.87	3.28	13.10

室内外压力差 ΔP 是决定空气渗透量的因素，一般为风压和热压所致。夏季时由于室内外温差比较小，风压是造成空气渗透的主要动力。如果空调系统送风造成了足够的室内正压，就只有室内向室外渗出的空气，基本没有影响室内热湿状况的从室外向室内渗入的空气，因此可以不考虑空气渗透的作用。如果室内没有正压送风，就需要考虑风压对空气渗透的作用。如果冬季室内有采暖，则室内外存在比较大的温差，热压形成的烟囱效应会强化空气渗透，即由于空气密度差存在，室外冷空气会从建筑下部的开口进入，室内空气从建筑上部的开口流出。因此在冬季采暖期，热压可能会比风压对空气渗透起更大的作用。在高层建筑中这种热压作用会更加明显，底层房间的热负荷明显要高于上部房间的热负荷，因此要同时考虑风压和热压的作用。

风压和热压对自然通风的作用原理在后面会有较详细的阐述。由于准确求解建筑的空气渗透量是一项非常复杂和困难的工作。因此，为了满足实际工作需要，目前在计算风压作用造成的空气渗透时，常用的方法是基于实验和经验基础上的估算方法，即缝隙法和换气次数法。

1. 缝隙法

缝隙法是根据不同种类窗缝隙的特点，给出其在不同室外平均风速条件下单位窗缝隙单位长度的空气渗透量。这是考虑了不同朝向门窗的平均值。因此在不同地区的不同主导风向的情况下，给不同朝向的门窗以不同的修正值。通过下式可以求得房间的空气渗透量 L_a：

$$L_a = kl_a l \tag{3-83}$$

式中 l_a——单位长度门窗缝隙的渗透量，$m^3/(h \cdot m)$，见表 3-15；

l——门窗缝隙总长度，m；

k——主导风向不同情况下的修正系数，考虑风向、风速和频率等因素对空气渗透量的影响，见表 3-16。

表 3-15		单位长度门窗缝隙的渗透量				m³/(h·m)
门窗种类	室外平均风速/(m/s)					
	1	2	3	4	5	6
单层木窗	1.0	2.5	3.5	5.0	6.5	8.0
单层钢窗	0.8	1.8	2.8	4.0	5.0	6.0
双层木窗	0.6	1.3	2.0	2.8	3.5	4.2
双层钢窗	0.6	1.3	2.0	2.8	3.5	4.2
门	2.0	5.0	7.0	10.0	13.0	16.0

表 3-16		冬季主导风向不同情况下的修正系数						
城市	朝向							
	北	东北	东	东南	南	西南	西	西北
齐齐哈尔	0.9	0.4	0.1	0.15	0.35	0.4	0.7	1.0
哈尔滨	0.25	0.15	0.15	0.45	0.6	1.0	0.8	0.55
沈阳	1.0	0.9	0.45	0.6	0.75	0.65	0.5	0.8
呼和浩特	0.9	0.45	0.35	0.1	0.2	0.3	0.7	1.0
兰州	0.75	1.0	0.95	0.5	0.25	0.25	0.35	0.45
银川	1.0	0.8	0.5	0.35	0.3	0.25	0.3	0.65
西安	0.85	1.0	0.7	0.35	0.65	0.75	0.5	0.3
北京	1.0	0.45	0.2	0.1	0.2	0.15	0.25	0.85

2. 换气次数法

当缺少足够的门窗缝隙数据时,对于有门窗的围护结构,数目不同的房间给出一定室外平均风速范围内的平均换气次数。通过换气次数,即可求得空气渗透量:

$$L_a = nV \tag{3-84}$$

式中　n——换气次数,次/h;

　　　V——房间容积,m³。

表 3-17 给出了我国目前采用的不同类型房间的换气次数,其适用条件是冬季室外平均风速小于或等于 3 m/s。

表 3-17	换气次数		
房间具有门窗的外围护结构的面数	一面	二面	三面
换气次数 n	0.25~0.5	0.5~1	1~1.5

根据相关文献可知道美国采用的换气次数估算方法,该方法综合考虑了室外风速和室外温差的影响,即有:

$$n = a + bv + c(t_{a,out} - t_{a,in}) \tag{3-85}$$

式中　v——室外平均风速,m/s;

　　　a,b,c——系数,见表 3-18。

表 3-18		求解换气次数的系数	
建筑气密性	a	b	c
气密性好	0.15	0.01	0.007
一般	0.2	0.015	0.014
气密性差	0.25	0.02	0.022

对于多层和高层建筑,在热压作用下室外冷空气从下部门窗进入,被室内热源加热后由内门窗缝隙渗入走廊或楼梯间,在走廊和楼梯间形成了上升气流,最后从上部房间的门窗渗出到室外。这种情况下的冷风渗透量可参照后面章节介绍的热压造成的自然通风换气量求解方法来确定。

因此,当根据上述方法求得渗入室内的空气量 L_a 以后,可按下式计算由于空气渗透带来的总得热 HG_{infil}:

$$HG_{infil} = \rho_a L_a (h_{out} - h_{in}) \tag{3-86}$$

式中,h_{out} 和 h_{in} 分别为室外和室内的空气比焓;ρ_a 为空气的密度。

由室内渗透空气带入的显热得热和湿量可以分别通过室内外的空气温差和含湿量差求得。

第五节　冷负荷与热负荷

一、负荷的定义

在考虑控制室内热环境时,需要涉及房间的冷负荷和热负荷的问题。

冷负荷的定义维持一定室内热湿环境所需要的在单位时间内从室内除去的热量,包括显热负荷和潜热负荷两部分。如果把潜热负荷表示为单位时间内排除的水分,则又可称做湿负荷。

热负荷的定义是维持一定室内热湿环境所需要的在单位时间内向室内加入的热量,包括显热负荷和潜热负荷两部分。如果只控制室内温度,则热负荷就只包括显热负荷。

根据冷、热负荷是需要去除或补充的热量的这个定义,房间冷热负荷的大小与与去除或补充热量的方式有关。例如,常规的空调是采用送风方式来去除空气中的热量并维持一定的室内空气温、湿度,因此需要去除的是进入到空气中的热量。至于贮存在墙内表面或家具中的热量只要不进入到空气中,就不必考虑。但是,如果采用辐射空调方式,由于去除热量的方式包括了辐射和对流两部分,所维持的不仅是空气的参数,还要影响到墙内表面和家具中蓄存的热量,因此,辐射空调方式供的冷量,除了去除进入到空气中的热量外,还要包括以冷辐射的形式去除的各室内表面的热量。冷辐射板会使得室内表面温度降低,因此由室内表面传入到空气中的显热量会减少,导致辐射板需要从空气中排除的热量也会有一定量的减少。也就是说,辐射空调的房间冷负荷包括需要去除的进入到空气中的热量和一定量的室内表面上的热量。因此,在维持相同的室内空气参数的条件下,辐射板空调方式的冷/热负荷与常规的送风空调方式是不同的。

二、负荷与得热的关系

前面已经介绍了通过各种途径进入到室内的热量,即得热。而得热量又可分为显热得热和潜热得热。潜热得热一般会直接进入到室内空气中,形成瞬时冷负荷,即为了维持一定室内热湿环境而需要瞬时去除的热量。当然,如果考虑到围护结构内装修和家具的吸湿与蓄湿作用,潜热得热也会存在延迟。渗透空气的得热中也包括显热得热和潜热得热两部分,它们也都会直接进入到室内空气中,成为瞬时冷负荷。至于其他形式的显热得热的情况就比较复杂,其中对流部分会直接传给室内空气,成为瞬时冷负荷;而辐射部分进入到室内后并不直接进入到空气中,而会通过对流换热方式逐步释放到空气中,形成冷负荷。

　　因此在大多数情况下,冷负荷与得热量有关,但不等于得热。如果采用送风空调形式,则室内负荷就是得热中的纯对流部分。如果热源只有对流散热,各围护结构内表面和各室内设施表面的温差很小,则冷负荷基本就等于得热量,否则冷负荷与得热是不同的。如果有显著的辐射得热存在,由于各围护结构内表面和家具的蓄热作用,冷负荷与得热量之间就存在着相位差和幅度差,即时间上有延迟,幅度也有衰减。因此,冷负荷与得热量之间的关系取决于房间的构造、围护结构的热工特性和热源的特性。当然,热负荷同样也存在这种特性。图 3-33 是得热量与冷负荷之间的关系示意图。

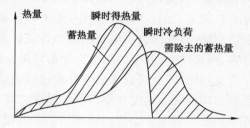

图 3-33　得热量与冷负荷之间的关系

　　对于空调设计来说,首先需要确定室内冷、热负荷的大小,因此需要掌握各种得热的对流和辐射的比例。但是对流散热量与辐射散热量的比例又与热源的温度、室内空气温度以及四周表面温度有关,各表面之间的长波辐射量与各内表面的角系数有关,因此准确计算其分配比例是非常复杂的工作。表 3-19 给出了一般情况下各种瞬时得热中不同成分的大概比例。照明和机械设备的对流和辐射的比例分配与其表面温度有关,人体的显热和潜热比例分配也与人体的活动强度以及空气温度有关。辐射得热所占比例的大小影响了得热与冷负荷之间的关系,辐射得热的比例越大,两者的差距就越大。图 3-34 是照明得热和实际冷负荷之间的关系示意图。

表 3-19　　　　　　　　　　　各种瞬时得热中的不同成分

得热类型	辐射热/%	对流热/%	潜热/%	得热类型	辐射热/%	对流热/%	潜热/%
太阳辐射(无内遮阳)	100	0	0	传导热	60	40	0
太阳辐射(有内遮阳)	58	42	0	人体	40	20	40
荧光灯	50	50	0	机械或设备	20~80	80~20	0
白炽灯	80	20	0				

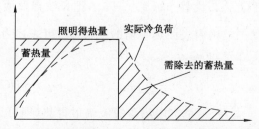

图 3-34　照明得热和实际冷负荷之间的关系示意图

三、负荷与得热的关系以及数学表达

以室内冷负荷为例来说明房间空气的热平衡。如果室内负荷为热负荷,则热流的方向相反,但原理都是一样的。房间空气从各室内表面、热源和渗透空气获得对流热,室内各表面间、内表面和热源之间存在着长波辐射和短波辐射换热。空调设备可以采用的送风方式也可以以辐射方式去除室内的热量,也可以两者兼而有之。空调辐射设备可以是冷辐射板、热辐射地板或者是辐射加热器。电辐射加热器的辐射能量除长波辐射外还可能含有短波辐射(可见光与近红外线)。

假定室内各表面温度一致,又没有任何辐射热量落在围护结构内表面上并被围护结构内表面蓄存,则传入室内的热量就等于内表面对流换热的热量,内表面温度完全由第三类边界条件决定。但在实际应用中,绝大部分条件下各内表面的温度不同,内表面之间均存在辐射热交换,因此内表面温度受其他各辐射表面的条件和辐射源的影响,所以室内得热过程是导热、对流、辐射和蓄热综合作用的结果。综上所述,如果各时刻各围护结构内表面和室内空气温度已知,就可以求出室外通过围护结构向室内的传热量,得出房间冷负荷。但是,各围护结构内表面温度和室内空气温度之间存在着显著的耦合关系,因此,求解房间冷负荷,需要联立求解围护结构内表面热平衡方程和房间空气热平衡方程所组成的方程组。下面分别就采用送风空调方式和采用辐射板空调方式两种条件下的房间冷负荷的数学表达方法进行讨论。

1. 采用送风空调方式的房间冷负荷

前面介绍的非透光围护结构内表面的热平衡关系式可表述为:

$$-\lambda(x)\frac{\partial t}{\partial x}\mid_{x=\delta} + Q_{shw} = \alpha_{in}\left[t(\delta,\tau) - t_{a,in}(\tau)\right] + \sum_{j=1}^{N}\alpha_{r,j}\left[t(\delta,\tau) - t_{j}(\tau)\right] \quad (3\text{-}87)$$

如果被考察的围护结构内表面的序号是 i,上式用文字表述就是:

传到 i 面的通过围护结构的导热量+(i 表面获得的太阳辐射得热+i 表面获得的热源短波辐射得热)=i 表面的对流换热+(i 表面向其他表面的长波辐射—i 表面获得的热源长波辐射得热)

其中 i 表面获得的短波辐射得热包括各室内热源辐射得热落在 i 表面上的分量之和,以及通过透光围护结构的透过太阳辐射落到 i 表面的部分;i 表面向其他室内表面的长波辐射包括向室内其他围护结构内表面、家具表面和低温热源的表面的长波辐射。假定:

① 室内有 N 个内表面(包括围护结构内表面和家具、器具表面等),其中 n 个非透光围护结构内表面与家具、器具表面,m 个透光围护结构内表面,$N=n+m$;

② 所有表面温度均用 $t_{sf,i}$ 表示;

③ 根据式(3-21),用 $Q_{wall,cond}$ 代替$-\lambda(x)\frac{\partial t}{\partial x}\mid_{x=\delta}$,把长波辐射项线性化。

则描述单个非透光围护结构内表面热平衡的式(3-87)可表述为:

$$Q_{wall,cond,i} + HG^{*}_{wind,sol,tm,i} + HG_{H,shw,i}$$
$$= \alpha_{in}(t_{sf,i} - t_{a,in}) + \sum_{j=1}^{N}\alpha_{r,sf,ij}(t_{sf,i} - t_{sf,j}) - HG_{H,lw,i} \quad (3\text{-}88)$$

式中,$HG_{H,shw,i}$ 和 $HG^{*}_{wind,sol,tm,i}$ 分别是室内热源短波辐射得热(即可见光与近红外线)和透过透光围护结构的太阳辐射直接落到 i 表面的部分。符号 $*$ 在这里表示落到 i 表面上的太阳

辐射,以示与透过透光围护结构表面 i 的太阳辐射 $HG_{\text{wind,sol,tm},i}$ 的区别。$HG_{\text{H,lw},i}$ 是落到 i 表面上的热源的长波辐射得热。

如果所考察的内表面 i 是室内家具设施表面,式(3-87)中通过围护结构导热传到 i 表面的热量 $Q_{\text{wall,cond},i}$ 这一项为零。

如果所考察的内表面 i 是透光外围护结构的内表面,并忽略透过其他窗户的太阳辐射和热源短波辐射落到该表面的份额(这部分即有透过也有吸收,情况十分复杂,暂不考虑),则表面热平衡为:

通过玻璃热传导到 i 表面的得热量+i 表面吸收的通过玻璃本身的太阳辐射=i 表面的对流换热+i 表面向其他表面的长波辐射—i 表面获得的热源的长波辐射得热

这样,式(3-88)就变为:

$$HG_{\text{wind,sol},i} + HG_{\text{wind,sol,abs},i}$$

$$= \alpha_{\text{in}}(t_{\text{sf},i} - t_{\text{a,in}}) + \sum_{j=1}^{N} \alpha_{\text{r,sf},ij}(t_{\text{sf},i} - t_{\text{sf},j}) - HG_{\text{H,lw},i} \tag{3-89}$$

另外考虑透过玻璃进入到室内的太阳辐射有部分被玻璃吸收,另有部分直接透射进入室内,有:

$$HG_{\text{wind},i} = HG_{\text{wind,cond},i} + HG_{\text{wind,sol},i}$$

$$= HG_{\text{wind,cond},i} + HG_{\text{wind,sol,abs},i} + HG_{\text{wind,sol,tm},i} \tag{3-90}$$

故式(3-89)可表示为:

$$HG_{\text{wind},i} - HG_{\text{wind,sol,tm},i} = \alpha_{\text{in}}(t_{\text{sf},i} - t_{\text{a,in}}) + \sum_{j=1}^{N} \alpha_{\text{r,sf},ij}(t_{\text{sf},i} - t_{\text{sf},j}) - HG_{\text{H,lw},i} \tag{3-91}$$

然后来分析房间空气的热平衡。假定室内空气维持恒定,其热平衡关系可表述为:

房间的显热冷负荷 = 室内热源对流得热 + $\sum$ 内表面 i 的对流换热 + 渗透显热得热

= (室内热源总得热 — 热源向室内表面的长波辐射 — 热源向室内表面的短波辐射) +

$\sum$ 内表面 i 的对流换热 + 渗透显热得热

而热源向室内表面的长波与短波辐射,均包括分别向围护结构内表面、家具设施等表面的长波和短波辐射。如果将上面的文字公式采用数学表达式表述,并对长波辐射项进行线性化,则得到需要去除的对流热即显热冷负荷的表达式为:

$$Q_{\text{cl,S}} = HE_{\text{H,con}} = HG_{\text{H,conv}} + \sum_{1}^{N} \alpha_{\text{in}}(t_{\text{sf},i} - t_{\text{a,in}}) + HG_{\text{infil}}$$

$$= (HG_{\text{H,S}} - HG_{\text{H,lw}} - HG_{\text{H,slw}}) + \sum_{1}^{N} \alpha_{\text{in}}(t_{\text{sf},i} - t_{\text{a,in}}) + HG_{\text{infil,S}} \tag{3-92}$$

同样,通过各透光围护结构的得热减去透过的太阳辐射部分可表示为:

$$\sum_{i=1}^{m}(HG_{\text{wind},i} - HG_{\text{wind,sol,tm},i}) = \sum_{i=1}^{m} HG_{\text{wind},i} - \sum_{i=1}^{m} HG_{\text{wind,sol,tm},i} \tag{3-93}$$

各内壁面间的相互长波辐射之总和为零,即有:

$$\sum_{i=1}^{N}\sum_{j=1}^{N} \alpha_{\text{r,sf},ij}(t_{\text{sf},i} - t_{\text{sf},j}) = 0 \tag{3-94}$$

根据能量守恒的原则,落到各室内表面上的太阳辐射热的总和就等于透过各透光围护结构进入室内的太阳辐射热量的总和,即有:

$$\sum_{i=1}^{n} HG_{\text{wind,sol,tm},i}^{*} = \sum_{j=1}^{m} HG_{\text{wind,sol,tm},j} \tag{3-95}$$

对式(3-88)和式(3-91)和两侧就 n 个非透光围护结构内表面与家具表面和 m 个透光围护结构的内表面求和，然后将两式合并，将式(3-93)式(3-95)代入，并用 $HG_{\text{H,shw}}$ 代表热源的总短波散热量 $\sum_{i=1}^{n} HG_{\text{H,shw},i}$，用 $HG_{\text{H,lw}}$ 代表热源的总长波散热量 $\sum_{i=1}^{N} HG_{\text{H,lw},i}$，有：

$$\sum_{i=1}^{n} Q_{\text{wall,cond},i} + \sum_{j=1}^{m} HG_{\text{wind},j} + HG_{\text{H,shw}} = \sum_{1}^{N} \alpha_{\text{in}}(t_{\text{sf},i} - t_{a,\text{in}}) - HG_{\text{H,lw}} \tag{3-96}$$

把式(3-92)与式(3-96)合并并进行整理，可得出采用送风空调方式的房间显热冷负荷表达式：

$$Q_{\text{cl,S}} = HE_{\text{con}} = HG_{\text{H,S}} + HG_{\text{infil,S}} + \sum_{j=1}^{m} HG_{\text{wind},j} + \sum_{i=1}^{n} Q_{\text{wall,cond},i} \tag{3-97}$$

这样房间的总冷负荷就可表示为显热冷负荷与潜热冷负荷之和：

$$Q_{\text{cl}} = Q_{\text{cl,S}} + Q_{\text{cl,L}}$$

$$= HG_{\text{H,S}} + HG_{\text{infil,S}} + \sum_{j=1}^{m} HG_{\text{wind},j} + \sum_{i=1}^{n} Q_{\text{wall,cond},i} + HG_{\text{H,L}} + HG_{\text{inf,L}}$$

$$= HG_{\text{H}} + HG_{\text{inf,il}} + \sum_{j=1}^{m} HG_{\text{wind},j} + \sum_{i=1}^{n} Q_{\text{wall,cond},i} \tag{3-98}$$

由此可以看到，在室内空气温度维持恒定的条件下，采用送风空调方式的房间总冷负荷就等于热源、渗透风、透光围护结构三项得热再加上通过非透光围护结构传入室内的总热量。

既然冷负荷的重要组成部分是上述几个室内得热的总和，那为什么会出现图 3-26 和图 3-27 中的冷负荷与得热的相位差和幅度差呢？这个差别实际上是由通过围护结构传入室内的总热量 $\sum_{i=1}^{n} Q_{\text{wall,cond},i}$ 这一项造成的。以图 3-27 的情况为例进行分析，相当于室外空气综合温度与室内空气温度相等，非透光围护结构本身并不造成冷负荷，没有透光围护结构，没有渗透风，室内热源只有照明灯具，室内得热。

$HG_{\text{H,S}}$ 等于照明得热，即有 $Q_{\text{cl}} = HG_{\text{H,S}} + \sum_{i=1}^{n} Q_{\text{wall,cond},i}$。当开灯的时候，就会有部分照明得热通过短波和长波进入到围护结构内表面，提高了围护结构内表面的温度，热量从围护结构的内表面向室外方向传导，$\sum_{i=1}^{n} Q_{\text{wall,cond},i}$ 成为负值，导致冷负荷 Q_{cl} 比照明得热 $HG_{\text{H,S}}$ 要小。但关灯以后，室内得热 $HG_{\text{H,S}}$ 等于零了，围护结构内表面温度会渐渐降下来，同时蓄存在围护结构里面的热量会逐步向室内释放，即 $\sum_{i=1}^{n} Q_{\text{wall,cond},i}$ 变成正值，导致冷负荷 Q_{cl} 大于零。

在上面的这个例子中，如果能够使围护结构内表面成为一个全反射表面，即对辐射完全绝热，那么 $\sum_{i=1}^{n} Q_{\text{wall,cond},i}$ 就会等于零。在这种条件下，房间的冷负荷就与室内得热完全吻合。

以上各式中：Q_{cl} 为空调系统的冷负荷，W；$Q_{\text{cl,S}}$ 为空调系统的显热冷负荷，W；$Q_{\text{cl,L}}$ 为空调系

统的潜热冷负荷，W；$HG_{wind,sol,abs,i}$为通过第 i 个透光外围护结构的太阳辐射被玻璃吸收成为对流得热部分，W/m^2；$HG_{wind,sol,trn,i}$为透过第 i 个透光外围护结构的太阳辐射得热，短波辐射部分，W/m^2；$HG^*_{wind,sol,trn,i}$为透过透光外围护结构的太阳辐射得热落到第 i 个室内表面的部分，W/m^2；HG_{conv}为对流除热量，W。

2. 采用冷辐射板空调方式的房间冷负荷

考虑有冷辐射板存在，假定室内有 N 个内表面（包括围护结构内表面和家具、器具表面等），其中 n 个非透光围护结构内表面与家具表面，m 个透光围护结构内表面，被考察的围护结构内表面的序号是 i，则 i 表面的长波辐射项含有对冷辐射板的长波辐射，则式（3-87）用文字来表述为：

传到 i 表面的通过围护结构的导热量＋（i 表面获得的太阳辐射得热＋i 表面获得的热源短波辐射得热）＝i 表面的对流换热＋（i 表面向其他表面的长波辐射＋i 表面向空调辐射板的长波辐射－i 表面获得的热源的长波辐射得热）

根据式（3-21），用 $Q_{wall,cond}$ 代替 $-\lambda(x)\left.\dfrac{\partial t}{\partial x}\right|_{x=\delta}$；把长波辐射项线性化，得出类似式（3-88）的数学表达式为：

$$Q_{wall,cond,i} + HG^*_{wind,sol,tm,i} + HG_{H,shw,i}$$
$$= \alpha_{in}(t_{sf,i} - t_{a,in}) + \sum_{j=1}^{N}\alpha_{r,sf,ij}(t_{sf,i} - t_{sf,j}) + \alpha_{r,Psf,i}(t_{sf,i} - t_P) - HG_{H,lw,i} \tag{3-99}$$

对于透光外围护结构的内表面，表面热平衡的文字表述为：

通过玻璃热传导到 i 表面的得热量＋i 表面吸收的通过玻璃本射的太阳辐射＝i 表面的对流换热＋i 表面向其他表面的长波辐射＋i 表面向冷辐射板的长波辐射－i 表面获得的热源的长波辐射得热

考虑了 i 表面向冷辐射板的长波辐射后，前面的式（3-91）变为：

$$HG_{wind,i} - HG_{sind,sol,tm,i}$$
$$= \alpha_{in}(t_{sf,i} - t_{a,in}) + \sum_{j=1}^{N}\alpha_{r,sf,ij}(t_{sf,i} - t_{sf,j}) + \alpha_{r,Psf,i}(t_{sf,i} - t_P) - HG_{H,lw,i} \tag{3-100}$$

假定室内空气温度维持恒定，其热平衡关系与式（3-92）相同。式（3-93）至式（3-95）同样也适用于辐射板空调方式。

透过玻璃窗的太阳辐射得热不仅有部分落在室内表面上，而且有部分落在冷辐射板上，因此，透过各透光围护结构进入到房间的总太阳辐射得热等于落到各室内表面上的太阳辐射热与落在冷辐射板上的太阳辐射热的总和，这与式（3-95）有所不同：

$$\sum_{j=1}^{m}HG_{wind,sol,trn,i} = \sum_{j=1}^{m}HG^*_{wind,sol,trn,i} + HG_{wind,sol,trn,P} \tag{3-101}$$

热源向室内表面的长波与短波辐射，除向围护结构内表面、家具设施等表面的长波辐射外，还包括对冷辐射板的长波和短波辐射。所以，室内热源的辐射得热可表示为：

$$\sum_{i=1}^{N}HG_{H,shw,i} = HG_{H,shw} - HG_{H,shw,P} \tag{3-102}$$

以及

$$\sum_{i=1}^{N}HG_{H,lw,i} = HG_{H,lw} - \alpha_{r,HP}(t_H - t_P) \tag{3-103}$$

对式(3-100)和式(3-101)的两侧就 n 个非透光围护结构内表面与家具表面和 m 个透光围护结构内表面求和,然后将两式合并,并将式(3-92)至式(3-94)以及式(3-99)至式(3-103)代入,有:

$$\sum_{i=1}^{n} Q_{\text{wall,cond},i} + \sum_{j=1}^{m} HG_{\text{wind},j} - HG_{\text{wind,sol,trn,P}} + HG_{\text{H,shw}} - HG_{\text{H,shw,P}}$$

$$= \sum_{i=1}^{N} \alpha_{\text{in}} (t_{\text{sf},i} - t_{\text{a,in}}) + \sum_{i=1}^{N} \alpha_{\text{r,Psf},i} (t_{\text{sf},i} - t_{\text{P}}) - HG_{\text{H,lw}} + \alpha_{\text{r,HP}} (t_{\text{H}} - t_{\text{P}}) \qquad (3\text{-}104)$$

把式(3-92)与式(3-104)合并并进行整理,可得出冷辐射板的对流除热量:

$$HE_{\text{conv}} = HG_{\text{H,S}} - \alpha_{\text{r,HP}} (t_{\text{H}} - t_{\text{P}}) - HG_{\text{H,shw,P}} + \sum_{i=1}^{n} Q_{\text{wall,cond},i} + \sum_{j=1}^{m} HG_{\text{wind},j} -$$

$$HG_{\text{wind,sol,trn,P}} - \sum_{i=1}^{n} \alpha_{\text{r,Psf},i} (t_{\text{sf},i} - t_{\text{P}}) + HG_{\text{infil}} \qquad (3\text{-}105)$$

冷辐射板的辐射除热量相当于各表面向冷辐射板的辐射热,包括室内表面和热源表面对辐射板的长波辐射、热源对辐射板的短波辐射,以及透过玻璃的太阳辐射热落在辐射板上的部分,即有:

$$HE_{\text{rad}} = HG_{\text{H,shw,P}} + HG_{\text{wind,sol,trn,P}} + \alpha_{\text{r,HP}} (t_{\text{H}} - t_{\text{P}}) + \sum_{i=1}^{n} \alpha_{\text{r,Psf},i} (t_{\text{sf},i} - t_{\text{P}}) \qquad (3\text{-}106)$$

辐射空调方式的房间冷负荷应该包括对流除热量和辐射除热量两部分,因此,把式(3-67)与式(3-68)合并并进行整理,可得出适于各形式空调方式的通用房间显热冷负荷表达式:

$$Q_{\text{cl,S}} = HE_{\text{conv}} + HE_{\text{rad}} = HG_{\text{H,S}} + HG_{\text{infil}} + \sum_{j=1}^{m} HG_{\text{wind},j} + \sum_{i=1}^{n} Q_{\text{wall,cond},i} \qquad (3\text{-}107)$$

上面各式中, HE_{rad} 为辐射除热量,单位为 W。

如果把式(3-105)的辐射除热量定为零,那么该式就与送风空调方式的房间显热冷负荷表达式(3-97)完全一致了。无论是送风空调方式的房间显热冷负荷表达式(3-97),还是辐射空调方式的房间显热冷负荷表达式(3-107),在室内空气温度维持恒定的条件下,房间显热冷负荷等于热源、渗透风、透光围护结构三项显热得热加上通过非透光围护结构传入室内的显热量。

由通过非透光围护结构实际进入室内显热量部分的分析可知,式(3-107)中 $\sum_{i=1}^{n} Q_{\text{wall,cond},i}$ 的大小与室内存在的短波辐射、室内各表面温度等有关,因为室内辐射的存在导致壁面温度变化而会改变围护结构的传热量。辐射空调方式导致的室内表面温度与送风空调方式的不同,从而也会导致 $\sum_{i=1}^{n} Q_{\text{wall,cond},i}$ 不同。也就是说,在维持相同的室内空气温度的情况下,辐射空调方式的房间冷负荷要高于送风空调方式的房间冷负荷,因为外围护结构表面温度会因此而降低,导致通过围护结构传入室内的热量增加。同理,热辐射空调的房间热负荷也要高于维持相同室内空气温度的送风空调方式的房间热负荷。

3. 室内空气参数变化时的房间负荷

上述房间冷负荷的表达式都是在室内空气参数维持恒定的条件下推导出来的。需要除去的热量就相当于进入到室内的热量,这样才能维持室内空气温湿度满足要求。但当室内空气参数变化时,比如早晨空调系统刚开始运行时,室内空气温度不断下降,一直降到要求的温湿度水平的过程中,这时需要去除的热量就不只是进入到室内的热量了。房间空气的热平衡关系可表述为:

对流显热除热量＋空气的显热增值＝室内热源对流得热＋$\sum$壁面对流得热＋渗透得热

则对流显热除热量的表达式(3-53)变成:

$$HE_{conv} + \Delta Q_a = HG_{H,conv} + \sum_{i=1}^{n} \alpha_m (t_{sf,i} - t_{a,in}) + HG_{infit,S} \tag{3-108}$$

通过类似上述过程的推导,可得出室内参数变化时实际需要的显热除热量,即显热冷负荷为:

$$Q_{cl,S} = HE_{conv} = HG_{H,S} + HG_{infil,S} + \sum_{j=1}^{n} HG_{wind,j} + \sum_{i=1}^{n} Q_{wall,cond,i} - \Delta Q_a \tag{3-109}$$

式中　ΔQ_a——空气的显热增值,W。

由式(3-109)可见,当室内空气在降温过程中,也就是空气的显热增值 ΔQ_a 是负值时,房间的冷负荷比室温恒定时的冷负荷要大;而当室内空气在升温过程中,也就是空气的显热增值 ΔQ_a 是正值时,房间的冷负荷要比室温恒定时的冷负荷要小。相差的量除了空气的显热增值 ΔQ_a 以外,还要加上围护结构内表面以及其他室内表面温度随着室内空气温度而降低或升高导致 $\sum_{i=1}^{n} Q_{wall,cond,i}$ 的增减。而由于热容的差别,后者造成的影响往往比前者的影响要大。如果在室内空气升温和降温的过程中,还伴随着含湿量的变化,则潜热冷负荷也会同时产生变化。在采暖工况下,热负荷也存在类似的变化规律。所以,间歇运行的空调系统在刚开机运行阶段的启动负荷往往比连续稳定运行时的负荷要大很多。

第六节　典型负荷计算方法原理介绍

由于建筑热湿环境分析是建筑环境与能源应用工程的重要工作基础,除涉及与供冷供热设备配置有关的冷热负荷计算以外,更重要的是关系到建筑热湿过程的分析、建筑能耗评价以及建筑系统能耗分析等,因此备受关注。从只为了解决供暖系统设计所需的简单的热负荷计算,到适应空气调节工程所需的冷负荷计算;从只为了满足工程设计需要的冷热负荷计算,到为了满足节能和可持续发展需要的建筑热湿过程模拟分析,可以说建筑热湿负荷问题的研究,是暖通空调技术发展的重要组成。

首先,为了达到能够在工程设计中应用的目的,研究人员在开发可供建筑设备工程师在设计中使用的负荷求解方法方面,进行了不懈的努力。1946 年美国 C. O. Mackey 和 L. T. Wight 提出了当量温差法,20 世纪 50 年代初苏联 A. T. Ш. kojioBep 等提出用谐波法来计算围护结构冷负荷的方法,但其共同的特点是不区分得热量与冷负荷,所以算出的空调冷负荷往往偏大。

直至 1967 年,加拿大 D. G. Stephenson 和 G. P. Mitalas 提出了反应系数法,推动了革新负荷计算的研究,其基本特点是:在计算方法中体现了得热量和冷负荷的区别。1971 年 Stephenson 和 Mitala 又用 Z 传递函数改进了反应系数法,并提出了适合手工计算的冷负荷系数法或者应该称为权系数法(weithting factor),即可以不需要迭代或回溯,可以从得热直接求解冷负荷的方法。1975 年 Rudoy 和 Duran 采用传递函数法求得一批典型建筑的冷负荷温差(CLTD)和冷负荷系数(CLF),改进完善了冷负荷系数法。ASHRAE1977 年的手册对冷负荷系数法正式予以采用。1992 年 Mc Quiston 等又提出日射冷负荷系数(SCLs),对透过玻璃窗的日射负荷计算精度进行了改进。

我国从 20 世纪 70 年代末就开展新计算方法的研究,1982 年在原城乡建筑环境保护部主持下通过了两种新的冷负荷计算法:谐波反应法和冷负荷系数法。这些方法针对我国的建筑物特点推出一批典型围护结构的冷负荷温差(冷负荷温度)以及冷负荷系数(冷负荷强度系数),为我国的暖通空调设计人员提供了实用的设计工具。

随着计算机应用的普及,计算速度的大幅提高,使用计算机模拟软件进行辅助设计或对整个建筑物的全年能耗和负荷状况进行分析,已经成为暖通空调领域研究与应用的热点。目前,国内外常用的负荷求解方法,主要包括以下三类:① 稳态计算;② 动态计算;③ 利用各种专用软件,采用计算机进行数值求解计算。

一、稳态算法

稳态计算法即不考虑建筑物以前时刻传热过程的影响,只采用室内外瞬时或平均温差与围护结构的传热系数、传热面积的乘积来求取负荷值,即 $Q=KF\Delta T$。室外温度根据需要可能采用空气温度,也可能采用室外空气综合温度。如果采用瞬时室外空气温度,由于不考虑建筑的蓄热性能,所求得的冷、热负荷预测值偏大,而且围护结构的蓄热性能越好误差就越大,因而造成设备投资的浪费。

但稳态计算法非常简单直观,甚至可以直接手工计算或估算。因此在计算蓄热性能小的轻型、简易围护结构的传热过程时,可以用逐时室内外温差乘以传热系数和传热面积进行近似计算。此外,如果室内外温差的平均值均远远大于室内外温差的波动值时,采用平均温差的稳态计算带来的误差也比较小,在工程设计中是可以接受的。例如在我国北方冬季,室外温度的波动幅度远小于室内外的温差,因此,目前在进行采暖负荷的计算时,就采用稳态计算法,即:

$$Q_{hl} = K_{wall} F_{wall} (t_{a,out} - t_{a,in}) \tag{3-110}$$

式中,$t_{a,out}$ 为冬季室外设计温度,对于空调系统为每年不保证 1 天、对于采暖系统为每年不保证 5 天的最低日平均温度;$t_{a,in}$ 为冬季室内设计温度。

但计算夏季冷负荷不能采用日平均温差的稳态算法,否则可能导致完全错误的结果。这是因为尽管夏季日间瞬时室外温度可能要比室内温度高很多,但夜间却有可能低于室内温度,因此与冬季相比,室内外平均温差并不大,但波动的幅度却相对比较大。如果采用日平均温差的稳态算法,则导致冷负荷计算结果偏小。另外,如果采用逐时室内外温差,忽略围护结构的衰减延迟作用,则会导致冷负荷计算结果偏大。

二、动态计算法

动态负荷计算需要解决两个主要问题:其一是求解围护结构的不稳定传热;其二是求解得热与负荷的转换关系。而积分变换法就是解决这两个问题的数学手段。

积分变换的概念是把函数从一个域中转换到另一个域中,在这个新的域中,原来较复杂的函数呈现较简单的形式,因此可以求出解析解。其原理就是对常系数的线性偏微分方程进行积分变换,如傅立叶变换或拉普拉斯变换,使函数呈现较简单的形式,以求出解析解;然后,再对变换后的方程解进行逆变换,以获得最终解。

采用何种积分变换取决于方程与定解条件的特点。对于板壁围护结构的不稳定传热问题的求解,可采用拉普拉斯变换。通过拉普拉斯变换,可以把偏微分方程变换为常微分方程,把常微分方程变换为代数方程,使求取解析解成为可能。

拉普拉斯变换求解获得的是一种传递矩阵或 s-传递函数的解的形式,即以外扰(如室外温度变化或围护结构外表面热流)或内扰(如室内热源散热量)作为输入 $I(\tau)$,输出量 $O(\tau)$ 为板壁表面热流量或室内温度的变化,因此,传递函数 $G(s)$ 为:

$$G(s) = \frac{\int_0^\infty O(\tau)\mathrm{e}^{-s\tau}\mathrm{d}\tau}{\int_0^\infty I(\tau)\mathrm{e}^{-s\tau}\mathrm{d}\tau} = \frac{O(s)}{I(s)} \qquad (3\text{-}111)$$

图 3-35 传递函数与输入量、输出量的关系

式中,$I(s)$ 和 $O(s)$ 分别为输入量 $I(\tau)$ 和输出量 $O(\tau)$ 的拉普拉斯变换。传递函数 $G(s)$ 仅由系统本身的特性决定,而与输入量、输出量无关,因此可以通过输入量和传递函数求得输出量,见图 3-35。

采用拉普拉斯变换法求解建筑负荷的前提条件是其热传递过程应可以采用线性常系数微分方程描述,也就是说,系统必须为线性定常系统。而对于普通材料的围护结构的传热过程,在一般温度变化的范围内,材料的物性参数变化不大,可近似看做常数。因此,采用传递函数求解是可行的。但对于采用材料的物性参数随温度或时间有显著变化的围护结构的传热过程,就不能采用拉普拉斯变换法求解。

由于系统的传递函数只取决于系统本身的特性,因此建筑的材料和形式一旦确定,就可求得其围护结构的传递函数。但就其作为输入的边界条件来说,不论是室外气温变化还是壁面热流变化均难以用简单的函数来描述,所以难以直接用传递函数求得输出函数。但由于线性定常系统具有以下特性:

① 可应用叠加原理对输入的扰量和输出的响应进行分解和叠加;

② 当输入扰量作用的时间改变时,输出响应的时间也产生变化,但输出响应的函数不会改变。

基于上述特征,可把输入量进行分解或离散为简单函数,再利用变换法进行求解。这样求出的单元输入响应呈简单函数形式。然后再把这些单元输入的响应进行叠加,得出实际输入量连续作用下的系统输出量,这样就可以采用手工计算求得建筑物的冷热负荷。因此,变换法求解围护结构的不稳定传热过程,需要经历三个步骤,即:

① 边界条件的离散或分解;

② 求解单元扰量的响应;

③ 把单元扰量的响应进行叠加和叠加积分求和。

根据对输入边界条件的处理不同,变换法求解的方法也不同。目前对边界条件处理的主要方法有:

① 把边界条件进行傅立叶级数展开。例如把室外空气综合温度看成在一段时期内的以 T 为周期的不规则周期函数,利用傅立叶级数展开,将其分解为一组以 $\dfrac{2\pi}{T}$ 为基频的简谐波函数,例如:

$$t_z(\tau) = A_0 + \sum_{n=1}^{\infty} A_n \sin\left(\frac{2\pi n}{T}\tau + \varphi_n\right) \tag{3-112}$$

一般来说,截取级数的前几阶就能很好地逼近原曲线,其结果足以满足工程设计的精度要求,对于一年的室外空气温度的变化,也可展开为傅立叶级数之和,但需要截取比较高的阶数才能较好地逼近原曲线。

② 把边界条件离散为等时间间隔的按时间序列分布的单元扰量。对于一条给定的扰量曲线,可以用多种方法离散,例如离散为等腰三角波或矩形波,见图 3-36。由于这种离散方式不需要考虑扰量是否呈周期变化,因此适用于各种非规则的内外扰量。

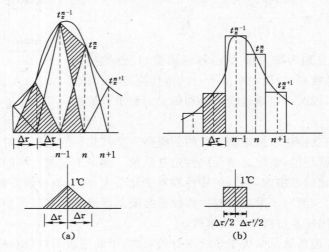

图 3-36 对边界条件的离散

(a) 等腰三角波离散;(b) 矩形波离散

对输入的边界条件进行分解或离散后,就可以求解系统对单位单元扰量的响应。谐波反应法是基于傅立叶级数分解,反应系数法是基于时间序列离散发展出来的计算法。

1. 谐波反应法

任何一连续可导曲线均可分解为正(余)弦波之和。把外扰分解为余弦波,分别求出每个正(余)弦波外扰的室内响应,并进行叠加。但对不同频率的输入单元正弦波有不同程度的衰减和延迟。下面以求解板壁围护结构得热进行说明。

当输入扰量为室外空气综合温度 $t_z(\tau)$,输出响应为板壁内表面温度 $t_{in}(\tau)$ 时,如果用 A_n 表示第 n 阶输入扰量单元正弦波的振幅,B_n 表示响应单元正弦波的振幅,板壁对该频率下扰量的衰减倍数 ν_n 可定义为:

$$\nu_n = \frac{A_n}{B_n} \tag{3-113}$$

如果板壁对该频率下单元正弦波扰量的延迟时间为 ψ_n,则板壁内表面温度对第 n 阶单元正弦波扰量的响应 $t_{in,n}(\tau)$ 可表示为:

$$t_{in,n}(\tau) = \frac{A_n}{\nu_n}\sin\left(\frac{2\pi n}{T}\tau + \varphi_n - \psi_n\right) \tag{3-114}$$

把各阶单元外扰的响应叠加就可以求得围护结构内表面的温度响应。通过围护结构内表面的温度就可以算出外扰通过围护结构形成的得热。因此,该方法的关键是确定系统的

衰减倍数 ν_n 和延迟时间 ψ_n,而系统的衰减倍数 ν_n 和延迟时间 ψ_n 均可通过系统的传递函数求得。

2. 冷负荷系数法(反应系数法)

冷负荷系数法是房间反应系数法的一种形式。房间反应系数是一个百分数,它代表某时刻房间的某种得热量在其作用后诸时刻逐渐变成房间负荷的百分率。因此房间反应系数也被称为冷负荷权系数。

反应系数法是将随时间连续变化的扰量曲线离散为按时间序列分布的单元扰量,再求解系统(板壁或房间)对单位单元扰量的响应,即所谓的反应系数。然后,就可利用求得的反应系数通过叠加积分计算出最终的结果。

对于连续系统可采用拉普拉斯变换求解,获得的是 s-传递函数。而对于离散系统来说,对应拉普拉斯变换的是 Z 变换,由此求得是 Z 传递函数。所谓 Z 变换,就是将一个连续函数变换为脉冲序列函数,即为 Z^{-1} 的多项式。该多项式的系数等于该连续函数在相应次幂的采样时刻上的函数值。例如室外空气综合温度的 Z 变换为:

$$t_z(Z) = t_{z,0} + t_{z,1}Z^{-1} + t_{z,2}Z^{-2} + \cdots \tag{3-115}$$

式中,$t_{z,0}$,$t_{z,1}$,$t_{z,2}$ 分别为室外空气综合温度在时间 $\tau = 0,1,2,\cdots$ 时的采样值。

反应系数法先求得房间各时刻的得热量,再通过反应系数算出房间冷负荷。而冷负荷系数法把两个步骤合一,直接从扰量求出房间的冷负荷。实际上冷负荷系数只是房间反应系数的一种整理形式,两者没有实质上的区别,只是处理手法不同而已。

冷负荷系数法把外扰通过围护结构形成的瞬时冷负荷,表述成瞬时冷负荷温差(CLTD)或瞬时冷负荷温度的函数,因此,冷负荷系数法给出的通过板壁围护结构的冷负荷的计算公式为:

$$Q_{cl,wall}(\tau) = K_{wall}F_{wall}\left[t_{cl,wall}(\tau) - t_{a,in}\right] \tag{3-116}$$

式中,$t_{cl,wall}(\tau)$ 为板壁围护结构的冷负荷计算温度,是一个并非真实存在,只是为了计算方便,从传热量折算出来的温度,其数值与所在地区、围护结构的构造类型及朝向有关。

通过玻璃窗的日射冷负荷的计算公式为:

$$Q_{cl,wind,sol}(\tau) = F_{wind}C_nC_sD_{jmax}C_{cl,wind}(\tau) \tag{3-117}$$

式中,D_{jmax} 为当地板壁在朝向上的日射得热因素最大值,单位为 W/m^2;而 $C_{cl,wind}(\tau)$ 是玻璃窗冷负荷系数,其数值与有无遮阳、朝向以及地处纬度有关。

室内热源散热形成的冷负荷为:

$$Q_{cl,H}(\tau) = HG_H(\tau_0)C_{cl,H}(\tau - \tau_0) \tag{3-118}$$

式中,$C_{cl,H}$ 为室内热源显热散热冷负荷系数,其数值与热源类型、连续使用时间以及距开始使用后的时间 $\tau - \tau_0$ 有关。

最后必须指出,为了简化工程设计计算,手册中给出的各种冷负荷系数是在归纳了常用的围护结构构造类型和规定了房间的体型条件下得出的数据。因此,对于其他特定构造的房间均有一定误差。

三、模拟分析软件

自 20 世纪 60 年代末,美国的电力和燃气公司开发了一些以小时为步长的模拟建筑负荷的计算机模拟程序,如 GATE。尽管还是基于稳态计算,但毕竟使人们看到大型建筑全年能耗模拟分析的重要性。在经历了 20 世纪 70 年代的全球石油危机之后,建筑模拟受到了越来越多的重视,同时随着计算机技术的飞速发展和普及,大量复杂的计算变为可行,产生了各种各样的用于建筑全年冷热负荷计算的计算机建筑能耗模拟软件。在 20 世纪 70 年代中期,在美国产生了两个著名的建筑模拟程序:BLAST 和 DOE-2,目前又发展为 EnergyPlus。欧洲也于 20 世纪 70 年代初开始研究模拟分析的方法,产生的具有代表性的软件是 ESP-r。亚洲各国也逐渐认识到建筑模拟技术的重要性,先后投入大量力量进行研究开发,主要有日本的 HASP 和中国清华大学的 DeST。这些软件已经被用于建筑热过程分析、建筑能耗评价、建筑设备系统能耗分析和辅助设计,如表 3-20 所示。

尽管现在已经有很多各种各样的商用软件用于建筑设计,但大部分都是以以下几个软件作为计算核心,加上新的人机对话界面和一些辅助的扩展功能模块形成的。

1. DOE-2(Design of Experience)

DOE-2 由美国能源部主持,由劳伦斯伯克利国家实验室(Lawrence Berkeley National Laboratory,LBNL)开发,于 1979 年首次发布,曾经是国际上应用最普遍的建筑热模拟商用软件。其中冷热负荷模拟采用了反应系数法,假定室内温度恒定,不考虑房间之间的相互影响。由于反应系数截取的项数有限,因此在模拟厚重墙体时误差较大。DOE-2 包括负荷计算模块、空气系统模块、机房模块、经济分析模块。其中,负荷模块利用建筑描述信息以及气象数据计算建筑全年逐时冷热负荷。冷热负荷,包括显热和潜热,与室外气温、湿度、风速、太阳辐射、人员班次、灯光、设备、渗透、建筑结构的传热延迟以及遮阳等因素有关。

表 3-20 建筑能耗模拟程序

软件名	功能	负荷计算方法	条件
DOE-2(美)	全年逐时能耗模拟	反应系数法	恒物性
ESP(英)	建筑、设备系统能耗	有限差分法	变物性
EnergyPlus(美)	建筑、设备系统能耗	传递函数法(反应系数法)	恒物性
HASP(日本)	建筑、设备系统能耗	热平衡法	恒物性
DeST(中)	建筑、设备系统能耗	状态空间法	恒物性

其他还有:BLAST(美)、NBSLD(美)

2. ESP(Energy Simulation Program for Research)

ESP(ESP-r)是由英国 Strathclyde 大学能量系统研究组(University of Strathclyde,Energy System Research Unit)于 1977~1984 年开发,用于进行建筑与设备系统能耗动态模拟的软件。负荷算法采用有限差分法,求解一维传热过程,而不需要对基本传热方程进行线性化,因此可模拟具有非线性部件的建筑的热过程,如有特隆布墙(Ttrobe wall)或相变材料等变物性材料的建筑。采用的时间步长通常以分钟为单位。该软件对计算机的速度和内存有较高要求。目前,ESP-r 已经发展成为一个集成的模拟分析工具,可以模拟建筑的风、光、热性能,还可以对建筑能耗以及温室气体排放做出评估以用于环境系统控制。可模拟的领域几乎涵盖建筑物理及环境控制的各个方面。在建筑的热性能以及能耗分析方面，该软件可以对影响建筑能耗以及环境品质的各种因素做深度的研究。其基本的分析方法为计算流体力学（Computing Fluid Dynamic，简称 CFD）中的有限容积法（Finite Volume Method），可以对建筑内外空间的温度场、空气流场以及水蒸气的分布进行模拟，因此它不仅可以对建筑能耗进行模拟，还可能对建筑的舒适度、采暖、通风、制冷设备的容量及效率，气流状态等参量做出综合评估。除此之外，该软件还集成了对新的可再生能源技术（如光伏系统、风力系统等）的分析手段。目前在市场上采用 ESP-r 为计算核心的商用软件主要是 IES(Integrated Energy Simulation)。

3. DeST (Designer's Simulation Toolkit)

DeST 是清华大学开发的建筑与暖通空调系统分析和辅助设计软件。DeST 软件的理论研究始于 1982 年，开始主要立足于建筑环境模拟的理论研究，至 1992 年开发出专门用于建筑热过程分析软件 BTP(Building Thermal Processes)，以后逐步加入空调系统模拟模块，并开出也空调系统模拟软件 HSABRE。为了进一步解决实际设计中不同阶段的实际问题，并更好地将模拟技术投入到实际工程应用中，从 1997 年开始在 HSABRE 的基础上开发针对设计的模拟分析工具 DeST，并于 2000 年完成 DeST 1.0 版本并通过鉴定，2002 年完成住宅专用版本 DeST-h 和住宅评估专用版本 DeST-e。如今 DeST 已在中国大陆、欧洲、日本、中国香港等地得到应用。DeST 求解建筑热过程的基本方法是状态空间法。为了降低求解的难度，在建立建筑热过程基本方程的过程中，DeST 将墙体传热简化为一维问题处理，将室内空气温度集总为单一节点处理，同时假定墙体物性不随时间变化。状态空间法对房间围护结构、室内家具等在空间上进行离散，建立各离散节点的热平衡方程，并保持各节点的温度在时间上连续；然后求解所有节点的热平衡方程组，得到表征房间热特性的一系列系数；在此基础上，进一步求解房间的温度和负荷。

状态空间法的求解是在空间上进行离散，在时间上保持连续。对于多个房间的建筑，可对各围护结构和空间列出方程联立求解，因此可处理多房间问题。

其解的稳定性及误差与时间步长无关，因此求解过程所取时间步长可大至 1 小时，小至数秒钟，而有限差分法只能取较小的时间步长以保证解的精度和稳定性。但状态空间法与反应系数法和谐波反应法相同之处是均要求系统线性化，不能处理相变墙体材料、变表面换热系数、变物性等非线性问题。

另外，DeST 与国际上其他建筑和空调系统模拟软件最大的区别是：DeST 不需要在整个建筑和空调系统全部完成后才开始模拟，而能够在不同的设计阶段完成不同的模拟任务，实现分阶段设计、分阶段模拟。

4. EnergyPlus

EnergyPlus 是美国劳伦斯伯克利国家实验室（Lawrence Berkeley National Laboratory，LBNL)于 20 世纪 90 年代开发的商用、教学研究用建筑热模拟软件。负荷计算采用的是状态空间法。EnergyPlus 是美国能源部和国防部斥资几百万美元，在 DOE-2 和 BLAST 的基础上，重点开发的功能巨大的建筑能耗模拟计算软件。1996 年开始研究，小组组成中包括：美国军事建筑工程研究实验室、伊利诺伊大学、美国劳伦斯·伯克利国家实验室、俄克拉荷马大学等。负荷计算原本采用的是传递函数法，而后又改采用状态空间法，为了易于维护、更新和扩展，采用了结构化、模块化代码，并且解决了 DOE-2 和 BLAST 模拟中受房间、时间表、系统等总数限制的问题。EnergyPlus 主要特点有:采用集成同步的负荷/系统/设备的模拟方法;采用三维有限差分土壤模型和简化的解析方法对土壤传热进行模拟;联立传热和传质模型对墙体的传热和传湿进行模拟;采用基于人体活动量、室内温湿度等参数的热舒适模型模拟热舒适度;采用各向异性的天空模型以改进倾斜表面的天空散射强度;窗户传热的模型可以模拟可控的遮阳装置、可调光的电铬玻璃等可调设备;天然采光的模拟包括室内照度的计算、眩光的模拟和控制、人工照明的减少对负荷的影响等;基于采光的模拟包括室内照度的计算、眩光的模拟和控制、人工照明的减少对负荷的影响等;基于环路的可调整结构的空调系统模拟,用户可以根据自己的需要加入新的模块或功能。

5. HASP (Heating, Air-conditioning and Sanitay Engineering Program)

日本 1971 开发,采用热平衡方法动态计算负荷,强化建筑并考虑系统的能耗模拟软件。

综上所述,目前国内外常用的几种建筑负荷及能耗模拟软件,负荷计算方法主要包括有限差分法、反应系数法和状态空间法。这几种计算方法各有特点,其比较参见表 3-21。

表 3-21 不同负荷计算方法的特点

方法	计算能力	解的稳定性和误差	基本假设	条件限制	处理能力
有限差分法	数据多,速度慢	随时间步长增加而变差	—	—	好,没有限制
反应系数法	速度快	与时间步长有关	线性可叠加定常系数	不能处理变物性材料、变表面换热系数等非线性问题	房间内墙的辐射换热难以处理
状态空间法	速度快	与时间步长无关			好,但有一定限制

本章符号说明

$a(x)$——导温系数,m/s;

a——吸收率;

B_0——标准大气压力,101 325 Pa;

B——当地实际大气压力,Pa;

C_n——遮阳设施的遮阳系数;

C_s——玻璃的遮挡系数;

F——面积,m²;

g——标准太阳得热率;

F_d——当量口孔面积,m³/(h·Pa$^{1/1.5}$);

HG——得热,W;

i——入射角或折射角;

I——太阳辐射照度,W/m²;

K——传热系数,W/(m²·℃);

K_v——水蒸气渗透系数,单位是 kg/(N・S);

l——门窗缝隙的长度,m;

L_a——房间的空气渗透量,m^3/h;

l_a——单位长度门窗缝隙的渗透量,m^3/(h・m);

n——换气次数,次/h;

P_b——水表面温度下的饱和空气水蒸气分压力,Pa;

P_a——空气中的水蒸气分压力,Pa;

Q——热量或负荷,W;

ΔQ_{air}——空气显热增值,W;

ΔQ_{wall}——实际通过维护结构传入室内与通过围护结构得热的差值,W;

r——空气—半透明薄层界面的反射百分比;

R——玻璃的表面换热系数;

t——温度,℃;

t_z——室外空气综合温度,℃;

V——房间容积,m^3;

v——空气流速,m/s;

ω——传湿量,kg/(s・m^2);

W_H——散湿量,kg/s;

x——角系数;

X_{wind}——玻璃门窗的有效面积系数;

X_s——阳光实际照射面积比,即窗上光斑面积与窗户面积之比;

α_r——辐射换热系数,W/(m^2・℃);

α——对流换热系数,W/(m^2・℃);

β——对流传质系数,kg/(N・s);

β_0——不同水温下的扩散系数,kg/(N・s);

β_{in}、β_{out}、β_a——围护结构、外表面和墙体中封闭空气间层的散湿系数,kg/(N・s)或 s/m;

δ——厚度,m;

ε——黑度,长波发射率;

$\lambda(x)$——墙体材料的导热系数,W/(m・K);

λ_{vi}——第 i 层材料的蒸汽渗透系数,kg・m/(N・s)或 s/m;

ρ——反射率;

σ——斯蒂芬—玻尔兹曼常数,5.67×10^{-8} W/(m^2・K^4);

τ_{glass}——透射率;

τ——时间,s;

下标:

a——空气吸收;

abs——吸收太阳辐射;

cl——冷负荷;

cond——导热；

crack——缝隙；

D_i——入射角为 i 的直射辐射；

dif——散射辐射；

glass——玻璃；

g——地面；

H——热源；

hl——热负荷；

i,j——围护结构内表面序号；

in——内表面；

in fil——渗透；

$l\omega$——长波辐射；

L——潜热；

ref——参考值；

S——显热；

sky——天空；

sol——室内表面；

$sh\omega$——短波辐射；

trn——透过太阳辐射；

out——外表面；

P——辐射板；

wall——壁面或围护结构；

wind——窗；

τ——透射。

思 考 题

1. 室外空气综合温度是单独由气象参数决定的吗？

2. 什么情况下建筑物与环境之间的长波辐射可以忽略？

3. 室内热湿环境的形成及其受到的影响主要有哪些？

4. 解释：① 得热量；② 冷负荷；③ 热负荷。

5. 分析冬季、夏季的空调渗透。

6. 分析有效辐射现象。

7. 在建筑结构中，为什么要考虑窗户的经济面积？

8. 透过玻璃窗的太阳辐射是否等于建筑物的瞬时冷负荷？

9. 围护结构内表面上的长波辐射对负荷有何影响？

10. 透过玻璃窗的太阳辐射中是否只有可见光，没有红外线和紫外线？

11. 为什么冬季往往可以采用稳态计算采暖负荷而夏天却一定要采用动态计算空调负荷？

12. 为什么我国规定围护结构的传热阻不得小于最小出热阻？

13. 夜间建筑物可以通过玻璃窗以长波辐射形式把热量散出去吗？

14. 从节能角度分析,在相同面积的情况下,正方形平面与长方形平面何者更有利？从建筑的维护结构设计到空调负荷计算,谈谈如何做到更好的建筑节能？

参 考 文 献

[1] 杨世铭.传热学[M].第 2 版.北京:中国建筑工业出版,1991.

[2] 王永恒.建筑玻璃应用手册[M].武汉:武汉工业大学出版社,1993.

[3] 朱颖心.建筑环境学[M].第 3 版.北京:中国建筑工业出版社,2010.

[4] 黄晨.建筑环境学[M].北京:机械工业出版社,2007.

[5] 马眷荣.建筑玻璃[M].第 4 版.北京:化学工业出版社,2006.

[6] 陆亚俊,马最良,等.暖通空调[M].北京:中国建筑工业出版社,2002.

[7] 李念平.建筑环境学[M].北京:化学工业出版社,2010.

[8] 2001 ASHREAE Handbook,Fundamentals(SI),American Society of Heating,Refrigerating and Air-conditioning[C].Engineers,Inc,1791 Tullie Cicle,N.E.,Atalanta,GA 30329.

[9] 电子工业部第十设计研究院.空气调节设计手册[M].第 2 版.北京:中国建筑出版社,1995.

[10] 建筑部建筑设计院.民用建筑暖通空调设计技术措施[M].第 2 版.北京:中国建筑工业出版社,1985.

[11] WILBERT F.STOECKER,JEROLD W.JONES.Refrigeration and Air Conditioning[M].New York:McGraw-Hill Book,2005.

[12] 江亿,林波荣,曾剑龙,等.住宅节能[M].第 2 版.北京:中国建筑工业出版社,2006.

[13] MCQUISTION F C,SPITLER J D.Cooling and heating load calculation manual,2nd ed.ASHRAE,1992[C].[s.l.]:[s.n],2010.

[14] 刘加平.建筑物理[M].第 3 版.北京:中国建筑工业出版社,2000.

[15] 柳孝图.建筑物理[M].第 2 版.北京:中国建筑工业出版社,2000.

第四章　人体对热湿环境的反应

第一节　人体对热湿环境反应的生理学和心理学基础

一、人体生理学基础

1. 体温的恒定性

人体的体温保持在 36.5～37 ℃之间,在室温为 25 ℃,人在着装时的皮肤温度大致为 33～34 ℃。在水温为 25 ℃的游泳池中,测量到人体的温度下降为 26～27 ℃。但皮下温度仍达 36.9 ℃。即使在 5 ℃的水中,仍有 36.3 ℃,其皮下温度变化很小。

为了分析人体温度变化的规律,通常将人体分为表面层和核心层,其中距躯体皮肤表面 10 mm 厚的部分称为外壳层,其余部分则称为内部层。图 4-1 为 J. Ashoff 提出的人体两层模型。从图中可知,随环境温度的变化,两层之间发生相互转移。表面层主要由皮肤、皮下脂肪及其表层肌肉组成。核心层主要由脑、心脏、肝脏及消化器官等维持生命活动不可缺少的器官组成。这些部位的温度通常保持在 37 ℃左右,一般以直肠温度作为内部层核心温度,有时也用腋下或口腔温度代替,其温度略比直肠温度低 0.5 ℃左右。

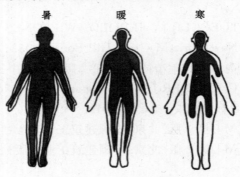

图 4-1　人体两层模型

人体模型中深色部分为内部层,其余为外部由于生活中人体温度会随着室外温度变化而变化,人体为了维持正常体温,必须使产热和散热保持平衡。图 4-2 是人体的温度平衡示意图,它用一个多层圆柱断面来表示人体的核心部分、皮肤部分和衣着。因此人体的热平衡又可以用下面的公式表示:

$$M-W-C-R-E-S=0 \tag{4-1}$$

式中　M——人体能量代谢率,决定人体的活动量大小,W/m^2;

　　　W——人体所做的机械功,W/m^2;

　　　C——人体外表面向周围环境通过对流形式散发的热量,W/m^2;

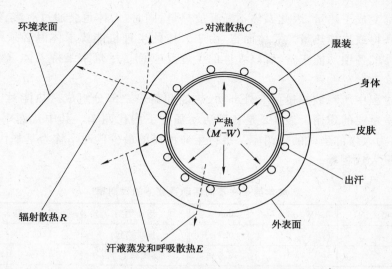

图 4-2　人体与周围环境的热平衡示意图

　　R——人体外表面向周围环境通过辐射形式散发的热量，W/m^2；

　　E——呼出的水蒸气和汗液蒸发所带走的热量，W/m^2；

　　S——人体蓄热率，W/m^2。

在式(4-1)中各项均以人体单位表面积的产热和散热表示，表面积公式见式(4-2)。

在直射阳光和高温环境下工作的时候，人体的温度开始直线上升，往往会出现中暑的现象。当直肠温度超过 40 ℃以上时候，人的精神往往会出现恍惚现象，甚至发生死亡现象。在炎炎夏日，在小汽车中的幼儿因高温造成的致死现象的事故也时有报道。一般认为，当体温超过 42 ℃时，身体组织开始受到不可恢复性受损，当温度超过 45 ℃时，一般认为是人的致死上线温度。所以温度对于人的生理反应至关重要，表 4-1 给出了人体皮肤温度与人体热感觉之间的关系。皮肤能够适应的温度范围为 29～37 ℃，超过这个范围人体就会产生不舒适感。

表 4-1　　　　　　　　　　　　　　　人体皮肤温度与人体热感觉的关系

皮肤温度/℃	状态	皮肤温度/℃	状态
45 以上	皮肤组织迅速损伤、热痛阈	32～30	较大(3～6 met)运动量时感觉舒适
43～41	被烫伤的疼痛感	31～29	坐着时有不愉快的冷感
41～39	疼感阈	25	皮肤丧失感觉
39～37	热的感觉	20	非常不愉快的冷感
37～35	开始有热的感觉	15	极端不愉快的冷感
34～33	休息时处于热中性状态	5	伴有疼痛的冷感
33～32	中等(2～4 met)运动量时感觉舒适		

2. 新陈代谢

人体靠摄取食物维持生命。在人体细胞中，食物通过化学反应过程被分解氧化，实现人体的新陈代谢，在化学反应中释放热量的速度叫做代谢率(Metabolic Rate)。化学反应中大部分化学能都变成了热量,因此人体不断释放热量;同时,人体也会通过对流、辐射和汗液蒸发从环境中获得或失掉热量。总体而言,由于人体的生理机能要求体温必须维持近似恒定才能保证人体的各项功能正常,所以人体的生理反应总是尽量来维持人体重要器官的温度相对稳定。

在代谢过程中所释放热量可有外部功、热能和蓄热三部分组成。热能对于维持一定的体温起着非常重要的作用。表 4-2 是各种活动强度下的代谢率。其中代谢率单位 1 met = 58.2 W/m²,为人体静坐时的代谢率。维持生命所需的最少代谢率称为基本代谢率,与绝食时消耗的能量大致相等。

表 4-2　　　　　　　　　　　成年男子在不同活动强度下的代谢率

活动类型	W/m²	met	活动类型	W/m²	met
睡眠	40	0.7	提重物包	120	2.1
躺着	46	0.8	驾驶载重车	185	3.2
静坐	58.2	1.0	跳交谊舞	140~235	2.4~4.4
站着休息	70	1.2	体操训练	174~235	3.0~4.0
炊事	94~115	1.6~2.0	打网球	210~270	3.6~4.0
用缝纫机缝衣	105	1.8	步行 0.9 m/s	115	2.0
修理灯具	154	2.66	步行 1.2 m/s	150	2.6
在办公室静坐阅读	55	1.0	步行 1.8 m/s	220	3.8
在办公室打字	65	1.1	跑步 2.37 m/s	366	6.29
站着整理文档	80	1.4	下楼	2 233	4.0
站着或偶尔走动	123	2.1	上楼	707	12.1

故当估计出人体表面积便可得到人体的代谢量,通过参考 D. DuBois 于 1916 年提出的公式计算:

$$A_D = 0.202 m_b^{0.425} H^{0.725} \tag{4-2}$$

式中　　A_D——人体皮肤表面积,m²;

　　　　H——身高,m;

　　　　m_b——体重,kg。

二、人体的温度感受系统

用一个小而尖的凉或热的金属探针探测皮肤,可以发现大部分皮肤表面触及探针时并不产生冷或热的感觉,只有很少的点有冷热感觉反应。20 世纪初就有很多研究者发现人的皮肤上存在着"冷点"和"热点",即对冷敏感的区域和对热敏感的区域。Strughold 和 Porz (1931)以及 Rein (1925)等研究者发表的人体各部位皮肤冷点和热点分布密度的实测结果。他们的研究表明人体各部位的冷点数目明显多于热点,而且冷点和热点的位置不相同。

能够感受外界的温度变化是因为在人体皮肤层中存在温度感受器,当它们受到冷热刺激时,就会产生冲动,向大脑发出约 50 mV 左右的脉冲信号。信号的强弱由脉冲的频率决定。如果将一个微电极插入一个神经元的轴突中或单个神经纤维中,就可以直接记录下这些脉冲,同时可以考察到它们的频率随温度刺激的改变而改变。目前科学家们就是用这种手段来研究人体和动物的冷热感觉和体温调节的生理机制的。

表 4-3 　　　　　　　　　　　　人体各部位冷点和热点的分布密度

部位	冷点	热点	部位	冷点	热点
前额	5.4～8.0		手背	7.4	0.5
鼻子	8.0	1.0	手掌	1.0～5.0	0.4
嘴唇	16.0～19.0		手指背	7.0～9.0	1.7
脸部	8.4～9.0	1.7	手指肚	2.0～4.0	1.6
胸部	9.0～12.0	0.3	大腿	4.4～5.2	0.4
腹部	8.0～12.5		小腿	4.3～5.7	
后背	7.8		脚背	5.6	
上臂	5.6～6.5		脚底	3.4	
前臂	6.0～7.5	0.3～0.4			

除人体皮肤中存在温度感受器外,人体体内的某些黏膜和腹腔内脏等处也存在温度感受器。这些均可称作人体的外周温度感受器。而人体的脊髓、脑髓和脑干网状结构中也存在着能感受温度变化的神经元,称作人体的中枢性温度敏感神经元。下丘脑局部温度改变0.1 ℃,这些神经元的放电频率就会有所改变,而且没有适应现象。延髓和脑干网状结构中的温度敏感神经元还对传入的温度信息有不同程度的整合处理功能。

根据温度感受器对动态刺激的反应特性,可以将它们分为热感受器和冷感受器两种。不管初始温度如何,热感受器总是对热刺激产生一个大的激越脉冲,而在冷刺激下,应激性被短暂地抑制。与此相反,冷感受器只对冷刺激产生冲动,在热刺激下被抑制。当皮肤温度和人体核心温度改变时,温度感受器感受到这种变化,产生瞬态的冷热感觉,同时发放脉冲信号,通过脊髓传递到大脑。热感受器与冷感受器的信号在传输过程中是分开传送的,在中枢神经系统的不同层次进行整合,产生对应的冷感觉和热感觉,同时对产热和散热的过程进行促进或抑制。

虽然迄今用显微镜还无法识别冷热感受器,但现代生理学的发展使人们对皮肤的机构有了更清晰的认识。1930 年 Bazett 等已经发现冷感受器位于贴近皮肤表面下 0.15～0.17 mm 的生发层中,而热感受器则位于皮肤表面下 0.3～0.6 mm 处。图 4-3 给出了冷感受器处的皮肤结构。冷感受器与热感受器在皮肤中的分布密度是不同的,冷感受器的数目要多于热感受器。冷热感受器的这种位置分布和密度分布决定了人体对冷感觉的反应比对热感觉的反应更敏感。

三、人体的体温调节系统

当人体皮肤受到温度刺激时,会产生"热"或"冷"的感觉。当皮肤局部位置被加温时,通过出汗及血管扩张而加大皮肤血流量等方式来加速体内热量的排出。当皮肤受到冷却时,通过机体收缩来促进体内热量的增加,以维持正常的体温。

1. 体温调节的控制信号

某些局部的皮肤温度上下变化幅度相当大,但深部体温却常保持一定。因此,一般考虑将深部体温作为体温调节的控制量。因此,若以核心体温作为控制量进行控制,应该在体内

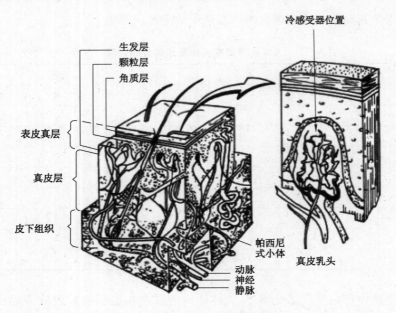

图 4-3 冷感觉器处的皮肤结构

存在温度感觉装置(器官)。

　　事实上已知,若身体某局部位置遇到低温刺激时,则在下丘脑前部位置会发生耐寒反应,并发出使体温上升的信号。另外,生理学的研究中还发现,在脊髓和脑干内部存在温度感受器(称为中枢神经内温度感受器)及在腹腔和深部肌肉组织中存在中枢神经之外的体温感受器。图 4-4 为狗的脊髓和眼床下部在遇到冷却时通过身体发抖来增加产热量的变化情况。

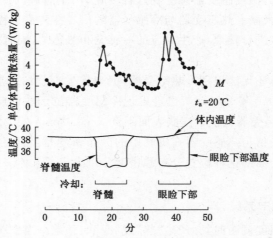

图 4-4 狗的脊髓及眼床下部遇冷时的发热量

　　1950 年以后,已应用工程领域的自动控制理论也被应用于生理学的研究,从而更进一步阐明了体温调节系统的结构。图 4-5 是法国科学家 Hensel 在 1981 年提出的具有反馈循环特性的体温调节机能模型。图中将理想体温作为基准。在中枢中,通过反馈信号的中枢神经温度、深部体温及皮肤温度与基准值进行比较,相应地进行出汗、血流量及新陈代谢的调节动作,控制对象即为人体本身。当人体受到环境的各种热刺激时,最终影响到中枢神经温度、深部体温及皮肤温度,然后反馈到中枢系统。高温时,出汗现象开始出现,通过汗水来蒸发体内的潜热,以降低温度。血液流动调节的机理是:高温环境时,流向体表部的血流量增加,同时将体内中心的热量通过血液流向手足等部位,以加强体内散热。在低温环境时,则通过收缩血管来降低像足等末梢部位的血流量,从而达到保持体温的作用。"发抖"则是通过肌肉的收缩来产生热量的一种新陈代谢的调节反应。另外,包括人体在内的动物有时也进行行为性的体温调节。

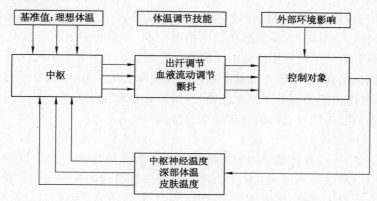

图 4-5　基于自动控制理论的体温调节机能模型

2. 由出汗进行的体温调节

气温高时,身体会出汗。当皮肤表面温度为 33 ℃时,如果每小时从身体蒸发出 1 000 kg 的汗(水),则会蒸发带走 674 W 的潜热(2 400 kJ)。当这些热量由体内提供时,则会降低体温,对防止体温过高具有十分显著的作用。

狗比人跑得要快,但不能长时间奔跑,因为狗不具备出汗这一调节体温的功能,长时间奔跑会导致体温上升。平常见到狗总是吐出长长的舌头,其实是通过舌头和呼吸作用来蒸发体内水分,以降低体温。

当气温超过 37 ℃时,身体则不能通过对流换热向外散热,相反,还会发生向体内传热的现象。当然即使是气温超过体温时,也不一定就会中暑。若 1 h 出汗为 150 g 且全部由皮肤表面蒸发时,大约相当于 100 W 的散热量。在盛夏季节,当日平均气温为 29 ℃时,一个体重为 65 kg 的成年人室内生活 1 天的出汗量约为 3 kg。通过对大约 100 人的实测,结果表明在气温为 32～36 ℃的太阳下步行的人均出汗量为 400～600 g/h,相当于 270～405 W 的散热量。另外,在常温舒适的环境下,人体也会由口腔及呼吸道的黏膜散发水分,这与出汗不同,一般称为无意识水分,每小时约为 40 mL(1 天约为 500 g),换算成热量的话,相当于每小时散热 27 W,即对于坐着工作的人,全部产生的热量约为 100 W 时,其中约有 1/4 的热量是通过无意识水分散发出来的。

过去常说到"手心出汗"。实际上,在炎热夏季,只有手背和手指上见到汗,而手掌并没有出汗。但在遇到惊吓或紧张时,与炎热无关,但却在手掌心中可以见到汗,这就是所谓的"手心出汗",与因炎热而出汗不同,属于一种心理性出汗。心理性出汗无潜伏期,具有突发特征。另外,发生心理性出汗的位置除了手心外,还有腋下、额头及胸部等部位。当紧张感消失时,则会感到一身冷汗。

3. 根据控制血液流量的体温调节

身体内产生的热量大多数是由体内深处的内脏器官产生的。为防止体内过热,必须将产生的热量排出体外。而担当热转移重任的则是血液的流动。37 ℃的血液流向温度比较低的皮下组织时,同时也将热量带出体外,最后再返回到心脏被加热。通过血液带走的热量主要取决于心脏与皮肤之间的温度差和血液的流量大小。在寒冷季节,皮肤温度低导致温差大,血液总流量将减少至每分钟 200 mL,以保持一定的深部体温。在夏季,由于温差小而使得血液流量增加,最大可达到每分钟 7 000 mL。对于手足等末梢部位,表面积与体积比相当大,而且因散热效率高,可实现散热量的精确控制,血液流量也可以实现很大范围的调节。在极限状态下的马拉松选手所戴的手套具有特别意义,1987 年 1 月在日本东京中午气温为 5 ℃的马拉松比赛中,一位跑在最前面的名叫丽莎的选手,由于带在手臂上的护具突然脱落到地上,不久这位选手的身体就发生剧烈的抖动,导致步伐失常。其原因就是因为护具的脱落使得手臂的散热量增加而致使运动能力降低。

4. 由冷颤进行的体温调节

在寒冷状态下,不久身体就会出现冷颤现象。冷颤是防止寒冷而进行的一种非常重要的体温调节反应。冷颤是一种无意识的由皮肤冷感受器引起的反射活动。骨骼肌收缩时产生的能量大部分变成了热量,气温越低,冷颤越强,产热量越多,因而可以保持体温不变。在寒冷时,年轻人的新陈代谢及皮肤血管收缩的反应比较快。相比较之下,中老年者产生的热量则要低,易导致体温下降。当体温低于 33 ℃时,靠冷颤产热的功能消失,从而加剧体温的进一步下降。

5. 行为性的体温调节

人除了具有生理性的体温调节机能之外,还具有一种行为性的体温调节方式。炎热时一般选择透气性好的衣服;而在寒冷季节,则一般会选择保温性好的衣服。人在夏季为了限制体内的热量,会无意识地使行为变得缓慢。如在炎热中的西班牙,因为午睡,下午所有的商店和办公室均停止工作。另外,人在寒冷环境中往往为了保持正常的活动,有时会通过来回走动这一行为性调温方式来增加发热量。在室内打开暖气也属一种行为性调温方式。

其他动物其实也具有行为性调温特征。如大象和河马等,它们在水中的游泳或潜入泥水中,实际上也是一种行为性调温方式。

随环境温度变化而改变体温的动物称为非恒温动物,如鱼类、蛙类及蛇类等均属于非恒温动物。这些动物一般会根据周围环境温度的变化,而寻找到适合自己的场所,以保持适当的体温,此外有时也会通过肌肉活动来保持适当的温度。

6. 具有耐寒能力的人种

居住在非洲撒哈拉沙漠的一些原始少数民族,大人和小孩全身裸露。撒哈拉沙漠白天气温高达 40 ℃,但晚上却降到零度以下。但即使是在这样的环境下,这些人也是全身裸露,而且不会发生冷颤,可正常睡觉。据报道,澳大利亚的一些土著人,在冬天气温为零度的地面也可以几乎全裸睡眠。这些人具有的超强耐寒能力,并不只是增加了体内的热量,而是使体温降低来适应寒冷的环境。同时,在北欧、南非等地均发现具有超强耐寒能力的人种。相比之下,生活在现代都市里的人耐寒能力却非常低下。

表 4-4　　　　　　　　　表示各种行为性调节体温的方式

高温环境	低温环境
1. 向阴凉地方转移	1. 去阳光充足的地方
2. 扇子、电扇、通风	2. 避风
3. 白天休息、午休	3. 运动
4. 衣服的选择、脱衣	4. 衣服的选择、增加衣服
5. 吃低热值食物、喝冷水	5. 吃高热值的食物、喝热开水
6. 去避暑地	6. 去暖和地区
7. 去空调房、游泳	7. 去暖气房、采暖

四、人体的热感觉

在日常生活中，我们可以根据天气预报给出的气温来判断寒冷和暖和。但实际上，人体对周围环境是"冷"还是"热"却是主观判断。如在室内环境中的人，他本身并不能知道空气的温度，但他可以根据自己的主管感觉出自己皮肤表面下的神经末梢的温度，对室内温度做出一个判断。

裸身人体安静时在 29 ℃的气温中，代谢率最低；如适当着衣，则在气温为 18～25 ℃的情况下代谢率低而平稳。在这些情况下，人体不发汗，也无寒意，仅靠皮肤血管口径的轻度改变，即可使人体产热量和散热量平衡，从而维持体温稳定。此时，人体用于体温调节所消耗的能量最少，人感到不冷不热，这种热感觉称之为"中性"状态。

热感觉并不仅仅是由冷热刺激的存在造成的，而与刺激的延续时间以及人体原有的热状态都有关。人体的冷、热感受器均对环境有显著的适应性。例如把一只手放在温水盆里，另一只手放在凉水盆里，经过一段时间后，再把两只手同时放在具有中间温度的第三个水盆里，那么第一只手会感到凉，另一只手会感到暖和，尽管它们是处于同一温度的。

当皮肤局部已经适应某一温度后，改变皮肤温度，如果温度的变化率和变化量在一定范围内是不会引起皮肤有任何热感觉的变化的。图 4-6 和图 4-7 是 Kenshalo 在 1970 年发表的人的前臂皮肤对温度变化的响应实验结果。图中两条曲线中间的区域是皮肤没有热感觉变化的域。其中图 4-6 说明皮肤对温度的快速变化更为敏感。如果温度变化率低，适应过程会跟上温度的变化，从而完全感受不到这种变化，除非皮肤温度落到中性区以外。图 4-7 反映了前臂皮肤温度改变引起的感觉与适应温度以及温度变化量之间的关系。可以看到中性区在 31～36 ℃之间。在 31 ℃以下，即便经过 40 min 的适应期，仍然还感到凉。在 30 ℃时，当温度升高 0.3 K 也不会产生感觉上的变化，升高 0.8 K 皮肤就会感到温暖。但是当皮肤处于 36 ℃适应温度时，冷却 0.5 K 就会感到凉。也就是说，同一块皮肤，30.8 ℃时有可能会感到暖，35.5 ℃时却有可能会感到凉，这是由于皮肤热感觉的适应性决定的。

除皮肤温度以外，人体的核心温度对热感觉也有影响。例如一个坐在 37 ℃浴盆中的人可以维持恒定的皮肤温度，但核心温度却不断上升，因为他身体的产热散不出去。如果他的初始体温比较低，开始他感受的是中性温度。随着核心温度的上升，他将感到暖和，最后感到燥热。因此热感觉最初取决于皮肤温度，而后取决于核心温度。

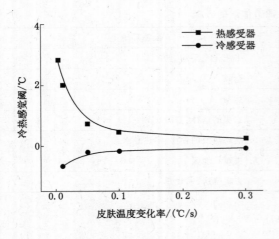

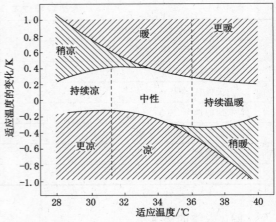

图 4-6　温度变化率对冷阈和暖阈的作用　　　　图 4-7　皮肤温度改变引起的
感觉与适应温度以及变化量的关系

当环境温度迅速变化时,热感觉的变化比体温的变化要快得多。Gagge 等(1967)所作的一系列突变温度环境的实验发现,人处于突变的环境空气温度时,尽管皮肤温度和核心体温的变化需要好几分钟,但热感觉却会随空气温度的变化马上发生变化。因此在瞬变状况下,用空气温度来预测热感觉比根据皮肤温度和核心温度来确定可能更为准确。

由于无法测量热感觉,因此只能采用问卷的方式了解受试者对环境的热感觉,即要求受试者按某种等级标度来描述其热感。表 4-5 是两种目前最广泛使用的标度。其中贝氏标度是由英国的 Thomas Bedford 于 1936 年提出,其特点是把热感觉和热舒适合二为一。1966 年 ASHRAE 开始使用七级热感觉标度(ASHR AE thermal sensation scale)。与贝氏标度相比,它的优点在于精确地指出了热感觉。通过对受试者的调查得出定量化的热感觉评价,就可以把描述环境热状况的各种参数与人体的热感觉定量联系在一起。

由于心理学研究的结果表明一般人可以不混淆地区分感觉的量级不超七个,因此对热感觉的评价指标往往采用七个分级,见表 4-5。其中"中性"的含义就是"不冷不热"。在进行热感觉实验的时候,设置一些投票选择方式来让受试者说出自己的热感觉,这种投票选择的方式称为热感觉投票 TSV(Thermal Sensation Vote),其内容也是一个与 ASHRAE 热感觉标度内容一致的七级分度指标,分级范围为 $-3 \sim +3$,见表 4-5。

表 4-5　　　　　　　　　　　　Belford 和 ASHRAE 的七点标度

贝氏标度		ASHRAE 热感觉标度	
7	过分暖和	3	热
6	太暖和	2	暖
5	令人舒适的暖和	1	稍暖
4	舒适(不冷不热)	0	中性
3	令人舒适的凉快	-1	稍凉
2	太凉快	-2	凉
1	过分凉快	-3	冷

五、人体的热舒适

人体通过自身的热平衡条件和感觉到的环境状况并综合起来获得是否舒适的感觉。舒适的感觉是生理上和心理上的。热舒适在 ASHRAE Standard 55—1992 中定义为对环境表示满意的意识状态。Bedford 的七点标度把热感觉和热舒适合二为一，Gagge 和 Fanger 等均认为"热舒适"指的是人体处于不冷不热的"中性"状态，即认为"中性"的热感觉就是热舒适。

但另外一种观点认为热舒适与热感觉是不同的。早在 1917 年 Ebbecke 就指出"热感觉是假定与皮肤热感受器的活动有联系，而热舒适是假定依赖于来自调节中心的热调节反应"。Hensel 认为舒适的含义是满意、高兴和愉快，Cabanac 认为"愉快是暂时的"，"愉快实际上只能在动态的条件下观察到……"。即认为热舒适是随着热不舒适的部分消除而产生的。当人获得一个带来快感的刺激时，并不能肯定他的总体热状况是中性的；而当人体处于中性温度时，并不一定能得到舒适条件。例如，在体温低时，浴盆中的较热的水会使受试者感到舒适或愉快，但其热感觉评价却应该是"暖"而不是"中性"。相反，当受试者体温高时，用较凉的水洗澡却会感到舒适，但其热感觉的评价应该是"凉"而不是"中性"。

引起热不舒适感觉的原因除了前面热感觉中所提到的皮肤温度和核心温度以外，还有一些其他的物理因素会影响热舒适。

1. 空气湿度

在偏热的环境中人体需要通过出汗来维持热平衡，空气湿度的增加并不能改变出汗量，但却能改变皮肤的湿润度。因为此时，只要皮肤没有完全湿润，空气湿度的增加就不会减少人体的实际散热量而造成热不平衡，人体的核心温度不会上升，所以在代谢率一定的情况下排汗量不会增加。但由于人体单位表面积的蒸发换热量下降会导致蒸发换热的表面积增大，就会增加人体的湿表面积。皮肤湿润度的定义是皮肤的实际蒸发量与同一环境中皮肤完全湿润而可能产生的最大蒸发散热量之比，相当于湿皮肤表面积所占人体皮肤表面积的比例。这一皮肤湿润度的增加被感受为皮肤的"黏着性"增加从而增加了热不舒适感。潮湿的环境令人感到不舒适的主要原因就是皮肤的"黏着性"增加了。Nishi 和 Gagge（1977）给出了可能会引起不舒适的皮肤湿润度的下限：

舒适条件下：

$$\omega < 0.001\,2M + 0.15 \tag{4-3}$$

2. 垂直温差

由于空气的自然对流作用，很多空间均存在上部温度高，下部温度低的状况。一些研究者对垂直温度变化对人体热感觉的影响进行了研究。虽然受试者处于热中性状态，但如果头部周围的温度比踝部周围的温度高得越多，感觉不舒适的人就越多。图 4-8 是头足温差与不满意度之间关系的实验结果。其中头部距地 1.1 m，脚踝距地 100 mm。

地板的温度过高或过低同样会引起居住者的不满。研究证明居住者足部寒冷往往是由于全身处于寒冷状态导致末梢循环不良造成的。但地板温度低会使赤足的人感到脚部寒冷，因此地板的材料是重要的，比如地毯会给人温暖的足部感觉，而石材地面会给人较凉的足部感觉。表 4-6 给出了地板材料与舒适的地面温度的对应关系。地板为混凝土地板覆盖面层，所谓舒适的地面温度即赤足站在地板上不满意的抱怨比例低 15% 时的地板温度。但过热的地板温度同样也会引起不舒适，图 4-9 是一种地板的温度与不满意度之间关系的实验结果。实验中受试者的身体均处于热中性状态,但对不同的地板温度的热反应却不同。

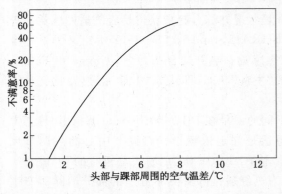 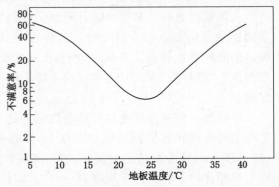

图 4-8 头足温差与不满意度之间关系的实验结果　　图 4-9 地板温度与不满意度之间关系的实验结果

表 4-6　　　　　　　　　　　　　　　**不同地板材料的舒适温度**

地板面层材料	不满意,比例<15%的地面温度/℃	地板面层材料	不满意,比例<15%的地面温度/℃
亚麻油地毡	24～28	橡木地板	24.5～28
混凝土	26～28.5	2 mm 聚氯乙烯	26.5～28.5
毛织地毯	21～28	大理石	25～28
5 mm 软木	23～28	松木地板	22.5～28

3. 风环境的影响

吹风感是最常见的不满问题之一,吹风的一般定义为"人体所不希望的局部降温"。但吹风对于某个处于"中性—热"状态下的人来说,吹风是愉快的。此外,寒冷时冷颤的出现也是使人产生不愉快的原因。

与室内相比,室外环境热环境的特性在阳光下和阴凉的地方是大不相同的。在室外风速对人体冷热感的影响是不可以忽略的。图 4-10 是室外环境的舒适曲线,其实验条件为:人体代谢率 $M=1.7$ met,且缓慢地行走在购物街上。图中,共四种着装方式,在每一着装舒适区域的下端线表示颤抖开始,而上端线表示身体开始出汗,中心线表示热平衡状态。

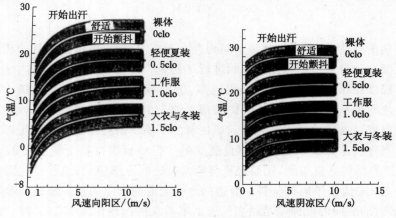

图 4-10 购物时的室外热环境评价图

　　另外,从图中可以看出,在室外气温为 16 ℃、风速为 2 m/s 时,人在太阳下的舒适着装量为 0.5 clo,而在阴冷区则为 1.0 clo。由此可见,与人在阴冷区行走时相比,在阳光下行走时风速对人体舒适性的影响较大,尤其在低风速时更明显。当在阳光下行走且风速大于 4 m/s、在阴冷区行走且风速大于 3 m/s 时,风速的影响不再明显,这时舒适性主要取决于气温温度。

　　4. 其他因素

　　还有一些因素普遍被人们认为会影响人的热舒适感。例如年龄、性别、季节、人种等。很多研究者对这些因素进行了研究,但结论与人们的一般看法是不一致的。

　　Nevins(1966)、Rohles 和 Johnson(1972)、Langki lde(1979)以及 Fanger(1982)分别对不同年龄组的人进行了实验研究,发现年龄对热舒适没有显著影响,老年人代谢率低的影响被蒸发散热率低所抵消。老年人往往比年轻人喜欢较高室温的现象的一种解释是因为他们的活动量小。

　　长期在炎热地区和寒冷地区生活的人对其所在的炎热或寒冷环境有比较强的适应力,即表现在他们能够在炎热或寒冷环境中保持比较高的工作效率和正常的皮肤温度。为了了解他们对热舒适的要求是否因此有所变化,Fanger 对来自美国、丹麦和热带国家的受试者进行实验,发现他们原有的热适应力对他们的热舒适感没有显著影响,即长期在热带地区生活的人并不比在寒冷地区生活的人更喜欢较暖的环境,因此他得出结论认为对热舒适条件的要求是全世界相同的,不同的只是他们对不舒适环境的忍受能力。

　　另一些对不同性别的对比实验发现在同样条件下男女之间对环境温度的好恶没有显著差别。实际生活中女性比男性更喜欢高一点的室温的主要原因之一可能是女性喜欢穿比较轻薄的衣物。

　　由于人不可能由于适应而喜欢更暖或更凉的环境,因此季节就不应该对人的热舒适感有所影响。McNal 等(1968)的研究证明了这一点。因为人体一天中有内部体温的节律波动:下午最高,早晨最低,所以从逻辑上很容易作出这样的判断,即人的热舒适感在一天中是有可能会有变化的。但 Fanger(1974)与 Ostberg 等(1973)的研究发现人体一天中对环境温度的喜好没有什么明显变化,只是在午餐前有喜欢稍暖一些的倾向。

　　由于热舒适与热感觉有分离的现象存在,在实验研究人体热反应时往往也设置评价热舒适程度的热舒适投票 TVC(Thermal Comfort Vote)。这是一个由 0 至 4 的 5 级分度指标,表 4-7 给出了它的分级表。

表 4-7　　　　　　　　　　　　热舒适投票 TCV 与热感觉投票 TSV

热舒适投票 TCV			热感觉投票 TSV			
4	不可忍受	0	舒适	+3	热	−1	稍凉
3	很不舒适			+2	暖	−2	凉
2	不舒适			+1	稍暖	−3	冷
1	稍不舒适			0	正常		

六、人体与外界的热交换

　　人体与外界的热交换形式包括对流、辐射和蒸发。这几种不同类型的换热方式都受人体的衣着影响。衣服的热阻大则换热量小,衣服的热阻小则换热量大。

环境空气的温度决定了人体表面与环境的对流换热温差因而影响了对流换热量,周围的空气流速则影响对流热交换系数。气流速度大时,人体的对流散热量增加,因此会增加人体的冷感。

人体除了对外界有显热交换外,还有潜热交换,主要是通过皮肤蒸发和呼吸散湿带走身体的热量。皮肤蒸发又包含汗液蒸发和皮肤的湿扩散两部分,因为除了人体体温调节系统可以控制汗液的分泌外,水分还可以从皮下组织直接散发到较干燥的环境空气中去。在一定温度下,相对湿度越高,空气中的水蒸气分压力越大,人体皮肤表面单位面积的蒸发量越少,可以带走的热量就越少,因此在高温环境下空气湿度偏高会增加人体的热感。但是在低温环境下如果空气的湿度过高,就会使衣服变得潮湿,从而降低衣服的热阻,强化了以往与人体的传热,反而增加人体的冷感。

空气流速同样会影响人体表面的对流质交换系数。气体流速大会提高汗液的蒸发速率,从而增加人体的冷感。

周围物体的表面温度决定了人体辐射散热的强度。例如,在同样的室内环境条件参数下,比较高的围护内表面温度会增加人体的热感,反之增加人体的冷感。

空气流速除了影响人与环境的显热和潜热交换速率以外,还影响人体皮肤的触觉感受。人们把气流造成不舒适的感觉称为"吹风感"。如前所述,在较凉的环境下,吹风会强化冷感,对人体的热平衡有破坏作用。因此"吹风感"相当于一种冷感觉。当然,在较暖的环境条件下,吹风能促进散热,改善人体的舒适感。然而,尽管在较暖的环境下,吹风是有利于散热,但气流流速如果过高,就会引起皮肤紧绷、眼睛干涩、被气流打扰、呼吸受阻甚至头晕的感觉。因此在较暖的环境条件下,"吹风感"是一种气流增大引起皮肤及黏膜蒸发量增加以及气流冲力下产生不愉快的感觉。

七、人体热平衡方程的各个参数计算

1. 人体能量代谢率

人体的能量代谢率受到多种因素影响,如肌肉的活动强度、环境温度、性别、年龄、神经紧张程度、进食时间的长短有等有关。不同活动状态下的成年男人的能量代谢率,如表 4-2 所示。

2. 人体的机械效率

人体的代谢率取决于活动强度,人体对外所做的功也取决于活动强度,因此人体对输出的机械功是代谢率的函数。人体对外做的机械效率 η 定义为:

$$\eta = \frac{W}{M} \tag{4-4}$$

人体在不同活动强度下机械效率的特点是效率值比较低,一般为 5%～10%。对于大多数的活动来说,人体的机械效率几乎为零,很少超过 20%。因此在空调负荷计算时,往往把人体的机械效率看做零,其原因为:

① 大部分的办公室劳动和社会轻劳动的机械效率近似为零;

② 人体代谢率的估算本身带来误差;

③ 忽略人体对外所做的机械效率功对于空调系统设计来说是偏于安全的。

3. 人体蒸发散热量

(1) 人体的皮肤蒸发散热量 E_{sk}

人体的皮肤潜热散热量与环境空气的水蒸气分压力 P_a、皮肤表面的水蒸气分压力 P_{sk}、服装的潜热换热热阻 $I_{e,cl}$ 等有关。皮肤表面可能达到的最大潜热换热量 E_{max}(W/m²)为:

$$E_{max} = \frac{P_{sk} - P_a}{I_{e,cl} + 1/(f_{cl}h_e)} = h_{e,t}(P_{sk} - P_a) \tag{4-5}$$

这里 h_e 是着装人体表面即服装表面的对流质交换系数,$h_{e,t}$ 为综合考虑了服装本身的潜热换热热阻和服装面积系数后的总潜热换热系数,相当于式(4-5)给出的总潜热换热热阻 $I_{e,t}$ 的倒数,两者单位都为 W/(m² · kPa),水蒸气分压力的单位均 kPa。如果把皮肤表面的饱和水蒸气分压力 P_{sk} 简化为皮肤温度 t_{sk} 的回归函数,有:

$$P_{sk} = 0.254t_{sk} - 3.335 \tag{4-6}$$

实际上式(4-6)反映的是完全被汗液润湿的人体潜热散热量,而且只有总排汗量大大超过蒸发量才可能保证人体的每一部分都是湿润的。但蒸发散热量是用生理学方法根据汗液分泌量确定的,因此除了在最极端的一些条件下,实际的蒸发散热量 E_{sk} 要小于最大可能值,即有:

$$E_{sk} = E_{rsw} + E_{dif} = \omega E_{max} \tag{4-7}$$

式中,E_{rsw} 为汗液蒸发散热量;E_{dif} 是皮肤湿扩散散热量;ω 为皮肤湿润度,即皮肤实际蒸发量与在同一环境中皮肤完全湿润而可能产生的最大散热量之比:

$$\omega = E_{sk}/E_{max} \tag{4-8}$$

如果环境的湿度增加,尽管 E_{sk} 仍为常数,但由于 E_{max} 也会降低,从而导致皮肤湿润度 ω 增加。如果没有排汗,皮肤湿扩散散热量应该为:

$$E_{dif} = 0.06E_{max} \tag{4-9}$$

而有正常排汗时,皮肤湿扩散散热量为:

$$E_{dif} = 0.06(E_{max} - E_{rsw}) \tag{4-10}$$

汗液蒸发散热量 E_{rsw} 是由体温调节系统控制的。Fanger 认为当人体感觉接近"中性",即不太冷也不太热时,人体平均皮肤温度 t_{sk} 和出汗造成的潜热散热量 E_{rsw} 取决于人体代谢率和对外所做的功。在接近热舒适条件下有以下根据 Rohlesh Nevins 实验的回归式:

$$t_{sk} = 35.7 - 0.0275(M - W) \tag{4-11}$$

$$E_{rsw} = 0.42(M - W - 58.2) \tag{4-12}$$

式中,E_{rsw} 的单位为 W/m²。

此外,联立方程式(4-5)至式(4-12),并对换热热阻进行简化,可得到舒适条件下的皮肤湿润度:

$$\omega = \frac{M - W - 58.2}{46h_e[5.733 - 0.007(M - W) - P_a]} + 0.06 \tag{4-13}$$

(2) 人体的呼吸散热湿量

人体的呼吸散热损失包括显热散热和潜热散热两部分。显热散热量 C_{res} 为:

$$C_{res} = 0.001\,4M(34 - t_a) \quad (W/m^2) \tag{4-14}$$

呼吸时的潜热散热量 E_{res} 为:

$$E_{res} = 0.017\,3M(5.867 - P_a) \quad (W/m^2) \tag{4-15}$$

（3）人体与外界的辐射换热量

温度为 600 K 以下的表面，所发射能的波长一般在 2 μm 以上。因此在一般的建筑室内环境中，多数表面只发射长波辐射。这些表面与人体表面基本相同的量级，而在长波辐射范围内可以认为人体与环境外表面均为灰体，因此人体与外界长波辐射的换热方程就可表示为：

$$R = \varepsilon f_{ct} f_{eff} \sigma (T_{cl}^4 - \overline{T}_r^4) \qquad (4\text{-}16)$$

式中　ε——人体表面的发射率；

　　　σ——斯蒂芬—玻尔兹曼常数，$53\ 567 \times 10^{-8}$ W/(m² · K⁴)；

　　　f_{eff}—— 人体姿态影响有效面积修正系数；

　　　$\overline{T}_{cl}^4$——人体表面温度，K；

　　　$\overline{T}$——环境的平均辐射温度，K。

长波的辐射范围内灰体的发射率 ε 等于吸收率 a，在一般着衣条件下，人的整体吸收率在 0.95 以上，除非穿了用高红外反射率制成的衣服。这个值是考虑了人体衣服覆盖部分与裸露部分的平均值。

与对长波辐射的吸收不同，人体对于可见光与近红外线为主的太阳辐射以及其他短辐射波的吸收主要将取决于人体表面吸收率。

$$R(\lambda) = a(\lambda) f_{cl} f_{eff} I(\lambda) \qquad (4\text{-}17)$$

式中　$a(\lambda)$——人体表面对某种波长的短波辐射吸收率；

　　　$I(\lambda)$——某种波长辐射的辐射照度，W/m²。

由于人体的表面颜色，包括人着装的颜色和人的肤色影响了人体对辐射热的吸收能力，因此在某种情况下需要了解不同肤色人体的表面吸收率和发射率。表 4-8 是 Gagge 和 Nishi（1977）提出的不同肤色人种和服装在不同辐射源温度下的吸收率。

表 4-8　　　　　　　　　　　　人体表面吸收率的推荐实用值

	辐射热源		
	电炉 1 100 K	钨丝 2 200 K	太阳 6 000 K
中间色服装	0.9	0.8	0.7
裸体高加索人	0.95	0.65	0.4
裸体黑人	0.95	0.9	0.8

人体处于不同的姿态必然影响人体对外暴露的表面的大小，因此需要根据人体不同姿态对人体的表面积进行修正。表 4-9 给出的是 Fanger（1972）以及 Guibert 和 Taylor（1952）通过照相获得的人体姿态影响有效表面积的修正系数 f_{eff}。

表 4-9　　　　　　　　　　人体的有效辐射面积修正系数 f_{eff}

	Fanger(1972)	Guibert 和 Tayler
坐着	0.7	0.7
站着	0.72	0.78
半立着		0.72

第二节　影响人体与外界显热交换的几个环境因素

一、平均辐射温度 $\bar{t}_r$

在考虑周围物体表面温度对人体辐射散热强度的影响时要用到平均辐射温度（Mean Radiant Temperature，MRT）的概念。平均辐射温度的意义是一个假想的等温围合面的表面温度，它与人体间的热交换量等于人体周围实际的非等温围合面与人体间的辐射热交换量，其数学表达式为：

$$\bar{T}_r^4 = \frac{\sum_{j=1}^{k}(F_j \varepsilon_j T_j^4)}{\varepsilon_0} \tag{4-18}$$

式中　$\bar{T}_r$——平均辐射温度，K；

F_j——周围环境第 j 个表面的角系数；

T_j——周围环境第 j 个表面的温度；

ε_j——周围环境第 j 个表面的黑度；

ε_0——假想围合面的黑度。

式(4-18)是一个四次方关系式并采用绝对温标，在实际使用时有一定的困难。对于人体所处的实际环境温差来说，把式(4-18)简化为依次方的表达式的结果会比实际平均辐射温度略小一些，但对于实际应用来说已经足够精确。另外，在实际的建筑室内环境内，室内各主要表面的黑度一般差别不大，因此可以假定人体周围各非等温围合面的黑度均等于假想围合面的黑度 ε_0，这样就可以得出比较简单的采用摄氏温标的平均辐射温度近似表达式：

$$\bar{t}_r = \sum_{j=1}^{k}(F_j t_j) \tag{4-19}$$

式中　$\bar{t}_r$——平均辐射温度，℃；

T_j——周围环境第 j 个角面的温度，℃。

测量平均辐射温度最早、最简单且仍是最普遍的方法就是使用黑球温度计。它是由一个涂黑的铜球内装有温度计组成，温度计的感温包位于铜球的中心。使用时把黑球温度计悬挂在测点处，使其与周围环境达到热平衡，此时测得的温度为黑球温度 T_g。如果同时测出了空气的温度 T_a，则当平均辐射温度与室内空气温差别不是很大时，可按下式求出平均辐射温度为：

$$\bar{T}_r = T_g + 2.44\sqrt{v}(T_g - T_a) \tag{4-20}$$

式中　v——风速。

二、操作温度 t_0

操作温度 t_0（Operative Temperature）反映了环境空气温度 t_a 和平均辐射温度 $\bar{t}_r$ 的综合作用，其表达式为：

$$t_0 = \frac{h_r \bar{t}_r + h_c t_a}{h_r + h_c} \tag{4-21}$$

式中　h_r——辐射换热系数，W/(m² · ℃)；

h_c——对流换热系数,W/(m² · ℃)。

三、对流换热系数 h_c

在无风或风速很小的条件下,人体周围的自然对流就变得十分重要。在较高的风速下人体表面的自然对流换热系数可以通过风洞实验测定。很多研究者通过不同的实验方法得到了人体表面的自然对流换热系数和受迫对流换热系数,可针对不同的应用条件下选择使用,见表 4-10。

表 4-10   人体表面的对流换热系数

	对流换热系数 h_c/[W/(m² · ℃)]	提出者	适应条件
受迫对流	$8.6v^{0.6}$	D. Mitchell(1974)	最好的平均值
	$12.1v^{0.5}$	Winslow(1939)	用于 Fanger 舒适方程
	$8.6v^{0.53}$	Gagge(1969)	用于 SET 公式中
	$8.3v^{0.5}$	Kerslake(1972)	推荐采用
自然对流	3.0	Nishi 和 Gagge(1977)	静止空气中的静止人体
	$1.16(M-50)^{0.39}$	Nishi 和 Gagge(1977)	静止空气中的活动人体
	$1.18\Delta T^{0.25}$	Birkebake(1966)	2 m 高的圆柱体
	$2.38\Delta T^{0.25}$	Nelson 和 Peterson(1952)	用于 Fanger 舒坦方程
	4.0	Rapp(1973)	推荐用于静坐折

注:v 为风速,m/s;M 为人体能量代谢。

四、对流质交换系数 h_e

为了确定对流质交换系数 h_e,引入了传质与传热的比拟方法。Lewis 指出对流质交换系数 h_e(蒸发换热系数)与对流换热系数 h_c 是相关的,两者存在固定的关系:

$$LR = h_e/h_c \tag{4-22}$$

其中 LR 称为刘易斯系数(Lewis Ratio),单位为 ℃/kPa。对于典型的室内空气环境有:

$$LR = 16.5 \ ℃/kP_a \tag{4-23}$$

第三节   服装的热湿特性及对人的热舒适影响

服装与个人皮肤之间形成一个微气候,是一种控制微环境的方法。服装与其他环境控制方法不同点在于:第一,它进行的是单个调节;第二,它可以随身体随意移动,对在自然环境条件下工作和活动的人来说,服装成了唯一环境控制的手段;第三,穿脱方便,且能很好地适应外部环境或人体内部环境的变化,特别是服装单个调节的特性,对在人数较多的室内空间或车厢内的环境控制出现困难时,具有重要的意义。另外,随着人们生活水平的提高,以及科学技术的发展,对服装提出越来越高的要求。服装在不同场合应满足不同的需要,因此款式、色调、材料、重量、感觉等方面都各有不同,其功能也是各式各样的。

一、服装热阻

这里服装热阻 I_{cl} 指的是显热热阻,常用单位为 m² · K/W 和 clo,两者的关系是:

$$1 \text{ clo} = 0.155 \text{ m}^2 \cdot \text{K/W} \tag{4-24}$$

1 clo 的定义是在 21 ℃空气温度、空气流速不超过 0.05 m/s 50％的环境中静坐者感到舒适所需要的服装的热阻,相当于内穿衬衣外穿普通外衣时的服装热阻。夏季服装一般为 0.5 clo(0.08 m² · K/W),工作服装一般为 0.7 clo(0.11 m² · K/W),正常室外穿的冬季服装一般为 1.5～2 clo 以通过单件服装的热阻 $I_{\text{clo,i}}$,求得:

$$I_{ci} = 0.835 \sum_{i=1} I_{\text{clo,i}} + 0.161 \tag{4-25}$$

对于从皮肤表面到环境空气的传热过程,需要考虑服装表面的对流换热热阻 I_a。因此服装的总热阻 I_t 为:

$$I_t = I_{cl} + \frac{1}{h_c f_{cl}} = I_{cl} + I_a / f_{cl} \tag{4-26}$$

式中,f_{cl} 为服装的面积系数。

可以通过 ASHRAE Handbook 或其他有关文献查得典型成套服装或单件服装的显热换热热阻。当人坐在椅子上时,椅子本身会给人体增加 0.15 clo 以下的热阻,其值大小取决于椅子与人体接触的面积。网状吊床或沙滩椅与人体接触面积最小,而单人软体沙发的接触面积最大,热阻可增加 0.15 clo。对于其他类型的座椅,其热阻的增值 ΔI_{cl} 可以用以下公式估算:

$$\Delta I_{cl} = 7.48 \times A_{ch} - 0.1 \tag{4-27}$$

式中,A_{ch} 为椅子和人体的接触面积,m。

行走时由于人体与空气之间存在相对流速,会降低服装的热阻。其降低的热阻值可用下式估算:

$$\Delta I_{cl} = 0.504 I_{cl} + 0.00281 v_{\text{walk}} - 0.24 \tag{4-28}$$

其中人的行走步速 v_{walk} 的单位是步/min。如果一个人静立的服装热阻是 1 clo,则当他行走步速为 90 步/min(约 3.7 km/h)时,他的服装热阻会下降 0.52 clo,变成 0.48 clo。

在做某些空间的空调设计时,往往需要通过研究论证来确定该空间的空气设计参数,此时人的着装热阻往往成为难以确定的因素。不过由于人有主观能动性,可以根据自己的所处环境与活动的需要来选择服装。图 4-11 给出了在室外环境中人进行一些活动时所需要的感到比较舒适的服装的热阻,根据这张图就可以获得某类状态下人体着装的热阻值作为确定各种设计参数的基础,例如公共交通设施内的设计温度、商店的设计温度等。

二、服装透湿性

服装的存在影响了皮肤表面的蒸发。一方面服装对皮肤表面的水蒸气扩散有一个附加的阻力,另一方面服装吸收部分汗液,使得只有剩余部分汗液蒸发冷却皮肤。服装借助毛细现象吸收和传输汗液,这部分汗液不是在皮肤表面蒸发,而是在服装表面或服装内部蒸发。这就需要更大的蒸发量才能在皮肤表面形成同样的散热量,因此服装的存在增加了皮肤的蒸发换热热阻。

为了描述服装的湿传递特性,同样可以采用刘易斯关系。但实际的服装的湿传递性能往往显著偏离刘易斯关系。可以通过服装湿传递性能的修正系数,即水蒸气渗透性数,来求得较精确的服装的潜热换热热阻 $I_{e,cl}$ 和总潜热换热热阻 $I_{e,t}$:

$$I_{e,cl} = \frac{I_{cl}}{i_{cl} LR} \tag{4-29}$$

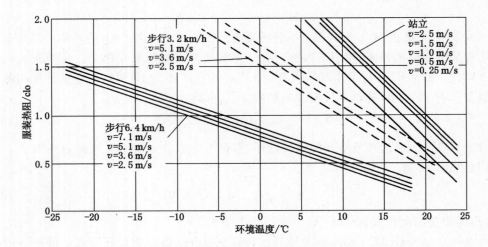

图 4-11　舒适的服装热阻与温度、活动强度与相对风速的关系

$$I_{e,t} = I_{e,cl} + \frac{1}{h_e f_{cl}} = I_{e,cl} + \frac{I_{e,a}}{f_{cl}} = \frac{I_t}{i_m LR} \qquad (4\text{-}30)$$

式中　　i_{cl}——服装本身水蒸气渗透系数,仅考虑透过服装的湿传递过程;

　　　　i_m——服装本身水蒸气渗透系数,仅考虑从皮肤到环境空气的湿传递过程。

另外,服装吸收了汗液后也会使人感到凉,原因除了衣物潮湿导致导热系数增加以外,服装层在原来的显热传热的基础上又增加了部分潜热换热,也可以看做服装原有的热阻下降。表 4-11 给出了 1 clo 干燥服装在被汗润湿后的热阻值与一些活动状态之间的关系。

表 4-11　　　　　　　　　　1 clo 干燥服装被汗湿润后的热阻

活动强度	静坐	坐姿售货	站立售票	站立或偶尔走动	行走 3.2 km/h	行走 4.8 km/h
服装热阻	0.6	0.4	0.5	0.4	0.4	0.35

三、服装的表面积

人体着装后与外界的热质交换面积有所改变,因此常用服装的面积系数 f_{cl} 来表示人体着装后的实际表面积 A_{cl} 和人体裸身表面积 A_D 之比:

$$f_{cl} = A_{cl}/A_D \qquad (4\text{-}31)$$

成套服装的面积系数 f_{cl} 同样可以通过文献获得。实际上,其最可靠的获取方法是照相法。如果没有合适的参考数据,就只能采用 McCullough 和 Jones 提出的粗估算公式,它反映了服装的面积系数与服装的热阻之间具有一定关系:

$$f_{cl} = 1.0 + 0.3 I_{cl} \qquad (4\text{-}32)$$

第四节　一般条件下的稳态热环境的评价指标

一、热舒适方程

由于早期的舒适指标是以大量实验观察结果为依据,实验中的各有关参数可改变的数量有限,再加上各参数之间存在很多耦合关系,结论难以推广。因此为了推出综合的舒适指标,Fanger 于 1982 年提出了描述人体在稳态条件下能量平衡的热舒适方程,它的前提条件是：① 人体必须处于热平衡状态；② 皮肤平均温度应具有与舒适相适应的水平；③ 为了舒适,人体应具有最佳的排汗率。

在人体热平衡方程(4-1)中,当人体蓄热率 $S=0$ 时,有：

$$M - W - C - R - E = 0 \tag{4-33}$$

式(4-1)的各项散热量的确定方法如下。

① 人体外表面向周围空气的对流散热量：

$$C = f_{cl} h_c (t_{cl} - t_a) \tag{4-34}$$

式中　h_c——对流换热系数,$W/(m^2 \cdot K)$；

t_{cl}——衣服外表面温度,根据热平衡关系有：$t_{cl} = t_{sk} - I_{cl}(R+C)$,℃；

t_{sk}——人体在接近舒适条件下的平均皮肤温度,℃；

t_a——人体周围空气温度,℃；

I_{cl}——服装热阻,$W/(m^2 \cdot K)$。

② 人体外表面向环境的辐射散热量可由式(4-35)求得,若取着装人体吸收率为 0.97,姿态修正系数 0.72,则有：

$$R = 3.96 \times 10^{-8} f_{cl} [(t_{cl} + 273)^4 - (t_r + 273)^4] \tag{4-35}$$

③ 人体总蒸发散热量：

$$R = C_{res} + E_{res} + E_{dif} + E_{rsw} \tag{4-36}$$

式中　C_{res}——呼吸时的显热损失,W/m^2；

E_{res}——呼吸时的潜热损失,W/m^2；

E_{dif}——皮肤扩散蒸发损失(无感觉体液渗透),W/m^2。

这里把服装潜热热阻简化为一个适用于一般室内环境的定值,忽略正常排汗对皮肤扩散量的影响,有：

$$E_{dif} = 3.05(0.254 t_{sk} - 3.335 - P_a) \tag{4-37}$$

式中　P_a——人体周围水蒸气分压力,kPa；

E_{rsw}——人体在接近舒适条件下的皮肤表面出汗造成的潜热损失,W/m^2。

将式(4-34)、式(4-35)和式(4-36)代入式(4-33)也就可以得到热舒适方程：

$$M - W = f_{cl} h_c (t_{cl} - t_a) + 3.96 \times 10^{-8} f_{cl} [(t_{cl} + 273)^4 - (t_r + 273)^4] +$$
$$3.05 \times [5.733 - 0.007(M-W) - P_a] + 0.42(M - W - 58.2) +$$
$$0.0173 M(5.867 - P_a) + 0.0014 M(34 - t_a) \tag{4-38}$$

式(4-38)中有 8 个变量：M、W、t_a、P_a、t_r、f_{cl}、t_{cl}、h_c。实际上,f_{cl} 和 t_{cl} 均可由 I_{cl} 决定,h_c 是风速的函数,W 按 0 考虑。因此热舒适方程反映了人体处于热平衡状态时,6 个影响人体热舒适变量 M、t_a、P_a、t_r、I_{cl}、v_a 之间的定量关系。

二、预测评价指标 PMV

预测评价指标 *PMV* 是 Fanger 在热舒适方程建立起来的一种热环境指标,是以 ASHRAE 热感觉七分级法确定的人群对热环境平均投票值。表 4-12 为 PMV 与热感觉七分级法及预测不满意之间的关系。

表 4-12　　　　　　　　**PMV 与热感觉七分级法及预测不满意率之间的关系**

PMV 值	冷感觉	预测不满意率	PMV 值	冷感觉	预测不满意率
+3	非常热	99%	−1	稍冷	25%
+2	热	75%	−2	冷	75%
+1	稍热	25%	−3	非常冷	99%
0	中性	5%			

PMV 指标反映的使人体对热平衡偏离程度的人体热负荷 TL 引入得出的。

Fanger 给出的 PMV 计算公式为：

$$PMV = [0.303\exp(-0.036M + 0.0275)]TL \tag{4-39}$$

式中，人体热负荷 TL 的定义为人体产热量与人体向外界散出热量的差值。这里有一个假定，即人体的平均温度 t_{sk} 和出汗造成的潜热散热 E_{rsw} 是保持人体舒适条件下的数值，因此式（4-33）可以展开如下：

$$PMV = [0.303\exp(-0.036M) + 0.027\,5] \times \{M - W - 3.05[5.733 - $$
$$0.007(M-W) - P_a] - 0.42(M - W - 58.2) - 0.017\,3M(5.867 - P_a) - $$
$$0.001\,4M(34 - t_a) - 3.96 \times 10^{-8} f_{cl}[(t_r + 273)^4 - (t_r + 273)^4] - f_{cl}h_c(t_{cl} - t_a)\} \tag{4-40}$$

由于 PMV 值表示的是指人群大多数对热环境的冷热感觉。因此，$PMV = 0$ 时，也会存在对热环境不满意的人。Fanger 根据实验得到了不同 PMV 值下热环境不满意人的比例与 PMV 之间的关系，即在人群中不满意率 PPD，根据下式可由 PMV 值计算得出：

$$PMV = 100 - 95\exp[-(0.033\,53PMV^4 + 0.217\,9PMV^2)] \tag{4-41}$$

图 4-12 表示的是由式子（4-41）计算出的 PMV-PPD 关系曲线。从图中可以看出，当 $PMV = 0$ 时，$PPD = 5\%$。即表明此时仍有 5% 的人对室内热环境表示不满意。但需要引起注意的是，当 PPD 值超过 2% 范围时，预测结果与实际结果偏差较大。可以看出，当偏离中性热环境较大时，PMV 的预测结果不完全符合实际情况。

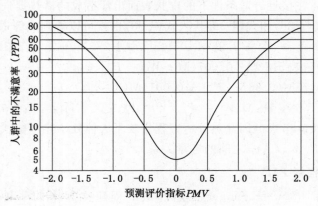

图 4-12　PMV 与 PPD 之间的关系

三、标准有效温度 SET^*

与 PMV 指标一样被广泛应用的还有标准有效温度指标,标准有效温度指标是美国暖通工程师学会在 1919 年研究得出的有效温度对其进行补充得到的一个重要指标。

有效温度 ET^* 的定义是:"干球温度、湿度、空气流速对人体有温暖感或冷感影响的综合数值。该数值等效于相同感觉的静止饱和空气的温度。"有效温度通过人体实验获得,并将相同有效温度的点作为等舒适线绘制在湿空气焓湿图上或绘成诺模图的形式。但有效温度存在的缺陷是过高地估计了低温等对凉爽和舒适状态的影响,故在 1971 年 Gagge 提出一个将皮肤湿润的包含进入到新有效温度 ET^*,但该指标却只适用于着装轻薄、活动量小、风度低的环境。不久之后,新有效温度又将不同活动水平和服装的热阻考虑进去,形成至今沿用的标准有效温度 SET^*。

标准有效温度 SET^* 可以简单定义为:热感觉和散热量与实际环境相同,而且相对湿度为 50% 的标准环境所对应的温度。

只要给定活动量、服装和空气流速,就可以在湿空气焓湿图上画出等标准有效温度线。对于做着工作、穿轻薄服装和较低空气流速的标准状况,其标准有效温度 SET^* 就等于新有效温度 ET^*。由图 4-13 可以看到湿空气焓湿图上的等 ET^* 线,以及 ASHRAE 舒适标准 55~74 的舒适区。图中另一块菱形面积是美国堪萨斯州立大学通过实验得到的舒适区,其适用条件是服装热阻为 0.6~0.8 clo 坐着的人,而 ASHRAE 舒适标准 55~74 舒适区适用于服装热阻为 0.8~1.0 clo 坐着但活动量稍大的人。两块舒适区的重叠范围是推荐的室内设计条件,而 25 ℃等效温度线正通过重叠区的中心。

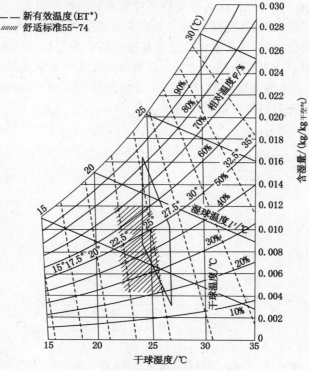

图 4-13　新有效温度和 ASHRAE 舒适区

尽管标准有效温度的最初设想是预测人体排汗时的不舒适感,但经过发展却能表示各种衣着条件、活动强度和环境变量的情况。标准有效温度值反映的是人体的感觉而并不与空气的温度有直接关系,比如一个穿轻薄服装的人坐在 24 ℃、相对湿度 50％和较低空气流速的房间里,根据定义他是处于标准有效温度为 24 ℃的环境中。如果他脱去衣服,标准有效温度就降至 20 ℃,因为他的皮肤温度与一个穿轻薄服装坐在 20 ℃空气中的人皮肤温度相同。尽管标准有效温度反映了人的热感觉,但由于它需要计算皮肤温度和皮肤湿润度,因此应用比较复杂,反而不如只能描述坐着活动的 ET^* 应用广泛。

第五节　人体在动态热湿环境下的控制要素

以上介绍的各种描述人体热感觉的指标均是在稳定条件下人体处于热平衡条件下得出的。而实际上人们多处于不稳定情况下的多变环境,如由室外进入空调房间或走出空调房间到室外,又例如风速稳定的自然风或机械风吹到人的身体上,此时人的热感觉于稳态环境下的热感觉是不同的。因此,有研究者认为对非稳态温度或者风速环境中的人体热反应进行研究非常必要。

一、人体对阶跃温度变化的反应

Gagge 等发现人体在温度出现阶跃变化时,皮肤温度和热感觉的变化有一个过渡过程,皮肤温度的变化由于热惯性的存在是滞后的,热感觉的变化则要复杂得多。图 4-14 是 Gagge 对三名裸体受试者的实验结果。Gagge 认为当人体由中性环境突变到冷环境或热环境时,热感觉的变化有一个滞后;而从冷或热环境突变到中性环境时,人的热感觉响应快,而且出现热感觉"超越"的情况,即皮肤温度与热感觉存在分离现象。Gagge 认为这种现象是由于皮肤温度急剧变化所致,即皮肤温度的变化率产生一种附加的热感觉,而这种热感觉掩盖了皮肤温度本身引起的不舒适感。此后又有多位研究者对多变环境下人体热反应进行了研究,证实了 Gagge 的皮肤温度与热感觉存在分离的结论。总而言之,对于人体在突变温度环境中热反应的研究可归纳出以下结论:

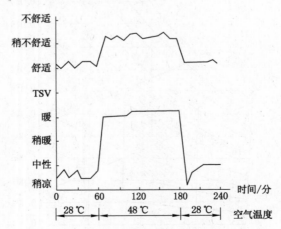

图 4-14　Gagge 的阶跃温度变化对人体的感觉影响的实验

① 人体对环境突变的生理调节十分迅速,并不会对人体产生不良后果;

② 在同样的环境突变中,热感觉比热舒适感敏锐,变化幅度大;

③ 人体在环境温度突变的生理调节周期中,皮肤温度并不能独立作为这感觉的评价尺度,因为此时人体正在与周围的热环境之间发生激烈的热交换。

二、人体对变化风速的反应

虽然自然界的风速总是在变化,但关于动态风对人体的热感觉的影响研究得并不多,其中主要原因之一是在稳态空调中,由于室温往往较低,较高的风速可能引起吹风感而造成不舒适。也有人对电风扇的作用效果进行了研究,例如 Konz 等就发现人们对摇摆风扇的接受程度优于固定风扇。以后的一些研究者也发现动态风能够显著改善"中性—热"环境中人体的热感觉,或者说动态风在较暖环境中对人体的降温作用明显强于稳定气流。

气流脉动频率对人体的感觉也有着不可忽视的影响。Fanger 的实验证明了当受试者处于"冷—中性"状态时,频率在 0.3～0.5 Hz 范围内变化的气流最容易使人体产生冷吹风感,造成不舒适。而美国的 Arens 却认为频率在 0.7～1.0 Hz 之间的气流有更好的冷却效果。中国的研究者也发现了当受试者处于"中性—热"状态时,频率 0.3～0.5 Hz 范围内变化的气流使人感到最凉爽。

三、过度活动状态的热舒适指标和热损失率

在实际的空调采暖工程的设计中,经常会遇到人员短暂停留的过渡区间。该过渡区间能可能连接着两个不同的空气温度、湿度等热环境参数的空间。人员经过我在该区间作短暂停留而且活动状态有所改变的时候,对该空间的热环境参数的感觉是与他在同一空间做长期静止停留时的感觉是不同的。因此,需要给出人体对这类过渡空间的热舒适指标,做指导这类空间空调设计参数的确定。

相对热指标 RWI(Relative Warmth Index)和热损失率 HDR(Heat Deficit Rate)是美国运输部为确定地铁车站站台、站厅和列车空调的设计参数提出的考虑人体在过渡空间环境的热舒适指标。这两个指标是根据 ASHRAE 的热舒适实验结果得出的。RWI 适用于较暖的环境,而 HDR 适用于较冷的环境。但他没有考虑人体在过渡区间受到变化温度刺激时出现的 Gagge 等发现的热感觉"滞后"和"超前"现象,而考虑了过渡状态人体的热平衡。它对动态过程的考虑反映在以下几个方面:

① 认为人在一种活动状态过渡到另一种状态时,要经过 6 min 的过程代谢率 M 才能达到最终活动状态下的稳定代谢率。在这个过渡过程中,代谢率与时间呈线性关系。

② 人的活动会导致出汗并湿润衣服,同时人的活动扰动周围气流,导致服装热阻有所改变。认为一种活动状态过渡到另一种活动状态时,服装热阻要经过 6 min 方能达到新的稳定值,其间服装热阻与时间呈线性关系。

RWI 是无量纲指标,用 R 表示人体获得的热辐射,其定义为:

$$RWI = \frac{M_{(\tau)}\mid I_{cw(\tau)} + I_a \mid + 6.42(t_a - 35) + RI_a}{234} \qquad (P_a \leqslant 2\ 269\ \text{Pa}) \qquad (4\text{-}42)$$

$$RWI = \frac{M_{(\tau)}\mid I_{cw(\tau)} + I_a \mid + 6.42(t_a - 35) + RI_a}{65.2 \times (5\ 858.44 - P_a)/1\ 000} \qquad (P_a \leqslant 2\ 269\ \text{Pa}) \qquad (4\text{-}43)$$

HDR 反映了人体所损失的热量，单位 W/m²。表达式为：

$$HDR = 0.316\ 993\left[28.39 - M_{(\tau)} - \frac{64.2(t_a - 30.56) + RI_a}{I_{cw(\tau)} + I_a}\right] \tag{4-44}$$

式中　$I_{cw(\tau)}$——衣服被汗湿润后的热阻，在改变活动状态的头 6 min 内时间 τ 的线性函数，clo；

I_a——人体的空气边界层热阻，clo，如果人体运动产生的诱导风速 V_a，则人体边界层热阻的实验回归式有：

$$I_a = 0.392\ 3V_a^{-0.429\ 2} \tag{4-45}$$

RWI 分度与 ASHRAE 热感觉标度之间的关系见表 4-13。

表 4-13　　　　　　　　　　RWI 分度与 ASHRAE 热感觉标度之间的关系

热感觉	ASHRAE 热感觉标度	相对热指标	热感觉	ASHRAE 热感觉标度	相对热指标
暖	2	0.25	中性	0	0.08
稍暖	1	0.15	稍凉	−1	0.00

如果给定各连续过渡空间的空气参数、人员着装及进入这些空间后的活动状态，根据式（4-42）至式（4-45）计算各连续过渡空间的 RWI 和 HDR 值，就可以了解人员依次进入这些过渡空间的相对热感觉是比前一个空间更凉爽些还是更暖和些，反过来也可以确定各功能空间的设计参数。

四、其他热湿环境的控制要素

人体的适应机能提供的强有力的防护能力用以对付热对人体的有害作用。但一个具有潜在危险的不舒适的热环境会形成一个强烈刺激即热应力，使人体出现热过劳（thermal strain）。当热应力超出了人体本身的调节能力时，就会出现危险的热失调。

冷应力对健康的危害较热应力为小，因为低温环境通常缓慢形成对人体的作用，而且也预约，而且也易于采取适当的措施将其消除。可以说人体御寒的主要方法是发出一个将会刺激保护行为的强有力的不舒适信号，而不是靠身体的自主系统去设法适应情况。尽管如此，体温过低，也会引起死亡。

1. 热失调

无论是由于活动增强还是环境温度提高的缘故，当体内热度增高时，体温调节系统总是力图保持体内的热平衡，可资利用的最重要的机能便是出汗，但随之会引起体内水分和盐分的过量。如果环境温度过高，以致超过了温度调节系统的调节范围，体温将升高到危险的程度，这就产生了生理失调。

（1）热昏厥

由于受热引起头晕或眩晕便随之发生热昏厥。血管扩张是人体对于热的响应之一，它使血液有可能集中在下肢，并随之出现血压降低，这种情况使人易于头晕并带有一点明显的不安情绪。热昏厥最常发生的不适应环境中的人，这时应将患者头部放低，并使其在冷却环境中休息，就会很快地恢复知觉。

（2）热浮肿

适应性差的人初次遇到热带气候时常会出现浮肿，浮肿通常是脚部和脚踝的肿胀。这种现象并不严重,一般几天后就会消失。

(3) 热衰竭——缺盐

一个突然处于高温环境中的人,尤其是剧烈运动时,就会失去大量盐分,造成缺盐,其主要症状是极度疲劳,加上浑身厌倦和肌肉虚弱,常会引起肌肉麻痹、恶心和呕吐,而呕吐又会加剧缺盐。严重缺盐会造成残废,但很少会致死。当适应性不好的人在炎热环境中从事艰苦的工作时,每天大约需要补充 10 g 盐,但对于适应性好的人,一餐正常的饮食足以提供必要的盐分。

(4) 中暑

中暑是由于体温升高到危险水平以上所引起的严重情况,一般呈现三种症状:直肠温度高达 40.5 ℃或以上、无法出汗和精神极度失常。

在高温和劳动强度过大所组合的严重热应力条件下,原有的温度调节能力不能满足要求,体温将会上升而发生中暑。一旦体温达到危险程度,由于汗分泌机能开始失效,可能会非常突然地发生虚脱。身体组织在 42 ℃时开始受到损伤,如要避免死亡或永久性损伤,就必须立刻使患者降温,目的是 1 h 内使患者的直肠温度降到 39 ℃以下。最有效的方法是服用巨泻药,将患者浸在盛有冰和水的浴盆中也能使之达到所需要的冷却速率。

(5) 汗闭性热衰竭

汗闭性热衰竭可能由于缺水而引起的,其症状是极度干渴和疲劳。在后一阶段,可能会发展到神志不清甚至死亡,这种情况易于转变为中暑。

一个普通人每天必要的失水量约为 1.5 L(由于肾的必要排泄及肺和皮肤缓慢损失水分),一个缺水 1.5 L 的普通人所出现的第一个症状是呈干渴状态。缺水 4 L 会引起极度干渴、嘴唇焦和缺尿。当人体缺水达 5 L 以上以致循环失灵时,就会出现异常严重的缺水;而缺水量为体重的 15% 时,就将致死。

在热的环境中工作,一个人每小时的排汗量可达 1 L 或以上,很快就会发生脱水,因此要对在炎热环境中工作的人供应足够的饮用水。

2. 湿润黑球温度 WBGT(Wet-Bulb-Globe Temperature)

如图 4-15 所示是直径为 0.15 m 空心黑色铜球测得的温度一般称为黑球温度。

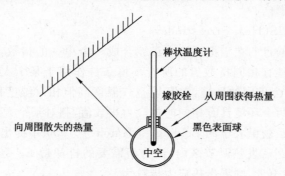

棒状温度计

橡胶栓　从周围获得热量

向周围散失的热量　　黑色表面球

中空

图 4-15　湿黑球温度计及其周围环境热平衡关系

湿黑球温度 WBGT 是适用于室外炎热的环境,考虑了室外炎热条件下太阳辐射的影响,目前在评价户外作业热环境时应用广泛。其标准定义式为:

$$WBGT = 0.7t_{\mathrm{nwb}} + 0.2t_{\mathrm{g}} + 0.1t_{\mathrm{a}} \tag{4-46}$$

当处在阴影下时,方程式(4-46)可简化为:

$$WBGT = 0.7t_{\mathrm{nwb}} + 0.3t_{\mathrm{a}} \tag{4-47}$$

黑球温度与空气温度、太阳辐射、平均辐射温度及空气运动有关,而自然湿球温度则与空气湿度、空气运动、辐射温度和空气温度有关。事实上 $WBGT$ 是一个与影响人体环境热应力的所有因素都有关的函数。

$WBGT$ 指数被广泛应用于估算工业环境的热应力潜能(Davis 1976)。在美国国家职业安全和健康协会(NIOSH)提出了热应力极限的标准(NIOSH 1986);ISO 标准 7243 也采用了 WBGT 作为热应力指标,表 4-14 为 ISO 标准 7243 推荐的 $WBGT$ 阈值。

表 4-14　　　　　　　　　　　　　　ISO 7243 推荐的阈值

新陈代谢水平	新陈代谢率 M /(W/m^2)	$WBGT$ 阈值/℃			
		热适应好的人		热适应差的人	
0	$M<117$	33		32	
1	$117<M<234$	30		29	
2	$234<M<360$	28		26	
		能否感觉到空气流动		能否感觉到空气流动	
		不能	能	不能	能
3	$360<M<468$	25	26	22	23
4	$M>468$	23	25	18	20

图 4-16 是 NIOSH(1986)提出的 WBGT 与安全工作时间极限的关系。该线图的参考对象是体重 70 kg 且皮肤表面积为 1.8 m^2 的工作人员。

对比表 4-14 和图 4-16,人们在不同的新陈代谢率下有不同的 $WBGT$ 安全极限值。如果考虑夏季人们身着夏装(0.5 clo),在悠闲状态下(代谢率 $M<117$ W/m^2),则相应的人安全 $WBGT$ 限值为 32~33 ℃。当环境的 $WGBT$ 值较长时间超过该值,则应当采取安全保护措施避免人体受到热损伤。

3. 热应力指数 HIS(Heat Stress Index)

建立热应力指数的目的在于把环境变量综合成一个单一的指数,用于定量表示热环境对人体的作用应力。具有相同指数值的所有环境条件作用于某个人所产生的热过劳均相同。例如 A 和 B 是两个不同的环境,A 环境空气温度高但相对湿度低,B 环境空气温度低但相对湿度高。如果两个环境具有相同的热应力指数值,则对某个人应产生相同的热过劳。

热应力指数是由匹兹堡大学的 Belding 和 Hatch 于 1955 年提出的。他假定皮肤温度恒定 35 ℃ 的基础上,在蒸发热调节区内,认为所需要的排汗量 E_{req} 等于代谢量减去对流和辐射散热量,呼吸散热不计,则得出热应力指数为:

$$HSI = E_{\mathrm{req}}/E_{\mathrm{max}} \times 100 \tag{4-48}$$

这一指数在概念上与皮肤湿润度相同。规定 E_{max} 的上限值为 390 W/m^2,相当于一个典型男子的排汗量为 1 L/H。表 4-15 给出了对热应力指数含义的说明。

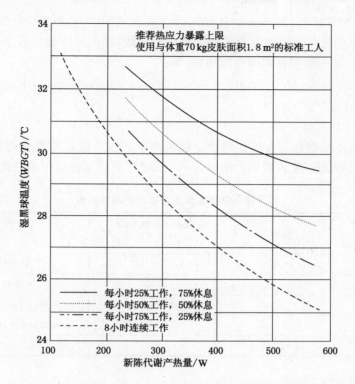

图 4-16 ASHRAE 手册推荐的不同 *WBGT* 条件下的安全工作时间的极限

表 4-15   **热应力指数的意义**

HIS	暴露 8 小时的生理和健康状况的描述
−20	轻度冷过劳
0	没有热过劳
10~30	轻度至中度热过劳。对劳动体力几乎没有影响,但可能降低技术性工作的效率
40~60	严重的热过劳,除非身体健壮,否则就免不了危及健康。需要适应环境的能力
70~90	非常严重的热过劳。必须经过体格检查以挑选工作人员。应保证摄入充分的水和盐
100	适应环境的健康青年所能容忍到最大过劳
＞100	暴露时间受体内温度升高的限制

4. 风冷却指数 WCI（Wind Chill Index）

（1）对寒冷环境的适应

对热的适应性就是用重复暴露于热应力的方式建立良好的热响应。目前尚无这样一种对冷暴露的确切响应,甚至不清楚人身上是否存在任何诸如对冷环境适应的现象。虽然要形成对寒冷的全面适应是不大可能的,但局部的适应确实是存在的。在日常工作中经常要将手暴露在寒冷中的人,产生一种在他们手中维持血液流动的能力,而对不适应寒冷的人来说,在这种环境中就可能产生极不舒适的感觉并使其双手失去灵活性。因纽特人能在极端寒冷的天气里用赤裸的双手工作并保持执行精细动作能力。

（2）风冷却指数

在非常寒冷的气候中，影响人体热损失的主要因素是空气流速和空气温度。Siple 和 Passel 于 1945 年把这两个因素综合成一个单一的指数，称为风冷却指数 WCI，来表示在皮肤温度为 33 ℃时某一皮肤表面的冷却速率，即：

$$WCI = (10.45 + 10\sqrt{v_a} - v_a)(33 - t_a) \quad [\text{kcal}/(\text{m}^2 \cdot \text{h})] \tag{4-49}$$

式中　v_a——风速，m/s；

　　　t_a——环境空气温度，℃。

表 4-16 把风冷却指数与人体生理效应联系起来。表中描述的热感觉适用于穿合适衣服的北极探险者，因此不能认为表中的凉与 ASHRAE 热感觉标度中的凉是一致的。

表 4-16　　　　　　　　　　　风冷却指数与人体生理效应之间的联系

风冷却指数 WCL /[kcal/(m² · h)]	生理效应	风冷却指数 WCL /[kcal/(m² · h)]	生理效应
200	愉快	1 200	极度寒冷
400	凉	1 400	裸露的皮肤冻伤
600	很凉	1 400～2 000	裸露的皮肤在一分钟内冻伤
800	冷得	2 000 以上	裸露的皮肤在半分钟内冻伤
1 000	寒冷		

第六节　热环境与工作效率

一、影响工作效率的主要环境因素

工作效率的提高依赖于环境因素、组织因素、社会因素以及个人因素等。提高室内空气品质、增加通风率、保证良好的温度及相对湿度、提高室内环境的品质可以增加工作人员的舒适度及健康保证，避免病态综合征，有益于室内人员的健康，环境因素的改善也能间接改善其他因素，从心理和生理两个方面提高工作人员对环境的满意率，降低在保障和补偿职工健康方面的投资，提高工作效率。

建筑环境的影响可以分为直接影响和间接影响。直接影响环境的直接因素对人体健康与舒适的直接作用，如室内良好的照明，特别是利用自然光可以促进人体的健康；人们喜欢的布局和色彩可以提高人们的工作效率等。间接影响指间接因素促使环境对人员产生积极或者消极的作用，如情绪稳定时适宜的环境使人精神振奋，提高工作效率；萎靡不振不适宜的环境令人更加烦躁不安，从而降低工作效率。

室内一些令人不太舒适的环境，例如在过冷或者过热的环境、空气组分比例不符合卫生健康要求的场合、有强噪声的车间、采光条件太差或亮度对比过强的操作空间、不符合人体工学要求的工位设计等诸如此类的环境问题，可能对人体健康和安全带来危害及由此造成工作效率的下降。

因此，可知道人的工作效率受到多种因素的影响。其中，建筑中影响工作效率的主要因素有热湿环境、空气质量环境、声环境、光环境及工位空间设计环境。如图 4-17 所示。

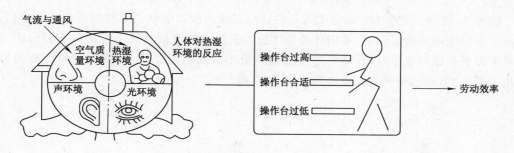

图 4-17 影响工作效率的主要因素

在诸多因素中热环境水平对人工作效率的影响一直被广大学者研究。许多研究学者通过研究表明,热环境对工作效率的影响主要分为三种情况:热环境对脑力劳动的影响、热环境对体力劳动的影响以及极端环境下人体的热反应对工作效率的影响。

二、环境因素与工作效率之间的关系

各种环境因素形成的环境应力作用于工作的人,对人的工作机能产生一定的影响,使人的工作效率或多或少升高或者降低。可以用激发的概念来解释环境应力对劳动效率的影响。即环境因素会影响受试者的体能,体能又影响其激发,而激发再反过来影响工作效率。相同的环境应力可能会提高某些工作的劳动效率(Performance),但却会降低另一些工作的劳动效率。中等激发取决于人所从事的工作性质及物理环境。而且对于不同的人,环境应力对效率的影响不仅可能数量不同,而且有时符号也会相反,从而使问题进一步复杂化。大量研究结果表明:中等激发时效率最高,低等激发会导致人不清醒,高等激发将会使人不能全神贯注工作。因此效率和激发呈一个倒 U 字形的关系(图 4-18),其中最佳的激发水平 A_1 与工作的复杂程度有关。一项困难而复杂的工作本身会激发人的热情,因为在几乎没有外界刺激的情况下就能把工作做得更好;如果来自外部原因的激发太强,外界刺激则会把身体总激发的水平移到偏离最佳的激发水平 A_1 点,致使劳动率下降。而枯燥简单的工作则往往需要有附加外部刺激的情况下劳动效率才能得到提高。

图 4-19 给出了热刺激与激发的关系示意。无论冷、热都是刺激。应该说,适中的温度对神经系统的感觉输入应该是最小的,但也有研究发现温暖也会减少激发,即稍微的温暖使人有懒洋洋而浑身无力的感觉。所以图 4-19 中的最小的激发温度 T_0 对应的热中性或略高于热中性的温度。

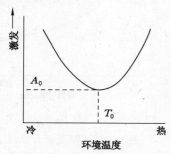

图 4-18 工作效率与激发关系

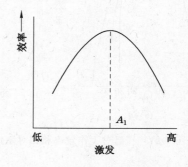

图 4-19 环境温度与激发关系

图 4-20 给出了简单工作和复杂工作的环境温度与劳动效率之间的关系。可以看到,人们在从事复杂困难的工作时,希望环境温度越接近热中性或最小激发温度 T_0 越好;而当人们从事简单枯燥的工作时,环境温度适当偏离最小激发温度 T_0 反而能够获得更高的劳动效率。图 4-20(a)这种现象一般也称之为"双驼峰"现象。

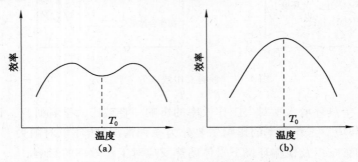

图 4-20　简单工作和复杂工作的环境温度与劳动效率之间的关系
(a) 简单工作;(b) 复杂工作

三、热环境对脑力劳动的影响

通过大量的实验研究发现,做脑力工作的能力在标准有效温度高于 33 ℃ 以上时开始下降,也就是空气温度 33 ℃、相对湿度 50%、穿薄衣服的人的有效温度。更有研究者对室内空气温度与脑力劳动者工作效率的关系做了大量实验。图 4-21 给出了气温对工作效率与相对差错率的影响。

在热环境中的暴露时间也会影响工作效率。Wing(1965)在研究热对脑力劳动工作效率的影响中总结出了降低脑力劳动效率的暴露时间,并将其表示为温度的函数。图 4-22 给出了不降低脑力工作效率的温度与暴露时间的关系曲线。表 4-17 给出了不同研究者关于降低脑力劳动效率的暴露时间与温度的研究结果。

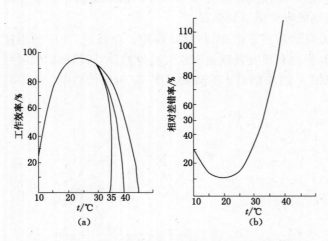

图 4-21　气温对工作效率和相对差错的影响

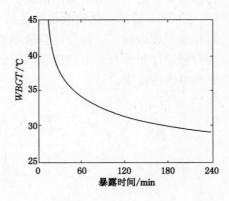

图 4-22　不降低脑力劳动效率的
温度和暴露时间的关系

表 4-17　　　　　　　　　降低脑力劳动效率暴露时间与温度的研究结果

工作类别	时间/min	温度/℃		研究者
		SET	ET	
心算	6.5	—	45.5	Blockley 和 Lyman(1950)
心算	18.5	—	42.8	Blockley 和 Lyman(1950)
心算	46		33.1	Blockley 和 Lyman(1950)
心算	240	34	30.6	Viteles 和 smith(1945)
记单词	60		35	Wing 和 Touchstone(1965)
解题	120		31.7	Garpenter(1945)
莫尔斯电码	180	33.3	30.8	Mackworth(1972)

　　虽然这些曲线都是在实验条件下根据明显的变化趋势做出来的一般结论,但在实际工作条件下,这些结论也得到了证实。

　　体温降低最简单的脑力劳动的影响比较轻微,但在有冷风的情况下会涣散人对工作的注意力。如果身体冷得厉害,人会变得过于激奋,从而影响需要持续集中注意力和短暂记忆力的脑力劳动的工作效率。例如潜水员在 10 ℃左右的水温中工作,需要对潜水员的智力能力提出较高的要求。

四、热环境对体力劳动的影响

　　研究表明,在偏离热舒适区域的环境温度下从事体力劳动,小事故和缺勤的发生概率增加,产量下降。当环境有效温度超过 27 ℃时,需要运用神经操作、警戒性和决断技能的工作效率会明显下降。非熟练操作工的效率损失比熟练操作工的损失更大。

　　低温对人的工作效率的影响最敏感的是手指的精细操作。当手部皮肤温度降到 15.5 ℃以下时,手部的操作灵活性会急剧下降,手的肌力和肌动感觉能力都会明显变差,从而导致劳动生产率下降。

　　图 4-23(a)给出了马口铁工厂相对产量的季节性变化。可以看到,在高温条件下重体力劳动的效率会明显下降。图 4-23(b)给出了军火工厂相对事故发生率与环境温度的关系,表明温度偏离舒适区将导致事故发生率的增加。

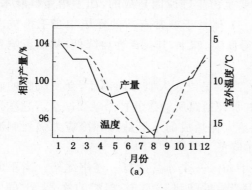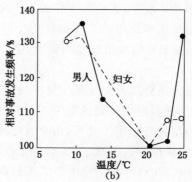

图 4-23　温度对劳动生产率和事故发生率的影响

(a) 马口铁工厂相对产量的季节性变化;(b) 军火工厂事故发生率与环境温度之间的关系

五、在极端环境下的人体热反应与工作效率

大量现场调查证明：① 高温会降低劳动效率；② 寒冷会影响肢体的灵活性；③ 温度偏离最佳值会增加事故发生率。其机理可归纳为：① 中等激发时效率最高；② 低激发导致人不清醒；③ 高温激发导致不能全神贯注。

人在过热或过冷的环境中工作都会降低工作效率。但其影响方式却随着环境的不同而变化。

高温下会降低重体力劳动的效率，因为在炎热环境中从事重体力工作一般受到由环境产生的生理应变的限制。在过热环境中，人的心跳加快，皮肤血管内的血流量激增加（可达7倍之多）。人体最大的生理性体温变化范围为 35～40 ℃。在非感染性病理发热情况下，体温上升达到 38.3 ℃ 以上为轻症中暑；体温升到 40 ℃，出现重症中暑；体温上升到 42 ℃，身体组织开始受损。

人对温度的感觉除了气温高低之外，还与湿度、风速及周围物体的表面温度等综合因素有关。在热湿环境下容易疲劳，工作效率明显降低。图 4-24 表明了温度与空气速度对劳动效率的影响：当湿球温度为 27.2 ℃ 时，工作效率为 100%。随着温度的升高和空气速度的降低，工作效率则明显下降。

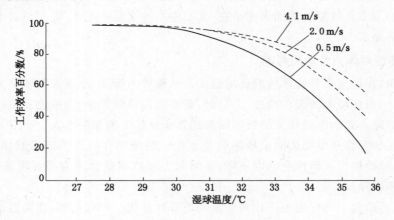

图 4-24　温度与空气对劳动效率的影响

在寒冷环境中，人们的工作效率下降主要是由生理原因造成的，如手指变得麻木、关节不易弯曲及从事技巧性工作的能力下降等。人体处于非常寒冷的环境中当手指被冷却到 12 ℃ 时，关节处的润滑液变得黏稠，手会变得僵硬、麻木，其灵活性要降低，从而影响手工操作能力。

冷应力还会降低复杂脑力工作的效率。当冷气侵入人肌体内部后，会使肌肉的收缩力度降低；当神经温度降到约低于 9 ℃ 时，沿着神经通路所输送的神经就要减少。这些作用可以被认为是物理作用。此外，由于过冷环境给人体造成的不舒适感和冷应力强烈刺激神经系统，使得人变得过度激发，也会使工作效率降低。

Clark（1961）曾在实验中要求受试者将手插入一个冰盒内打一连串绳结。当手的皮肤温度降到 16 ℃ 时，打结的效率不受影响。但当温度降到 13 ℃ 时，打结的效率随时间明显降低。一般当手的皮肤温度为 13～16 ℃ 时，手的灵敏性将明显变差，对手部位进行辐射加热，

可使手工工作的效率接近正常水平。

总之,过冷或过热环境都会降低人的工作效率,必须采取预防措施以保证工作人员的健康和安全。

过度的热或冷都会影响人的脑力及体力的工作能力,但这种情况是比较少的,并且在这种条件下的工作是短暂的,有相应的防护措施。因为没有办法改善这样的工作条件,只好牺牲一些工作能力,增加一些人体的不舒适感。例如冷藏库内搬运物品和在炼钢炉前操作等。

大量问题是涉及中度的热或冷不适时,人的工作能力是否受到影响。在实验室的研究表明,对于处于适当激励程度的熟练的工作人员,能力没有发生衰减。但实际工作条件是有别于实验室试验条件的,工作能力受到环境温度以外的许多其他因素的影响,能力的下降不只是由于机体本身能力的减少,而是由于这些因素对人体激发状态的影响。没有迹象表明通过将环境条件保持在热不适状态可以激发人的工作能力,因此诸如学校、办公室、工厂之类的工作场合采用热舒适环境仍然是合理的。对于最佳舒适温度有±3 ℃的偏离,一般不会影响工作能力,如果从人体最佳激励来考虑,那么可以根据不同工作使环境温度向最佳温度的某一方向有一定的偏离。

过热或过冷环境对人的工作能力的影响方式是不同的。在寒冷环境中,人的工作能力下降主要是由于生理原因,例如手指麻木僵硬、关节不灵活等,过多的着装也会影响人的体力活动,使完成精密性技术操作的工作能力有较大下降。在热环境中,体力工作会受到较大影响。但中等环境中,只要人体处于汗调节区内,可以维持体温恒定,没有发现影响工作能力的生理原因,但对能力的影响是存在的。

工作能力受环境条件影响的机理很难仅仅归结于环境温度,能力本身不是一个简单的概念。同样的环境条件对某些工作是一个促进因素,而对另一些工作却是一种阻碍,对某些人可以提高其工作效率,但对另一些人却降低了工作效率。这种现象的根本原因在于一个人正处于兴奋水平。人从睡眠到觉醒,通过一般的兴奋到发狂的高度兴奋,兴奋程度有很大变化。假定某一工作的最佳兴奋值有一个最适宜的数值,那么低于此兴奋之时,其能力不足以胜任该工作,高于此兴奋值时,过度兴奋使注意力不能集中于该工作。然而确定某一种工作的激励性及工作人员所处的兴奋程度是十分困难的。如果工作比较复杂、困难、富有趣味性,那么对人可以产生较大的激励,如果外界其他刺激过多,总的激励程度会影响人过度兴奋而工作能力下降。如果工作简单枯燥,激励程度小,就需要附加一些其他刺激来提高人的兴奋程度。例如集中精力的脑力劳动就希望有安静、舒适的工作环境,而编织花式简单的毛线衣就可以同时看书或者看电视。从提高工作效率的角度看,对于某些简单的工作,最佳热舒适条件反而是不利的,甚至会有一定的催眠作用,播放一些音乐甚至增加一些噪声反而可以使人激发起工作热情。

本章符号说明

A_D——人体皮肤总面积,m^2;

A_{cl}——着装人体实际总面积,m^2;

C——人体外表面向周围环境通过对流形式散发的热量,W/m^2;

c——比热,$kJ/(kg \cdot ℃)$;

E——汗液蒸发和呼出的水蒸气所带走的热量，W/m^2；

f_{cl}——服装表面积系数；

F_{nj}——周围环境第 j 个表面的角系数；

H——人的身高，m；

h——对流换热系数或者对流质交换系数，$W/(m^2 \cdot ℃)$；

I_{cl}——服装的显热换热热阻，clo 或者 $m^2 \cdot ℃$；

$I_{e,cl}$——服装的潜热换热热阻，clo 或者 $m^2 \cdot ℃$；

$I_{cw}(\tau)$——衣服被汗湿润后的热阻，clo；

I_a——人体的空气边界层热阻，clo；

K——由核心层向皮肤层的传热系数，$52.8 \ W/(m^2 \cdot ℃)$；

M——人体能量代谢率，决定于人体活动量；

m_g——质量，kg；

m_{bl}——皮肤层的血流量，$L/(h \cdot m^2)$；

P——水蒸气分压力，kPa；

Q——散热量，W/m^2；

R——体外表面向周围环境通过辐射形式散发的热量，W/m^2；

S——人体蓄热率，W/m^2；

t_n——周围环境各表面温度，℃；

t——温度，℃；

T——温度，K；

t_0——操作温度，℃；

v——速度，m/s；

ω——皮肤湿润度；

W——人体所做的机械功，W/m^2；

ρ——密度，kg/L；

τ——时间，s；

ε——人体表面发射率；

σ——斯蒂芬—玻尔兹曼常数，$5.67×10^{-8} \ W/(m^2 \cdot K^4)$。

下标：

a——空气；	max——最大值；
b——身体；	min——最小值；
bl——血液；	r——辐射；
c——对流；	res——呼吸；
cl——服装；	rsw——出汗；
cr——核心层；	req——要求值；
dif——扩散；	set——设定值；
e——潜热换热；	sk——皮肤；
g——黑球；	ωb——湿球。

思 考 题

1. 分析影响人体与外界显热交换的几个环境因素。
2. 分析影响人体与外界热交换的几个物理因素。
3. 解释服装热阻。
4. 解释热应力指数。
5. 解释风冷却指数。
6. 动态热环境的控制要素有那些？
7. 人体的代谢率主要是由什么因素决定的？人体放热发热量和出汗率是否随环境空气温度的改变而改变？
8. 人体处于非热平衡时的过渡状态时是否适用热舒适方程？其热感觉描述是否适用 PMV 指标？PMV 描述偏离热舒适状况时有何局限性？
9. 分析高温高湿与低温高湿下人体的热感觉有何不同？
10. 你自己对"舒适"和"中性"之间的关系有何身体体会？
11. 举例说明在暖通空调方案设计时如何结合人体的热舒适感？

参 考 文 献

[1] 朱颖心. 建筑环境学[M]. 第三版. 北京：中国建筑工业出版社，2010.

[2] 李念平. 建筑环境学[M]. 北京：化学工业出版社，2010.

[3] 黄晨. 建筑环境学[M]. 北京：中国建筑工业出版社，2000.

[4] 杨晚生. 建筑环境学[M]. 武汉：华中科技大学出版社，2009.

[5] 景胜蓝，等. 基于热感觉指标确定热舒适判据的一项国际标准简介[J]. 暖通空调，2010，40(8)：110-113.

[6] 胡钦华，丁秀娟，李奎山. 关于热感觉和热舒适与热适应性的讨论[J]. 山西建筑，2007，33(29)：1-2.

[7] 刘颖，戴晓群. 服装热阻和湿阻的测量与计算[J]. 中国个体防护装备，2014(1)：32-36.

[8] 李先庭，石星文. 人工环境学[M]. 北京：中国建筑工业出版社，2006.

[9] 李铌等. 环境工程概论[M]. 北京：中国建筑工业出版社，2008.

[10] 杨世铭. 传热学[M]. 第二版. 北京：中国建筑工业出版，1991.

[11] 赵荣义. 关于"热舒适"的讨论[J]. 暖通空调，2000，30(3)：25-26.

第五章　室内空气品质

室内环境是指采用天然材料或人工材料围隔而成的小空间,是与外界大环境相对分隔而成的小环境。室内环境从广义上讲,包括住宅、教室、会议室、办公室、候车(机、船)大厅、医院、旅馆、影剧院、商店、图书馆等各种场所的环境。人的一生有 70%～90% 的时间是在室内度过的。因此,室内环境对人们的生活和工作质量以及公众的身体健康影响远远超过室外环境。

清新的空气使人精神爽快,身心舒畅,不易疲倦,工作效率提高。而不洁的空气不但危害人体健康,还会引起生态系统的破坏和财产损失等不良影响。在过去的几十年中,我国在防治大气环境质量恶化、改善大气环境质量方面投入了大量的人力和物力。着重考虑的主要是降低固定污染源和流动污染源向大气排放污染物,降低大气环境的污染物浓度,满足环境空气质量标准。毋庸置疑,这对于保障人体健康起到了积极的作用。然而,建筑围护结构的围隔作用使得室内空气有别于室外,特别是随着节能、温湿度和舒适度要求的提高,建筑物密闭程度不断增大。相应地,室内与室外空气交换量减小,室内外的环境差异也更加明显。美国环境保护署的研究显示,人们在室内接受某些污染物的程度超过室外 100 倍。香港环保部门的一项研究指出,约有 1/3 的办公楼室内空气质量不符合世界卫生组织及其他相关组织的标准。澳大利亚的研究者认为,室内空气的污染程度能超过室外 5～20 倍。在这种情况下,不能再继续一味强调室外环境空气质量,而忽视室内环境空气质量。

随着近年来病态建筑综合征(Sick Building Syndrome,SBS)、建筑相关疾病(Building-related Illness,BRI)和化学物质过敏症(Multiple Chemical Sensitivity,MCS)越来越多地出现在人们生活中,室内空气质量问题越来越为公众所关注。

我国早期的室内空气污染物以厨房燃烧烟气、油烟,香烟烟雾,以及人体呼出的二氧化碳、携带的微尘、微生物、细菌等为主。近年来,随着社会经济的高速发展,人们越来越崇尚办公和居室环境的舒适化、高档化和智能化,由此带动了装饰装修热潮和室内设施现代化的发展。良莠不齐的建筑、装饰装修材料不断涌现,以及越来越多的现代化办公设备和家用电器进驻室内,使得室内成分更加复杂,室内甲醛、苯系物、氨气、臭氧和氡等污染物浓度水平远远高于室外,由此引起"病态建筑综合征"的患者越来越多。因建筑和装饰装修质量不合格引起的投诉,甚至房屋装饰装修后无法入住的案例也层出不穷。由于室内空气污染的危害性及普遍性,有专家认为继"煤烟型污染"和"光化学烟雾型污染"之后,人们已进入以"室内空气污染"为标志的第三污染时期。

第一节　室内空气污染

室内空气污染是由于人类活动或自然过程引起某些物质进入室内空气环境,呈现足够的浓度,持续足够的时间,并因此危害了人体健康或室内环境。室内空气污染包括物理性污染、化学性污染和生物性污染。物理性污染是指因物理因素,如电磁辐射、噪声、振动,以及不合适的温度、湿度、风速和照明等引起的污染。化学性污染是指因化学物质,如甲醛、苯系物、氨气、氡及其子体和悬浮颗粒物等引起的污染。生物性污染是指因生物污染因子,主要包括细菌、真菌(包括真菌、孢子)、花粉、病毒、生物体有机成分等引起的污染。室内空气污染主要是人为污染,以化学性污染最为突出。尽管化学污染物的浓度较低,但多种污染物共同存在于室内,长时间联合作用于人体,涉及面广,接触人多,特别是老弱病幼等敏感人群。而且还可通过呼吸道、消化道、皮肤等途径进入肌体,对健康危害显著。

室内空气污染物种类很多,一般地按其存在状态可分为悬浮颗粒物和气态污染物两大类。前者是指悬浮在空气中的固体粒子和液体粒子,包括无机和有机颗粒物、微生物及生物溶胶等;后者是以分子状态存在的污染物,包括无机化合物、有机化合物和放射性物质等。

一、室内污染物来源

室内空气污染物来源主要有两个方面——来自室内的污染物和来自室外的污染物。

1. 来自室内的污染物

① 由人体内自身代谢排出的污染物人体为了维持正常的生理活动,需要呼吸和代谢,呼吸系统不但会吸入氧气还会排出二氧化碳,还要排出体内的其他浊气和浊物。消化系统、皮肤表面、汗腺等,也是排出人体内有害物质的主要部分。表 5-1 列出了人体散发气体污染物种类与发生量。

表 5-1　　　　　　　　人体散发气体污染物种类及发生量　　　　　　　μg/m³

污染物	发生量	污染物	发生量	污染物	发生量
乙醛	35	一氧化碳	10 000	三氯乙烯	1
丙酮	475	二氧丁烷	0.4	四氯乙烷	1.4
氨	15 600	三氯甲烷	3	甲苯	23
苯	16	硫化氢	15	氯乙烯	4
丁酮	9 700	甲烷	1 710	三氯丁烷	42
二氧化碳	32 000 000	甲醇	6	二甲苯	0.003
氯代甲基蓝	88	丙烷	1.3		

② 室内燃烧燃料产生的污染物。常见的室内燃料主要有天然气、石油液化气、煤气、煤炭等,这些燃料的燃烧会产生一氧化碳、二氧化碳、可吸入颗粒、烟雾、二氧化硫等污染物。

③ 烹饪油烟产生的污染物经科学分析,烹饪油烟中含有 200 余种化学物质,有些具有致癌、致细胞突变的作用。通常在炒菜时有的温度达到 250 ℃以上,热油中的食物在此高温下会发生包括氧化、水解、聚变等反应,反应产物会随着油烟挥发到室内,若缺乏或忽略必要的通风设备必然会造成室内空气污染。

④ 香烟烟雾产生的污染物烟草燃烧时释放的烟雾中含有 3 800 多种化学物质,绝大部分对人体有害,国际致癌研究中心(IARC)在其中发现有近 60 种化合物为一类致癌物,这类污染物在空气中以气态、气溶胶状态存在。其他包括一氧化碳、尼古丁等生物碱、胺类、酚类、醛类等对人体也会造成多钟危害。表 5-2 给出了香烟主流烟气和侧流烟气的主要成分。

表 5-2   香烟主流烟气和侧流烟气的主要成分   mg

成分	每支香烟的含量		成分	每支香烟的含量	
	主流烟气	侧流烟气		主流烟气	侧流烟气
颗粒物总量	20	45	二氧化碳	60	80
烟碱	1.2	3.7	碳氧化合物	0.01	0.08
一氧化碳	20	80	丙烯醛	0.08	—

⑤ 建筑装饰材料及家具散发的污染物建筑装饰材料及家具种类繁多,他们在改善和美化人们生活的同时,也会将各种对室内空气产生污染的物质引入家中。石材和地板中含有镭,可衰变成放射性很强的氡气,导致人患肺癌;含有人造纤维的地毯、饰面,时间长了会滋生微生物等。

⑥ 家庭中广泛使用的各种日用化学品,如化妆品、清洁剂、消毒剂、干洗剂及其他化学物品,它们各具有不同的作用,但同时也会散发出各种不同的有毒气体,同时也是室内污染物的主要来源。

⑦ 家中存在的大量微生物,主要来自人类、宠物、家禽、昆虫;特有的滋生于潮湿的墙面、静止的水中、家具的夹缝,而花粉、破碎的细胞及昆虫等污染物,在室内外都存在。

表 5-3 总结了室内主要污染源及污染物。

表 5-3   室内主要污染源及污染物

污染源	微粒状污染物	气体污染物
人体	尘埃微粒、皮屑、污垢、细菌、服装纤维、化妆品	体味、CO_2、水蒸气、氨
办公设备	尘埃微粒、纸屑纤维、家具纤维	氨、挥发性有机物(VOCs)
机械设备	尘埃微粒、金属微粒、纤维、油脂微粒	润滑油挥发物
燃烧	烟、尘埃微粒	CO、CO_2、NO_x、SO_2、碳氢化合物
建筑装修、装修材料	霉菌、细菌、建筑纤维、尘埃微粒	甲醛、氨、胶合剂、氯乙烯、各种溶剂、稀释剂散发的挥发性有机物(VOCs)
清洗剂、消毒灭菌剂	细小微粒	喷射剂(氟化碳氢化合物)、杀菌剂、防霉剂、洗涤剂、溶剂的挥发物

2. 来自室外的污染物

① 来自大气中的污染物进入室内室外大气中的污染物可以通过建筑物的门窗、缝隙进入室内。室外的污染物主要来自人类的生产和生活,如各种燃料燃烧产生的烟气,由火力发电厂、钢铁厂、化工厂及各类工矿企业排出的烟气及挥发性气体,由汽车、火车等各类机械所排出的含有一氧化碳、烃类化合物、铅的尾气等。

② 房基地下的污染物进入室内自然辐射是人类环境的组成部分,主要包括宇宙射线辐射和自然界中的天然放射性核素发出的射线辐射。岩土和土壤中的放射性核素会放射出对人体有害的射线,如氡是继吸烟之后的第二大致肺癌因素。氡是无色无味的,由镭衰变而来。氡依次裂解成多种短寿命子体,这些产物会通过地基的裂缝进入室内。

③ 人的户外活动将污染物带入室内。人们的工种各不相同、活动范围不同、接触的环境不同,会把各种各样的污染物带入室内。如在建筑工程、化工厂、暖气修理厂等工作的人们会在无意中把铅带回家中;在医院、防疫站、兽医站工作的人们就可能把各种病菌带回家中。

④ 他人居所排出的污染物进入室内城市是人口密集的地方,楼房林立、管道如网,上下住户共用一些相同的管道,不可避免地会因其他住户排出的污染物(如炊烟、卫生间排气污水管道中的排气等),可能通过这些公共的通气换气管道进入室内,而严重影响相邻住户。

二、主要室内污染物及其对人体健康的影响

随着社会发展,居民生活水平提高,生活方式改变,建筑不再仅仅帮助人们躲避严寒与酷暑、风暴,还是人们寻求良好的工作与学习环境、优雅舒适的休憩之地。但目前室内空气的质量却不尽人意,室内存在着多种有害健康的污染物,世界卫生组织(World Health Organization,WHO)的相关资料表明,因室内环境污染,全球每年死亡人数约达到 280 万。因此,对室内空气污染物及其性质进行确认,从而为室内空气污染的控制及净化提供基础。

1. 典型室内空气化学污染物

(1) 甲醛

甲醛(Formaldehyde)又名蚁醛,分子式为 HCHO。甲醛是一种挥发性有机化合物原生毒素,无色,具有强烈的刺激性气味,易溶于水、醇、醚,其 35%～40% 的水溶液称为福尔马林。甲醛被称为室内环境的"第一杀手",对人体健康危害极大。现代科学研究表明,甲醛对人眼和呼吸系统有强烈的刺激作用,它可以与人体蛋白质结合,其危害与它在空气中的浓度以及接触时间长短相关。表 5-4 介绍了甲醛浓度对人体生理的影响。

表 5-4　　　　　　　　　　　　甲醛浓度对人体生理的影响

空气中甲醛浓度/(mg/m³)		对人体生理影响
报道范围	中位数	
0.06～1.2	0.1	嗅阈
0.01～1.9	0.5	眼刺激阈
0.1～3.1	0.6	咽刺激阈
2.5～3.7	3.1	眼刺激阈
5.0～6.2	5.6	流泪(30 min 暴露)
12～25	17.8	强烈流泪(1 h 暴露)
37～60	37.5	危及生命;水肿、炎症、肺炎
60～125	125	死亡

(2) 苯、甲苯

① 苯。苯(Benzene)是最简单的芳烃,分子式为 C_6H_6,是有机化学工业的基本原料之一,是一种无色、易燃、有特殊气味的液体,在水中溶解度很小,能与乙醇、乙醚、二硫化碳等有机溶剂混溶。

短时间内吸入大量苯蒸汽可引起急性中毒,主要麻醉中枢神经系统,症状轻者主要表现为兴奋、步态不稳以及头晕、头疼、恶心、呕吐等,症状重者可出现意识模糊,由浅昏迷进入深昏迷或出现抽搐,甚至导致呼吸、心脏停止。苯还可引起各种类型的白血病,国际癌症研究中心已确认苯为人类强致癌物,专家们称之为"芳香杀手"。

② 甲苯。甲苯(Methylbenzene)属芳香烃,分子式为 C_7H_8,为无色透明液体,有类似苯的芳香气味。甲苯不溶于水,可溶于苯、醇、醚等多数有机溶剂。甲苯为一级易燃物,其蒸汽与空气可形成爆炸性混合物,遇到明火或者高热极易爆炸,与氧化剂能发生强烈反应。

甲苯毒性小于苯,但刺激症状比苯严重,吸入可出现咽喉刺痛感、发痒和灼烧感;刺激眼黏膜,可引起流泪、发红、充血;溅在皮肤上局部可出现发红、刺痛及疱疹等。重度甲苯中毒后,或呈兴奋状、躁动不安、哭笑无常;或呈压抑状、嗜睡等,严重的会出现虚脱、昏迷。

(3) 挥发性有机化合物

挥发性有机化合物(Volatile Organic Compounds,VOC)是指环境监测中以氢焰离子检测器测出的非甲烷烃类检出物的总称,其中包括碳氢化合物、有机卤化物、有机硫化物、羟基化合物、有机酸和有机过氧化物等,是一类重要的室内空气污染物。室内挥发性有机化合物各自单独存在的浓度低且种类繁多,一般不逐个分别表示,总称为 VOCs,并以 TVOC(Total Volatile Organic Compounds)表示其总量。表 5-5 列举了室内常见 VOC 的浓度范围。

表 5-5　　　　　　　　　　　室内常见 VOC 的浓度范围

VOC 名称	浓度范围/$(\mu g/m^3)$	VOCs	浓度范围/$(\mu g/m^3)$
环己烷	5～230	莱烯	20～50
甲基环戊烷	0.1～139	二氯氟甲烷	1～230
己烷	100～269	二氯甲烷	20～5 000
庚烷	50～500	氯仿	10～50
辛烷	50～550	四氯化碳	200～1 100
壬烷	10～400	1,1,1-三氯乙烷	10～8 300
癸烷	10～1 100	三氯乙烯	1～50
十一烷	5～950	四氯乙烷	1～617
十二烷	10～220	氯苯	1～500
2-甲基戊烷	10～200	1,4-二氯苯	1～250
2-甲基己烷	5～278	甲醇	0～280
苯	10～500	乙醇	0～15
甲苯	50～2 300	2-丙醇	0～10
乙苯	5～380	甲醛	0.02～1.5
正丙基苯	1～6	乙醛	10～500
1,2,4-三甲基苯	10～400	己醛	1～10
联苯	0.1～5	2-丙酮	5～50
间/对-二甲苯	25～300	2-丁酮	10～600
α-蒎烯	1～605	乙酸乙酯	1～240
正醋酸丁酯	2～12		

挥发性有机化合物对人体的呼吸系统、心血管系统及神经系统有较大的影响,甚至有些还会致癌,同时也是造成病态建筑综合征的主要原因。除了危害人体健康,挥发性有机化合物还严重影响室内空气品质和大气环境。

（4）二氧化碳

二氧化碳（Carbon Dioxide）在常温常压下为无色无味的气体,分子式为 CO_2,密度比空气略大,能溶于水,并生成碳酸。

当室内空气中 CO_2 体积分数为 0.07％时,少数气味敏感者能感觉到;到达 0.10％时,则有较多数人感到不舒服;达到 2％～3％时,室内空气不良、人体呼吸急促;达到 4％时,产生头晕、头疼、耳鸣、眼花等症状;到达 8％～10％时,呼吸困难、脉搏加快、全身无力、肌肉由抽搐至痉挛、神智由兴奋至丧失;达到 30％时,可导致死亡。表 5-6 介绍了 CO_2 含量与室内空气品质指标及其对人体生理的影响。

表 5-6　　　　　　　　　　CO_2 含量与室内空气品质指标及其人体生理的影响

作用形式	含量/％	空气品质指标性质及其对人体生理的影响
CO_2 含量作为室内空气污染指标参数	0.03～0.04	室外空气浓度范围
	0.07	室内人数多时的室内容许值
	0.10	一般情况下的室内容许值
	0.15	通风换气计算基准值
	0.2～0.5	认为室内空气环境品质不佳（空调房间时为 0.25）
	>0.5	认为室内空气品质恶劣
CO_2 含量对人体生理的影响	0.07	少数敏感者已有感觉
	0.1	更多人感到不适
	3	人体呼吸加深加快
	4	感到头晕、头痛、耳鸣、眼花、血压上升等
	8～10	呼吸困难、心跳加快、全身无力、肌肉抽搐、神智由兴奋到丧失
	>18	致命

（5）一氧化碳

一氧化碳（Carbon Monoxide）在通常状态下无色、无臭、无味、有毒的气体,分子式为 CO。一氧化碳具有还原性和可燃性,能够在空气中或氧气中燃烧,生成二氧化碳,燃烧时发出蓝色的火焰,放出大量的热。

一氧化碳是一种毒性极高的气体,可干扰血液运载氧气的能力。此气体导致各种心血管病和其他症状,例如头疼、头晕、感冒、恶心、疲劳、气喘等,当一氧化碳含量过高时,更可导致人死亡。表 5-7 介绍了 CO 含量及人的滞留时间对人体生理的影响。

（6）二氧化硫

二氧化硫（Sulfur Dioxide）又叫亚硫酸酐,常温下为无色气体,分子式为 SO_2。在硫黄燃烧或者硫化氢燃烧时,可生成二氧化硫。

二氧化硫具有刺激性,人体吸入后,可刺激上呼吸道,使气管和支气管腔变窄,黏液腺增生、肥大,造成慢性气道堵塞,易引起感染性肺疾患。长期的 SO_2 作用可使机体发生慢性鼻炎、咽炎、慢性支气管炎、支气管哮喘、肺气肿,严重者甚至出现水肿。

表 5-7   **CO 含量及人的滞留时间对人体生理的影响**

CO 含量/%	滞留时间/h	对人体生理的影响
0.005～0.03		对呼吸道患者有影响
0.03	>8	视觉、神经机能受障,血液中 CO-Hb 达 5%,气喘
0.04	8	
0.07～0.1	1	中枢神经受影响
0.2	2～4	头重,头痛,血液中 CO-Hb 达 40%
0.5	2～4	剧烈头痛、恶心、无力、眼花、虚脱
1	2～3	脉搏加速、痉挛、昏迷、潮式呼吸
2	1～2	死亡
3	0.5	死亡
5	0.33	死亡

(7) 氮氧化物(NO_x)

氮氧化物 NO_x(Nitrogen Oxide)是指 NO、N_2O、NO_2、NO_3、N_2O_3、N_2O_4 等氮与氧的化合物的总称。经常存在于空气中对人体危害较大的是 NO 和 NO_2。NO_2 为红褐色气体,有刺激性;NO 为无色气体,不稳定,遇氧易被氧化成 NO_2。

NO_x 难溶于水,主要通过呼吸作用,侵入呼吸道细支气管和肺泡,危害人体健康,包括对呼吸道组织的损伤、肺免疫功能下降及肺泡功能改变等。此外,NO_x 还可危害中枢神经系统和心血管系统。

(8) 氨

氨气 NH_3(Ammonia)是一种碱性物质,具有腐蚀性和刺激性。氨气极易溶于水,溶解度为 1:700;氨溶于水时生成一水合氨,呈弱碱性,能使酚酞溶液变红色。

氨气吸入人体,少部分被 CO_2 中和,余下的进入血液,结合血红蛋白,破坏血液运氧功能。短期内吸入大量氨气后,会出现流泪、咽痛、咳嗽、胸闷、呼吸困难、头晕、呕吐、乏力等。

(9) 环境烟草烟雾

环境烟草烟雾(Environmental Tobacco Smoke,ETS)主要来源于燃着的香烟、雪茄和吸烟者呼出的烟雾,可分为主流烟雾和侧流烟雾。环境烟草烟雾是室内空气的重要污染源之一,其成分复杂,目前已鉴定出的化学物质有 3 000 余种,其中 92% 为气体,主要有氮氧化物、CO_2、CO 及氢化氰类、挥发性亚硝胺、烃类、氨、挥发性硫化物、酚类等。另外 8% 为颗粒物,主要有烟焦油和烟碱(尼古丁)。

与吸烟有关的最严重的疾病是肺癌和慢性肺气肿,约有 80% 以上的肺癌是由于长期吸烟引起的。此外,吸烟还会增加患心血管疾病、脑血管疾病、消化系统疾病等多种疾病的概率,烟雾中的放射性物质累积在机体内可以削弱免疫防御系统对机体中毒、癌症和其他疾病的抵抗能力。

表 5-8 总结了典型室内空气化学污染物对人体的危害。

表 5-8　　　　　　　　　　典型室内空气化学污染物对人体的危害

污染物	对人体的伤害
氡	放射性物质,致癌
二氧化碳	中毒症状(头晕、心跳加快、乏力等),直至死亡
一氧化碳	严重影响中枢神经系统,造成机体缺血,致使头晕、恶心直至呼吸衰竭而死,有严重后遗症
臭氧	对眼睛、黏膜和肺组织有刺激作用,并能引起水肿、哮喘等疾病,可损害中枢神经系统,阻碍血液输氧功能
二氧化硫	引起鼻炎、咽炎、慢性支气管炎、支气管哮喘、肺气肿、肺水肿等
氮氧化合物	对肺组织产生强烈的刺激和腐蚀作用,引起肺水肿,支气管哮喘等
烟草燃烧生成物	导致人体对烟碱产生依赖,是机体活力下降,记忆力减退,刺激气管和肺,引起炎症病变,致癌
氨	刺激皮肤和眼睛,出现嗅觉失常、咽炎、声带水肿、咳嗽、头痛,严重时会出现支气管痉挛及肺气肿,可导致呼吸停止,死亡
甲醛	损害人的嗅觉、眼睛,致使呼吸道产生刺激症状,还能使人体免疫功能异常、肝肺损坏、神经衰弱
苯	对皮肤、眼睛和上呼吸道有刺激作用,影响中枢神经系统功能,是白细胞和血小板减少,导致再生障碍性贫血、孕妇流产,是公认的致癌物
挥发性有机化合物	人体免疫功能下降,影响中枢神经系统功能,出现头晕、头痛、恶心、乏力、精神不振等症状,还可损伤肝脏及造血功能

2. 室内颗粒物

空气中携带的固体或液体颗粒称为悬浮颗粒物或气挟物。悬浮颗粒物按粒径大小可以分为降尘和飘尘。降尘是指空气中粒径大于 $10~\mu m$ 的悬浮颗粒物,由于重力作用容易沉降,在空气中停留时间较短,在呼吸作用中又可被有效地阻留在上呼吸道上,因而对人体的危害较小。飘尘是指大气中粒径小于或等于 $10~\mu m$ 的悬浮颗粒物(PM_{10}),能在空气中长时间悬浮,它可以随着呼吸侵入人体的肺部组织,故又称为可吸入颗粒物(Inhalable Particulate Matter)。一般来讲,可吸入颗粒物包括石棉、玻璃纤维、磨损产生的粉尘、无机尘粒、金属颗粒物、有机尘粒、纸张粉尘和花粉等。颗粒物按照粒径的大小可分为以下几种类型(表 5-9)。

表 5-9　　　　　　　　　　按照粒径划分的颗粒物类型

名称	粒径 $d/\mu m$	单位	特点
降尘	>100	t/(月·km²)	靠自身重量沉降
总悬浮颗粒物(Total Suspend Particle,简称 TSP)	$10<d<100$	mg/m³	
飘尘可吸入颗粒物 PM_{10}	<10	mg/m³ μg/m³	长期漂浮于大气中,主要由有机物、硫酸盐、硝酸盐及地壳元素组成
细微粒,$PM_{2.5}$	<2.5	mg/m³ μg/m³	室内主要污染物之一,对人体危害最大

空气中的颗粒物除了来自于风沙、火山爆发等自然现象外，人为污染源主要包括燃料燃烧、交通运输、工业企业的排放和室内人员活动等。不同粒径的可吸入颗粒物滞留在呼吸系统的部位不同，粒径大于 5 μm 的多滞留在上部呼吸道；小于 5 μm 的多滞留在细支气管和肺泡；颗粒物越小，进入的部位越深，直径小于 2.5 μm 的细颗粒物多在肺泡内沉积。可吸入颗粒物进入人的肺部后，沉积于肺泡上，削弱细支气管和肺泡的换气功能，可引起肺组织的慢性纤维化，导致冠心病、心血管病等一系列病变。

空气中的颗粒物并不都是固态，也有可能是液态，实际上它们属于气溶胶。气溶胶是由固体颗粒、液体颗粒或者固体及液体颗粒悬浮于气体介质中形成的均匀分散体系。根据它们的来源不同，可以分为燃烧型气溶胶、矿物型气溶胶和生物型气溶胶。

燃烧型气溶胶颗粒物主要是燃料燃烧后的烟气、汽车尾气、香烟烟雾等。室内烹饪、取暖所用燃料的燃烧生成物是室内空气污染的重要来源之一。煤在燃烧过程中会产生大量的以碳粒为主的细雾，其中可吸入颗粒物约占 75%，含有大量的有害物质。煤制气、天然气燃烧也会产生颗粒物，液化石油气燃烧产生的颗粒物中，可吸入颗粒物占 93% 以上。烹饪油烟产生的颗粒物含有大量有害物。烟草烟雾是另一个重要来源，其气溶胶的主要成分是焦油和烟碱尼古丁，这些物质很容易进入人体呼吸系统，对人体健康的影响是不言而喻的。工业，交通排放的污染物，如工业烟气、汽车尾气等也会随通风气流进入室内，影响人体健康。

矿物型气溶胶颗粒物是在无机矿物质粉碎过程中产生的，大部分会随通风气流入室内，沉降在室内不同表面上，在室内人员活动时会产生二次悬浮而产生二次污染。矿物型气溶胶进入人体呼吸道后，会对局部组织有阻塞作用，使支气管和肺泡的换气功能丧失，使肺部组织纤维化，形成硅肺病。

生物型气溶腔颗粒物主要包括植物性气溶胶和动物性气溶胶，前者指的是植物纤维、花粉及孢子，后者是指动物皮屑及微生物，包括细菌、真菌、霉菌。值得注意的是，细菌和病毒一般都附着在颗粒物上而在空气中传播的。生物型气溶腔是重要的室内过敏源和疾病传染途径。

同时，颗粒物能吸附一些有害气体（SO_2、N_xO 等），造成人体呼吸近的刺激和腐蚀，诱发鼻炎、支气管炎、哮喘、肺炎等。某些可吸入颗粒物还有致癌性，这包括两重含义：一是颗粒物本身就是致癌物，例如在一些无机物中，如石棉、砷、镍、铬等，已被证明有致癌性；二是可吸入颗粒物能吸附某些致癌物，如煤和生物燃料不完全燃烧及汽车尾气排放的碳氢化合物中有一种叫苯并芘，具有极强的致癌性。汽车尾气中的碳氢化合物和氮氧化合物作用所生成的硝基化合物，也具有极强的致癌性。

一般情况下，室内可吸入颗粒物浓度会低于室外。当室内有人员活动时，室内可吸入颗粒物浓度会有所上升，特别是当有人吸烟时，可吸入颗粒物浓度会成倍上升。

3. 室内微生物污染物

（1）细菌和病毒

① 细菌。细菌是具有细胞壁的单细胞原核生物，裂殖繁殖，大多数细菌的直径为 1~5 μm。细菌在空气中的生存能力决定了它对疾病的传播能力。研究表明，相对湿度对气溶胶病原体的生存能力和毒性有着非常复杂的影响，温度在空调环境范围内的影响不是很明显。

与建筑有关的微生物病原体能在非人体环境下繁殖，从室外污染源进入到建筑内并在适宜的条件下增殖扩散。

② 病毒。病毒是广泛寄生于人、动物、植物、微生物细胞中的一类微生物。它比一般微生物小，能够通过细菌过滤器，必须借助电子显微镜才能观察到。各种病毒的形状不一，一般呈球状、杆状、椭圆状、蝌蚪状和丝状等。

空气中，病毒很少以单体形式存在，通常都附着在其他粒子上。除了呼吸道以外，病毒还可以通过黏液膜、眼结膜等部位传播。一些病毒的传染在不同的季节表现出很大的差别，这与人员密度和建筑的气密性有关。通常暴露于病毒气溶胶中的发病概率与个体的易感性、病毒毒性、浓度及吸入的颗粒大小有关。气溶胶病原体在高相对湿度下幸存数量非常有限，而在较低的相对湿度下，如相对湿度<30%时则有较高的幸存者。在空气传播的途径下，感染者通过说话、打喷嚏或咳嗽可产生带有病原体的液滴，并在空气中传播。该类液滴分为较大的液滴和小颗粒，其中，较大液滴主要受到重力影响，在逸出后 1 m 左右的范围内沉积于表面。而小颗粒（飞沫核、气溶胶）可悬浮于空气中一段时间，并随气流在较大的空间范围内传播。1976 年美国的一批退伍老兵聚会后，与会人员中 180 多人相继出现高烧、头疼、呕吐、咳嗽、浑身乏力等症状，90%的病例胸部 X 光片都显示出肺炎迹象；聚会场所附近的居民中有 36 人也出现相同症状。共有 34 名患者因此死亡。这就是著名的军团病（Legionellosis），军团病的病原明确是军团菌，该病毒可随建筑内外的气流进行传播，其距离甚至可以达到几公里。2002 年底至 2003 年，中国广东等地出现了多例原因不明的危及生命的呼吸系统疾病。随后，越南、加拿大和香港等地也先后报道了类似病例。这就是轰动全国的非典型肺炎"SARS"。SARS 冠状病毒通过呼吸道分泌物排出体外，可通过飞沫随室内气流进行扩散。这类呼吸道传染病病菌的扩散途径，为病毒在建筑环境下的传播敲响了警钟。

真菌（Fungus）是指单细胞（包括无隔多核细胞）和多细胞、不能进行光合作用、靠寄生或腐生方式生活的真核微生物。真菌是建筑中主要的微生物污染物，典型尺寸范围是 3～30 μm。通常真菌在 0～40 ℃都可以生长，低于 0 ℃可以生存但不能生长，高于 40 ℃不能长时间生存。

通常情况下，若长期接触，大部分真菌都可令人体产生过敏和气喘反应；一些含毒素真菌可引起"病态建筑综合征"；当真菌大量繁殖时，会产生挥发性有机化合物，通常带有明显的发霉气味。

（2）尘螨

螨是室内一种非常普遍的微生物空气污染物，螨体内水的含量占其体重 70%～75%，并要维持这一比例以保证生存。尘螨（Dust Mite）是一种肉眼不易看清的微型害虫，归属节肢动物门蜘蛛纲。它不仅能够咬人，而且还会使人致病。尘螨普遍存在于人类居住和工作的环境中，尤其在温暖潮湿的沿海地带特别多。尘螨的种类很多，室内最常见的是屋尘螨。屋尘螨的大小为 0.2～0.3 cm，它以吃人体脱落的皮屑为生。

现代医学对螨进行深入的研究，证明螨中的尘螨（包括其蜕下的皮壳、分泌物、排泄物、虫尸碎片等）对人体是一种强过敏源，可诱发各种过敏性疾患，如过敏性哮喘、过敏性鼻炎、支气管炎、肾炎和过敏性皮炎等。这些物质随着人们的卫生活动（如铺床叠被）飞入空中后被吸入肺内，过敏体质者在这些过敏原的刺激下，就会产生特异性的过敏抗体，并出现变态反应，即患上各种变态反应性疾病。

4. 电磁辐射

越来越多的电子、电气设备，如电视机、组合音响、微波炉、电热毯等多种家用电热器的使用，以及雷达系统、电视和广播发射系统、射频感应及介质加热设备、射频及微波医疗设备，各种电加工设备、通信发射台站、卫星地球通信站、大型电力发电站、输变电设备、高压及超高压输电线、地铁列车及电气火车以及大多数家用电器等都可以产生各种形式、不同频率、不同强度的电磁辐射源。各种频率、不同能量的电磁波不可避免地会对人体构成一定程度的危害。

电磁辐射危害人体的机理主要是热效应、非热效应和累积效应等。

① 热效应：人体70％以上是水，水分子受到电磁波辐射后相互摩擦，引起机体升温，从而影响体内器官的正常工作。

② 非热效应：人体的器官和组织都存在微弱的电磁场，它们是稳定和有序，一旦受到外界电磁场的干扰，处于平衡状态的微弱电磁场即遭到破坏，人体也会遭受损伤。

③ 累积效应：热效应和非热效应作用于人体后，对人体的伤害尚未来得及自我修复之前，再次受到电磁波辐射的话，其伤害程度就会发生累积，久之会成为永久性病态，危及生命。对于长期接触电磁波辐射的群体，即使功率很小，频率很低，也可能会诱发想不到的病变，应引起警惕。

5. 氡气放射性辐射

氡(Radon)是一种惰性天然放射性气体，无色无味。氡在空气中以自由原子状态存在，很少与空气中的颗粒物质结合。氡气易扩散，能溶于水和脂肪，在体温条件下，极易进入人体。

氡是室内主要的放射性污染源，氡对人体的危害主要来自氡及其子体随气流吸入肺部产生的内照射。氡及其子体会逐渐衰变，在衰变过程中放出 α 射线，α 射线穿透能力差，能量大，以至在人体内很小的范围内集中释放能量，使肺部组织受损，严重时就会导致肺癌。

三、暴露评价

风险评价一般包括健康风险评价和环境风险评价。风险评价的应用范围不断扩展，从原来的致癌物的评价到现在对其他系统有害效应的评价。在研究以空气为载体的传染病传播时，著名的 Wells-Riley 方程就是基于暴露剂量的方法推导出来的。风险评价以揭示人类暴露于环境有害因子的潜在不良健康效应为特征。

致癌物和非致癌物的风险评价程序通常有4个步骤：

① 危害鉴定：基于流行病学、临床医学、毒理学和环境研究结果，描述有害因素对健康的潜在危害。

② 剂量—反应关系评价：评价某物质的剂量和人类不良健康效应发生率之间关系的过程。

③ 风险评价特征分析：总结和阐明由暴露和健康效应评价所获得的信息，确定在风险评价过程中的不确定性。

④ 暴露评价：评价内容包括暴露方式(接触途径、媒介物)、强度、时间、实际或预期的暴露期限和暴露剂量、可能暴露于特定不良环境因素的人数等。

下面着重介绍暴露评价：

暴露定义为某个器官接触化学物质和物理物质,暴露量大小通过测量或者计算在交换边界,即肺脏、内脏和皮肤某个时间段内所有的污染物的总量。暴露评价是评价定性或者定量的关于总暴露量、频率、持续时间和路线的暴露量。暴露评价通过每一阶段可变评价技术评价过去、现在和将来的暴露。可以用不同的模型来模拟过去、现在和将来的暴露量,暴露评价主要用于评价现在和将来的暴露量及其风险水平。

暴露评价的程序主要依据美国环境保护署出版的暴露评价导则和其他有关评价程序,步骤主要如下所述:

① 暴露特征描述——评价者概括需要进行评价主体的暴露特征,评价场所所有的物理特征和邻近评价场所或者评价场所暴露样本人群的特征。评价场所的特征诸如气候、植物、地下水水文学和地表水的基本特色都将在这个步骤中进行识别。同时,也将确定影响暴露的样本人群特征,诸如与评价场所有关的位置、活动模式和敏感的子样本群的存在。

② 确定暴露路径——评价者通过步骤①确定的暴露样本人群来确定暴露路径。暴露路径的识别与确定基于评价场所所有的化学品的来源、释放、类型和位置;这些化学品潜在的环境特性包括化学品在环境中的持久性、分类、迁移和通过媒介迁移;同时还包括潜在的暴露人群的位置与活动。最后确定每一条暴露的路径识别点与化学品可能的联系点和暴露路线摄取和吸入。

③ 计算暴露量——一定时期内,人体接触某一种污染物的总量称为暴露量。暴露量可以被分为潜在暴露量(Potential Dose)、可应用暴露量(Applied Dose)和内部暴露量(Internal Dose)。评价者定量计算步骤②中每一条路径的暴露量、频率和持续暴露时间。计算暴露量可以分为两个阶段:确定暴露浓度和计算吸入量。暴露评价者需要确定暴露时间内与暴露人群接触的化学品浓度。暴露浓度使用监控数据或者化学物质在环境中转移与传输模型。通过模拟当前被污染的媒介中化学品浓度来估计未来媒介中化学物质的浓度,或者通过已知媒介中的浓度来模拟出未知媒介中污染物质的浓度。在这个步骤中,确定暴露评价步骤②中每一条暴露路径的暴露量。暴露量用所摄入的污染物质除以人体质量与单位时间的乘积来表示。

对空气污染物而言,潜在暴露量是指在一定的时间内,人体所吸入的污染量;可应用暴露量是指能被呼吸系统所吸收的污染物量;内部暴露量是指被吸收且通过物理、生物过程进入人体内部的污染物量。一般来说,潜在暴露量大于可应用暴露量,可应用暴露量大于内部暴露量。但由于可应用暴露量和内部暴露量难以测定,因此在实际暴露评价过程中,一般都采用潜在暴露量作为计算风险的暴露量。

潜在暴露量计算公式如下:

$$D_{\text{pot}} = \int_{t_1}^{t_2} C(t) \cdot IR(t) \cdot \mathrm{d}t \tag{5-1}$$

式中　D_{pot}——某时间段内的潜在暴露量,mg;

$C(t)$——空气中的污染物浓度,mg/m³;

$IR(t)$——单位时间呼吸率,m³/h 或 m³/d;

$\mathrm{d}t$——从 t_1 到 t_2 的时间增量,h 或 d。

实际上,使用式(5-1)计算潜在暴露可能无法实现,因为在操作中并不能确实其函数关系。

所以人们一般对式(5-1)进行离散处理为下式：

$$D_{pot} = CA \times IR \times ET \times EF \tag{5-2}$$

式中 D_{pot}——某时间段内的潜在暴露量，mg；

CA——空气中的污染物浓度，mg/m^3；

IR——呼吸速率，m^3/h，m^3/d；

ET——暴露时间，h/d；

EF——暴露频率，d/a。

第二节 室内空气品质

室内空气品质不仅影响人体的舒适和健康，而且对室内人员的工作效率有显著影响。良好的室内空气品质能够使人感到神清气爽、精力充沛、心情愉悦。

一、室内空气品质的定义

随着建材种类的发展，室内污染物的来源和种类日益增多，人们在室内接触有害物质的种类和数量明显增多，据统计，至今已发现室内空气污染物有 300 多种。建筑物密闭程度的增加使得室内污染物不易扩散，增加了室内人群与污染物的接触机会，使人身健康受到很大损害。

室内空气质量研究已成为建筑环境科学领域内一个崭新的重要内容。室内空气质量(Indoor Air Quality，IAQ)的研究可以追溯到 20 世纪初，室内空气质量(IAQ)的定义在这些年中经历了许多变化。最初，人们把室内空气质量(IAQ)几乎完全等价为一系列污染物浓度的指标。近年来，人们认识到这种纯粹、客观的定义，已经不能完全涵盖室内空气质量的内容，因此对室内空气质量的定义进行了新的诠释和发展。

在 1989 年室内空气质量讨论会上，丹麦哥本哈根大学教授 P. O. Fanger 首先提出了室内空气质量(IAQ)定义。他指出：空气质量反映了满足人们要求的程度，如果人们对空气满意，就是高质量；反之，就是低质量。英国的 CIBSE(Charted Institution of Building Services Engineers)认为：如果室内少于 50%的人能察觉到任何气味，少于 20%的人感觉不舒服，少于 10%的人感觉到黏膜刺激，并且少于 5%的人在不足 2%的时间内感到烦躁，则可认为此时的室内空气质量是可接受的。这两种定义的共同点是：都将室内空气质量完全变成了人们的主观感受。

美国供暖制冷空调工程师学会颁布的标准《满足可接受室内空气品质的通风》(ASHRAE Standard 62—1989)，以下简称旧标准中，给出了"良好的室内空气品质"的定义：空气中没有已知的污染物达到公认的权威机构所确定的有害浓度指标，并且处于这种空气中的绝大多数人(≥80%)对此没有表示不满意。不久，该组织又在修订版 ASHRAE Standard 62—1989R 中首次提出了可接受的室内空气质量(Acceptable indoor air quality)和感受到的可接受的室内空气质量(Acceptable perceived indoor air quality)等概念。其中，可接受的室内空气质量定义为：空调房间中绝大多数人没有对室内空气表示不满意，并且空气中没有已知的污染物达到了可能对人体健康产生严重威胁的浓度。感受到的可接受的室内空气质量定义为：空调空间中绝大多数人没有因为气味或刺激性而表示不满。它是达到可接受的室内空气质量的必要而非充分条件。由于有些气体,如氡和一氧化碳等没有气味,对人也没有刺激作用,不会被人感受到,但它们却对人危害很大,因而仅用感受到的室内空气质量是不够的,必须同时引入可接受的室内空气质量。

该标准中对室内空气质量的描述相对于其他定义,最明显的变化是它涵盖了客观指标和人的主观感受两个方面的内容。根据新标准中给出的室内污染物指标限制,通过对室内各种污染物进行现场测定,即可进行客观评价,同时结合人们的主观感受即可完成主观评价。这种标准比较科学和全面,是反映人们具体要求而形成的,所以室内空气质量的优劣是根据人们的具体要求而定的。

国际标准化组织 TC205 技术委员会编制的《建筑环境设计—室内空气质量—人居环境室内空气质量的表达方法》(ISO/DIS 16814)对室内空气质量的标准采纳了三种表达方法:一是应尽可能降低吸入的空气对人体健康造成的负面作用,因而对室内的有害化学物质进行限量;二是基于感受到空气质量的表述,室内空气应使人感到比较舒适,绝大多数人可以接受;三是基于通风量的间接表述,对室内空气质量(IAQ)的间接表述首先是要确定满足人员健康要求和感受到空气质量要求的最小通风量,用实际风量与规定最小风量的大小关系来描述室内空气质量(IAQ)。

2002 年我国制定的《室内空气质量标准》(GB/T 18883—2002)中,借鉴了国外相关标准,不但涵盖了 19 项相关检测指标客观评价内容,而且还首次采用国际上对室内空气质量可感受的定义,加入了"室内空气应无毒、无害、无异味"主观感受与评价方式,与国际主流室内空气品质的观念相接轨,这充分标志着我国室内环境质量的理念在加入世界贸易组织(WTO)后,在建筑室内环境质量方面开始融入世界上主流室内空气品质研究领域。

二、室内空气品质标准

我国第一部室内空气质量标准,由国家质量监督检验检疫总局、国家环保总局和卫生部共同制定,于 2002 年 11 月 19 日正式发布,2003 年 3 月 1 日正式实施。而在此相关的最早的有 1988 年的《公共场所室内卫生标准》,1996 年,此标准中的关于室内空气的部分规范被新的一套《公共场所室内卫生标准》所代替,该标准主要包括了旅店、文化娱乐场所和公共浴室等 12 个国标。这些公共设施客流量大,人群排污量大,致使空气污浊影响人体健康,因此对公共设施的环境质量提出不同要求,以保证人们处于舒适的环境。表 5-10、表 5-11、表 5-12 分别列出了旅店、商场、影剧院空气质量的卫生要求。

表 5-10　　　　　　　　　　不同规格旅店内空气质量卫生要求

项目	宾馆	普通旅馆、招待所	人防、个体旅馆
温度	冬 20～22 ℃	≥16 ℃(采暖地区)	≥16 ℃(采暖地区)
	夏 26～18 ℃	<30 ℃	<32 ℃
风速	0.1～0.3 m/s	0.1～0.3 m/s	0.1～0.3 m/s
相对湿度	40%～60%	30%～70%	30%～80%
床位面积	≥7 m²/人	≥5 m²/人	≥4 m²/人
机械通风	40 m³/(人·h)	40 m³/(人·h)	≥40 m³/(人·h)
CO_2	<0.1%	<0.2%	

项目	宾馆	普通旅馆、招待所	人防、个体旅馆
细菌总数	<2 000 人/m³	<3 000 人/m³	
TSP	<0.15 mg/m³	<0.15 mg/m³	
CO	<10 mg/m³	<10 mg/m³	

表 5-11   商店空气质量的卫生要求

项目	空气质量卫生要求
气温	>13 ℃(冬)<30 ℃(夏)
相对湿度	30%~60%(冬)30%~80%(夏)
通风	自然通风 15 m³/(人·h)机械通风(>800 m²)
场内气流	0.1~0.5 m/s
CO_2	<0.2%
CO	商场内<10 mg/m³,商场交通道口<15 mg/m³
TSP	<0.3 mg/m³
细菌总数	<4 000 个/m³,冬季<6 000 个/m³
售建材、化纤织品柜台	甲醛浓度<0.1 mg/m²

表 5-12   影剧院空气质量卫生标准

项目	空气质量卫生要求
气温	>10 ℃且<30 ℃(夏)
相对湿度	30%~80%
通风	机械通风(>800 座位)风量 40 m³/(人·h)
场内气流	0.1~0.5 m/s
TSP	<0.15 mg/m³
细菌总数	4 500 个/m³(冬、春),3 500 个/m³(夏、秋)
人均面积	>0.8 m²
空场时间	>10 min
观众厅消毒	1 次/月

    室内空气质量标准是客观评价室内空气品质的重要依据,该标准引入室内空气质量概念,明确提出"室内空气应无毒、无害无异常嗅觉"的要求,其中规定的控制项目包括化学性、物理性、生物性和放射性污染。规定控制的化学性污染物质不仅包括人们熟悉的甲醛、苯、氨、氡等污染物质,还有可吸入颗粒物、二氧化碳、二氧化硫等 13 种化学性污染物。《室内空气质量标准》(GB/T 18883—2002)结合了我国的实际情况,既考虑了发达地区和城市建筑中的风量,温湿度以及甲醛、苯等污染物质,同时还考虑了不发达地区使用原煤取暖和烹饪等情况。然而,目前的《室内空气质量标准》(GB/T 18883—2002)只对 PM_{10} 的限制做出了规定,未涉及 $PM_{2.5}$。室内空气质量标准见表 5-13。

表 5-13 室内空气质量标准

序号	参数类别	参数	单位	标准值	备注
1	物理性	温度	℃	22～28	夏季空调
				16～24	冬季采暖
2		相对湿度	%	40～80	夏季空调
				30～60	冬季采暖
3		空气流速	m/s	0.3	夏季空调
				0.2	冬季采暖
4		新风量	$m^3/(h\cdot 人)$	30①	—
5	化学性	二氧化硫 SO_2	mg/m^3	0.50	1 h 均值
6		二氧化氮 NO_2	mg/m^3	0.24	1 h 均值
7		一氧化碳 CO	mg/m^3	10	1 h 均值
8		二氧化碳 CO_2	%	0.10	1 h 均值
9		氨 NH_3	mg/m^3	0.20	1 h 均值
10		臭氧 O_3	mg/m^3	0.16	1 h 均值
11		甲醛 HCHO	mg/m^3	0.10	1 h 均值
12	化学性	苯 C_6H_6	mg/m^3	0.11	1 h 均值
13		甲苯 C_7H_8	mg/m^3	0.20	1 h 均值
14		二甲苯 C_8H_{10}	mg/m^3	0.20	1 h 均值
15		苯并(a)芘 B(b)P	mg/m^3	1.0	日均值
16		可吸入颗粒物 PM_{10}	mg/m^3	0.15	日均值
17		总挥发性有机物 TVOC	mg/m^3	0.60	8 h 均值
18	生物性	菌落总数	CFU/m^3	2 500	依据仪器定(撞击法)
19	放射性	氡^{222}Rn	Bq/m^3	400	年平均值(行动水平②)

注：① 新风量要求不小于标准值,除温度、相对湿度外的其他参数要求不大于标准值。

② 行动行为水平即达到此水平建议采取干预行动以降低室内氡浓度。

2002 年《室内建筑装饰装修材料有害物质限量》和《民用建筑室内污染环境控制规范》(GB 50235—2001)两部和室内空气品质相关的标准也开始实施。其中《室内建筑装饰装修材料有害物质限量》,包括十个国标,分别对聚氯乙烯卷材地板、地毯、地毯衬垫及地毯胶黏剂、混凝土外加剂、建筑材料、人造板及其制品、壁纸、木家具、胶黏剂、内墙涂料、溶剂型木器涂料十类室内装饰材料中的有害物质含量或者散发量进行了限制。这项法规便于从源头上控制污染物的散发,改善室内空气质量。

国家标准《民用建筑室内污染环境控制规范》(GB 50325—2001)中规定民用建筑工程验收时室内环境污染物浓度必须满足表 5-14 的要求。

《室内空气质量标准》(GB/T 18883—2002)与《民用建筑工程室内环境污染控制规范》(GB 50325—2010)、10 项《室内装饰装修材料有害物质限量国家标准》共同构成我国较完整的室内环境污染控制和评价体系。其中这 10 项标准于 2001 年 12 月 10 日批准发布,自2001 年 1 月 1 日起,相关生产企业生产的产品应严格执行该 10 项标准。

表 5-14   **民用建筑工程室内环境污染物浓度限量**

污染物	Ⅰ类民用建筑	Ⅱ类民用建筑
氡（Bq/m）	≤200	≤400
游离甲醛	≤0.08	≤0.11
苯	≤0.09	≤0.09
氨	≤0.2	≤0.2
TVOC	≤0.5	≤0.6

注:1. Ⅰ类民用建筑包括住宅、医院、老年建筑、幼儿园和学校教室等;Ⅱ类民用建筑包括办公楼、商店、旅馆、文化娱乐场所、书店、图书馆、展览馆、体育馆、公共交通等候室、餐厅和理发店;

   2. 污染物浓度限量除氡外均应以同步测量的室外空气相应值为基点。

目前,世界上多数国家制定的室内空气质量标准是以单项或多项指标颁布的。表 5-15 归纳了世界卫生组织(World Health Organization,WHO)与加拿大的室内空气质量标准。

表 5-15   **WHO 与加拿大的室内空气质量标准** mg/m^3

污染物	WHO	加拿大
CO_2	报告的浓度:600~900 极限浓度:1 800 以下 关注的浓度:1 200 以上	短期:— 长期:6 300 以下
CO	报告的浓度:1~100 极限浓度:11 以下 关注的浓度:30 以上	短期 8 h:12 以下 短期 1 h:27.5 以下 长期:—
NO_2	报告的浓度:0.05~1 极限浓度:0.19 以下 关注的浓度:0.32 以上	短期 1 h:0.48 以下 长期:0.1 以下
SO_2	报告的浓度:0.02~1 极限浓度:0.5 以下 关注的浓度:1.35 以上	短期 5 min:1.0 以下 长期:0.05 以下
可吸入颗粒物	报告的浓度:0.05~0.7 极限浓度:0.1 以下 关注的浓度:0.15 以上	短期 1 h:0.1 以下 长期:0.04 以下
甲醛	报告的浓度:0.05~2 极限浓度:0.06 以下 关注的浓度:0.12 以上	行动水平:0.12 目标水平:0.06
臭氧	报告的浓度:0.04~0.4 极限浓度:0.05 以下 关注的浓度:0.18 以上	短期 1 h:0.24 以下 长期:—

三、室内空气的品质评价方法

室内空气品质评价是人们认识室内环境的一种科学方法,是随着人们对室内环境重要性认识的不断加深而提出的新概念。由于室内空气品质涉及多学科的知识,它的评价应由建筑技术、建筑设备工程、医学、环境监测、卫生学、社会心理学等多学科的研究人员来共同完成。当前,室内空气品质评价一般采用量化监测和主观调查相结合的方法进行。其中,量化监测是指直接测量室内污染物浓度来客观了解和评价室内空气品质,称为客观评价。而主观评价是指利用人的感觉器官进行描述与评判工作。即采用数量化的手段对室内环境诸要素进行分析,综合主、客观评价对空气品质进行定量的描述。人类要确定室内空气对生存和发展的适宜性,就必须进行室内空气品质的评价。

室内空气品质评价的目的在于:掌握室内空气品质状况,以预测室内空气品质的变化趋势;评价室内空气污染对人体健康的影响以及室内人员的接受程度,为制定室内空气品质标准提供依据;了解污染源(如建材、涂料)与室内空气品质状况的关系,为建筑设计、卫生防疫和控制污染提供依据。

本节主要阐述普遍运用的室内空气品质的主观评价方法、客观评价方法和综合评价方法。

1. 主观评价方法

主观评价主要是通过对室内人员的询问及问卷调查得到的,即利用人体的感觉器官对环境进行描述与评判工作。长期以来人们就是利用自身的感觉器官进行评价和判别工作。一般都依靠器官敏感和经验丰富的专家,如 Fanger 教授就是采用这种方法。

一般引用国际通用的主观评价调查表并结合个人背景资料,主要包括:在室者和来访者对室内空气不接受率、对不舒适空气的感受程度、在室者受环境影响而出现的症状及其程度。然后,室内空气品质专家通过相关视觉调查作出判断,最后综合分析做出结论,同时根据要求,提出仲裁、咨询或整改对策。

几种主观评价方法简介如下:

(1) 嗅觉评价方法

为了研究的方便,Fanger 教授定义了两个新单位,采用人的嗅觉器官来评价室内空气品质。定义一个标准人的污染物散发量作为污染源强度单位,称为 1 olf。标准人是指处于热舒适状态静坐的成年人,平均每天洗澡 0.7 次,每天更换内衣,年龄为 18～30 岁,体表面积 1.7 m²,职业为白领阶层或大学生。在 10 L/s 未污染空气通风的前提下,一个标准人引起的空气污染定义为 1 decipol,即 1 decipol＝0.1 olf(L/s)。运用室内空气品质指标,即室内空气品质预测不满意百分数(PDA)来评价室内空气品质。其计算公式如下。

$$PAD = \exp(5.98 - \sqrt[4]{112/C}) \tag{5-3}$$

$$C = C_0 + 10G/Q \tag{5-4}$$

式中　C——室内空气品质的感知值,decipol;

　　　C_0——室外空气品质的感知值,decipol;

　　　G——室内空气及通风系统的污染物源强,olf;

　　　Q——新风量,L/s。

PDA 与 IAQ 的关系如图 5-1 所示,从图中可以发现,在低污染浓度尤其是在 5 decipol 以下时,室内空气品质的微小恶化也会导致 PDA 的急剧增大,当空气品质为 5 decipol 以下时,PDA 竟达到45%左右,将近有一半的人还不满意。

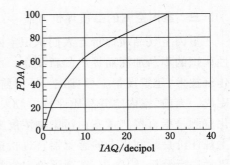

图 5-1　PDA 与 IAQ 的关系

近期的嗅觉方法研究发现,主观感知的空气品质不仅和空气中的污染物水平有关,还和空气的物理状态有关。大量受试者实验表明,吸入空气的温度和湿度影响人们的嗅觉评价,将温度和湿度用焓值来表征,当吸入空气具有适当的焓值时,可以对鼻腔造成对流和蒸发冷却,给人带来新鲜愉快的感觉。因此,嗅觉感知器官的化学感应和热感应共同决定了感受到的空气品质。

(2) 应用分贝概念的评价方法

捷克布拉格技术大学的 Jokl 提出采用分贝(decibel)概念来评价室内空气质量。分贝是声音强度单位,将人对声音的感觉与刺激强度之间的定量关系用一个对数函数式来表达,这同样可用于对建筑物室内空气质量中异味强度和感觉的评价方法。Jokl 用一种新的 dB(odor)单位衡量对室内总挥发性有机化合物(TVOC)以及 CO_2 的浓度改变引起的人体感觉变化,从而评价室内空气品质优劣。

① 介绍"室内空气品质"概念。

室内空气品质受环境所有成分的影响,这些环境成分称为微环境构成。即取决于温度、湿度、气味、有毒材料浓度、气溶胶数量以及空气中微生物量、辐射气体静电产生的污染物、空气中正负离子数量等。它们各自的影响取决于刺激物级别。仅考虑空气质量,即室内空气化学成分,如无明显室内污染源,愉快的或不愉快气味则是居住者对环境接受与否的主要指标,而当存在明显污染源时,水蒸气、一氧化碳及有害成分通过它们各自指标得以评估。

② 选取指标评价室内气味强度。

选取 CO_2、TVOC 指标评价室内气味强度。长期以来,气味强度都是基于 CO_2 浓度及其限值 $1\,000 \times 10^{-6}$ 得以评估的。这种方法是由 1818～1901 年在慕尼黑大学工作的教授 Max von Pettenkofer 提出并用于确定最小新风量[25 m^3/(h·人)]。CO_2 是最重要的活性因子,其浓度与人类的新陈代谢率成比例。实际上,通过 CO_2 浓度来控制新风量能取得很好效果,同时还将 TVOC 作为评价指标。尽管 CO_2 是对于久居室内者的可接受空气品质的指示剂,但它不能代表空气污染物的产生源,如建筑材料和设备,特别是地毯及其他地板贴覆材料,都会产生可挥发性有机物。

人类通过嗅觉器官感知 TVOC,人类对室内 TVOC 的反应分为急性感知,急性、亚急性皮肤或黏膜发炎,亚急性或轻微压力反应等。在实际运用中,Molhave 提出的基于 TVOC 的室内空气品质评价方法也被广泛应用。该方法是一种综合的方法,并运用火焰电离检测仪测出 TVOC 浓度范围:舒适范围($<200\ \mu g/m^3$)、多重因素污染范围($200\sim300\ \mu g/m^3$)、不适范围($300\sim25\,000\ \mu g/m^3$)以及有毒范围($>25\,000\ \mu g/m^3$)。

一个健康的人被感知的最微弱的声音声压为 20 μPa,20 μPa 的压力变化使得耳鼓偏移量少于一个氢分子直径。耳鼓能忍受的声压大于其 100 万倍。这样当测量高噪声时,很难得到过程值,为避免此情况发生,可采用另外一个单位衡量,即对数函数分贝值。根据韦伯—费希纳定律:$R=k\lg S$,即反应与刺激量的对数成正比。分贝不是一个绝对单位,它反映了测量值与参考值之间的相对比值的大小,如声压级公式。

$$L_p = 20\lg \frac{p}{p_0} \tag{5-5}$$

式中　L_p——SPL,即声压级,dB;

　　　p——声压,RMS 值,瞬时测量值的算术平方根,μPa;

　　　p_0——听觉阈值对应的声压值,对于空气 $p_0 = 20$ μPa。

参考值对应的 SPL 为 0 dB,这样 $20 \sim 1 \times 108$ μPa 可变为 $0 \sim 134$ dB。

有两点需要明确:① CO_2 与 TVOC 浓度范围;② 气味浓度可接受百分数类似噪声的对数函数,见图 5-2。

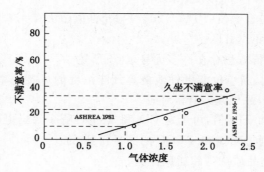

图 5-2　日常活动中久坐个体不满意百分比与气味浓度之间的关系图

同时,对于每个准则,以下两点也是必需的:① 最小阈值,即能被检测到的最微弱的气味;② 最大阈值,选择有毒初始值作为气味的最大阈值。根据 Yaglou 的理论,对于一个健康人体,嗅觉器官感知的最小阈值为 1,对应的不满意百分数 PDA 为 5.8%。CO_2 的最小阈值为 875 mg/m³(485×10^{-6})时,不满意率为 5.8%,其最大限值即短期污染极值就是有毒的初始值,其值为 27 000 mg/m($15\ 000 \times 10^{-6}$)。这是基于英国健康与安全执行部门 HSE 颁布的住宅污染限。这是基于英国健康与安全执行部门 HSE 颁布的住宅污染限值,1990 中的指标规定 EH40/90 中的数据。这样气味浓度公式如下:

$$L_{odour}(CO_2) = a\log \frac{\rho_{i(CO_2)}}{485} \tag{5-6}$$

$$L_{odour}(CO_2) = a\log \frac{\rho_{i(CO_2)}}{875} \tag{5-7}$$

式中　$L_{odour}(CO_2)$——CO_2 气味浓度的分贝值,dcd;

　　　a——系数,由式 $a\log(15\ 000/485) = 135$ 得出 $a = 90$,或由式 $a\log(27\ 000/875) = 135$ 得出 $a = 90$;

　　　$\rho_{i(CO_2)}$——CO_2 气味浓度,在式(5-6)、式(5-7)中单位分别为 ppm(1 ppm $= 10^{-6}$)、mg/m³。

CO_2 最合适值对应的 $PDA = 20\%$,较好值对应的 $PDA = 10\%$,最差值即可接受允许值对应的 $PDA = 30\%$,对于不适应与适应人群,这些值有所不同。在居民健康标准与研究中提到的长期允许值可在病态建筑综合征建筑中得到,短期允许值则是对于不适应和适应人群的有毒初始值。对于最低感知值,适应人群与非适应人群是相同的。对于不适应人群,最合适值($PDA=20\%$)与允许值($PDA=30\%$)分别为 1 830 mg/m³(1 015 ppm)和 2 830 mg/m³(1 570 ppm),即 29 dCd 和 46 dCd。

TVOC 的最小阈值为 50 μg/m³,此时不满意率为 5.8%。短期污染极值即有毒的初始值为 25 000 μg/m³,该值是 Molhave 估计得到的,可得到以下方程:

$$L_{odour}(TVOC) = a\log\frac{\rho_{i(TVOC)}}{50} \tag{5-8}$$

式中 $L_{odour}(TVOC)$——TVOC 气味浓度的分贝值,dTv;

a——系数,由式 $a\log(25\,000/50)=135$ 得出 $a=50$;

$P_{i(TOVC)}$——TVOC 气味浓度,μg/m³。

对于不适应人群,最合适值($PDA=20\%$)与允许值($PDA=30\%$)分别为 200 μg/m³ 和 360 μg/m³,即 30 dTv 和 43 dTv。

气味浓度的嗅觉评价方法存在许多优势,如下所述:

① 与浓度单位相比,新单位能更好地概算气味浓度的可接受率,这是因为人类嗅觉器官反应表现为对数变化,并与分贝值相对应。

② 通过比较 dCd 和 dTv 值,可确定 CO_2 和 TVOC 哪个污染更严重。

③ dCd 和 dTv 可通过 CO_2 和 TVOC 的测量得到。

④ 可评价室内空气品质优劣和通风性能。

⑤ 可确定适应人群、不适人群、哮喘患者以及过敏人群的允许值及最佳值等。

⑥ 可确定长期允许值、短期允许值以及 SBS 限值等。

⑦ 可确定不同室外空气条件下的最小通风量。

⑧ 这种方法还具有普遍性,可适用于其他环境成分分析,正确评价室内空气品质与健康的关系。

(3)其他主观评价方法

除了上述两种方法外,还有一些其他的主观评价方法,例如:

① 线性可视模拟比例尺方法——是一类定量测量人体感觉器官对外界环境因素反应强度的测量手段,近年来常被国际学者用于评价因室内装修材料产生的甲醛及挥发性有机化合物污染。

② 德国的 CDI 方法——采用一种嗅觉计测试室内空气品质,采用挥发性丙酮作为指示剂,丙酮浓度值与污染浓度值相对应。

③ 视觉调查评价方法——通过向居住者问询的方式进行,一般采用问卷调查表收集信息,而后室内空气品质专家对实地进行简单的视觉勘测和调查,最后做出综合评价,并提出解决措施与方案。

2. 客观评价方法

客观评价是直接用室内污染物指标来评价室内空气品质,即选择具有代表性的污染物作为评价指标,全面、公正地反映室内空气品质的情况。由于各国国情不同,室内污染特点不一样。人种、文化传统与民族特性的不同,造成了对室内环境的反应和接受程度上的差异,选取的评价指标理应有所不同。除此之外,还要求这些作为评价指标的污染物长期存在、稳定、容易测得且测试成本低廉。因此,一般国际上通常选用二氧化碳、一氧化碳、甲醛、可吸入颗粒物(IP)、氮氧化物、二氧化硫、室内细菌总数,加上温度、相对湿度、风速、照度以及噪声共 12 个指标来定量地反映室内环境质量,这些指标可根据具体对象适当增减。客观评价还需要测定背景指标,这是为了排除热环境、视觉环境、听觉环境以及人体工作活动环境因子的干扰。

（1）模糊评价方法

目前,室内空气品质本身就是一个模糊概念,至今尚无一个统一、权威性的定义。因此,有人尝试用模糊数学方法加以研究。这些模糊评价方法是将影响室内空气品质主要指标指定为下面七种:CO_2、CO、吸入尘、菌落数、甲醛、NO_2、SO_2。室内空气品质的模糊评价就是利用模糊数学的处理方法,综合考虑影响对象总体性能的各个指标,通过引入隶属函数,同时考虑各指标在影响对象中的重要程度,经过模糊变换得到每一个被评价对象的综合优劣度。这种室内空气品质的模糊评价方法的具体步骤如下:

① 各单项评价指标的量化。

所谓量化,也就是确定标准要求的各单项性能指标的数值范围,即确定 CO_2、CO、吸入尘、菌落数、甲醛、NO_2、SO_2 这七项指标的数值范围。根据我国《环境空气质量标准》(GB 3095—2012)和一些较先进国家与地区所建议的室内空气标准,在表 5-16 中列出了一套标准建议值作为量化依据,即室内空气中的上述单项值不应超过表中所给值。

表 5-16　　　　　　　　　　　　室内空气品质建议值

污染物	指标	污染物	指标
CO_2	1 000 ppd	甲醛	100 ppd
CO	10 ppd	NO_2	50 ppd
吸入尘	150 $\mu g/m^3$	SO_2	25 ppd
菌落数	30 CFU/(9 cm·5 min)		

② 各单项指标的隶属函数的构造。

由于独立同分布情形下的中心极限定理可知,对于常用的数理统计量均具有渐近正态性,为此采用的隶属函数正态分布型,由于量化时都只有上界,故此处均采用戒上型(偏上型)的降半正态模糊分布。

设评判对象集 $X = (x_1, x_2, x_3, \cdots, x_n)$,其中 $X_i(i=1-m)$ 表示有 m 个不同的场所。根据事物的性质,选定几种指标作为评价标准。即评判因素集合 $U = (u_1, u_2, u_3, \cdots, u_n)$,其中 $U_j(j=1-n)$ 表示 n 个评判指标。对各场所的室内空气测定后 $x_i u_j(i=1-m, j=1-n)$ 表示对第 i 个场所的第 j 个指标的测量值。根据给定的隶属函数求出单因素评价结果,得 $X \rightarrow U$ 的模糊关系矩阵 $\boldsymbol{R}: \boldsymbol{X} \times \boldsymbol{U} \rightarrow [0,1]$,用 r_{ij} 表示对象 x_i 对因素 u_j 的评价结果,则有评价矩阵 R。

$$\boldsymbol{R} = \begin{Bmatrix} R_1 \\ R_2 \\ \vdots \\ R_m \end{Bmatrix} = \begin{bmatrix} r_{11} & r_{12} & \cdots & r_{1n} \\ r_{21} & r_{22} & \cdots & r_{2n} \\ \vdots & \vdots & & \vdots \\ r_{n1} & r_{n2} & \cdots & r_{m} \end{bmatrix} \tag{5-9}$$

于是得到评价空间 $S = (X, U, R)$,在评判空间 S 中,为了表达各因素的地位差异,令其

权值分配向量 $A=(a_1,a_2,a_3,\cdots,a_n)^{\mathrm{T}}$，根据模糊矩阵合成算法，并采用 $M(\cdot,+)$ 模型可计算处评价指数 Me：

$$Me = R \cdot A = \begin{bmatrix} r_{11} & r_{12} & \cdots & r_{1n} \\ r_{21} & r_{22} & \cdots & r_{2n} \\ \vdots & \vdots & & \vdots \\ r_{n1} & r_{n2} & \cdots & r_{nn} \end{bmatrix} \cdot \begin{bmatrix} a_1 \\ a_2 \\ \vdots \\ a_n \end{bmatrix} = \begin{bmatrix} m_{e1} \\ m_{e2} \\ \vdots \\ m_{en} \end{bmatrix} \tag{5-10}$$

再对评判对象在矩阵 R 中取极大值和极小值，分别得到 $M_{\max}$ 和 $M_{\min}$。

$$M_{\max} = (m_{a1} \quad m_{a2} \quad m_{an})^{\mathrm{T}} \tag{5-11}$$

$$M_{\min} = (m_{i1} \quad m_{i2} \quad m_{in})^{\mathrm{T}} \tag{5-12}$$

令 $U_1=(M_e \quad M_{\max} \quad M_{\min})$ 得到新的评判空间 $S_1=(X_1 \quad U_1 \quad R_1)$，其中 R_1 为：

$$R_1 = (M_e \quad M_{\max} \quad M_{\min}) = \begin{bmatrix} m_{e1} & m_{a1} & m_{i1} \\ m_{e2} & m_{a2} & m_{i2} \\ \vdots & \vdots & \vdots \\ m_{en} & m_{am} & m_{im} \end{bmatrix} \tag{5-13}$$

然后再做第二次评判，同样为了表达各因素的地位的差异，令其权重分配向量 $A_i=(a_1,a_2,a_3)$ 仍取 $M(\cdot,+)$ 模型运算，则有：

$$M = R_1 \cdot A_1 = \begin{bmatrix} m_{e1} & m_{a1} & m_{i1} \\ m_{e2} & m_{a2} & m_{i2} \\ \vdots & \vdots & \vdots \\ m_{en} & m_{am} & m_{im} \end{bmatrix} \cdot \begin{bmatrix} a_1 \\ a_2 \\ \vdots \\ a_3 \end{bmatrix} = \begin{bmatrix} m_1 \\ m_2 \\ \vdots \\ m_m \end{bmatrix} \tag{5-14}$$

其中矩阵 M 即为综合指标矩阵，m_1 为室内空气综合指标值，根据该指标值的大小即可判定出所衡量的室内空气品质的优劣顺序。

这种模糊评价方法需要建立各因素对每一级别的隶属函数，过程烦琐。而且复合过程的基本运算规则是取最小值和最大值，强调了权值的作用，丢失的信息较多，突出了严重污染物的影响，但忽略了各种污染因子的综合效应。

（2）室内空气品质的灰色理论评价方法

灰色系统理论是 20 世纪 80 年代初期有中国学者创立的一门系统科学新学科。它以"部分信息已知"的"小样本"，"贫信息"不确定系统为研究对象，主要通过对"部分"已知信息的生产、开发，提取有价值的信息，实现对系统规律的正确描述和有效控制。根据灰色系统理论，能用时间序列来表示系统行为特征量和各影响因素的发展，灰色系统理论中灰色关联来衡量。有中国学者利用灰色理论对室内空气品质进行了综合评价，具体如下：

① 利用因子的选择。室内污染物种类繁多，不可能对每种污染物都进行检测，需要从中选择有代表性的，对人体感觉和健康有重要影响的因子作为室内空气品质检测和测量的重要内容。目前国内外普遍关注的室内污染物有：甲醛、一氧化碳、二氧化碳、二氧化氮、二氧化硫、悬浮颗粒、浮游微生物、氡气等，因而灰色评价方法选取的污染物因子也是这些。

② 评价标准序列确定。考虑到室内空气品质中污染物浓度一般比较低，在对室内空气品质进行评价时，将其分为四级：清洁、未污染、轻污染、重污染。根据国家已制定的相关室内环境标注以及各种污染物背景值，具体的评价方法见表 5-17。

表 5-17　　　　　　　　　　　　　　　　室内空气品质评价标准序列

污染物	等级			
	清洁	未污染	轻污染	重污染
二氧化碳	400	650	1 000	1 800
一氧化碳	1.5	4.5	10	25
吸入尘	0.025	0.075	0.15	0.35
菌落	3	20	45	150
甲醛	20	45	100	220
二氧化氮	0.01	0.04	0.10	0.3
二氧化硫	0.01	0.05	0.15	0.4

当用关联量化序列曲线的接近程度时,需要对序列进行适当的预处理,使之化成数量级大致相近的无量纲数据。由韦伯—费希钠定律:$R = k\lg S$,可知反应的大小与刺激量的对数成正比,因此可对各种污染物浓度的数值进行处理,使之能反映人体感觉,且能在不同的污染物之间进行比较。仿照噪声单位分贝的定义,提出了计算式(5-15):

$$L = k\lg \frac{n}{n_0} \tag{5-15}$$

式中　n——实测的浓度,$\mathrm{mg/m^3}$;

　　　n_0——作为比较的浓度值,$\mathrm{mg/m^3}$。

将 n_0 取各污染物的背景值,并且将清洁等级的计算取值为 0,轻污染为 2,可以得到相应的 k 值。表 5-18 列出了处理后的室内空气品质评价标准序列。

表 5-18　　　　　　　　　　　　　　处理后的室内空气品质评价标准序列

污染物	等级			
	清洁	未污染	轻污染	重污染
二氧化碳	0	1.06	2	3.28
一氧化碳	0	1.16	2	2.97
吸入尘	0	1.23	2	2.95
菌落	0	1.4	2	2.89
甲醛	0	1.01	2	2.98
二氧化氮	0	1.2	2	2.95
二氧化硫	0	1.19	2	2.74

③ 灰色评价过程。经过预处理后,参考因素序列 $Y_i, i \in m \in \{1 \quad 2 \quad \cdots \quad y_i(l)\}$,比较因素序列 $X_i, j \in N \in \{1 \quad 2 \quad \cdots \quad n\}$,序列表示为:

$$Y_i = \{y_i(1) \quad y_i(2) \quad \cdots \quad y_i(k) \quad \cdots \quad y_i(l)\} \tag{5-16}$$

$$X_j = \{x_j(1) \quad x_j(2) \quad \cdots \quad x_j(k) \quad \cdots \quad x_j(l)\} \tag{5-17}$$

$$k \in L = \{1 \quad 2 \quad \cdots \quad l\} \tag{5-18}$$

令:

$$\Delta_{\min} = \min_i \min_j \min_k |y_i(k) - x_j(k)| \tag{5-19}$$

$$\Delta_{\max} = \max_i \max_j \max_k |y_i(k) - x_i(k)| \tag{5-20}$$

$$\Delta_{i,j}(k) = |y_i(k) - x_j(k)| \tag{5-21}$$

$$\xi_{i,j}(k) = \frac{\Delta_{\min} + \rho\Delta_{\max}}{\Delta_{i,j}(k) + \rho\Delta_{\max}} \tag{5-22}$$

$$r_{i,j} = \frac{1}{l}\sum_{k=1}^{l}\xi_{i,j}(k) \quad (i \in M, j \in N, k \in L) \tag{5-23}$$

$\xi_{ij}(k)$是第k个数据点上Y_i,X_j的相对差值,称为关联系数。r_{ij}称为Y_i与X_j关联度,集中反映了所有数据点上关联系数的大小,因为计算关联系数时$\Delta_{\min}$,$\Delta_{\max}$采用三级差,所以用式(5-22)定义的关联度体现了系统的整体性。关联度$r_{i,j}$反映了$Y_i X_j$序列曲线之间的相似程度,其值越大,说明Y_i与X_j之间的联系越紧密,式(5-22)中$\rho(0 < \rho < 1)$为分辨系数,一般取 0.5。

由关联度$r_{i,j}(i \in M, j \in N)$,组成一个$m \times n$阶矩阵:

$$R = \begin{bmatrix} r_{1,1} & r_{1,2} & \cdots & r_{1,n} \\ r_{2,1} & r_{2,2} & \cdots & r_{2,n} \\ M & M & & M \\ r_{m,1} & r_{m,2} & \cdots & r_{m,n} \end{bmatrix} \tag{5-24}$$

矩阵R称为关联矩阵,考虑任意因素Y_i,X_j,Y_p,X_q,当$\xi_{i,j}(k) > \xi_{p,q}(k)$时,必有$|Y_i(k) - X_j(k)| < |Y_p(k) - X_q(k)|$,这说明关联系数越大,曲线间距越小,曲线形状越相似。而关联度$r_{i,j}$与$r_{p,q}$是$\xi_{i,j}(k)(k \in L)$与$\xi_{p,q}(k)(k \in L)$的集中体现,因此任意两个关联度$r_{i,j}$与$r_{p,q}$的比较都很有意义。

将灰色关联分析应用于室内空气品质评价是,区序列$X_1, X_2, \cdots, X_n$为n个评价对象的实测值$Y_1, Y_2, \cdots, Y_m$为室内空气品质评价的m个评价标准序列。经计算得出关联矩阵R后,可以利用它提供的信息对室内空气品质的现状做出评价。在矩阵R中,每一行的元素均为每一待评价对象与不同室内空气品质等级的灰色关联系数;某一等级的关联系数越大,说明其与该等级的联系越密切,因此最大关联系数对应的等级即为该对象的室内空气年品质等级。R中每一列的各元素为某一室内空气品质等级与相应评价对象的灰色关联系数,因为R中任意元素的比较都是有意义的,因此可以通过比较任意两行的相应元素,而比较两评价对象的空气品质的优劣。

这种灰色关联分析方法比较简单,实测得到的所有数据对评价结果均有影响,充分利用所获得的信息。根据灰色关联矩阵提供的丰富信息,不仅可以确定样本的级别,而且可以反映处于同一级别样本之间空气品质的差异,评价结果直观可靠。但是,这种方法没有与人体对室内空气品质的主观感受相联系,不够全面。

第三节　室内空气污染物的控制方法

为了有效控制室内污染和改善室内空气质量,需要对室内污染全过程有充分认识。由污染源散发,在空气中传递,当人体暴露于污染空气中时,污染会对人体产生不良影响,室内空气污染控制可通过以下三种方式实现:① 源头治理;② 通新风稀释和合理组织气流;

③ 空气净化。

一、室内污染源的控制

场地、建材、家具、设备系统内部都可能产生污染物影响室内空气质量。如果控制这些污染源,就有可能减少污染物的数量和浓度,形成相对清洁的室内空气和健康的室内环境。控制室内空气污染源是解决室内空气污染问题最经济、最有效的方法。

1. 推广绿色建材,防止建材产生污染物

建筑材料(包括装饰材料和家具材料等)是造成室内空气污染的重要原因之一。众多挥发性有机物普遍存在于室内建筑材料中。同时,由于现代化空气调节设备的大量使用,导致室内外的空气交换量大大减少,建筑材料所释放的挥发性有机化合物被大幅度浓缩,积累在室内,造成更严重的空气污染。

大量研究表明,室内空气的污染主要来自于室内墙体表面材料的污染物的散发,而材料的散发特性主要表现在散发率和散发时间两个方面。室内表面材料的散发产生的污染源,其表现形态可以是无机颗粒也可能是蒸汽相有机物,典型的有机气相物的浓度范围可以从每立方米几十毫克至几千毫克,而测出的化合物从数十种至数百种。丹麦的环境学家Olevcalborn 将从建筑材料中散发出来的污染物质分为三类:

第一类,自由基未化合的污染物质。包括从木屑板的黏结剂中散发出来的游离甲醛、矿棉吸音板中的松散纤维及溶剂型涂料中的溶剂等。

第二类,不同程度化合的污染物质。如在相当稳定的化合物中的甲醛、吸音板中的岩棉纤维及石棉纤维板中的石棉等。

第三类,经吸收及积累后形成的污染物质。如房间的地毯,尽管其本身并无散发性,但易于吸收及沉淀污染物质,因此,对于室内空气的影响很大。

1988 年第一届国际材料科学研究会上,首次提出了"绿色材料"的概念。绿色材料、绿色产业、绿色产品中的绿色,是指以绿色度表明其对环境的贡献程度,并指出可持续发展的可能性和可行性;绿色已成为人类环保愿望的标志。1992 年,国际学术界明确提出绿色材料的定义:绿色材料指在原料采取、产品制造、使用或者再循环以及废料处理等环节中对地球负荷最小和有利于人类健康的材料,亦称之为"环境调和材料"。美国、加拿大、日本等也就建筑材料对室内空气的影响进行了全面、系统的研究,并制订了有关法规。我国也于2001 年 12 月 10 日颁布了《室内装饰装修材料有害物质限量》等 10 项强制性标准,从源头抓起,控制室内化学污染的产生。

室内材料和产品释放 VOC 对健康和舒适度影响的评价可分为五个主要步骤:① 建立室内材料和产品释放 VOC 的测量方法;② 暴露评价;③ 收集有关的毒理数据,评价其潜在的健康影响;④ 室内材料或产品释放 VOC 的感观评价;⑤ 依据释放 VOC 对健康和舒适度的影响,建立一套规程,对室内材料或产品进行评价和分类,给它们贴标签。测试固体材料中 VOC 的舱实验参数见表 5-19。

随着经济的不断发展,人们的生活水平不断提高,在满足人们对于建筑的基本要求之外,还要引导人们提高室内环保意识,提倡"以人为本"的绿色装修观念,尽量使用健康型、环保型、绿色型、安全型建筑材料,如使用原木木材、软木胶合板和装饰板;装修工艺要选择无毒、少毒、无污染、少污染的施工工艺。

表 5-19   测试固体材料中 VOC 的舱实验参数

参数	欧洲联盟	美国
气温/℃	23±1	23±1
相对湿度/%	45～50	45～50
空气交换率/ACH	0.5 或 1.0	1.0
产品负荷/(m²/m³)	1	1

2. 控制油烟、吸烟及燃烧产物

我国人口众多,住房紧张,厨房面积通常较小,而且通风条件差,因而烹调是家庭居室室内空气污染物的主要来源之一。烹调产生的污染物主要有油烟和燃烧烟气两类,由于热分解作用产生大量有害物质,已经测定出的物质包括醛、酮、烃、芳香族化合物等共计 220 多种。烹饪油烟的毒性与原有的品种、加工精制技术、变质程度、加热温度、加热容器的材料和清洁程度、加热所用燃料种类、烹饪物种类和质量等因素有关。

吸烟产生的烟气是主要的室内 VOCs(特别是苯)来源之一,在办公场所、起居室吸烟会释放有害的挥发性有机蒸气、化学气体及微粒,其气溶胶的主要成分是焦油和烟碱(尼古丁),这些物质很容易进入人体呼吸系统,对人体健康的影响不言而喻;更有不少物质有致癌作用。有说法称被动吸烟比主动吸烟的危害更大,这种说法是不正确的,因为无论是主动吸烟者还是被动吸烟者,都处于环境烟草烟气中,所谓环境烟草烟气,是由主流烟气和侧流烟气在空气中经混合、稀释和陈化而形成的。主动吸烟者除了自己吸烟外,还与被动吸烟者一样在吸入环境烟草烟气。

燃料燃烧时会产生大量的二氧化碳甚至一氧化碳。目前我国常使用的生活燃料包括以下几类:固体燃料主要是原煤、煤球和蜂窝煤;气体燃料主要有天然气、煤制气和液化石油气。另外,少数农村地区海域使用生物燃料作为取暖和做饭的燃料,据研究,世界上室内空气污染最严重的建筑是中国西北地区的窑洞,其原因就是当地居民在室内大量燃烧秸秆,燃烧产物大量聚集在室内。

因此,公共场所、家庭居室要控制吸烟或划定吸烟区;保持良好的厨房通风,保证燃气具有良好的燃烧性从而能够充分燃烧;在厨房灶具处加强局部通风;尽量使用集中供暖系统,避免使用农作物、牲畜粪便燃烧取暖做饭等。

3. 正确处理室内空气污染源

对于已经存在的室内空气污染源,应立即撤出室内或封闭、隔离,防止继续在室内散发污染物。如对有助于微生物生长的材料,如管道保温隔声材料等进行密封,对施工中受潮的易滋生微生物的材料进行清除更换。对住宅、写字楼、商场、宾馆、饭店等新建建筑物或新装修的建筑物,在使用前应用空气真空除尘设备清除管道井和饰面材料的灰尘和垃圾。在交付使用前要经环保部门检测,确保室内空气质量满足《室内空气质量标准》(GB/T 18883—2002)才能使用。

4. 加强和完善通风

加强通风换气,用室外新鲜空气来稀释室内空气污染物,使浓度降低,改善室内空气质量,是最方便快捷的方法。依据污染物发生源的大小、污染物种类及其量多少,决定采用全面通风还是局部通风,以及通风量大小。在一般家庭居室内,每人每小时需要新风量约为 30 m³。

美国采暖、制冷和空调工程师协会在研究制订通风标准中起了主导作用,其标准常被包括在州和地方建筑法规中。其新标准建议在无人吸烟的建筑物中最小通风速率是每分钟每人 $0.14\ m^3$,而在有人吸烟时每分钟每人 $0.57\ m^3$。实践中,不论有无吸烟都为每分钟每人 $0.14\ m^3$。

多数建筑物都是透气的,建筑框架有许多进气和出气的渠道,如窗户、门、电线出入口、楼基等孔洞。外部空气的进入受建筑物保温外壳的密封度以及风速和内外温差等环境因素的影响。通常在寒冷和刮风天换气程度最大。还可看到:当在无风、温和天气,温差较小时,不管保护外壳密封度如何换气程度大大降低。

室内外温差产生的压差在建筑物底部吸入空气而使空气在楼顶压出。这就是烟囱效应,在高楼中尤为明显。

自然通风与门窗的开闭程度有关。敞开的门窗对换气有明显影响,取决于开、闭幅度,频率和持续时间及风速和室外温差。没有长年温度控制的居民楼内在非夏季主要靠此法通风。

在采用机械通风时,需要合理的气流组织。合理的气流组织即是合理布置送排风口,充分将新鲜空气送入工作区。减少送风死角,以提高室内的换气效果,充分稀释室内污染物浓度,从而提高空气品质。对于集中式全空气系统,应当设计独立的新风系统;对大空间,可以设置岗位送新风系统;在高大型公共建筑中可以采用置换通风,将清洁新鲜的空气直接送入工作区,避免污浊空气的再利用,保证工作区的空气品质;对半集中式的风机盘管系统,除新风直接送入房间外,应增设集中排风,这样才能发挥新风效应;对分散式的分体式空调房间采用双向新风换气机有利于改善室内空气品质,同时有利于节能。

一个优秀的设计,必须要有高质量的安装和调试,同时还应充分考虑通风系统的可维护性和可清洁性,定期清洗、更换空气过滤系统,才能确保达到设计的预期目标。

5. 使用空气净化措施控制室内空气污染物

室内空气污染源来源广、危害大,主要是挥发性有机气体,其成分复杂、治理难度大,对于 VOC,一般的治理方法有活性炭法、冷凝法、膜分离法及新技术光催化及组合法和低温等离子技术。

使用空气净化器,是改善室内空气质量、创造健康舒适的办公室和住宅环境十分有效的方法,在冬季供暖、夏季使用空调期间效果更为显著。在居室、办公室等许多场所都可以使用空气净化器。这也是最为节约能源的空气净化方法之一,因为采用增加新风量来改善室内空气质量,需将室外进来的空气加热或冷却至室温而耗费大量能源。目前市场上可以看到数十种依据不同的机理和手段对空气进行净化处理的室内空气净化器,一般可分为机械式、静电式、负氧离子式、物理吸附式、化学吸附式或者前几种形式的两种或两种以上形式的组合。

有研究报告指出:将近 80% 的建筑物成为病态建筑综合征(SBS)与不良的维护管理有关。对于空调、通风系统,必须加强系统维护和管理,如定期清洗或更换空调箱中的过滤器,清洗表冷器和接水盘等,克服空调系统只用不管或轻视管理的倾向。对于空调系统自身产生的污染,需要通过提高过滤效率,过滤掉大部分生物颗粒,才能大大降低其进入室内或与表冷器等湿表面接触的数量。

人们用来点缀美化室内环境的绿色植物是净化室内空气的一种有效途径。目前,许多国家的环保部门已广泛宣传绿色植物这种有益于人类健康的特征,告知人们绿色植物是普通家庭均能承受的居室空气的净化器。外界的任何因子,包括有害气体的变化都会对植物产生影响,这些影响会在植物各个部位以各种形式反映出来,而且植物对某些因子的反应比人更敏锐。例如 SO_2 要达到 $1\sim5$ ppm($2.7\sim13$ mg/m³)时人才能闻到味道,$10\sim20$ ppm($27\sim54$ mg/m³)时才引起咳嗽、流泪,然而对紫花苜蓿其浓度只要超过 0.3 ppm,接触一定时期就会产生受害症状。而植物中毒的可见症状,由于不同污染物危害的机理不同,可以出现不同的典型症状,因而可以根据症状来鉴别污染物的种类。

二、空气净化

1. 物理法

(1) 过滤净化方法

按所选过滤材料的不同,可分为粗过滤、中效过滤、高效过滤。目前工业废气中广泛应用的几种高效过滤材料如微孔滤膜、多孔陶瓷、多孔玻璃、合成纤维(如 HEAP-高效过滤材料)等,都可应用到室内空气的治理上。图 5-3 简要地说明过滤器净化室内空气的流程。

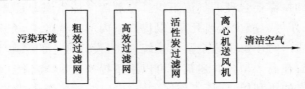

图 5-3　过滤器净化空气流程

在室内气体过滤中,滤材的选择成为关键,应用不同类型的过滤材料可滤去空气中不同粒径的微粒。合成纤维过滤材料不耐油雾和潮湿,性能不稳定;纤维素过滤材料易燃烧,使用受限。用玻璃纤维制成的 HEPA(High Efficiency Particulate Air)过滤材料是 20 世纪 80 年代发展起来的新型过滤材料,可有效地捕集 0.3 μm 以上的可吸入颗粒物、烟雾、灰尘、细菌等。在过滤效率、气流阻力及强度等性能指标上有很大改善,且耐高温、耐腐蚀和防水、防霉。在使用上最重要的发展是采用整体结构的无隔板式过滤器,不仅避免了分隔板损坏过滤材料,而且有效增加了过滤面积,提高了过滤效率,过滤效率可达 99.97%,在空气净化领域得到了广泛的应用。

(2) 吸附净化方法

该法是将污染空气通过吸附剂层,使污染物被吸附剂所捕捉从而达到净化空气的目的。优点是选择性好,对低浓度物质清除效率高,且设备简单,操作方便,适合挥发性有机化合物、放射性气体氡、尼古丁、焦油等的净化。对于甲醛、氨气、二氧化硫、一氧化碳、氮氧化物、氢氰酸等宜采用化学吸附。

吸附剂一般有活性炭、沸石、分子筛、硅胶等,在室内空气净化中目前使用较广的是活性炭。它吸附能力强、化学稳定性好、机械强度较高、来源十分广泛。此外,经过改性处理的活性炭和分子筛也达到比较广泛的应用,且效果良好。

活性炭是一种黑色微晶质碳素材料,内部微孔结构发达(1 g 活性炭内部微孔展开面积可达 $300\sim1\,000$ m²),是一种优良的吸附剂、催化剂和催化剂载体,被广泛运用于现代工业、科技、医疗、军事及日常生活等几乎所有领域。

活性炭吸附作用主要是物理吸附,对各种气态污染物的吸附能力可用"亲和系数"描述。活性炭对有机气体的吸附性能较好,而对无机气体较差。

活性炭按其原料来源可分煤质活性炭、木质活性炭、有机活性炭、再生活性炭、果壳类活性炭和椰壳类活性炭等。其中,以棕榈果壳和椰壳制成的活性炭为活性炭中的上品,常被用来作为空气净化和制作成工业防毒面具,供有毒气体环境中的人员使用。

活性炭中加入适量天然沸石或碘化钾后,能增加活性炭吸附空气中有毒气体种类的范围,使其具有相当大的化学吸附和催化效应。现代工业生产活性炭主要使用酸处理工艺,其中磷酸处理工艺是加工处理活性炭、调整特殊孔径要求的主打技术。活性炭是现代工业的主要吸附剂,也还被用在对抗生化武器的军用防毒面具中,过滤沙林毒气和炭疽菌等。

活性炭净化有害气体的效率很高,但是存在吸附饱和的问题,再生过程比较麻烦。此外,活性炭对湿度敏感,某些化合物(酮、醛和酯)会阻塞气孔而降低效率。因此,其在室内空气净化器的应用受到了影响。

目前已研制出蜂窝状活性炭、活性炭纤维(ACF)和新型活性炭等。其中,ACF 由于其优越的吸附性能,成为近年来深受人们青睐的吸附材料。它能有效除去空气中的挥发有害气体,同时对可吸入颗粒物也有很好的去除效果。此外,在活性炭中添加一些物质经化学处理后,使其对原吸附很弱的气体(如 NO_x 和 SO_2 等)的吸附能力得到显著增强。

ACF 对于去除室内空气中低浓度的污染物是非常有效的,它是目前多种净化设备中用于过滤滤芯的一种主要材料。但是,能在活性炭中发生聚合反应的 VOCs 物质不宜采用这种方法。此外,大分子高沸点的有机物也不宜用该方法。可见,活性炭虽然具有良好的吸附性能,但由于它是将气态污染物从一种状态转化为另一种状态而并不能彻底地将之去除,从而会给使用和环境带来后遗症。物理吸附法只能暂时吸附气态污染物和少量的颗粒物。当温度、湿度、风速升高到一定程度时,所吸附的污染物及颗粒物有可能会出现游离,尤其是接近吸附饱和时,污染物会重新进入空气中。此外,吸附达到饱和就不再有吸附能力。如不进行及时脱附或更换吸附材料,被吸附的有害物质、细菌、病毒等随时有被重新释放出来的危险。

(3) 静电净化技术

静电技术最早用于工业除尘。用于室内空气净化的电吸尘与工业除尘的机理相同,即由强电场对进入的含尘气流进行高压电离,产生电子的雪崩效应,并使空气中的部分组分离子化;电子、正离子向电极运动并与气体中的尘粒碰撞而使尘粒荷电,或尘粒扩散与电子碰撞而荷电,荷电尘粒被电极吸引、吸附,从而使含尘浓度降低。根据电吸尘器的伏安特性曲线,在相同电压下负电晕的电流大,起晕电压低,击穿电压高,利于电吸尘器的工作,提高其吸尘效率。但净化后的气体中含有较多的臭氧和氮氧化合物,当浓度超过一定界限时,对人体的健康不利。因此,室内空气净化的电吸尘器多采用正电晕放电,即放电电极为高压正极,而负电压接地为收尘极。静电技术可在有人的条件下对小环境空气净化进行持续动态的净化消毒,并具有高效的除尘作用(除尘效率在 90% 以上)和同时除菌等特点。但该方法不能有效去除室内空气中的有害气体,如 VOCs 等,静电除尘法还存在吸附不彻底的问题。

(4) 非平衡等离子净化技术(低温等离子技术)

等离子体是由电子、离子、自由基和中性粒子组成的导电流体,整体保持电中性。非平衡等离子体内部的电子温度远高于离子温度,系统处于热力学非平衡态,其表观温度很低,所以又被称为低温等离子体。低温等离子体内部富含电子,同时又产生·OH等自由基和氧化性极强的O_3,从而达到处理空气中较低浓度挥发性有机物及微生物的目的。

低温等离子体技术降解气体污染物具有反应速率快、条件温和以及易操作等优点。经检测,等离子体空气消毒净化机对空气中的金黄色葡萄球菌杀灭率为99.9%,对白色念珠菌杀灭率为99.96%,对空气中的自然菌的杀灭率在90%以上。将非平衡态等离子体用于空气净化,不但可分解气态污染物,还能从气流中分离出微粒,调解离子平衡。整个净化过程涉及荷电集尘、催化净化和负离子发生等作用。非平衡等离子体降解污染物的过程十分复杂,影响因素很多。

从1990年后,应用低温等离子体技术控制空气污染物的研究在国际学术界蓬勃发展,相关的低温等离子体技术陆续出现,如电子束照射、辉光放电、介质阻挡放电、微波放电、滑动弧放电等技术。低温等离子体的原理是施加电能将气体电离以加速气相化学反应,特别是生成高氧化性的自由基来进行气态氧化反应,将有害气体污染物氧化成无害物或低毒物。图5-4所示为非平衡等离子体反应器的结构。

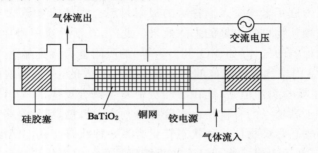

图5-4 非平衡等离子体反应器的结构

该技术处理有机废气和异味恶臭具有以下优点:① 能耗低。可在室温下与催化剂反应,无须加热,极大节约了能源,从而使成本大为降低。② 操作简便。设计时可以根据风量变化以及现场条件进行调节。③ 无副产物。催化剂可选择性地降解等离子体反应中所产生的副产物。④ 无辐射污染,尤其适于处理室内(局部环境)低浓度污染物。

低温等离子协同催化净化系统中的有序多孔催化剂对等离子体化学反应起催化作用,同时等离子体激发和催化剂活化联合作用。应用低温等离子体协同催化技术净化局部环境空气中低浓度挥发性污染物的尚未见报道。

非平衡等离子体不仅可净化各种有害气体,而且可分离颗粒物质,理论上说,它在空气净化方面有突出优点,其应用前景应该看好,但目前还无很好的应用实例。

(5) 负离子净化技术

处于电中性状态的气体分子受到外力作用,失去或得到电子,得到电子的为负离子。负离子借助凝结和吸附作用,极易与空气中微小污染颗粒相吸,即成为带电的大离子沉降下来。负离子还能使细菌蛋白质表层的电性颠倒,促使细菌死亡,达到消毒与灭菌的目的。研究表明,在实验条件下,负离子的除菌效果超过浓度为3%过氧乙酸。有报道,在室内用人工负离子作用2 h,空气中的悬浮颗粒、细菌总数和甲醛等的浓度都有明显的降低。空气中负离子极易与尘埃结合形成具有一定极性的污染粒子,即所谓的"重离子",悬浮的重离子在降落过程中,会附着在室内物体上,人的活动又会使其飞扬到空气中。所以空气负离子只是附着灰尘,不能清除污染物。同时由于通常使用的负离子发生器往往伴有臭氧的产生,并且其寿命很短,污浊空气会进一步降低其浓度。因此,负离子在空气中转瞬即逝,其净化功效有限。

(6)臭氧净化技术

臭氧具有很强的氧化能力,可以氧化细菌的细胞壁,直至穿透细胞壁与其体内的不饱和键化合而夺取细菌生命。多位专家学者曾使用低浓度臭氧研究发现,NO_2、CO_2的浓度有所升高,但均未超过国家卫生标准,而 NH_3、$HCHO$ 的浓度显著下降,且高、低浓度(>0.2 mg/m^3)臭氧对被检测物的影响,其均值差异无显著性。王琨等使用市售民用臭氧空气净化器考察了臭氧对甲醛和氨的去除效果,结果表明净化效果不明显。

臭氧在消毒灭菌过程中还原成氧和水,不会留下二次污染物。一般臭氧浓度达到 0.1×10^{-6} 以上就有杀菌和除异味的作用。但超过 0.15×10^{-6},臭氧本身就会发出浓烈的恶臭,并且使用环境温度不能超过 30 ℃,否则可能产生致癌物质。据美国 EPA 的研究表明,臭氧一定的浓度限值下,对空气没有任何消毒净化作用但在高浓度下,对人体健康的损害是明显的。因此,在美国不提倡在有人居住的环境使用臭氧进行消毒。

(7)紫外线灭菌技术

紫外线灭菌式空气净化消毒器是同样采用强迫室内空气流动的方式,使空气经过不直接照射人体的,装有紫外线消毒灯的隔离容器或对安装中央空调的管道系统及其通过的空气介质进行有针对性的专门消毒,达到杀死室内空气中各类细菌、病毒和真菌的目的,从而使通过中央空调的管道系统输送的空气得到净化。紫外线分为 A 波、B 波、C 波和真空紫外线,其中消毒灭菌使用的紫外线应该是 C 波段,其波长范围是 200~275 nm,杀菌作用最强的波段是 250~275 nm。用于杀灭细菌、病毒和真菌的紫外线消毒灯的照射剂量应达到 20 000 $\mu Ws/m^2$ 以上。

2. 化学法

(1)化学试剂净化法

使用氯制剂和过氧乙酸进行消毒,主要是依靠它们强氧化能力杀灭致病微生物。过氧乙酸分解产物中的羟基自由基可破坏菌体维持生命的重要成分,使蛋白质变性而丧失生存能力。另外,过氧乙酸中的氢离予使细胞的通透性改变,影响细菌的吸收、排泄、代谢与生长,或引起菌体表面蛋白质和核酸的水解,使酶类失去活性,从而达到杀菌作用。由于过氧乙酸用量少、浓度低,对人体无明显的刺激作用,适合卧床、重危病人的室内空气消毒。

专家学者们比较了过氧乙酸与紫外线消毒室内空气的效果,发现前者效果更好,细菌清除率 98.46%±1.09%,且副作用少;而后者仅 82.19%±7.26%。但消毒剂净化法对用量的控制较难把握,如二氧化氯,在使用前进行活化处理时,当局部空气中气体浓度大于 8%就会引起爆燃,因此,只有在专业人员指导下方可使用。同时,多数消毒剂在使用过程中不会产生二次污染问题。例如,氯制剂在水环境下会分解成次氯酸,在杀菌的同时也易于与其他有机物的碳源发生卤代反应,生产三氯甲烷、四氯化碳等难以被环境降解的致癌物质。

(2)光催化和纳米光催化氧化技术

1972 年 Fujishima 等发现受辐射的 TiO_2 表面能发生持续的氧化还原反应,这就是光催化氧化反应。

光催化氧化技术的理论基础是 N 型半导体能带理论。其实质是在光电转换中进行氧化还原反应。当 N 型半导体吸收一个能量大于或等于禁带能量的光子后，进入激发状态，此时价带上的受激发电子越过禁带而进入导带，同时在价带上形成光致空穴。价带上的空穴具有强氧化性：能够将 H_2O 氧化，从而导带电子具有强还原性，能够将 O_2 还原。

光催化技术由催化氧化技术发展而来。光源一般采用黑光灯、高压汞灯、荧光灯，甚至是太阳光。催化剂是一类在一定波长光线照射下具有很高光活性的化学物质，主要是半导体光催化剂。光催化技术是一种低温深度氧化技术，可以在室温下将空气中有机污染物完全氧化为二氧化碳和水，同时，还具有安全、防腐、除臭、杀菌等功能，是一种具有广阔前景的室内空气净化新技术。

常见的可以用做光催化剂的 N 型半导体种类很多，如 TiO_2、ZnO、CdS、Fe_2O_3、WO_3 等。其中 TiO_2 的综合性能最好，化学稳定性高，耐光腐蚀，难溶，且有较深的价带能级，可使一些吸热的化学反应在被光辐射的 TiO_2 表面得到实现和加速，另外 TiO_2 无毒，成本低，所以被广泛用作光催化氧化反应的催化剂。TiO_2 有三种形态：锐钛矿型、金红石型和板钛矿型。其中含 70％锐钛矿型和 30％金红石型的晶体粒子的光催化活性最佳。

纳米 TiO_2 具有良好的半导体光催化氧化特性，是一种优良的降解 VOCs（可挥发性有机化合物）的光催化剂。它的本质是在光电转换中进行氧化还原反应。如图 5-5 所示，根据半导体的电子结构，当其吸收一个能量不小于其带隙能（Eg）的光子时，电子（e^-）会从充满的价带跃迁到空的价带，而在价带留下带正电的空穴（h^+）。价带空穴具有强氧化性，而导带电子具有强还原性，它们可以直接与反应物作用，还可以与吸附在催化剂上的其他电子给体和受体反应。例如空穴可以使 H_2O 氧化，电子使空气中的 O_2 还原，生成 H_2O_2，·OH 基团，这些基团的氧化能力都很强，能有效地将有机污染物氧化，最终将其分解为 CO_2、H_2O、PO_4^{3-}、SO_4^{2-}、NO_2^{3-} 以及卤素离子等无机小分子，达到消除 VOCs 的目的。

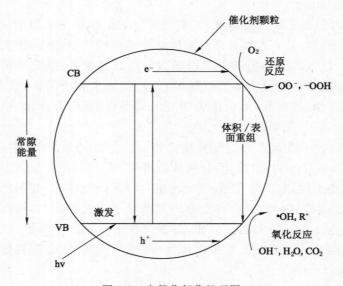

图 5-5　光催化氧化机理图

光催化反应的基本方程：

反应 1： $$催化材料 + h\nu \longrightarrow e^- + h^+ \tag{5-25}$$

反应 2： $$h^+ + OH^- \longrightarrow \cdot OH \tag{5-26}$$

反应 3： $$e^- + O_2 \longrightarrow \cdot O_2^- \tag{5-27}$$

反应 4： $$O_2^- + H^+ \longrightarrow HO_2 \cdot \tag{5-28}$$

反应 5： $$2HO_2 \cdot \longrightarrow O_2 + H_2O_2 \tag{5-29}$$

反应 6： $$O_2 + H_2O_2 \longrightarrow 2HO_2 \cdot \tag{5-30}$$

利用纳米 TiO_2 光催化氧化技术净化室内空气中的有机物具有以下特点：① 直接用空气中的 O_2 作为氧化剂，反应条件温和（常温、常压）；② 可以将有机污染物分解为 CO_2 和 H_2O 等无机小分子，净化效果彻底；③ TiO_2 等半导体光催化剂化学性质稳定，氧化还原性强，成本低，不存在吸附饱和现象，使用寿命长。

缺点：不能净化空气中的悬浮物及微小颗粒物；同时催化剂微孔易被灰尘和颗粒物堵塞而使其失活。半导体光催化存在的问题是量子效率低（约 4%）和光生载流子的重新复合影响催化效率等问题，这使得光催化在经济上还难以和常规环保技术竞争。当污染物浓度较低时，光催化降解速率较慢，而且会生成许多有害的中间产物，影响净化效果。室内空气中挥发性有机污染物的一个显著特点是种类繁多、浓度低，因此光催化氧化技术并不适于直接应用于室内空气净化器中。通过光敏化、过渡金属离子掺杂、半导体耦合、贵金属沉淀、电子捕获及和微波等外场协同强化等措施，有望提高 TiO_2 的光催化活性。用于光催化的纳米 TiO_2 同时还具有杀灭微生物的功能。

日本最近研发出一种新型催化剂，即磷酸二氧化钛化合物，将这种催化剂涂在室内，可通过氧化还原在短时间内分解室内建材和家具等释放的甲醛、乙醛等挥发性有机物。这种催化剂与光催化剂的作用原理不同，并不需要紫外线的照射，在暗室也能起到除臭和抗菌效果。涂布时不需要用黏合剂，具有耐水性、耐擦、不变色、不老化、透明性好、喷涂方便、耐久、不损坏内墙等优点。

（3）膜分离净化技术

1979 年美国 Monsanto 公司属下的 Permea 公司生产了一套用于工业气体分离的 Prism 聚合物膜装置。目前，膜分离技术已经成为一项简单、快速、高效、经济节能的新技术。用于气体分离的膜主要为有机聚合膜和无机膜。

有机膜分离技术已成功用于其他方法难以回收的有机物的分离，但将其用于室内空气净化的研究目前很少。无机膜具有热稳定性好、化学性质稳定，并且不被微生物降解以及较大的机械强度、容易控制孔径尺寸等特点，将它用做室内空气净化的主体或载体有着巨大的潜力。已有关于用无机陶瓷膜净化室内空气的报道。通过液相热液合成的 MFI 型沸石膜已用于除去室内空气中低浓度污染物正己烷、甲醛和苯等。

3. 生物法

（1）绿色植物自然净化技术

绿色植物对室内的污染空气具有很好的净化作用。绿色植物能有效降低空气中的化学物质并将它们转化为养料。美国航天局 B. C. Wolvertion 于 20 世纪 80 年代初系统地开展了相关植物吸收净化室内空气的研究，研究结果表明：在 24 h 照明条件下，芦荟可去除 1 m^3 空气中所含的 90% 的甲醛；常青藤能吸收 90% 的苯；龙舌兰可吸收 70% 的苯、50% 的甲醛和 24％的三氯乙烯；垂钓兰能吸收 96％的一氧化碳、86％的甲醛。

可净化空气的植物有以下几种：

① 紫菀属、黄耆、含烟草和鸡冠花，能吸收大量的铀等放射性核素。

② 常青藤、月季、蔷薇、芦荟和万年青，可有效清除室内的三氯乙烯、硫比氢、苯、苯酚、氟化氢和乙醚等。

③ 桉树、天门冬、大戟、仙人掌，能杀死病菌；天门冬，可清除重金属微粒。

④ 常春藤、无花果、蓬莱蕉和普通芦荟，不仅能对付从室外带回来的细菌和其他有害物质，甚至可以吸纳连吸尘器都难以吸到的灰尘。

⑤ 龟背竹、虎尾兰和一叶兰，可吸收室内 80％以上的有害气体。

⑥ 柑橘、迷迭香和吊兰，可使室内空气中的细菌和微生物大为减少。

⑦ 月季，能较多地吸收硫化氢、苯、苯酚、氯化氢、乙醚等有害气体。

⑧ 紫藤，对二氧化硫、氯气和氟化氢的抗性较强，对铬也有一定的抗性。

⑨ 紫花苜蓿：在 SO_2 浓度超过 0.3 ppm（1 ppm＝1×10^{-6}）时，接触一段时间，就会出现受害的症状。

⑩ 贴梗海棠：在 0.5 ppm 的臭氧中暴露半小时就会有受害反应。

⑪ 香石竹、番茄：浓度为 0.05～0.1 ppm 的乙烯下放置几个小时，花萼就会发生异常现象。

绿色植物兼具美化和控制室内空气污染的双重功能，对于改善目前城市中人们的生活环境质量有着不可替代的作用。当前在了解其净化室内空气功能的同时，还应结合其他控制措施，以达到事半功倍的效果。有些绿色植物在室内生长对人体健康不利，因此在选择植物时要讲究科学，采用对人体健康有益的植物。

目前在绿色植物应用于室内空气净化的研究刚刚起步，还很不成熟。主要问题有：一是对有关植物净化室内空气能力的研究还不够系统全面；二是没有深入研究植物净化室内空气的机制；三是如何克服植物吸收室内空气污染物后的衰退和吸收能力下降的问题；四是怎样把植物的观赏性与其净化室内空气的功能性结合起来考虑的问题。

（2）生物过滤法

以植物特效溶解酶，加上微量氧化吸附剂、活化剂、稳定剂和聚合剂经过高温化合后，冷却加入少量结合剂制备的甲醛捕捉剂，可以较好地分解室内空气中的甲醛。

生物过滤法是除去 VOCs 有效而廉价的方法。该技术是基于微生物（通常是细菌）在好氧条件下能将有机污染物转化为水、二氧化碳和生物质。通常由一个结构简单的填料层组成，填料层的周围环绕着某种固定的微生物群落（图 5-6）。污染气体直接通过周围环绕填充料的生物层就能被净化。在实际应用中，堆肥、土壤、泥煤等均可用做填充料。滤层物质应具有一定的机械强度、物理特性（结构、孔隙度、比表面积、保水性容量等）和生物特性（提供无机营养和特殊的生物活性）。

当臭味或有毒气体浓度较低时，生物处理特别有效。但该法缓慢，微生物对有机物分解有选择性，因此需要对微生物知识有综合了解，而这一点是非常困难的。

总体而言，由于室内污染物来源广，种类多，各种净化技术和设备各具特点，但是存在各自的局限性，使得其单一净化技术不能满足净化室内环境污染的目的。采用组合技术的方法是治理室内空气污染未来的发展趋势。

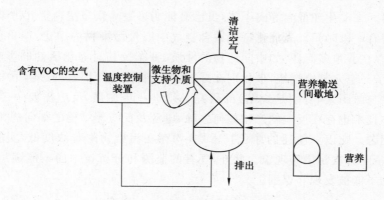

图 5-6　生物过滤系统示意图

各种室内空气净化技术的综合比较见表 5-20。

表 5-20　　　　　　　　　　　　各种室内空气净化技术比较

技术名称	VOCs	颗粒物	有害气体	微生物	缺点
机械	换气	换气	换气	换气	当室外污染物浓度大时,不宜交换
过滤	×	沉积渗滤	×	通过微粒去除	需要更换滤材
吸附	吸附	收集	吸附	少量吸附	定期更新吸附材料
静电	吸附于颗粒	收集板	×	通过微粒去除	O_3、大颗粒、定期清理
负离子	吸附于颗粒	吸附	×	通过微粒去除	O_3、定期清理
低温等离	√	√	√	√	O_3、二次污染
臭氧	×	×	×	√	大量 O_3
紫外线	×	×	×		更换紫外灯
光催化	√	×	√	√	更换紫外灯
化学试剂	×	×	×	√	专业指导
膜分离	√	×	×	×	有机膜易老化,无机膜效果差
膜基分离	√	×	×	×	去除污染物单一
生物法	√	×	√	√	研究尚不成熟

注:表中×代表该种净化技术对于相应污染污染物不具有净化功能;√代表该种净化技术具有相应的污染物净化功能。

就各种净化技术而言,吸附主要受吸附剂再生与失活以及吸附容量的限制。过滤则存在滤材易老化,且易受温度、气压及气体性质的影响等问题。负离子技术现已应用到环保型空调中及一些空气净化器中,但以大离子形式沉降并吸附在室内墙壁、家具等表面的污染物却容易发生二次飞扬。生物法逐渐受到重视,但在高浓度的污染气体中,如何避免生物中毒及生物活性严重下降,将是一个重要的制约因素,且细菌的培养及菌种的选择等基础研究目前也显得薄弱。光催化和低温等离子体,虽已被证明可去除众多室内空气污染物,但距离大规模应用还需有一段时间。光催化特别适合空气中痕量污染物的净化,但目前该技术尚处于研究阶段,存在着很多问题,如中间产物的性质、种类及其对催化活性的影响目前尚不太了解,光生电子—空穴复合过快,催化剂在湿度、污染物浓度等因素的影响下失活,高效反应器的结构设计与防团聚(特别是烧结)的研究必须进一步加强,反应需要一定的活化能等。低温等离子体技术也存在反应副产物如何去除、电源及反应器结构的如何优化、如何提高反应稳定性等问题。在以上所述的净化技术中,均存在污染物附着浓度低,实验的重复性较差,不能完全消除二次污染等现象。此外,现有的监测和分析技术尚不能满足研究的需要,有些中间产物不能被发现和识别。

本章符号说明

A——建材散发面积;

ACC——空气品质投票可接受度;

Bi_m——传质毕渥数;

C_0——建材中初始污染物浓度,mg/m³ 建材,μg/m³ 建材;

C_a——空气中污染物浓度,mg/m³ 建材,μg/m³ 建材;

$C_{a,in}$——送风中污染浓度,mg/m³ 建材;

C_m——建材中污染物浓度,μg/m³ 建材;

$C_{v,0}$——固气界面处气体侧 TVOC 的浓度,mg/m³ 建材;

D_m——涂料层或者干材料中 VOCs 的扩散系数,m²/s;

E_g——带系能,eV;

h——普朗克常数,6.62×10^{-27} J·s;

h_m——对流传质系数,m/s;

K——分离系数;

k_m——传质散发模型中传质系数,m/h;

k——经验模型中衰减常数,h⁻¹;

L——建材厚度,m;

M_i——单位面积材料中剩余第 i 种 VOC 质量,mg/m²;

M_T——单位面积材料中剩余 TVOC 质量,mg/m²;

$M_{T,0}$——单位面积材料中初始 TVOC 含量,mg/m²;

$\overline{m}$——多种 VOC 的平均质量,g/mol;

m_i——第 i 种 VOC 的分子量,g/mol;

$m(t)$——单位面积散发表面建材有机挥发物散发量;

$R(t)$——单位面积散发表面建材有机挥发物散发速率;

$\dot{M}$——污染物总的散发速率,mg/s;

P_0——VOC 蒸汽压;

PAQ——感知空气品质,dp;

PD——对空气品质的不满意率;

Q——空气流量或者通风量,m^3/s;

q——吸附量,g 吸附质/g 吸附剂或者湿材料 VOC 的扩散通量,$mg/(m^2 \cdot s)$;

q_m——饱和吸附量,g 吸附质/g 吸附剂;

t——时间,s;

x——坐标,m;

u——滤速,m/s;

V——小室体积,m^3;

v_m——1 atm 下每摩尔气体的体积,m^3/mol;

η——过滤器效率;

U——辐射光频率,Hz。

思 考 题

1. 什么是阈值?什么是加权平均阈值?

2. 什么是室内环境品质?它与室内空气品质有什么关系?

3. 影响室内空气品质的主要因素有哪些?

4. 如何进行室内空气环境测试?

5. 空气污染物的主要种类有哪些?对人体有什么危害?

6. 谈谈你对 TVOC 的看法?

7. 试说明提高室内空气品质的途径和方法。

8. 假设测量小室中 VOC 浓度和大房间中的一样,请说明,为什么小室中建材散发速度会和大房间的不一样?

9. 在 SARS 肆虐期间,为了安全起见,一些人经常在新风机中放置紫外灯杀毒杀菌,你对此如何评价?

10. 试阐述室内空气品质评价的方法?

参 考 文 献

[1] 朱颖心.建筑环境学[M].第 3 版.北京:中国建筑工业出版社,2010.

[2] 杨晚生.建筑环境学[M].武汉:华中科技大学出版社,2009.

[3] 黄晨.建筑环境学[M].北京:机械工业出版社,2007.

[4] 李念平.建筑环境学[M].北京:化学工业出版社,2010.

[5] 中国疾病预防控制中心环境与健康相关产品更新所,等.GB/T 18883—2002 中国标准书号[S].北京:中国标准出版社,2003.

[6] 杨克敌.环境卫生学[M].第 5 版.北京:人民卫生出版社,2006.

[7] 中国疾病预防控制中心环境与健康相关产品更新所,等.GB 9663—1996～GB 9673—1966,GB 16153—1996 中国标准书号[S].北京:中国标准出版社,1996.

[8] 河南省住房和城乡建设厅.GB 502325—2010 中国标准书号[S].北京:中国计划出版社,2013.

［9］ 朱天乐.室内污染物控制［M］.北京:化学工业出版社,2003.

［10］ 王新轲.室内干建材 VOC 散发预测、测量及控制研究［D］.北京:清华大学,2008.

［11］ 李念平,朱赤晖,等.室内空气品质的灰色评价［J］.湖南大学学报,2002,29(4):85-91.

［12］ 朱天乐.中国室内污染控制理论与实务［M］.北京:化学工业出版社,2006.

［13］ 徐科峰,钱城,等.建筑环境学［M］.北京:机械工业出版社,2003.

［14］ 沈晋明.室内空气品质评价［J］.暖通空调,1997(04):25-30.

［15］ ASHRAE HANDBOOK, FUNDAMENTALS. American Society of Heating, Refrigerating and Air-conditioning［J］. Engingeers, Inc, 1791 Tullie Circle, N. E. Atalanta,GA30329,2005.

第六章 通风与气流组织

通风是指把建筑物内污浊的空气直接或净化后排至室外,再把新鲜的空气补进来,从而创造良好的室内空气环境并保护大气环境。通风气流排除室内污染物的效果主要取决于两个方面:其一,室内污染物的释放情况,包括污染源位置、释放强度和污染物特性;其二,室内气流组织形式,即室内的通风方式。对于保障室内人员不受室内污染物危害为目的的通风,其通风效果取决于通风气流是否能有效排除人员活动区内的污染物,从而为室内人员提供良好的空气品质。

本章将重点介绍几种常见的通风方式、室内气流组织方式和评价方法与测试计算、室内环境模拟等。

第一节 通风概述

合理的气流组织是实现室内热湿环境和保证空气品质的最终环节。通风空调系统通过送风口(机械通风)或建筑的开口(自然通风)将满足要求的空气送入建筑中,形成合理的气流组织,从而实现所需要的热湿环境和空气品质。

一般来说,狭义的气流组织指的是上(下、侧、中)送上(下、侧、中)回或置换送风、个性化送风等具体的送回风形式,也称气流组织形式;而广义的室内气流组织,是指一定的送风口形式和送风参数所带来的室内气流分布(Air Distribution)。其中,送风口的形式包括风口(送风口、回风口、排风口)的位置、形状、尺寸,送风参数包括送风的风量、风速的大小和方向以及风温、湿度、污染物浓度等。本章所讨论的内容即为这种广义的气流组织。

一、通风在改善室内环境中的作用

建筑物是人们生活与工作的场所。人们已经逐渐意识到建筑环境尤其是室内环境对人类的寿命、工作效率、产品质量等起着极为重要的作用。人类从穴居到居住现代建筑的漫长发展道路上,始终不懈地在改善室内环境,其中通风就是很重要的一点。人们对现代建筑的要求,不只有挡风遮雨的功能,而且还应拥有一个温湿度宜人、空气清新、光照柔和、宁静舒适、具有良好通风条件的环境。而生产和科学实验则对环境提出了更为苛刻的要求,如计量室或标准量具生产车间要求温度恒定(称为恒温),纺织车间要求湿度恒定(称为恒湿),有些合成纤维的生产要求恒温恒湿,半导体器件、磁头、磁鼓生产要求严格控制环境中的灰尘等。这些人类自身对环境的要求和生产、科学实验对环境的要求都导致了通风技术的产生和发展。建筑环境由热湿环境、室内空气品质、室内光环境和声环境所组成。通风技术是控制建筑热湿环境和室内空气品质的技术之一。

所谓通风(Ventilation),是为改善生产和生活条件,采用自然或机械的方法,对某一空间进行换气,以形成安全、卫生等适宜空气环境的技术。换句话说,通风是指把建筑物室内污浊的空气直接或净化后排至室外,再把新鲜的空气补充进来,从而保持室内的空气环境符合卫生标准。

通风的主要功能有：

① 提供室内人员所需要的新鲜空气。在没有新风保证而人们长期处于密闭的环境内，容易形成"病态建筑综合征"，所以必须保证对室内进行通风，使新风量达到一定要求，才能保证室内人员身体健康。

② 稀释并排除室内污染物或气味，室内空气与污染源多种多样，有室内产生的污染物：室内装饰材料散发的挥发性有机物、人体新陈代谢产生的 CO_2 以及厨房油烟等其他污染物；也有从室外带入的污染物：工业燃烧产生的 NO_2、SO_2 和汽车尾气等。室内污染物浓度过高，会对人体健康产生不利影响，适当通风可以带出污染物，稀释室内污染物浓度。

③ 除去室内多余的热量（称余热）或湿量（称余湿）；人员的舒适性与室内的温度和湿度有很大的关系。经过一定处理（除湿、除热）的空气，通过空调系统送入室内，可以满足人员对温湿度以及风速的要求。

④ 提供室内燃烧设备燃烧所需要的空气。

二、通风工程基本原理

民用建筑通风就是用通风的方法改善房间的空气环境，包括两方面内容：一、在局部地点或整个房间把不符合卫生标准的污浊空气经过处理达到排放标准之后排至室外（称为排风）；二、把新鲜空气或者经过净化负荷卫生要求的空气送入室内（称为进风）。为实现排风或送风而采用的一系列设备、装置的总体，称为通风系统。

按通风系统作用范围的不同，通风方式可分为全面通风与局部通风；按通风系统特征的不同，通风方式可分为送与排风。

三、自然通风与机械通风

按通风系统动力的不同，通风方式可分为自然通风和机械通风两类，下面将分别介绍这两种通风方式。

（一）自然通风

自然通风是指利用自然手段，如依靠室外风力造成的风压或室内外空气温度差造成的热压，来促使空气流动而进行的通风换气方式。它最大的特点是不消耗动力，或与机械通风相比消耗很少的动力，其首要优点即节能，并且占地面积小，投资少，运行费用低。在各种建筑中应予以优先考虑，尤其对于工业热车间是一种经济有效的通风方式。缺点是自然通风与室外气象条件密切相关，难以人为控制。

1. 热压作用下的自然通风

图 6-1 为利用热压进行自然通风示意图。由于房间内有热源，因此房间内空气温度高、密度小，产生了一种上升的力，空气上升后从上部窗孔排出，同时室外冷空气就会从下部门窗或缝隙进入室内，形成一种由于室内外温度差引起的自然通风，以改善房间内的空气环境。这种自然通风方式称为热压作用下的自然通风。

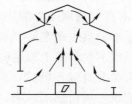

图 6-1　热压作用下的自然通风

2. 风压作用下的自然通风

图 6-2 为利用风压进行自然通风示意图。具有一定

速度的风由建筑物迎风面的门窗进入房间内,同时把房间内原有的空气从背风面的门窗压送出去,形成一种由于室外风力引起的自然通风,以改善房间内的空气环境。这种自然通风方式被称为风压作用下的自然通风。

3. 热压和风压同时作用下的自然通风

在大多数工程实际中,建筑物是热压和风压同时作用下进行自然通风换气的。一般来说,在这种自然通风中,热压作用的变化较小,而风压作用的变化较大。图 6-3 所示为风压和热压同时作用下形成的自然通风示意图。

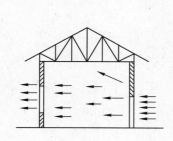

图 6-2　风压作用下的自然通风

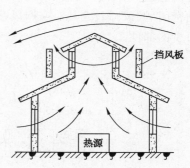

图 6-3　热压和风压同时作用下的自然通风

自然通风可分为有组织自然通风和无组织自然通风。有组织自然通风是利用侧窗和天窗控制,有组织地调节室内的进风和排风;无组织自然通风是靠门窗及缝隙进行通风换气。

自然通风利用风压和热压进行换气,不需要任何机械设施,是一种简单、经济、节能的通风方式。但自然通风量的大小受许多因素影响,如室内外温度差,室外风速和风向,门窗面积、形式和位置等。因此其通风量并不恒定,会随气象条件发生变化,通风效果不太稳定。当采用自然通风时应充分考虑到这一点,采取相应的调节措施。

(二)机械通风

机械通风是依靠通风机产生的动力来实现换气的通风方式。机械通风是进行有组织通风的主要技术手段,能有效地控制有害气体的扩散。机械通风由于作用压力的大小可以根据需要选择不同风机来确定,不受自然条件的限制,因此可以通过管道把空气按要求的送风速度送至指定的任意地点,也可以从任意地点按要求的排风速度排至室外,并考虑是否进行必要的净化处理。

与自然通风相比,机械通风具有以下优点:① 进入室内的空气,可预先进行处理(加热、冷却、干燥、加湿),使温湿度符合卫生要求;② 排出车间的空气,可进行粉尘或有害气体的净化,回收贵重原料,且减少污染;③ 可将新鲜空气按工艺布置特点分送到各个特定地点,并可按需要分配空气量,还可将废气从工作地点直接排出室外。但是,机械通风需要消耗电能,风机和风道等设备还会占用空间,工程设备费和维护费较大,安装管理较为复杂。因此,必须在尽量利用自然通风的基础上采用机械通风,而且首先应考虑采用局部机械通风。机械通风系统可以分为机械进(送)风系统和机械排风系统。

1. 机械进(送)风系统

机械进(送)风系统一般应由通风管道、送风机、空气处理设备、吸风口、送风口和风阀等部件连同通风房间所组成。图 6-4 为机械进(送)风系统示意图。这种通风系统中的风机所

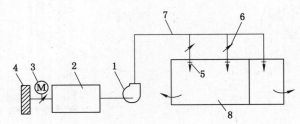

提供的压头应能克服从室外空气吸入口至室内送风口的全部管网阻力,将清洁空气顺利送入室内,通常房间还需维持一定的余压。空气处理设备至少应具备空气过滤功能,有时配置空气加热器用于采暖地区冬季的热风供暖,亦可令其兼有冷却功能以解决夏季厂房的降温。当全面通风通风结合空调时,处理设备还需具备空气冷却去湿和加湿等功能。送风口的选择与布置直接影响室内气流分布于通风效果。管路中装设阀门,用以调节风量。图中新风吸入口处的电动密闭阀只有在采暖地区才有必要装设,它应与风机联动,随机停止而自动切断进风通道,以防冬季冷风渗入使加热器等遭受损坏。如果没有装设电动密闭阀,也应装设手动密闭(调节)阀;尤其对空调风系统来说,该阀对保证系统在过渡季节加入新风运行是必不可少的部件。

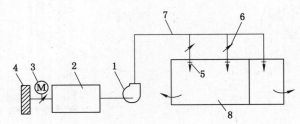

图 6-4　机械进风系统

1——风机;2——空气处理设备;3——电动密封阀;4——室外空气入口;5——送风口;
6——阀门;7——风管;8——通风房间

2. 机械排风系统

机械排风系统一般应由通风管道、排风机、室内排风口、风阀等部件连同通风房间所组成,见图 6-5。这种通风系统中,风机提供的压头应能克服从室内排风口至室外排风口的全部管网的阻力,将污浊空气顺利排至室外;通常应使房间维持一定的负压值。室内排风口是收集污浊空气的部件,为提高全面通风的排污效果,这种风口宜设在污染物浓度较大的地方。室外排风口是室内热浊空气的排出口,当其设在屋顶上时,应配设风帽。管路中同样应装设阀门,用以调节风量或者关断系统。在采暖地区,为防

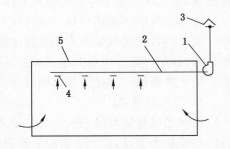

图 6-5　机械排风系统

1——风机;2——风管;
3——排风口;4——风口;
5——通风房间

止冬季风机停止时室外冷空气沿竖管倒灌,或在洁净车间为防止风机停止时室外含尘空气进入房间,常在室外排风口连接管段上装设电动密闭阀,使其与风机联动。

机械通风适合粉尘、有害气体浓度较高的车间厂房,当采用自然通风不能达到满意效果时,可通过机械强制通风来解决。

根据室内气流形式的不同,室内通风有混合通风、置换通风、地板送风、个性化送风等方式。

(1) 机械通风下的混合式通风

对现代的大多数建筑来说,混合通风(Mixture ventilation)是一个较为普遍的通风方式,其气流组织方式适用性非常广泛。混合式通风是以稀释原理为基础的通风方式。它通

过位于顶板或者室内任何位置的送风口将处理的温度比较低、污染物浓度很小的空气,经送风口以一定的流速送入房间。气流出口速度一般较大,以便最大可能地使整个房间内的空气与新风空气混合均匀,从而达到"稀释"室内空气的目的。常见的混合通风方式有上送下回、上送上回和下送上回三种方式,详图见本章第 3 节。

混合通风方式基于"稀释"原则,新风进入房间后迅速和房间内的空气混合、污染后,只有大约 1％的新鲜空气能够被人使用,其余 99％的空气都被浪费掉。污染物在整个房间内发生横向扩散,使得整个房间内污染物的浓度几乎是完全相同的。同时,送入气流的循环掺混延长了污染物在室内的停留时间,使换气效率降低。其散流器或送风口通常位于建筑室内区域的上部,这样比较易于布置,不会受到室内家具和工艺设备等摆放的影响。

混合式通风的特点如下:

① 送风速度一般较高(≥ 1.0 m/s);

② 送风散流器的选择比较多,例如圆形、方形散流器等;

③ 由于其送风温度一般偏低,导致送风温度与室内环境温度的差值相对较大(≥ 6 ℃)。

(2) 置换通风

置换通风(Displacement ventilation)是新鲜空气以低速(低于 0.5 m/s,温度略低于室内设计值)直接送入工作区,空气在地板上形成一层薄薄的空气湖。室内的热源(人员及设备)产生向上的对流气流。气流以类似层流的活塞流的状态缓慢向上移动,到达一定高度后,受热源和顶板的影响,发生紊流现象,产生紊流区。污染空气通过设置在房间顶部的排风口排出。这种通风形式主要受热源的热浮升力作用而不再受送风动量控制。置换通风热力分层情况如图 6-6 所示。

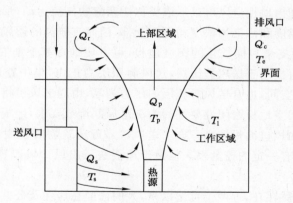

图 6-6　置换通风热力分层情况

送风在地板处扩散后被热源加热而上升。烟羽沿程不断卷吸周围空气并流向顶部。如果烟羽流量在近顶棚处大于送风量,将有一部分热浊气流下降返回,在顶部形成一个热浊空气层。在某一个平面上烟羽流量正好等于送风量,在该平面上回返空气量等于零。在稳定状态时,这个界面将室内空气在流态上分成两个区域,即下部单向流动清洁区和上部紊流混合区。这两个区域内的空气温度场和浓度场特性差别较大。下部单向流动区存在一明显垂直温度梯度和浓度梯度,上部紊流混合区温度场和浓度场则比较均匀,接近排风的温度和污染物浓度。因此,从理论上讲,只要保证分层高度在工作区以上,由于送风速度极小且送风紊流度低,即可保证在工作区大部分区域风速低于 0.15 m/s,不产生吹风感;其次,新鲜清洁空气直接送入工作区,先经过人体,可以保证人处于一个相对清洁的空气环境中,从而有效地提高工作区的空气品质。

置换通风具有以下突出优点:

① 为了在工作区获得同样的温度,置换通风系统所要求的送风温度高于混合通风,未利用低品位能源以及在一年中更长时间地利用自然通风冷却提供了可能,根据有关资料统计,置换通风与混合通风相比可节约 20%～50% 的费用。

② 置换通风的排风浓度和温度高于工作区,通风效率高于混合通风,能改善室内空气品质。此外,置换通风还有噪声小、空间特性与建筑设计兼容性好、适应性广等优点。

置换通风也存在不足,主要是送风温度较高,因此湿度需注意控制。

(3)地板送风

地板送风(Under floor Air distribution)是一项暖通空调新技术,主要为在楼板内设置一层架空地板,其空间可敷设楼宇的服务设施,如动力、音响和数据电缆,也可布置采暖和制冷的设备。当地板下的空间被用来送风时(下部右间用做布置送风管或直接用作送风静压箱,此空间高度一般为 30～45 cm),处理后的空气经过地板下的管道或静压箱,由送风散流器送入室内,在其向上流动过程中仅吸收扩散在工作区的热量,经混合后再通过空调气流,将工作区发生的热量在上部混合后排出房间,这就是地板送风系统。

此时室内气流分布为从地板至顶篷的下送上回气流模式,在同一大空间内可形成不同的局部气候环境,空调季时,地板送风的温度一般为 17～18 ℃,略比其他送风方式的送风温度高。

当送风速度较低时,地板送风可以形成类似活塞流的气流运动,形成温度分层和浓度分层,室内下部空间的温度和污染物浓度均低于上部,因而有较高的通风效率。架空地板包括螺栓及其连接的金属支架和模数化的镶嵌地板,可方便地在其上面安装或取消地面插座。一般来说,若静压箱直接用于送风静压层,送风静压层为正压,集中处理好的空气靠压差经地板送风口进入室内空间,也有送风静压层的压力为零,由局部风机将空气从送风静压层送到室内空间,这要求架空地板密闭性要好。为满足局部调节要求,地板送风系统通常安装的送风口数量比较多,而风口面积较小。许多送风口靠近建筑物的使用者,一般可以调节,使送风口附近使用者拥有一定的控制权。但由于地板送风出风口风速较高,送风口位置应至少距人员 0.5 m 以上。

地板送风系统早就存在,近两个世纪以来,人们已经在居住及公共建筑中设计、安装,运行了通过送风静压箱向地板送风口送风的空调系统。早期使用地板送风系统的一些著名建筑物有:芝加哥 Louis Sullivan 会堂以及在 1890 年毁于火灾的大都会歌剧院等。现代建筑中采用地板送风系统,是 20 世纪 50 年代随着大型电脑的使用而诞生的。空调系统主要目的是快速散热,使计算机房维持相对稳定的温湿度环境。计算机房通常考虑为一个独立的空调系统,并用一个专门的空调机组提供冷风。这些计算机房的送风口通常设在靠近热源的地板上,可最大限度地降拆电脑操作人员的不舒适感。20 世纪末,电脑、数据处理和通信技术在现代化建筑中的广泛应用和智能化商务的迅速发展,对室内工作环境产生了很大影响。区域照明被环境照明和岗位照明的组合所取代;对个人电脑、打印机以及便携式用电器的接线要求更方便;通信、数据传输、信号处理、安全与环境控制系统的网络接线布置更需灵活。因此,分布和设置如此繁杂的线路的一个简单方法就是应用可检修的地板空间,灵活的布线与地板送风也便于大楼业主和使用人员调整平面布局、更换办公设备与办公家具而重新装修办公空间。结构楼板与架空地板之间形成的空间除了布置电力、语音、通信等服务设施的通道外,还可布置空调送风管道和末端装置。架空地板在现代建筑中的广泛应用,促进了地板送风空调技术的发展。我国地板送风系统已逐渐得到应用,被一些境外公司投资建造的办公楼如上海财富广场、华尔登广场二期等采用。现在,又有一些办公建筑的地板送风空调系统正在和将要设计。

地板送风系统特点:

① 风口布置灵活、自由,调节方便。节约空间,降低成本。

② 有良好的局部热舒适水平。

③ 减小人员活动区的空气龄,提高室内空气品质。

④ 具有很好的节能效益和经济性。

⑤ 以架空地板可以作为送风静压箱,减小空调风管系统的沿程阻力,降低空调机组风机压头,减小送风系统的动力能耗。

⑥ 降低改动所需费用。

⑦ 清洗方便。

(4) 个性化送风

为了提高室内空气品质和达到100%的室内热环境满意度,提出了个性化环境的概念。在此背景下,发展出了工位送风(Task/ambient Air-Conditioning,TAC)和个性化送风(Personalized Ventilation,PV)。在此类送风方式下,房间中的每个人得到的是“适合自己的个性化的热环境”,而不是在传统混合送风(Mixing Ventilation,MV)中,在所谓的活动区域内(高度为1.8 m以下的空间)建立一个均匀的热环境。换句话说,在混合送风中,人体是被动接受,而在工位送风和个性化送风中,人体是主动参与和设定个体想要的热环境。这种空调范围缩小化和单元化的做法使得一些现代的开放式的办公楼中对空调温度控制器的“争夺大战”大大减少。

工位送风是把处理后的空气直接送到工作岗位,创造一个令人满意的微环境。这种送风方式在工业建筑的热车间已广为应用,20世纪末开始应用于舒适性空调中,目前已用于办公室、影剧院等场所的空调系统中。送风口的风量、风向或温度通常可以由使用者根据自己的喜好进行个性化调节,故这种送风方式又称个性化送风,用这种送风的空调称为个性化空调。用于办公室工位送风的风口通常设在桌面上,故也称为桌面送风。桌面送风装置的形式有:① 在办公桌靠近人的侧边上设风口,约45°向上送风,气流先到达人的上半身,再经呼吸区;② 在桌面上靠近人处设条形风口,约45°向上送风,直达人的呼吸区;③ 在办公桌后部放置风口,风口可上下、左右调节,送风直达人的呼吸区,送风距离较前两种方式远;④ 活动式风口,利用机械臂使风口位置变动,能较好地使送风直达人的呼吸区。桌面送风口通常采用百叶式风口或孔板式风口。

工位送风通常与背景空调(房间或区域的空调)相结合,两者可以是同一空调系统。背景空调大多数采用地板送风。背景空调控制的室内温度可比常规空调高一些,甚至可提高到30℃。工位送风的主要优点有:① 送风到达人的呼吸区距离短,空气龄很小,换气效率可达87%,空气品质好;② 可按个人的热感觉调节风量、风向或温度,充分体现了"个性化"的特点;③ 背景空调设定的房间温度较高,且人员离开时可关闭工位送风口,因此,空调的运行能耗低。

个性化送风的特点在于:

① 个性化送风赋予使用者对送风量、送风距离和送风温度等参数多方面调节的自由,它将新鲜的空气直接送到人员的呼吸区,具有提高使用者满意程度的较大潜力。

② 通过减小个性化送风的距离,在满足人员热舒适性的情况下,可以适当地提高送风温度或者减小送风量,从而节约了空调系统能耗。但是,送风距离减小的同时,人员对送风的阻挡作用也相应增大,使送风的影响范围有所减小,这在设计中应予以考虑。

③ 为了避免对人员造成冷吹风感,个性化送风的送风速度不能太大。因此,个性化送风在到达人员呼吸区以前已经与周围上升的热空气进行了一定程度的掺混,这在一定程度上也减少了对人员的冷吹风感。

按照送风口射出气流的方向,目前布置于桌面上的个性化通风系统(PVS)可分为从正对头部、前胸两种放置方式,如图6-7所示。

计算机监控孔板(Computer Monitor Paned,CMP)的送风口为平头圆锥(图6-8),可以调节送风方向和在一定范围内控制送风量。

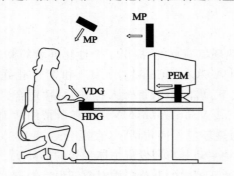

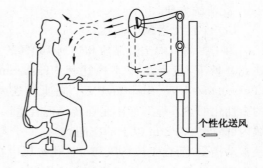

图6-7　各种位置的桌面上的 PVS　　　　　图6-8　CMP 系统

垂直台式通风格栅(Vertical Desk Grill,VDG)是安装在桌面上的方形送风口(图6-9),可以通过调节百叶的方向调节送风方向和在一定范围内控制送风量。

个性化环境模块系统(Personal Environmental Module,PEM)的送风口可以高、中、低三个档位调节送风方向,在一定范围内调节送风量。

移动孔板(Movable Panel,MP)的送风口如图6-10所示,可以很大范围内调节送风方向和在一定范围内控制送风量。

桌面上正对头部送风的个性化通风系统,可以有效提高吸入空气的品质,桌面上胸位送风的个性化通风系统,可以有效改善整体热感觉,消除个体差异,实现几乎所有人的热舒适性。目前的研究都在关注如何实现更好的空气品质或者更好的热舒适性,缺乏把空气品质和热舒适放在一起研究。只有空气品质和热舒适性都达到一定要求的个性化通风系统才是有实用价值的。鉴于此,研究空气品质的变化对人体的热舒适性、工作效率的影响效果,对于深入研究个性化通风系统有重要意义。将空气品质和热舒适性放在一起研究，寻找满足要求的空气品质和热舒适性下的最佳送风形式，确定送风参数，衡量安全性、经济性与节能效果是今后研究的方向。

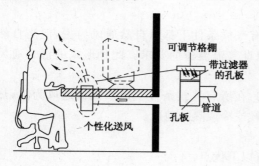

图 6-9　VDG 系统

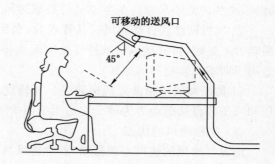

图 6-10　MP 系统

表 6-1 简单列举了置换通风与混合通风、地板送风的区别。

表 6-1　　　　　　　　　　　　　　置换通风与混合通风、地板送风的区别

	置换通风	混合通风	地板送风
目标	工作区舒适性	全部建筑空间舒适性	工作区舒适性
空调负荷	主要负担工作区负荷	担负室内全部负荷	负担室内全部负荷
送风速度	一般小于 0.5 m/s	一般较高	一般较高，达 1 m/s 左右
送风温度	送风温差较小	送风温差较大	送风温度 16～18 ℃，送风温差较大
气流组织	下、侧送上回； 送风区为层流区，上区为紊流区； 下区存在温度梯度，上区温度比较均匀； 工作区空气品质好	上送下回； 风口掺混性好，回流区为紊流区； 上下温度、浓度比较均匀； 室内空气品质接近回风	利用部分室内回风，气流掺混，扰动较大； 室内气流温度分布比较均匀； 室内空气品质较好
适用场所	层高较高，空调负荷较小，如车间		办公建筑、商业建筑等

（三）混合通风

混合通风（Hybrid Ventilation）通过自然通风和机械通风的相互转换或同时使用这两种通风模式来实现，是一种新的节能型通风模式。它充分利用诸如太阳、风、土壤、室外空气、植被、水蒸气等自然气候因素为室内创造一个舒适的环境，同时改善室内空气品质，并且实现节能目的。混合通风系统与传统的通风系统主要不同在于：混合通风系统带有能够自动地根据室外气候变化，并转换其运行模式以达到满足热舒适要求及节能目的的智能系统。

（1）混合通风的基本原理

混合通风基本原理可分为以下三类：

① 自然通风模式和机械通风模式交替运行。其特点为:当室外条件允许自然通风时,机械通风系统关闭;当室外环境温度升高或降低至某一限度时,自然通风系统关闭而机械通风系统开启。这种通风模式适用于一年四季气候变化较明显的地区,在过渡季节进行自然通风,炎热的夏季和寒冷的冬季进行机械通风。

② 风机辅助式自然通风。其特点为:在所有气候条件下都以自然通风为主,但当自然驱动力不足时,可开动风机维持气流的流动和保证气流流速的要求。此种形式的混合通风适用于四季气候温和的地区。

③ 热压和风压辅助式机械通风。其特点为:在所有气候条件下都以机械通风为主,热压和风压等自然驱动力为辅。它适用于四季气候或冷或热的地区。

（2）混合通风的优点

由混合通风的通风原理易知,混合通风具有以下优点:

① 节能。相关调查显示,混合通风系统所用能耗比传统通风系统节省了 $25\%\sim50\%$。

② 缓解全球的污染问题。由于大大减少了通风系统所耗能量,从而减少污染物的排放及制冷剂的使用,对缓解温室效应问题及臭氧层破坏问题有巨大帮助。

③ 改善室内空气品质和热舒适性条件,使居住者更加满意。混合通风系统中自然通风的使用,可以最大限度地利用室外新风,一方面能够改善传统空调系统中新风量不足或新风遭到污染的问题,客观改善室内空气质量,另一方面允许人们通过调节自己的行为来控制环境和适应环境,增强了人对于控制环境的自主能动性。

④ 减少运行费用和投资及延长设备使用寿命。与传统的机械通风系统相比,在混合通风系统中,自然通风负担了部分室内负荷,大大缩小机械通风设备,并且使设备不再长期满负荷运转,可减少初投资、日常维修费及延长设备使用寿命。

值得注意的是,当在密闭的机械通风房间中使用自然通风引进新风时,极有可能加大机械通风的负荷,增大能源消耗。所以,在混合通风的设计中,应避免这种情况的发生,而使机械通风和自然通风相辅相成。

四、全面通风与局部通风

按通风系统作用范围的不同,通风方式又可分为全面通风与局部通风,下面介绍这两种通风方式。

1. 全面通风

全面通风是以建筑内部整个服务空间（房间）为对象,并主要利用高品质空气的稀释、置换作用实现通风换气的一种环控技术。它要求将大量新风或经过处理的清洁空气均匀地送至室内各处,或者将室内污浊空气全面地加以排除,从而保证室内空气环境达到国家现行有关卫生标准的要求。在有条件限制、污染源分散或不确定、室内人员较多且较分散、房间面积较大,采用局部通风方式难以保证卫生标准时,应采用全面通风。

全面通风可以利用机械通风来实现,也可以利用自然通风来实现。按系统特征不同,全面通风可分为全面送风,全面排风和全面送、排风三类,单独使用需要与自然进风、排风方式相结合。

（1）全面送风

图 6-11 是全面机械送风（自然排风系统示意图）室外新鲜空气经过空气处理设备,经处理达到送风状态要求后,用风机经过送风管和送风口送入室内。这时,空气被不断送入室

内,造成室内压力升高,室内呈正压状态,室内空气在正压作用下,通过外墙上的门窗孔或缝隙排出室外。这种通风方式会使有害物质在正压作用下向邻室扩散,因此对于相邻房间室内卫生条件要求较高时并不适用。

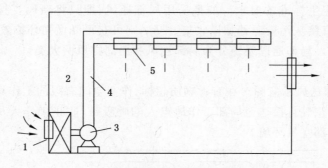

图 6-11　全面机械送风(自然排风系统示意图)

1——进风口;2——空气处理设备;3——风机;4——风道;5——送风口

（2）全面排风

图 6-12 是全面机械排风(自然进风)系统示意图。风机将室内污浊空气通过排风口和排风管排到室外,排风机不断抽吸,造成室内呈负压状态,室外新鲜空气在负压作用下,通过外墙上的门窗孔或缝隙进入室内。这种通风方式由于室内负压,可以防止室内空气中的有害物质扩散至邻近房间。

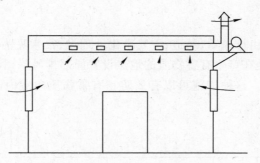

图 6-12　全面机械排风(自然进风)

按作用机理不同,全面通风还可分为稀释通风和置换通风两类:

① 稀释通风——稀释通风是用一定量的清洁空气送入房间,稀释室内污染物,使其浓度达到卫生规范的允许浓度,并将等量的室内空气连同污染物排到室外。

② 置换通风——在置换通风系统中,新鲜冷空气由房间底部以很低的速度(0.03～0.5 m/s)送入,送风温差仅为 2～4 ℃。送入的新鲜空气因密度大而像水一样弥漫整个房间的底部,热源引起的热对流气流使室内产生垂直的温度梯度,气流缓慢上升,脱离工作区,将余热和污染物推向房间顶部,最后由设在顶棚上或房间顶部的排风口直接排出。室内空气近似活塞状流动,使污染物随空气流动从房间顶部排出,工作区基本处于送入空气中,即工作区污染物浓度约等于送入空气的浓度,这是置换通风与传统的稀释全面通风的最大区别。显然置换通风的通风效果比稀释通风好得多。

2. 局部通风

在许多民用与工业建筑(尤其是大型车间)中,由于人员活动或工艺操作岗位比较固定,或者室内产生污染物的部位相对集中于局部区域,采用全面通风控制室内空气环境往往既无必要,也难达到卫生标准的要求。如果采用局部通风,即只将新风直接送至人员活动区域,或将污染空气直接从污染源处加以收集、排除,则可获得既增强环控效果,又能节省投资与能耗等多重效益。局部通风系统分为局部送风和局部排风两大类。

(1)局部送风

图6-13为局部送风示意图。在有毒物质超标、作业空间有限的工作场所经常会用到局部通风。它将新鲜空气直接送至局部工作地点人的呼吸带,防止工作人员中毒、缺氧,营造工作地点适宜的局部空气环境。

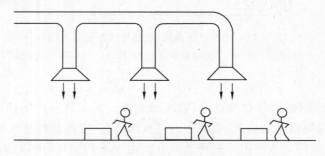

图6-13　局部送风示意图

(2)局部排风

局部排风系统通常由排风罩、风道、空气净化处理设备(常见为除尘器和有害气体净化装置两类)。局部排风是在产生有害物质的地点设置局部排风罩,利用局部排风气流捕集并排放至室外的通风方法。这种措施可以有效防止有害物质向室内四周扩散。图6-14为局部送风示意图。

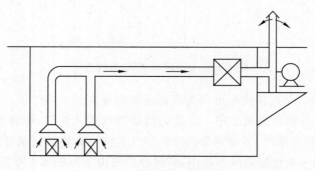

图6-14　局部排风示意图

局部通风方式作为保证工作和生活环境空气品质、防止室内环境污染的技术措施应优先考虑。

第二节 自然通风

自然通风(Natural Ventilation)依靠室外风力造成的风压和室内外空气温度差造成的热压,促使空气流动,使得建筑室内外空气交换。自然通风可以保证建筑室内获得新鲜空气,带走多余的热量,又不需要消耗动力,节省能源、设备投资和运行费用,因而是一种经济有效的通风方法。但自然通风与室外气象条件密切相关,难以人为控制。利用风压作为驱动力的称为风压通风,利用热压作为驱动力的称为热压通风。室外自然风吹向建筑物时,在建筑物的迎风面形成正压区,背风面形成负压区,利用两者之间的压差进行室内通风,就是风压通风。而热压通风则是因为室内外温度差引起空气的密度差而产生的空气流动:当室内空气温度高于室外时,使室外空气由建筑物的下部进入室内,而从建筑物的上部排到室外;而当室外温度高于室内时,则气流流向相反。多数情况下风压和热压是同时起作用的,这时主流空气的流向根据两种驱动力的作用方向和强弱对比来确定。

一、自然通风原理

1. 热压作用下的自然通风

大家所熟知,大气中压力与高度有关,离地面越高,压力越小,由高程引起的上下压力差值等于(高程差)×(空气密度)×(重力加速度)。同样的高程差,不同的空气温度,则由于空气密度不同而引起的上下压差值就不一样。

例如,有一单层建筑如图 6-15 所示,室内温度 t_i 与室外温度 t_o 不相等,$t_i > t_o$,则室内空气密度 $\rho_i <$ 室外空气密度 ρ_o,这样室内压力 P_i 随高度变化率的绝对值比室外压力 P_o 随高度的变化率绝对值小,即 $\left|\dfrac{\Delta p_i}{\Delta h}\right| < \left|\dfrac{\Delta p_o}{\Delta h}\right|$,图 6-11 中的压力线 p_i(线 ab)和 p_o(线 cd)有不同斜率。假如,在下部孔口 1 处内外压力相等,即 a、c 点重合,则由于室内外空气密度不同而导致上部孔口 2 点的 $p_{i2} > p_{o2}$,在压力差($p_{i2} > p_{o2}$)作用下,室内空气通过上部孔口 2 流向室外。随着房间内空气向室外排出,室内总的压力水平下降,则 ab 向左平行移动,这时下部孔口 1 处有 $p_{o1} > p_{i1}$,室外空气从下部孔口进入室内。如果室内始终保持室内温度 t_i,即进入的空气被加热到 t_i,而室外空气始终保持 t_o。根据质量守恒原理,当达到平衡状态时,从下部孔口进入的空气量 M_1(kg/s)等于从上部孔口排出的空气量 M_2(kg/s),即 $M_1 = M_2$。从而实现了空气从下部进入,在房间内上升,再从上部排出的通风。房间通风的动力是室内外温度差引起的压力差(空气密度差·H,称为热压),因此称为热压作用下的自然通风。这时,上下孔口处内外都保持有某一压差值,并在某一高度处内外压力相等,这一高度的平面称为中和面。由流体力学的基本原理可知,通过孔口的空气体积流量与孔口两侧压力差的平方根成正比(注:只适用于开启的门窗或宽的门窗缝),即:

$$V_1 = A_1 \sqrt{\frac{2\Delta p_1}{\zeta_1 \rho_0}} , V_2 = A_2 \sqrt{\frac{2\Delta p_2}{\zeta_2 \rho_i}} \tag{6-1}$$

或

$$V_1 = \mu_1 A_1 \sqrt{\frac{2\Delta p_1}{\rho_0}} , V_2 = \mu_2 A_2 \sqrt{\frac{2\Delta p_2}{\rho_i}} \tag{6-2}$$

式中 A_1、A_2——下部和上部孔口的面积,m^2;

V_1、V_2——通过下部和上部孔口的空气体积流量,m^3/s;

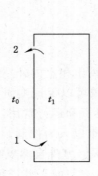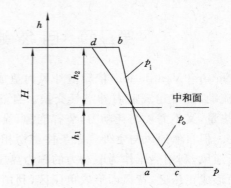

图 6-15   单层建筑热压作用下的通风

ζ_1，ζ_2——下部和上部孔口的阻力系数；

μ_1，μ_2——下部和上部孔口的流量系数，与阻力系数的关系：$\mu_1 = 1/\sqrt{\zeta_1}$，$\mu_2 = 1/\sqrt{\zeta_2}$；

ρ_i，ρ_o——室内外空气的密度，kg/m³；

Δp_1，Δp_2——下部和上部孔口处的内外压差，Pa。

孔口处内外压差正比于孔口离中和面的距离和空气内外的密度差。利用理想气体状态方程，将空气密度差用室内外的绝对温度取代，则有：

$$\Delta p_1 = h_1 (\rho_o - \rho_i) g = K_s h_1 \left(\frac{1}{T_o} - \frac{1}{T_i} \right) \tag{6-3}$$

$$\Delta p_2 = h_2 (\rho_o - \rho_i) g = K_s h_2 \left(\frac{1}{T_o} - \frac{1}{T_i} \right) \tag{6-4}$$

式中 K_s——与当地大气压有关的系数，大气压力为 101.3 kPa(760 mmHg)时，$K_s = 3\ 460$
        Pa·K/m；大气压力为 99.3 kPa(745 mmHg)时，$K_s = 3\ 392$ Pa·K/m。

h_1，h_2——孔口 1 和孔口 2 中心与中和面间的高差，m。

T_i，T_o——室内外空气的绝对温度，K。

从上面两式不难看到，Δp_1 和 Δp_2 与中和面的位置有着密切的关系，它们随着中和面的位置变化而此消彼长。根据质量守恒定律，进风的质量流量等于排风的质量流量，利用式(6-2)、式(6-3)和式(6-4)，可得到如下关系式：

$$\frac{h_1}{h_2} = \frac{T_o}{T_i} \left(\frac{\mu_2 A_2}{\mu_1 A_1} \right)^2 \tag{6-5}$$

或

$$\frac{h_1}{H} = \frac{1}{1 + \left(\frac{\mu_1 A_1}{\mu_1 A_2} \right)^2 \frac{T_i}{T_o}} \tag{6-6}$$

式中 H——上下孔口间的高差，m。

由式(6-5)、式(6-6)可以看到，中和面的位置与上、下开口面积、开口的流量系数和室内外的绝对温度有关。当上、下开口的面积及流量系数相等时，而 $T_o/T_i < 1$，因此 $h_1/h_3 < 1$，表明中和面在上、下开口中间略偏下一些；中和面将随着下部开口的增大而下移，随着上部开口的增大而上移。中和面将随着室外温度的降低而下降。室内有机械排风时，会使中和面上升；有机械进风时，使中和面下降。上面的讨论是假定 $T_i > T_o$，当 $T_i < T_o$ 时，将出现上部孔口进风而下部孔口排风，式(6-5)、式(6-6)中应将绝对温度的比值颠倒过来。

如果是一多层建筑物,仍设室内温度高于室外温度,则室外空气从下层房间的外门窗缝或开启的洞口进入室内,经内门窗缝或开启的洞口进入楼内的垂直通道(如楼梯间、电梯井、上下连通的中庭等),并向上流动;再经上层的内门窗缝或开启的洞口和外墙的窗、阳台门缝或开启的洞口排到室外。这就形成了多层建筑物在热压作用下的自然通风,如图 6-12 所示。其中和面的位置与上、下的流动阻力(包括外门窗和内门窗的阻力)有关,一般来说,中和面可能在建筑高度的 0.3~0.7 之间变化。当上、下空气流通面积基本相等时,中和面基本上在建筑物的中间高度附近。还应该指出,多层建筑中的热压是指室外温度 t_o 与楼梯间等竖井内的温度 t_s 差形成的,因此图 6-16 中表示了楼梯间内的压力线 p_s 与室外的压力线 p_o 之间的关系;每层的压差,也是指室外与楼梯间之间的压力差。由于空气从室外经外窗或门,再经房门,楼梯间门,进入楼梯间,因此房间内的压力介于室外压力与楼梯间压力之间。

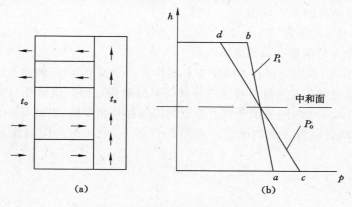

图 6-16　多层建筑在热压作用下的通风

图 6-17 展示了具有该特征的建筑,图中也展示了各区除与外部相通之外彼此之间封闭不相通时,各区内部热压随高度的变化。

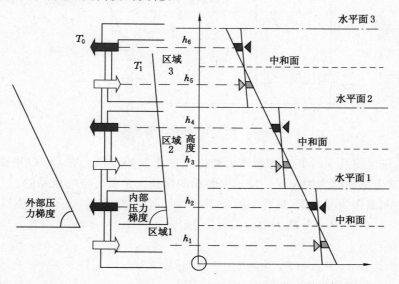

图 6-17　垂直区域之间不连通的多区域建筑物内的热压分布

正如图 6-17 所示,每个区域具有自己的中和面。此时,对于由浮升力产生的流动,各区域之间彼此独立。这里,以最低的开口(或者地面)作为基准来计算区域内两开口的高度是非常方便的。开口 1 与开口 2 之间的压力差计算如下:

$$p_s = -\rho_0 g (h_2 - h_1)(1 - T_0/T_1) \tag{6-7}$$

式中　T_1,T_2——区域 1 的温度和室外温度。

2. 余压的概念

为了便于今后的计算,我们把室内某一点的压力和室外同标高未受扰动的空气压力的差值称为该点的余压。仅有热压作用时,窗孔内外的压差即为窗孔内的余压。该窗孔的余压为正,则窗孔排风;如果该窗孔的余压为负,则窗孔进风。

$$\Delta P'_x = P_{xa} + gh'(\rho_w - \rho_n) \tag{6-8}$$

式中　$\Delta P'_x$——某窗孔的余压,Pa;

　　　P_{xa}——窗孔 a 的余压,Pa;

　　　h'——窗孔 a 与某窗孔的高差,m。

由上式可以看出,如果以窗孔 a 的中心平面作为一个基准面,任何窗孔的余压等于窗孔 a 的余压和该窗孔与窗孔 a 的高差和室内外密度差的乘积之和。该窗孔与窗孔 a 的高差 h' 越大,则余压值越大。室内同一水平面上各点的静压都是相等的,因此某一窗孔的余压也就是该窗孔中心平面上室内各点的余压。在热压作用下,余压沿房间高度的变化如图 6-18 所示。

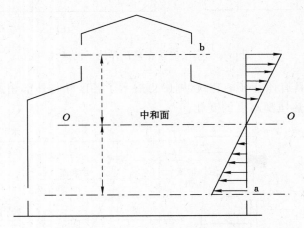

图 6-18　余压沿房间高度的变化

余压值从进风窗孔 a 的负值逐渐增大到排风窗孔 b 的正值。在 O—O 平面上,余压等于零,我们把这个平面称为中和面。位于中和面的窗孔上是没有空气流动的。

如果把中和面作为基准面,窗孔 a 的余压:

$$P_{xa} = P_{x0} - h_1(\rho_w - \rho_n)g = -h_1(\rho_w - \rho_n)g \tag{6-9}$$

窗孔 b 的余压:

$$P_{xb} = P_{x0} + h_2(\rho_w - \rho_n)g = h_2(\rho_w - \rho_n)g \tag{6-10}$$

式中　P_{x0}——中和面的余压($P_{x0}=0$),Pa;

　　　h_1,h_2——窗孔 a、b 至中和面的距离,m。

上式表明,某一窗孔余压的绝对值与中和面至该窗孔的距离有关,中和面以上的窗孔余压为正,中和面以下的窗孔余压为负。

对于多层和高层建筑,在热压作用下室外冷空气从下部门窗进入,被室内热源加热后由内门窗缝隙渗入走廊或楼梯间,在走廊和楼梯间形成了上升气流,最后从上部房间的门窗渗出到室外。

无论是楼梯间内还是在门窗处的热压均可认为是沿高度线性分布的,见图6-19。沿高度方向有一个分界面,上部空气渗出,下部空气渗入。这个分界面即上述的中和面,中和面上既没有空气渗出,也没有空气渗入。如果沿高度方向上的门窗缝隙面积均匀分布,则中和面应位于建筑物或房间高度的1/2处。如果外门窗上的小中和面移出了门窗的上下边界,则该外门窗就是全面向外渗出或全面向内渗入空气。

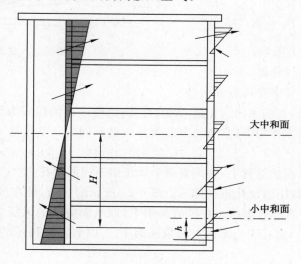

图6-19 多层建筑的热压引起的空气渗透

对于结构比较简单的多层建筑,如图6-19所示,可以通过以下过程近似求得第 i 层通过外门窗渗入的空气总量,即渗入量与渗出量的差:

$$L_a^i(\text{total}) = F_d^i \left[\frac{(\rho_{out}^i - \rho_1^i)H^i g}{\left(1 + \dfrac{1}{m^{1.5}}\right)} \right]^{1/1.5} \tag{6-11}$$

第 i 层通过外门窗进入到房间的室外空气净渗入量为:

$$L_a^i = F_d^i \frac{h^i}{Z^i} \left[(\rho_{out}^i - \rho_{in}^i)h^i g \right]^{1/1.5} \tag{6-12}$$

式中　H——计算位置到大中和面的距离,在中和面下面为正,在上面为负,m;

h——计算位置到小中和面的距离,在中和面下面为正,在上面为负,m;

Z——外门窗的高度,m;

ρ——空气密度,kg/m³;

F_d——外门窗的当量孔口面积,m³/(hPa$^{1.5}$);

m——通往楼梯间的内门窗与外门窗的当量孔口面积之比。

其中下标"out"代表室外,"in"代表室内,"i"代表楼层,"1"代表楼梯间。

3. 风压作用下的自然通风

室外气流与建筑物相遇时,将发生绕流,过一段距离后,气流才恢复平行流动,见图 6-20。由于建筑物的阻挡,建筑物四周室外气流的压力分布将发生变化。和远处未受干扰的气流相比,这种静压的升高或降低统称为风压。静压升高,风压为正,称为正压;静压下降,风压为负,称为负压。风压为负值的区域称为空气动力阴影。

某一建筑物周围的风压分布与该建筑的几何形状和室外的风向有关。风向一定时,建筑物外围护结构上某一点的风压值可用下式表示:

$$P_f = K \frac{v_w^2}{2} \rho_w \tag{6-13}$$

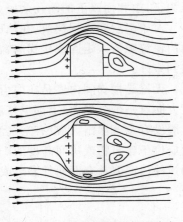

图 6-20　建筑物四周的气流分布

式中　K——空气动力系数;

　　　v_w——室外空气速度,m/s;

　　　ρ_w——室外空气密度,kg/m³。

K 值为正,说明该点的风压为正值;K 值为负,说明该点的风压为负值。不同形状的建筑物在不同方向的风力作用下,空气动力系数分布是不同的。空气动力系数要在风洞内通过模型试验得到。

同一建筑物的外围护结构上,如果有两个风压值不同的窗孔,空气动力系数大的窗孔将会进风,空气动力系数小的窗孔将会排风。图 6-21 所示的建筑,处在风速为 v_w 的风力作用下,由于 $t_n = t_w$,没有热压的作用。在风的作用下,迎风面窗孔的风压为 P_{fa},背风面窗孔的风压为 $P_{fb}(P_{fa} > P_{fb})$,窗孔中心平面上的余压为 P_x。因为没有热压的作用,室内各点的余压均保持相等。

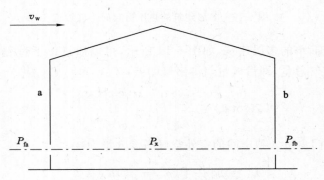

图 6-21　风压作用下的自然通风

如果只开启窗孔 a,关闭窗孔 b,不管窗孔 a 内外的压差如何,由于空气的流动,室内的余压 P_x 逐渐升高,当室内的余压等于窗孔 a 的风压时(即 $P_x = P_{fa}$),空气停止流动。如果同时打开窗孔 a 和 b,由于 $P_{fa} > P_{fb}$,$P_x = P_{fa}$,所以 $P_x > P_{fb}$,空气将从窗孔 b 流出。随着空气的向外流动,室内的余压 P_x 下降,这时 $P_{fa} > P_x$,室外空气由窗孔 a 流入室内。一直到窗孔 a 的进风量等于窗孔 b 的排风量时,P_x 才保持稳定($P_{fa} > P_x > P_{fb}$)。

图 6-22 是一些典型建筑的建筑表面正负风压分布。

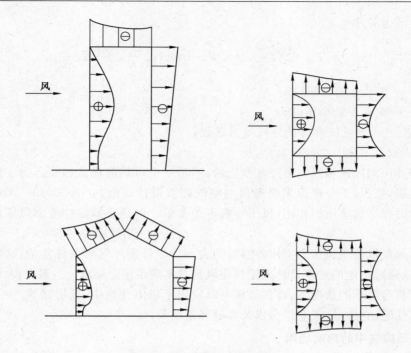

图 6-22　建筑表面正负风压分布

4. 风压、热压同时作用下的自然通风

某一建筑物受到风压和热压的同时作用时,外围护结构上各窗孔的内外压差就等于各窗孔的余压和室外风压之差。

对于图 6-23 所示的建筑,窗孔 a 的内外压差:

$$\Delta P_a = P_{xa} - K_a \frac{v_w^2}{2} \rho_w \qquad (6\text{-}14)$$

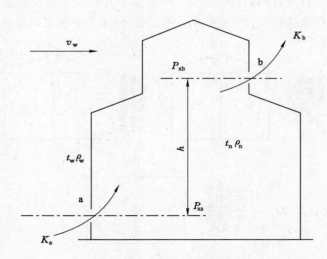

图 6-23　热压、风压作用下的自然通风

窗孔 b 的内外压差：

$$\Delta P_{\mathrm{b}} = P_{\mathrm{xb}} - K_{\mathrm{b}} \frac{v_{\mathrm{w}}^2}{2} \rho_{\mathrm{w}} = P_{\mathrm{xa}} + hg\left(\rho_{\mathrm{w}} - \rho_{\mathrm{n}}\right) - K_{\mathrm{b}} \frac{v_{\mathrm{w}}^2}{2} \rho_{\mathrm{w}} \qquad (6\text{-}15)$$

式中　P_{xa}——窗孔 a 的余压，Pa；

　　　P_{xb}——窗孔 b 的余压，Pa；

　　　K_{a}，K_{b}——窗孔 a 和 b 的空气动力系数；

　　　h——窗孔 a 和 b 之间的高差，m。

由于室外风的风速和风向是经常变化的，不是一个可靠的稳定因索。为了保证自然通风的设计效果，根据《工业建筑采暖通风与空气调节设计规范》(GB 50019—2015) 的规定，在实际计算时仅考虑热压的作用，风压一般不予考虑。但是必须定性考虑风压对自然通风的影响。

自然通风量取决于风压和室内外温差的大小。尽管室外气象条件复杂，这两者不断变化，但是可以通过一定的建筑设计来使得通风量基本满足预定要求。一般来说，在室外气象条件和噪声符合要求的情况下，自然通风可以应用于以下建筑中：低层建筑、中小尺寸的办公室、学校、住宅、仓库、轻工业厂房以及简易养殖场等。

二、实际建筑中的自然通风

自然通风与机械通风相比，具有以下优点：① 适用范围广；② 更加经济；③ 若开口数量、位置合理，空气流量会较大；④ 需专门的机房；⑤ 无须维护。

下面就目前广泛使用的几种通风方式进行讨论。

1. 单面通风

单面通风是建筑物中最简单的自然通风形式，通过使用一扇窗子或者其他通风装置（如安装在墙上的微流通风器）来使室外的空气进入建筑物内部，室内的空气从同一开口处同时流出，或从同一面墙上的另一开口流出，对于单一的通风开口，特别是小开口的情况，主要靠空气的湍流脉动来进行室内外的空气交换。当有多个开口设置在同一立面的不同高度时，主要靠风压或者热压来进行室内外空气的交换。图 6-24 为单面通风示意图。

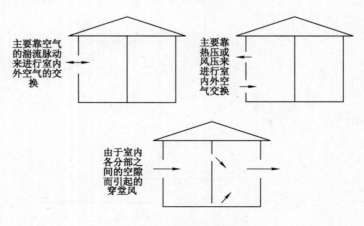

图 6-24　单面通风示意图

因浮升力引起的通过大开口的流动由沿开口的温差产生的压差来确定。通过开口的浮升力驱动流动方程可以通过下面的过程推导得出：

$$\Delta p(z) = \Delta \rho g z \tag{6-16}$$

式中　Δp——穿过开口的空气的密度差；

　　　z——高度；

　　　g——重力加速度。

另有 $v(z) = \sqrt{2\Delta p(z)/\rho}$，因此，$v(z) \propto z^{1/2}$，从而 $\dfrac{v(z)}{v_{max}} = (\dfrac{z}{H})^{1/2}$，通过高度为 H 的开口的平均速度（$\overline{v}$）为：

$$\overline{v} = \frac{v_{max}}{H^{1/2}} \int z^{1/2} \, \mathrm{d}z = \frac{v_{max}}{H^{1/2}} \frac{2}{3} H v_{max} \tag{6-17}$$

通过开口的体积流量为：

$$Q = C_d \omega \overline{v} = \frac{2}{3} C_d \omega v_{max} = \frac{2}{3} C_d A v_{max} \tag{6-18}$$

式中　ω——开口宽度；

然而，在浮升力引起的流动中，相等质量的空气进入和离开同一个开口。如果 H 为开口的总高度，那么流入或流出的量为：

$$Q = \frac{C_d A v_{max}}{3} \tag{6-19}$$

从式（6-16）得到：

$$Q = \frac{C_d A}{3} \sqrt{\frac{g H \Delta T}{\overline{T}}} \tag{6-20}$$

式中　ΔT——通过开口的温差；

　　　$\overline{T}$——平均温差。

最后一个方程可以用于对仅有浮升力引起的通过单侧开口的风量进行估算。在开口较大的情况下，例如窗子或者门，空气通过一部分进入，通过另一部分离开。

已有学者针对多种不同的窗子研究了热压和风压对流动的影响。从现场测得的换气量数据中，他们得到了通过开着的窗子的有效风速的表达式：

$$V_{eff} = \sqrt{(C_1 \overline{V}^2 + C_2 H \Delta T + C_3)} \tag{6-21}$$

式中　V_{eff}——通过窗子开口的有效速度，m/s；

　　　C_1——由窗子开度决定的无量纲系数；

　　　C_2——浮升力常数；

　　　C_3——风湍流常数；

　　　$\overline{V}$——通过窗子开口的有效速度，m/s；

　　　H——窗子高度，m；

　　　ΔT——内部和外部的平均温差，K。

使用式（6-21）给出的有效速度，可以得到通过窗子的空气流量：

$$Q = \frac{1}{2} A V_{eff} \tag{6-22}$$

式中　A——窗子的有效开口面积，m^2。

2. 穿堂风

当空气从一侧开口流入建筑物内,而从建筑物另一侧的开口处流出时,就会发生双侧通风或穿堂风,此时空气的流动主要由风压引起,仅在进、出风口之间存在明显高度差时,热压的效果才比较明显。用于穿堂风的开口既可以是微流通风器和格栅之类的小开口,又可以是窗子和门这种大开口。由于空气从房间一侧流动到对面的另一侧,因此渗透得很深。所以这种通风方式更适用于进深较大的房间通风。一般来说,进、出口之间的距离应该是屋顶高度的 2.5~5 倍(大概是 6.5 m)。应将一些开口设置在迎风面上,另一部分设置在背风面,这样能够在入流和出流开口之间维持一个良好的风压差。如果进、出口之间有隔断,穿堂风就会被阻挡,通风效果就会大打折扣。相对开口的压差 Δp 有时只针对风压的作用计算,有时在浮升力比较重要时,针对风压和热压的共同作用计算。然而,如果一个开口没有可用的 C_d 值,则使用对应锐角开口的 0.6 倍的值将会得到一个比较合理的估算值。穿堂风如图 6-25 所示。

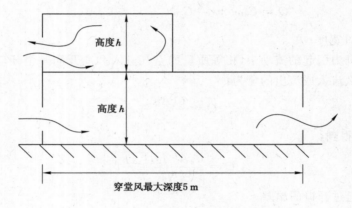

图 6-25 穿堂风示意图

有学者通过对分别代表开阔地区、郊区、市区地形的风特性进行风洞实验,得到了如下的穿堂风情况下通过两个相对的窗子开口的关系式:

$$\frac{V_i}{V} = F(1 - 0.82a) \tag{6-23}$$

式中 V_i——入口处的修正风速;

a——地形指数。

对于矩形开口,修正因子 F 由下式给出:

$$F = 1.1\left[1 + \left(\frac{A_i}{A_e}\right)^2\right]^{-0.5} \tag{6-24}$$

式中 A_i, A_e——入口和出口的面积。

3. 被动风井通风

被动风井(烟囱)通风系统通常用于排出比较潮湿房间中的湿空气。对于简单的烟囱,驱动力是风压和热压。确定建筑物上处于高位的烟囱出口位置很关键,这需要了解建筑物周围的风压系数的分布。风井通风如图 6-26 所示。

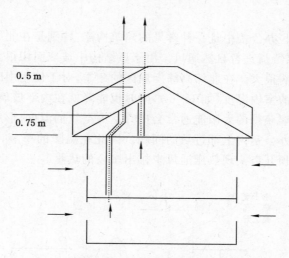

图 6-26 风井通风示意图

作用在烟囱上的风压和热压必须与空气流经烟囱内部的压力损失达到平衡,因此在确定烟囱的尺寸时,必须是摩擦阻力、局部阻力以及入口和出口的阻力与作用在烟囱入口和出口的风压和热压产生的总压差相等。烟囱中的压力损失为:

$$\Delta p = \left[4f\frac{z}{D_\mathrm{h}} + K_\mathrm{i}(\frac{A}{A_\mathrm{i}}) + K_\mathrm{d}(\frac{A}{A_\mathrm{d}}) + K_\mathrm{e}(\frac{A}{A_\mathrm{e}}) \right] \frac{1}{2}\rho V_\mathrm{m}^2 \tag{6-25}$$

式中　$K_\mathrm{i}, K_\mathrm{d}, K_\mathrm{e}$——压力损失系数;

　　　A——通风道的横截面积;

　　　$A_\mathrm{i}, A_\mathrm{d}, A_\mathrm{e}$——入口、风阀(假设存在)以及出口的面积;

　　　z——两开口之间的高度;

　　　ρ——密度;

　　　V_m——烟囱里面的平均风速;

　　　D_h——烟囱的水力直径;

　　　f——烟囱壁的摩擦因数。

对于非圆形界面的烟囱,水力直径由下式给出:

$$D_\mathrm{h} = \frac{2\omega h}{\omega + h} \tag{6-26}$$

式中　ω——烟囱宽度;

　　　h——烟囱深度。

对于狭窄通道($\omega < 10\,h$):

$$D_\mathrm{h} = 2h \tag{6-27}$$

图 6-26 是一套简单有效的被动式通风系统,它由沿厨房和浴室垂直上升的排风道组成,以屋脊附近的瓦片通风器终止,同时窗缝或微流通风器可以提供可控的空气入口。系统通过热压和风压共同作用来工作。每条管道的入口处都在顶棚安装了具有较大自由面积(例如 90%)的格栅来使压力损失最小化。为减少产生凝结和热压损失的可能性,通过阁楼和其他为加热空间的管道部分应该进行保温。

4. 中庭通风

中庭在现代的一些办公楼中是一种常见的建筑构建,特别是在北纬高纬度地区,具有大的温度分层,可利用该特征进行自然通风。由于该结构中玻璃面积很大,因此内部的热环境受外部天气条件的影响很大。在北纬高纬度地区的冬季,对于使用中庭的建筑,需要附加一定数量来获得可接受的室内温度(如 15 ℃),同时也能降低在内部玻璃壁面上水蒸气凝结的可能性;夏季,通过玻璃获得的太阳能通常会提升室内空气的温度,形成大的垂直温度梯度,有时会导致如商店和办公室内上部过热的问题。因此在温暖的季节,需要使用排风机创造机械通风或者通过屋顶开口实现热压通风来排出多余的热量。

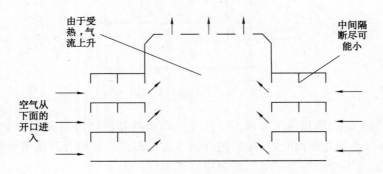

图 6-27　中庭通风示意图

在计算屋顶通风口尺寸时,结合了浮升力(屋顶高度处计算得到)和风压的作用来产生想要的中庭换气量。换气量的值取决于太阳得热、内部得热、外温以及当地风速。然而,当对换气量进行保守估算时,只需用浮升力来确定屋顶风口尺寸。

5. 太阳能诱导通风

人们通常设计自然通风系统是为了在预期的环境条件下能够同时利用热压和风压。对于给定的通风策略和环境条件,在风压对热压起辅助作用的时候,可以提供给建筑物足够通风量的可靠性最高。然而,在不能很好地获得风压作用或者热压不足以提供所需风量的时候,太阳能诱导通风是一种可能的选择。这种策略依靠太阳辐射给建筑结构的一部分加热,从而产生大的温差,因此与传统的由内外温差引起流动的浮升力驱动策略相比,能获得更大的风量。

基于这种目的的设备通常有三种:① 特隆布墙;② 太阳能烟囱;③ 太阳能屋顶。

第一种类型在墙上安装了玻璃构件从而将太阳辐射吸入到壁面结构中。然而,太阳能烟囱和太阳能屋顶通常依靠烟囱壁和屋顶瓦片来分别吸收和存储太阳能。这些装置受同样的物理规律控制,尽管各自有一定的特性,但和其他的自然通风系统一样都是基于相同的流体流动和传热方程。

(1) 特隆布墙通风器

一个特隆布墙集热器由一面中等厚度的墙(热质体)以及外面包裹的一面玻璃组成,墙上开着一高一低两个开口。玻璃和墙壁之间 50～100 mm 的空隙使得加热后的空气在这个空间内上升。特隆布墙集热器传统上用于空间加热,采用的方式是空气从房间进入墙壁底部,被集热器加热,然后从高处返回房间。

（2）太阳能烟囱

贴在南向或西南向墙上的太阳能烟囱通过太阳辐射被加热,蓄存在该结构中的热可被用于通风,如图 6-28 所示。被加热的烟囱外表面通过将建筑物内部的空气引出,并将其从顶部排走的方式实现自然通风的流动。室外的空气进入建筑物以更换内部热的、滞留的空气。

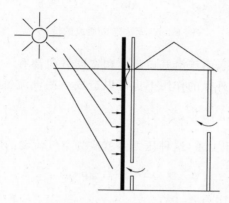

图 6-28　太阳能烟囱示意图

（3）太阳能屋顶通风器

在太阳高度角大的地方,特隆布墙或太阳能烟囱可能不是有效的太阳能集成器,因此使用这些设备可实现的通风量是有限的,这时倾斜的屋顶集热器可能会更有效地收集太阳能,但是由于是倾斜表面,所以集热器的高度是比较小的。

三、有组织的自然通风

有组织自然通风指的是通过设计来保证热压与风压的方向尽可能相同,并在室内分隔及外窗设置上采取相应措施使气流按规定的路径通过并使通风阻力最小。一句话,根据自然通风特点合理安排建筑朝向并对室内通风路径进行规划、设计。

1. 建筑朝向、间距及建筑群的布局

① 朝向首先要争取房间的自然通风,同时综合考虑防止太阳辐射和防止暴风雨袭击。

② 间距及建筑群的布局。一方面根据风向投射角确定合理的间距,另一方面通过选择建筑群的布局以达到减小间距的目的。在建筑群的平面布局中有行列式(其中又分为并列式、错列式、斜列式)、周边式和自由式,从通风效果来看,错列式、斜列式较并列式和周边式为好。

2. 房间的开口位置和开口面积

（1）房间的开口位置

开口位置将决定室内流场分布。建筑具有不同朝向的开口,只有在不同朝向的开口才有可能形成足够大的风压差。但建筑具有多个不同朝向的开口并不是形成风压通风的唯一条件,如果不注意开口相对风向的位置,可能造成室内通风气流很小或者没有。如图 6-29 所示,虽然每种情况都设有开口,但都无法形成风压通风。因此,必要的情况下可在室内做漏空隔断或使用中轴旋转窗改变气流方向,调整气流分布。

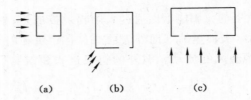

图 6-29　无法形成通风的情况

有时即便没有风压通风,由于沿开口高度和宽度方向都有一点气压差以及由于压力波动所形成的风向作用,在室外风的作用下也可以造成一些气流,使空气忽进忽出,但由此形成的气流相对小得多。

(2) 房间的开口面积

建筑物开口处若存在压力差,这种压力差就成为空气流动的驱动力。

$$\Delta P = \zeta \frac{v^2}{2}\rho \tag{6-28}$$

式中　ΔP——开口两侧的压力差,Pa;

$\qquad v$——空气流过开口时的流速,m/s;

$\qquad \rho$——空气的密度,kg/m³;

$\qquad \zeta$——开口的局部阻力系数。

则通过开口的空气流量为:

$$L = vF = \mu F \sqrt{\frac{2\Delta P}{\rho}} \tag{6-29}$$

处于各种原因,建筑的围护结构上有各种各样的开口,无论面积多大,只要开口两侧的空气存在压差,空气就会通过开口产生流动。

开口面积的大小既对室内流场分布有影响,同时也对室内空气流速有影响。开口面积大时,流场分布大,气流速度较小;缩小开口面积,流速增加,但流场分布缩小。

3. 门窗装置和通风构造

门窗装置对室内通风影响很大,窗扇的开启方法不同,在同样的窗洞面积下,可获得的通风面积会有很大差别。平开窗是目前应用较为广泛的开启方式,其通风面积最大,但是有效开度比较小;推拉窗可以上下、左右方向进行推拉,通风量较小,但是启闭方便,不占用室内空间;悬窗一般装设在离地较高的位置,开启时有一定角度,可遮挡雨水。

窗扇的开启角度,决定其是否能起到导风或挡风的作用。增大开启角度,可改善通风的效果。使用通风构造,如挡风板、落地窗、漏空窗和折门,都有利于自然通风。

4. 利于绿化改变气流状况

绿化对比室内通风的影响非常灵活,室外成片的绿化能对室外气流起阻挡和导流作用。合理的绿化布置可改变建筑周围的流场分布,引导气流进入室内。图 6-30 显示的建筑朝向与风向平行的情况,根据风压通风理论,这样的建筑朝向建筑开口处的风压值基本相同,无法形成风压通风,但浓密的灌木可以种植在建筑附近,通过形成正压与负压区使气流穿过建筑,形成通风。

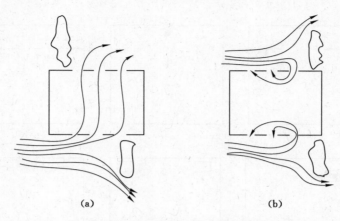

图 6-30 绿化影响作用下形成的风压通风
(a) 良好的通风;(b) 不良的通风

除了通风作用,绿化还起到遮阳作用,可以获得良好的防热效果。同时,绿化有助于降低空气中的含尘量、二氧化碳含量,增加氧气含量,改善空气品质。具有一定宽度的绿化带,对于降低噪声也有一定作用。

第三节 气 流 组 织

气流组织就是在空调房间内合理布置送风口和回风口,使得经过净化和热湿处理的空气,由送风口送入室内后,在扩散与混合的过程中,均匀地消除室内余热和余湿,从而使工作区形成比较均匀而稳定的温度、湿度、气流速度和洁净度,以满足生产工艺和人体舒适的要求。

一、气流组织的方式

室内气流组织的合理分布关系到室内工作区空气的温度、湿度、速度和洁净度。室内气流组织是否合理,不仅直接影响房间的空调效果,也影响空调系统的能耗量。空调房间内的气流分布特性与送风口的形式、数量和位置、回(排)风口的位置、送风参数(送风温 Δt_o,送风温度 v_o),风口尺寸、空间的几何尺寸以及污染源的位置和气流组织的性质有关。

空调房间内的气流方式有很多种,主要取决于送风口的形式和回风口的布置形式。

1. 上送下回

由房间上部送入空气,房间下部排出空气的"上送下回"气流分布方式是常见的气流组织形式。在冬季运行时,易使热风下送。图 6-31 所示为三种不同的上送下回方式,图 6-31(a)为侧回,根据房间的大小可扩大为双侧送风;图 6-31(b)为散流器送风,可根据需要确定散流器的数目。图 6-31(c)为孔板送风,尤其适用于温、湿度和洁净度要求较高的洁净室。

2. 上送上回

图 6-31 所示的三种上送上回气流组织形式中,图 6-31(a)为单侧上送上回;图 6-31(b)为异侧上送上回;图 6-31(c)为贴附型散流器上送上回。该方式的特点为可将送回风管道集中布置在上部,且可设置吊顶,使管道暗装。

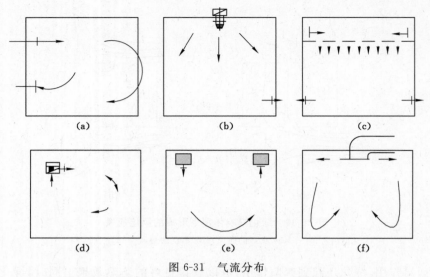

图 6-31 气流分布

(a) 侧送侧回上送下回；(b) 散流器送风上送下回；(c) 孔板送风上送下回；

(d) 单侧上送上回；(e) 异侧上送上回；(f) 贴附散流器上送上回

3. 下送上回

图 6-32 所示三种气流组织形式中,其中图 6-32(a)为地板送风;图 6-32(b)为末端装置(机盘管或诱导器等)送风;图 6-32(c)为下侧送风,亦称置换通风。该方式除图 6-32 送风方式外,应降低送风温差,控制工作区的风速。因其排风温度高于工作区温度,故具有一定的节能效果,使用时有利于改善工作区的空气质量。近年来国外相当重视,国内也逐步研究和应用。

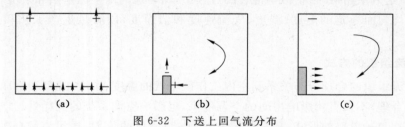

图 6-32 下送上回气流分布

(a) 地板送风；(b) 末端装置下送；(c) 置换式下送

4. 中送风

在某些高大空间内不需要将整个空间作为控制调节对象。可采用如图 6-33 所示的中送风方式,节省能量,但是这种方式会造成空间温度分布不均,存在温度"分层"现象。

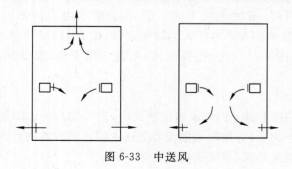

图 6-33 中送风

以上各种形式在应用时可根据实际工程的具体条件单独或组合使用。由于室内空气质量不佳,将造成暖通空调建筑中人们的健康状况恶化,生产率下降,从节能与环保的角度,人们对气流组织的要求是将少量高品质空气直接送到每个人,即直接送到消耗它的地方,而不是将大量的不新鲜空气送到整个房间。

二、气流组织的评价方法

1. 不均匀系数法

在工作区选择均匀的选择 n 个测点,分别测得各点的温度 t_i 和风速 v_i,算其算数平均值 $\bar{t}$,$\bar{v}$ 为:

$$\begin{cases} \bar{t} = \dfrac{\sum t_i}{n} \\ \bar{v} = \dfrac{\sum t_i}{n} \end{cases} \tag{6-30}$$

均方根 σ_t,σ_v 为:

$$\begin{cases} \sigma_t = \sqrt{\dfrac{\sum (t_i - \bar{t})^2}{n}} \\ \sigma_{\bar{v}} = \sqrt{\dfrac{\sum (v_i - \bar{v})^2}{n}} \end{cases} \tag{6-31}$$

不均匀系数 k_t,k_v 为:

$$\begin{cases} k_t = \dfrac{\sigma_t}{\bar{t}} \\ k_v = \dfrac{\sigma_v}{\bar{v}} \end{cases} \tag{6-32}$$

显然,k_t,k_v 越小,气流分布的均匀性越好。

2. 空气龄

空气龄(Age of air)的概念最早于 20 世纪 80 年代由 Sandberg 提出,全称是空气质点的空气龄,简称空气龄,是指空气质点自进入房间至达到室内某点所经历的时间。局部平均空气龄定义为某一微小区域中各空气质点的空气龄的平均值。在房间内的污染源分布均匀且送风为全新风时,某点的空气龄越小,说明该点的空气越新鲜,空气品质越好。它还反映了房间排除污染物的能力,平均空气龄越小的房间,去除污染物的能力就越强。空气龄的概念比较抽象,实际测量很困难,目前都是用测量失踪气体的浓度变化来确定局部平均空气龄。由于测量方法不同,空气龄用示踪气体的浓度表达式也不同。例如用下降法(衰减法)测量,在房间内充以示踪气体,在 A 点起始时的浓度为 $c(0)$,然后对房间进行送风(示踪气体的浓度为零),每隔一段时间,测量 A 点的失踪气体浓度,由此获得 A 点的示踪气体浓度的变化规律 $c(\tau)$,于是 A 点的平均空气龄(单位为 s)为:

$$\tau_A = \dfrac{\int_0^\infty c(\tau)\mathrm{d}\tau}{c(0)} \tag{6-33}$$

式中　V——房间的容积。

如用示踪气体衰减法测量,根据排风口示踪气体浓度的变化规律确定全室平均空气

龄,即:

$$\bar{\tau} = \frac{\int_0^\infty \tau c_e(\tau)\mathrm{d}\tau}{\int_0^\infty c_e(\tau)\mathrm{d}\tau}$$ (6-34)

式中 $C_e(\tau)$——排风的失踪气体浓度随时间的变化规律。

到达房间内的某点的空气,而后离开某点从排风口排出。把房间内的微小区域内气体离开房间前在室内的滞留时间称为局部平均滞留时间,用 τ_r 表示,单位为 s。室内某一微小区域平均滞留时间减去空气龄即为该微小区域的空气流出室外的时间。图 6-34 为空气龄和驻留时间关系图。全室平均滞留时间则为全室各点的局部平均滞留时间的平均值,用 $\overline{\tau_r}$ 表示。全室平均滞留时间等于全室平均空气龄的 2 倍,即:

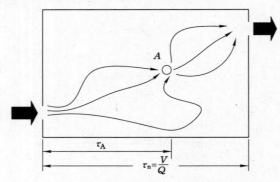

图 6-34 空气龄和驻留时间的关系

$$\overline{\tau_r} = 2\bar{\tau}$$ (6-35)

理论上,空气在室内的最短的滞留时间为:

$$\tau_n = \frac{V}{Q} = \frac{1}{N}$$ (6-36)

式中 V——房间体积,m^3;

Q——送入房间的空气量,m^3/s;

N——以秒计的换气次数,s^{-1};

τ_n——名义时间常数。

空气从送风口进入室内后的流动过程中不断掺混污染物,空气的清洁程度和新鲜程度将不断下降。因此,空气龄短预示到达该处的空气可能掺混的污染物少,排除污染物的能力强。显然,空气龄评价了空气流动状态的合理性。

3. 换气效率

换气效率(Air exchange efficiency)是评价换气效果优劣的一个指标,它是气流分布的特性参数,与污染物无关。它的定义为空气最短的滞留时间 τ_n 与实际全室平均滞留时间 $\overline{\tau_r}$ 之比,即:

$$\eta_a = \frac{\tau_n}{\overline{\tau_n}}$$ (6-37)

式中 $\bar{\tau}$——实际全室平均空气龄,s。

由于理论上最短滞留时间的气流分布,其空气龄(理想的、最短的平均空气龄)为 $\tau_n/2$。

从式(6-36)可以看出,换气效率也可定义为最理想的平均空气龄与全室平均空气龄之比。η_a是基于空气龄的指标,因此它反映了空气流动状态的合理性。最理想的气流分布,$\eta_a = 1$,一般的气流分布,$\eta_a < 1$。

4. 通风效率(能量利用效率)

通风效率(Ventilation efficiency),又称为混合效率,定义为实际参与稀释的风量与送入房间通风量之比,即:

$$E_v = \frac{\dot{V}_v - \dot{V}_{ve}}{\dot{V}_v} \tag{6-38}$$

式中 $\dot{V}_{ve}$——未参与稀释污染物而直接从排风口排出的风量,m^3/s。

如图 6-35 所示,送入房间的风量$\dot{V}_v$,假设只有$\dot{V}_v - \dot{V}_{ve}$部分在房间虚线之下与污染物混合。在考虑通风效率之后,实际稀释污染物的风量为$E_v \dot{V}_v$,则有:

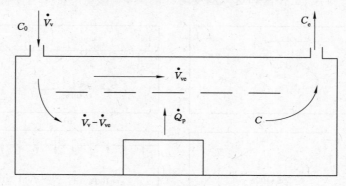

图 6-35 考虑通风效率的稀释通风模型

$$C = \left[C_0 + \frac{\dot{Q}_P}{E_v \dot{V}_v} \right] \left[1 - \exp\left(-\frac{E_v \dot{V}_v}{V_r}\tau \right) \right] + C_i \exp\left(-\frac{E_v \dot{V}_v}{V_r}\tau \right)$$

$$C = C_0 - \dot{Q}_p / (E_v \dot{V}_v)$$

$$\dot{V}_v = \frac{\dot{Q}_p}{(C - C_0)E_v} \tag{6-39}$$

式中 C——房间下部(工作区)送入空气与污染物很好的混合后的浓度;

C_e——排风时的污染物浓度。

在稳定状态下有:

$$\dot{Q}_p = \dot{V}_v(C_e - C_0) \tag{6-40}$$

整理后有:

$$E_v = \frac{C_e - C_0}{C - C_0} \tag{6-41}$$

如果送入的空气污染物浓度 $C_0 = 0$,则可写成:

$$E_v = \frac{C_e}{C} \tag{6-42}$$

由此可见,此时的通风效率为排风浓度与工作区浓度之比,显然,E_v 与送排风的位置与形式送风量、污染源的位置等有着密切的关系。

当送入房间空气与污染物混合均匀,排风的污染物浓度等于工作区域时,$E_v = 1$。一般的混合通风的气流分布形式,$E_v < 1$。但是,若清洁空气由下部直接送到工作区域时,工作区域污染物浓度可能小于排风的浓度,这时 E_v 会大于 1。E_v 不仅与气流分布有密切关系,而且还与污染物分布有关系,污染源位于排风口处会增大。

通风效率实际是一个经济性指标。E_v 越大,表明排出同样发生量的污染物所需的新鲜空气量越少,因此相应的空气处理与输送的能耗越小,设备费用和运行费用也就越低。以转移热量为目的的通风与空调系统,通风效率中浓度可以用温度代替,并称之为温度效率 E_t,或称为能量利用系数(也可用 η 表示),表达式为:

$$\eta = E_t = \frac{t_e - t_s}{t - t_s} \tag{6-43}$$

式中　t_e, t, t_s——排风、工作区和送风温度。

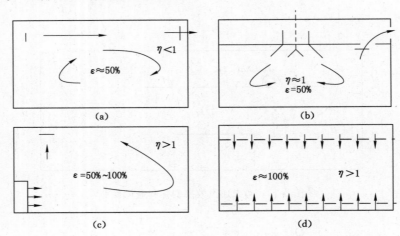

图 6-36　不同通风方式下的换气效率
(a) 上送上回;(b) 顶送上回;(c) 下送上回;(d) 近似活塞流

5. 污染物年龄

某点的污染物年龄是指污染物从产生到当前时刻的时间。类似地,还有污染物驻留时间的概念,即污染物从产生到离开房间的时间。房间内某点的污染物年龄也是该点排出污染物有效程度的指标。与空气龄类似,房间中某一点的污染物由不同的污染物微团组成,这些微团的年龄各不相同。因此该点所有污染物微团的污染物年龄存在一个概率分布函数 $A(\tau)$ 和累计分布函数 $B(\tau)$。累计分布函数与概率分布函数之间的关系为:

$$\int_0^\tau A(\tau) d\tau = B(\tau) \tag{6-44}$$

某一点污染物微团的污染物年龄 τ,是指该点所有污染物微团的污染物年龄的平均值:

$$\tau_{cont} = \int_0^\infty \tau A(\tau) d\tau \tag{6-45}$$

与空气龄不同的是,某点的污染物年龄越短,说明污染物越容易来到该点,则该点的空气品质比较差。反之,污染物年龄越大,说明污染物越难达到该点,该点的空气品质较好。

6. 空气扩散性能指标($ADPI$)

空气扩散性能指标定义为：满足规定风速和温度要求的测点数与总测点数之比。对舒适性空调而言，相对湿度在较大范围内（30％～70％）对人体舒适性影响较小，可主要考虑空气温度与风速对人体的综合作用。根据实验结果，有效温度差与室内风速之间存在下列关系：

$$\Delta ET = (t_i - t_n) - 7.66(u_i - 0.15) \tag{6-46}$$

式中　ΔET——有效温度差，℃；

t_i，t_n——工作区某点的空气温度和给定的室内设计温度，℃；

u_i——工作区某点的空气流速，m/s。

并且认为当 ΔET 在$-1.7\sim+1.1$之间多数人感到舒适，因此空气扩散性能指标（$ADPI$）的定义式如下：

$$ADPI = \frac{-1.7 < \Delta ET < 1.1 \text{ 的测点数}}{\text{总测点数}} \times 100\% \tag{6-47}$$

$ADPI$ 值越大，说明感到舒适的人群比例越大。在一般情况下，应使 $ADPI \geqslant 80\%$。

以上共有六类评价指标，分别从三个大的方面对室内气流组织进行了评价。其中空气龄与换气效率表达的是送风的有效性，污染物的年龄与通风效率是从污染物排除的有效性方面进行评价，不均匀系数与 $ADPI$ 是从热舒适方面进行评价。

三、气流组织测试与计算

1. 示踪气体技术

气流组织评价的指标有很多，除了温度、湿度、风速、浓度等少数基本的分布参数指标可以用相应的传感器直接测量出来，大多数的指标必须依靠基本分布参数为媒介进行分析计算。下面介绍一种最常用测量方法，即示踪气体法。

示踪气体的目的是准确标识室内空气的流动特性。示踪气体技术是研究室内空气分布与渗透的重要手段，目前已存在四十多年的历史了。实验时气体必须具有被动特性，能够很好地随空气流动，根据其使用场合和使用特点，示踪气体必须具有如下的要求：

① 无毒、无腐蚀性，不易燃、不易爆。

② 不与周围空气或物质发生化学反应。

③ 能够被方便地检测出来，检测手段简单、费用低而且有较高的测量精度。

④ 密度与空气接近（密度差小，就不会产生示踪气体与空气分层的现象）。

表 6-2 给出了几种常用示踪气体的性质。

表 6-2　示踪气体的性质

气体	化学式	密度比	空气中的最大浓度/$\times 10^6$
二氧化碳	CO_2	1.53	640
氧化氮	N_2O	1.53	640
氟化硫	SF_6	5.11	83
氟利昂	CF_2CL_2	4.18	107
三氟溴甲烷	CF_3Br	5.13	83

注：密度比是指与空气的密度比。

空气中的最大浓度值是该浓度下以示踪气体的存在不会对原空气流产生过大的影响。高于该浓度时示踪气体将破坏空气本身的状态,所测量的结果与实际情况有所不同。目前,以 SF_6 使用最为普遍。

2. 示踪气体法分类

根据示踪气体注入和控制方式的不同,示踪气体法可细分为以下几类。

（1）衰减法

将一定量的示踪气体一次性注入测量房间,通过混合达到均匀的室内初始浓度,然后根据示踪气体浓度的衰减情况确定通风量。

（2）定量发生法

示踪气体以始终一定的流量注入测量房间,因此如果是变风量的话,室内示踪气体浓度也将随时间改变。其时均通风量测定计算式如下:

$$q = \frac{s}{(\Delta c)} \tag{6-48}$$

式中　s——测量房间内示踪气体注入量,kg/s;

　　(Δc)——室内外示踪气体质量分数的时均差值。

（3）脉冲注入法

示踪气体以很短的脉冲形式注入测量房间并记录浓度测量结果。其通风量测定计算式如下:

$$q(\xi) = \frac{T_0}{T} \frac{v - V[\Delta c(t + \Delta c) - \Delta c(t)]}{\int_t^{t+\Delta t} \Delta c(\tau)\,d\tau} \quad (t \leqslant \zeta \leqslant t + \Delta t) \tag{6-49}$$

式中　v——示踪气体的容积注入流量,m³/s;

　　V——测量房间容积,m³;

　　T_0,T——分别为室外和室内绝对温度,K。

（4）一定浓度法

示踪气体在系统控制下注入测量房间,以维持一个稳定的室内浓度,这样示踪气体注入量可能随时间改变。与其他方法相比,一定浓度法在设备投资上要大些,其测定计算式如下:

$$(q) = \frac{T_0}{T} \frac{(s)}{\Delta c} \tag{6-50}$$

式中　(q)——时均通风量,kg/s;

　　(s)——时均示踪气体注入量,kg/s。

需要指出的是,在实际测量中 Δc 也会随时间发生微小波动,在严格意义上也应取时均值。

上面几种方法中的衰减法是间接通风量测定法,直接测定的是名义时间常数 τ 及换气次数 n,而其他方法是直接测定通风量值。需要注意的是,对于变风量问题,除了一定浓度法外的其他所有测定方法都无法准确测定风量,测量间隔越大,误差越大。

3. 计算

要得到室内气流分布及温度分布、浓度分布等特征,必须是在送风口的几何形状和位置、送风口风速、送风温差和排风口位置等条件都已知的情况下才能得到。

目前在暖通空调工程中,室内空气分布预测所采用的方法主要有四种:射流公式(混合通风)、区域模型法、模型实验法和 CFD 模拟法。自 20 世纪 30 年代起,很多学者开始对机械通风房间送风口的射流特性进行了大量的实验研究和理论研究,终于在 50 年代初建立了一系列射流公式用于室内空气分布的预测,最终建立了最经济简单的室内空气分布预测方法。1970 年有学者提出区域模型用于自然通风量,温度分布等进行预测计算。随后丹麦学者利用流体力学的方法对室内空气流动进行了数值模拟,开创了数值模拟预测计算室内空气分布的先河。模拟实验并借助于相似理论在等比例或缩小比例的模型中通过测量手段对室内空气分布做出预测是最为可靠的预测办法。

用于气流分布预测的射流公式大多数是半经验公式,即从理论上推导出公式的基本形式,再通过实验得到公式中系数的取值规律(通常整理成表格或曲线)。经过大量的工程实践检验证明这些半经验公式是简便快捷的。但通过它们只能得到空间气流分布的总体形式,具体分布情况是模糊的。

区域模型法的基本思想是将空间划分为一些有限的宏观区域,认为区域内的相关参数(如温度、浓度等)相等,而区域间存在热质交换,通过建立质量和能量守恒方程并充分考虑区间压差和流动的关系来研究空间内的温度分布及流动情况。对不同的区域划分法,学者提出了不同的模型,如 Block Model、Zonal Model 等。利用简易模型建立的三维模型能够预测自然通风、混合通风情况下房间内的空气温度、速度、质量流量、热舒适、壁面导热及有向流动等问题。但模拟得到的结果实际上还是一种相对精确的集总结果。

模型实验是借助相似理论,在等比例或缩小比例的模型中通过测量手段对室内空气的分布做出预测。模型实验不需要依赖经验理论,是最为可靠的方法,但也是最昂贵、周期最长的方法。因为搭建实验模型耗资很大,如有的文献中指出单个实验通常耗资 3 000～20 000美元,而对于不同工况条件,可能还需要多个实验,耗资更多。

CFD 模拟方法的基本思想是将空间上连续的计算区域划分为许多子区域,确定每个区域上的节点,即生成网格,其网格数要远大于简易模型法划分的区域,然后将描述问题的控制方程离散为各个节点上的非线性代数方程组。在单值性条件的约束下,迭代求解离散所得的代数方程组。最后得到计算区域的详细信息,如温度、速度、浓度等。这种手段能获得室内空气分布的详细信息,并且通过计算机设置能容易地模拟各种工况条件。

采用基于区域模型的预测方法属于宏观预测,相当于校核计算;采用基于 CFD 模拟的预测方法属于微观预测,是目前较为热门的预测方法。

总的来说,CFD 方法耗时比射流法和区域模型法长,也较昂贵。但相比模型实验而言,CFD 方法在时间和代价上都是较经济的。由于 CFD 方法能获得流场的详细信息,因此如果预测的准确性能够保证,那么 CFD 方法是最理想的室内空气分布预测手段。但采用 CFD 直接进行工程设计,对于实际建筑来说,有的工程在目前的计算条件下耗时很大,设置难以实现。若设计者对各种设置条件没有经验时,还需多次进行试算,设计周期较长,而此时分析模型法则较为实用。

CFD 具有成本低、速度快、资料完备且可模拟各种不同的工况等独特的优点,故其逐渐受到人们的青睐。表 6-3 给出了 4 种室内气体分布预测方法的对比。

表 6-3   四种空气分布的预测计算方法的预测

	射流公式	Zonal model	CFD	模型公式
房间的复杂程度	简单	较复杂	基本不限	基本不限
对经验参数的依赖程度	几乎完全	很依赖	一些	不依赖
预测周期	最短	较短	较长	最长
预测成本	最低	较低	较昂贵	最高
结果的可靠性	差	差	较好	最好
结果的完备性	简略	简略	最详细	较详细
实验的难易程度	最容易	很容易	较容易	很难
适用性	机械通风,且与实际射流条件有关	机械与自然通风,一定条件	机械与自然通风	机械与自然通风

可见,就目前的四种理论预测室内空气分布的方法而言,CFD 方法确实具有无可比拟的优点,且由于当前计算机技术的发展,CFD 方法的计算周期和成本完全可以为工程应用所接受。尽管 CFD 方法还存在可靠性和对实际问题的可算性等问题,但这些问题正逐步得到发展和解决。因此,CFD 方法可应用于对室内空气分布情况进行模拟和预测,从而得到房间内速度、温度、湿度及有害物浓度等物理量的详细分布情况。近几年来,用 CFD 方法进行预测的比例越来越高。

利用数值模拟计算评价指标在空间的分布是了解室内各点通风空调效果的重要手段。现在介绍一些基本的指标的计算方法,而其他的一些指标可以在此指标的基础上应用其他的定义进行计算得出。

室内空气流动应遵循的不可压缩黏性流体的控制方程:

① 连续性方程,即质量守恒定律:

$$\frac{\partial \rho U_i}{\partial x_i} = 0 \tag{6-51}$$

② 动量方程,即某个方向上的动量守恒定律(Navier-Stokes 方程):

$$\frac{\partial \rho U_i}{\partial \tau} + \frac{\partial \rho U_i U_j}{\partial x_j} = -\frac{\partial P}{\partial x_i} + \frac{\partial}{\partial x_j}\left[\mu\left(\frac{\partial U_i}{\partial x_j} + \frac{\partial U_j}{\partial x_i}\right)\right] + \rho \beta g_i (T_{ref} - T_a) \tag{6-52}$$

③ 能量方程,即能量守恒定律:

$$\frac{\partial \rho H}{\partial T} + \frac{\partial \rho H U_j}{\partial x_j} = \frac{\partial}{\partial x_j}\left(\frac{\lambda}{C_{pa}} \frac{\partial H}{\partial x_j}\right) + S_H \tag{6-53}$$

④ 组分方程,即组分质量守恒定律:

$$\frac{\partial \rho C}{\partial \tau} + \frac{\partial \rho C U_j}{\partial x_j} = \frac{\partial}{\partial x_j}\left(\Gamma \frac{\partial C}{\partial x_j}\right) + S_C \tag{6-54}$$

式中　　U_i——x_i 方向的速度,m/s;

ρ——空气密度,kg/m³;

P——空气压力,Pa;

β——空气的膨胀系数,1/K;

T_a——空气温度,T;

H——空气定压比焓值,J/kg;

λ——空气热导系数，W/(m·k)；

C——组分浓度，kg/kg；

S_c——组分源浓度，kg/(m³·s)；

x_i——对于 $i=1$、2、3，x_i 代表 3 个垂直坐标轴的坐标；

U_j——x_j 方向的速度，m/s；

μ——空气层流动力黏度，kg/(m·s)；

T_{ref}——参考温度，K；

g_i——i 方向的重力加速度，m/s²；

S_H——热源，W/m³；

C_{pa}——空气定比压热，J/(kg·K)；

Γ——组分扩散系数，kg/(m·s)；

τ——时间变量，s。

第四节　室内空气环境模拟

室内空气环境的数值模拟方法是以 Navier-Stokes 方程为基础，通过建立各种湍流模型和不同数值求解方法，并借助计算机发展起来的。在这里将比较和分析目前工程上常用的各种湍流模型和数值解法。

一、室内空气流动数值计算的数学模型

室内空气流动应遵循不可压黏性流体的控制方程：

① 连续方程：

$$\frac{\partial \rho}{\partial T} + \frac{\partial \rho U_i}{\partial x_i} = 0 \tag{6-55}$$

② 动量方程，即某个方向上的动量守恒定律（Navier-Stokes 方程）：

$$\frac{\partial \rho U_i}{\partial \tau} + \frac{\partial \rho U_i U_j}{\partial x_j} = -\frac{\partial P}{\partial x_i} + \frac{\partial}{\partial x_j}\left[\mu\left(\frac{\partial U_i}{\partial x_j} + \frac{\partial U_j}{\partial x_i}\right)\right] + \beta \beta g_i (T_{ref} - T_a) \tag{6-56}$$

③ 能量方程，即能量守恒定律：

$$\frac{\partial \rho H}{\partial T} + \frac{\partial \rho H U_j}{\partial x_j} = \frac{\partial}{\partial x_j}\left(\frac{\lambda}{C_{pa}} \frac{\partial H}{\partial x_j}\right) + S_H \tag{6-57}$$

④ 组分方程，即组分质量守恒定律：

$$\frac{\partial \rho C}{\partial \tau} + \frac{\partial \rho C U_j}{\partial x_j} = \frac{\partial}{\partial x_j}\left(\Gamma \frac{\partial C}{\partial x_j}\right) + S_c \tag{6-58}$$

式中，U_i 为 x_i 方向的速度，m/s；ρ 为空气密度，kg/m³；P 为空气压力，Pa；β 为空气的膨胀系数，1/K；T_a 为空气温度，t；H 为空气定压比焓值，J/kg；λ 为空气热导系数，W/(m·K)；C 为组分浓度，kg/kg；S_c 为组分源浓度，kg/(m³·s)；x_i 为对于 $i=1$、2、3，x_i 代表 3 个垂直坐标轴的坐标；U_j 为 x_j 方向的速度，m/s；μ 为空气层流动力黏度，kg/(m·s)；T_{ref} 为参考温度，K；g_i 为 i 方向的重力加速度，m/s²；S_H 为热源，W/m³；C_{pa} 为空气定比压热，J/(kg·K)；Γ 为组分扩散系数，kg/(m·s)；τ 为时间变量，s。

上述方程表示的物理意义是任一流体流动微团的守恒定律:连续方程表示的是质量守恒定律,动量方程表示的是某个分向上的动量守恒定律(即著名的 Navier-Stokes 方程)。能量方程表示的是能量守恒定律,组分方程表示的是组分浓度守恒定律。由于上述方程中所含各项分别是随时间的变化项、对流项、扩散项和源项,表示的实际是对流扩散作用下的物理量守恒定律,故又称对流扩散方程。

二、湍流模型

湍流流动作为一种自然现象,广泛存在于生存、生活各个领域之中。湍流流动在时间和空间上都是极不规则的。湍流具有输运性、耗散性、涡旋性等特性,湍流流场中充满着尺度不一的涡旋,流场各点的速度是时间和空间的随机函数,具有很强的随机性。

1. 湍流模拟概述

目前人们对湍流模拟的方法主要有:直接数值模拟(DNS:Directly Numerical Simulation)、大涡模拟(LES:Large Eddy Simulation)和湍流输运模型模拟(Turbulence Transport Modeling)。

直接数值模拟(DNS)对控制湍流瞬时流场的 N-S 方程进行直接求解而不加入任何认为的假设。因为瞬时的 N-S 方程本身是封闭的,所以利用电子计算机直接求解完整的三维非常定 N-S 方程,对湍流的瞬时运动进行直接的数值模拟,就可以获得全部流场信息。对感兴趣的各种统计平均量可以通过平均计算得到。这样做的优点:首先方程本身是精确的,仅有的误差只是由数值方法所引入的误差;其次,数值模拟可以提供每一瞬间所有的流动量在流场中的全部信息,特别有意义的是,能提供很多在实验上目前还无法测量的量;三是数值模拟中可以精确控制流动条件;四是在某些情况下,实验室无法模拟真实的流动条件,直接数值模拟成为预测的唯一手段。但是,DNS 的主要困难在于湍流流动具有极宽的长度尺度。最小尺度与最大尺度之间的关系如下:

$$\eta/L \sim Re^{-3/4} \tag{6-59}$$

式中,η 为最小长度尺度,m;L 为宏观特征尺度,m;Re 为宏观流动的雷诺数,$Re=UL/\upsilon$;U 为宏观流动速度,m/s。

为了模拟湍流流动,计算区域应当大到足够包含最大尺度的涡,又应当使计算网格小到足以分辨最小的涡运动,而且在每一个空间方向上都不应低于这一标准。所以整个计算区域的网格总数至少为:$N \sim Re^{9/4}$,考虑到计算时间总的的计算量将正比于 Re^3,而实际湍流流动都发生在高雷诺数下。一般人们估计现有的世界上最快的计算机距用直接数值模拟解决工程中的复杂湍流问题的要求相差甚多。

大涡模型(LES)基于湍流流动的流动特性由流场中的大涡旋决定,而小涡旋仅仅只是耗散能量而已,通过所谓的"滤波"处理,将大涡旋利用显式、三维非稳态的控制方程分离出来直接求解,而小涡旋则利用湍流模型模拟,从而实现对整个湍流流场的模拟。这种做法充分体现了湍流输运中大涡旋占主要地位这一认识。但是,LES 仍然是很昂贵的,需要大型的计算机,对于复杂的三维流动仍为"不可算"的,因此在实际应用中还难以适用。

湍流输运模型模拟则是工程实际中最常用的,当然也是室内空气流动数值模拟的主要手段。借助所谓的湍流模式理论,湍流模型只求解湍流流动参数的平均值,通过对控制湍流瞬时流动的 N-S 方程进行平均,得到平均后的 N-S 方程(雷诺方程),再引进一些假设(半经验公式),封闭平均后的偏微分方程组,从而离散求解。湍流模型理论的优势在于其抓住了湍流运动的宏观特性,而这正是工程技术中所关心的问题,并且采用湍流模式计算湍流问题,对计算条件要求不高,计算周期非常短,完全适合工程的要求。多年来的实际应用也表明了这一点。表 6-4 列出了直接数值模拟、大涡模拟和湍流输运模型模拟在湍流模拟中的表现。

表 6-4 三种湍流模拟方法比较

湍流模拟方法	直接数值模拟	大涡模拟	湍流输运模型模拟
对计算机的要求	高	高	低
对网络依赖与否	是	是	否
计算时间	很长	中等	很短
包含脉动信息与否	包含	部分包含	不包含
应用到工程	非常困难	部分领域	有效的应用

2. 湍流模型

(1) 雷诺平均控制方程

Reynolds 在 1895 年提出了求解统计平均的 N-S 方程的想法。他对 N-S 方程作了统计平均后得到了雷诺平均方程,从此引入了雷诺应力的概念,也带来了如何使方程封闭的问题。人们借助于经验数据、物理类比甚至直觉想象来完成对雷诺应力的封闭。围绕着如何封闭时均化的 N-S 方程,形成了各种各样的湍流模型,湍流模式也因此建立起来。

因为湍流流动具有随机性,湍流流速是空间和时间的随机函数,对其统计平均才是我们需要的所谓平均特性,即湍流物理量的平均值应为:

$$\bar{\phi} = \frac{1}{N} \sum_{i=1}^{N} \phi(x_1, x_2, x_3, t), N \to \infty \tag{6-60}$$

但是,采取了各态遍历假说后,就可以认为时均值和上述的统计平均值相等,于是式(6-60)中的平均值可表示为:

$$\bar{\phi} = \frac{1}{T} \int_{t}^{t+T} \phi(x_1, x_2, x_3, t) \mathrm{d}t \tag{6-61}$$

其中时间 T 应比湍流脉动的时间尺度大得多,且比时均值非定常变化的时间尺度小得多。

引入了上述时均值后,就可以将湍流物理量如速度、温度等的瞬时值分为时均值和脉动值,即:

$$\phi = \bar{\phi} + \phi' \tag{6-62}$$

其中,ϕ 为湍流物理量(速度、温度等)的瞬时值,$\bar{\phi}$ 为依式(6-61)所得之平均值,ϕ' 为脉动值。根据式(6-61),很容易得到时均化的如下性质:

$$\bar{\bar{\phi}} = \bar{\phi}, \overline{\phi'} = 0, \overline{\bar{\phi}\phi'} = 0, \overline{\phi_1 \phi_2} = \overline{\phi_1}\,\overline{\phi_2} + \overline{\phi_1' \phi_2'} \tag{6-63}$$

利用以上式均化的性质对式(6-55)至式(6-58)进行时均化,可得:

$$\frac{\partial \rho}{\partial t} + \frac{\partial \rho U_i}{\partial x_i} = 0 \tag{6-64}$$

动量方程：

$$\frac{\partial \rho U_i}{\partial t} + \frac{\partial \rho U_i U_j}{\partial x_j} = -\frac{\partial p}{\partial x_i} + \frac{\partial}{\partial x_j}\left(\mu\frac{\partial U_i}{\partial x_j} - \rho\overline{u_i u_j}\right) + \beta g_i(T_{\text{ref}} - T) + \frac{\partial}{\partial x_j}\left(\mu\frac{\partial U_j}{\partial x_i}\right) \qquad (6\text{-}65)$$

能量方程：

$$\frac{\partial \rho h}{\partial t} + \frac{\partial \rho h U_j}{\partial x_j} = \frac{\partial}{\partial x_j}\left(\frac{\lambda}{c_p}\frac{\partial H}{\partial x_j} - \rho\overline{u_j h}\right) + S_H \qquad (6\text{-}66)$$

组分方程：

$$\frac{\partial \rho C}{\partial t} + \frac{\partial \rho C U_j}{\partial x_j} = \frac{\partial}{\partial x_j}\left(\frac{\mu}{\sigma_C}\frac{\partial C}{\partial x_j} - \rho\overline{u_j c}\right) + S_C \qquad (6\text{-}67)$$

以上各式就是著名的雷诺方程，是雷诺于 1895 年提出的，其中式(6-65)又称为时均化 N-S 方程。这样便可以求解雷诺方程来获得需要的湍流时均值。

如果推导出关于上述二阶脉动相关项的微分方程组，那么又将出现三阶的脉动相关项，再推导三阶脉动相关项的微分方程，则又会出现四阶脉动相关项，如此反复，永无穷尽，而方程也无法封闭。目前工程中最为常用的一类湍流模型还是涡黏系数模型 EVM(eddy viscosity model)，它基于 Boussinesq 假设，将二阶脉动相关项表示为时均值的函数，借此封闭求解。

(2) Boussinesq 假设

雷诺方程中引入了高阶的二阶脉动相关量 $\rho\overline{u_i u_j}$，$\rho\overline{u_j h}$，造成雷诺方程组的不封闭。它们实际可以看做湍流脉动输运对时均流动的效果。由于上述的二阶脉动相关量分别具有应力和热流的量纲，称作雷诺应力和雷诺传热。为此，Boussinesq 于 1877 年提出了著名的 Boussinesq 假设：

$$-\rho\overline{u_i u_j} = \mu_t\left(\frac{\partial U_i}{\partial x_j} + \frac{\partial U_j}{\partial x_i}\right) - \frac{2}{3}\rho k\delta_{ij} \qquad (6\text{-}68)$$

式中，μ_t 为湍流黏性系数，kg/(m·s)；k 为单位质量流体湍流动能，m²/s²；δ_{ij} 为克罗内克符号，其值为：$\delta_{ij}=1$，当 $i=j$；$\delta_{ij}=0$，当 $i\neq j$。

湍流动能 k 为：

$$k = \frac{1}{2}\overline{u_i u_j} \qquad (6\text{-}69)$$

式中，μ_t 与 μ 不同，其反映的是湍流流场特性，与流体种类无关，而是由湍流流动情况所决定，在流场中各点的值不一样的。K 反映了湍流脉动的强度，是表征湍流强度的一个重要物理量。

类似地，可以得到雷诺传热和传质的表达式：

$$-\rho\overline{u_j h} = \frac{\mu_t}{Pr_t}\left(\frac{\partial h}{\partial x_j}\right) \qquad (6\text{-}70)$$

$$-\rho\overline{u_j c} = \frac{\mu_t}{\sigma_t}\left(\frac{\partial C}{\partial x_j}\right) \qquad (6\text{-}71)$$

式中，Pr_t 为湍流 Prandtl 数，0.9～1.0；σ_t 为湍流传质 Schmidt 数，1.0。

将式(6-68)至式(6-71)分别代入式(6-65)、式(6-66)和式(6-67)，可得：

① 动量方程：

$$\frac{\partial \rho U_i}{\partial t} + \frac{\partial \rho U_i U_j}{\partial x_j} = -\frac{\partial P}{\partial x_i} + \frac{\partial}{\partial x_j}\left[(\mu+\mu_t)\left(\frac{\partial U_i}{\partial x_j} + \frac{\partial U_j}{\partial x_i}\right)\right] + \beta g_i(T_{\text{ref}} - T) \qquad (6\text{-}72)$$

② 能量方程：

$$\frac{\partial \rho U_i}{\partial t} + \frac{\partial \rho h U_j}{\partial x_j} = \frac{\partial}{\partial x_j}\left[\left(\frac{\lambda}{c_p} + \frac{\mu_t}{Pr_t}\right)\frac{\partial h}{\partial x_j}\right] + S_H \tag{6-73}$$

③ 组分方程：

$$\frac{\partial \rho C}{\partial t} + \frac{\partial \rho C U_j}{\partial x_j} = \frac{\partial}{\partial x_j}\left[\left(\frac{\mu}{\sigma_c} + \frac{\mu_t}{\sigma_t}\right)\frac{\partial C}{\partial x_j}\right] + S_c \tag{6-74}$$

可见，考虑了雷诺应力（传热、传质）和相应时均量的梯度关系之后，相当于增加了扩散项，可定义等效扩散系数如下：

$$\mu_{\text{eff}} = \mu + \mu_t \tag{6-75}$$

$$\Gamma_{\text{eff}} = \frac{\lambda}{c_p} + \frac{\mu_t}{Pr_t} \tag{6-76}$$

$$\Gamma_{\text{Ceff}} = \frac{\mu_t}{\sigma_c} + \frac{\mu_t}{\sigma_t} \tag{6-77}$$

式中，μ_{eff} 为等效黏性系数，kg/(m·s)；Γ_{eff} 为等效热扩散系数，kg/(m·s)；Γ_{Ceff} 为等效质（组分浓度）扩散系数，kg/(m·s)。

(3) 涡黏系数模型

通过引入 Boussinesq 假设模拟二阶脉动项，描述流体湍流流动的传热传质微分方程组可用前式表示，此时未知数为 $U_i(i=1,2,3)$，p,h,C,μ_t 共 7 个。而微分方程共有 6 个：1 个连续方程＋3 个动量方程＋1 个能量方程＋1 个组分浓度方程。因此需要附加一个求解湍流黏性系数 μ_t 的方程以封闭上述微分方程组。围绕如何求解 μ_t，形成了湍流输运模型中最主要的一类：涡黏系数模型 EVM(Eddy Viscosity Model)。如果附加一个代数方程求解 μ_t，则称为零方程模型，如 Prandtl 的混合长度模型；如果附加一个微分方程求解 μ_t，则称为一方程模型，如常见的附加湍流功能 k 的微分方程和长度尺度 l 的代数方程以求解 μ_t 的一方程模型；同理，如果附加两个微分方程求解 μ_t，那么就称该湍流模型为两方程模型，如著名的 k-ε 模型等。下面就对 k-ε 模型稍作介绍。

一般采用形如 $Z = k^m l^n$ 的公式来选择与湍流脉动的长度标尺有关的量，工程中最常采用的 k-ε 模型对应的 Z 变量形式为 $k^{3/2}/l$，表示湍流能量的耗散，定义如下：

$$\varepsilon = \nu \overline{\left(\frac{\partial u_i}{\partial x_k}\right)\left(\frac{\partial u_i}{\partial x_k}\right)} = C_D \frac{k^{3/2}}{l} \tag{6-78}$$

通常称其为湍流动能散率。再结合 Prandtl 等提出的 μ_t 的计算式：$\mu_t = C'_\mu \rho k^{1/2} l$，得出湍流涡黏系数：

$$\mu_t = C'_\mu \rho k^{1/2} l = C'_\mu \rho k^{1/2} C_D \frac{k^{3/2}}{\varepsilon} = (C'_\mu C_D)\rho \frac{k^2}{\varepsilon} = C_\mu \rho \frac{k^2}{\varepsilon} \tag{6-79}$$

式中，C_μ 为 C'_μ 与 C_D 的乘积，约为 0.09。

于是，在前面推导得到的 k 偏微分方程基础上，附加关于 ε 的偏微分方程，结合上式，就可求解湍流涡黏系数 μ_t，从而封闭雷诺平均方程式，这便是 k-ε 湍流模型。ε 的偏微分方程的推导类似 k 的微分方程，可从定义出发对 N-S 方程进行一系列运算得到，再对其中的脉动项模拟后得到最终的形式为：

$$\rho \frac{\partial k}{\partial t} + \rho U_j \frac{\partial \varepsilon}{\partial x_j} = \frac{\partial}{\partial x_j}\left[\left(\mu + \frac{\mu_t}{\sigma_k}\right)\frac{\partial k}{\partial x_j}\right] + \frac{C_1 \varepsilon}{k}\mu_t \frac{\partial U_j}{\partial x_i}\left(\frac{\partial U_j}{\partial x_i} + \frac{\partial U_i}{\partial x_j}\right) - C_2 \rho \frac{\varepsilon^2}{k} \tag{6-80}$$

式中，C_1 为经验常数，通常取 1.44；C_2 位经验常数，通常取 1.92；σ_ε 为湍流动能耗散率的 Prandtl 数。

再结合 ε 的定义式(6-78)，可将 k 的微分方程式改写为：

$$\rho\frac{\partial k}{\partial t} + \rho U_j\frac{\partial k}{\partial x_j} = \frac{\partial}{\partial x_i}\left[\left(\mu+\frac{\mu_t}{\sigma_\varepsilon}\right)\frac{\partial k}{\partial x_j}\right] + \mu_t\frac{\partial U_j}{\partial x_i}\left(\frac{\partial U_j}{\partial x_i}+\frac{\partial U_i}{\partial x_j}\right) - \rho\varepsilon \tag{6-81}$$

上述多个微分方程表示的是湍流流动的时均物理量（速度、温度、组分浓度等）和脉动物理量（湍流脉动动能、湍流动能耗散率）在湍流流动输运工程中的守恒特性，又称为对流扩散方程，可用一个统一的通用微分方程表示：

$$\frac{\partial}{\partial t}(\rho\phi) + \text{div}(\rho\bar{u}\phi - \Gamma_\phi\,\text{grad}\,\phi) = S_\phi \tag{6-82}$$

随着 ϕ 的不同，如 ϕ 代表速度、焓以及湍流参数等物理量时，上式代表流体流动的动量方程、能量方程以及湍流动能和湍流动能耗散率方程，各项具体意义如表 6-5 所示。

表 6-5　　　　　　　　　　　三维直角坐标系下的 k-ε 模型控制方程

ϕ	Γ_ϕ	S_ϕ
1	0	0
U	μ_{eff}	$-\dfrac{\partial p}{\partial x}+\dfrac{\partial}{\partial x}\left(\mu_{\text{eff}}\dfrac{\partial u}{\partial x}\right)+\dfrac{\partial}{\partial y}\left(\mu_{\text{eff}}\dfrac{\partial v}{\partial x}\right)+\dfrac{\partial}{\partial z}\left(\mu_{\text{eff}}\dfrac{\partial w}{\partial x}\right)+\rho\beta g_x(T_{\text{ref}}-T)$
V	μ_{eff}	$-\dfrac{\partial p}{\partial y}+\dfrac{\partial}{\partial x}\left(\mu_{\text{eff}}\dfrac{\partial u}{\partial y}\right)+\dfrac{\partial}{\partial y}\left(\mu_{\text{eff}}\dfrac{\partial v}{\partial y}\right)+\dfrac{\partial}{\partial z}\left(\mu_{\text{eff}}\dfrac{\partial w}{\partial y}\right)+\rho\beta g_y(T_{\text{ref}}-T)$
W	μ_{eff}	$-\dfrac{\partial p}{\partial z}+\dfrac{\partial}{\partial x}\left(\mu_{\text{eff}}\dfrac{\partial u}{\partial z}\right)+\dfrac{\partial}{\partial y}\left(\mu_{\text{eff}}\dfrac{\partial v}{\partial z}\right)+\dfrac{\partial}{\partial z}\left(\mu_{\text{eff}}\dfrac{\partial w}{\partial z}\right)+\rho\beta g_z(T_{\text{ref}}-T)$
k	$\dfrac{\mu_{\text{eff}}}{\sigma_k}$	$G_k-\rho\varepsilon$
ε	$\dfrac{\mu_{\text{eff}}}{\sigma_\varepsilon}$	$\dfrac{\varepsilon}{k}\left[G_kC_1-C_2\rho\varepsilon\right]$
H	$\dfrac{\mu_{\text{eff}}}{\sigma_h}$	S_h
C	$\dfrac{\mu_{\text{eff}}}{\sigma_C}$	S_c

$$\mu_{\text{eff}}=\mu_l+\mu_t,\ \mu_t=C_D\rho k^2/\varepsilon$$

$$G_k=\mu_t\left\{2\left[\left(\frac{\partial u}{\partial x}\right)^2+\left(\frac{\partial u}{\partial y}\right)^2+\left(\frac{\partial u}{\partial z}\right)^2\right]+\left(\frac{\partial u}{\partial z}+\frac{\partial w}{\partial x}\right)^2+\left(\frac{\partial w}{\partial y}+\frac{\partial v}{\partial z}\right)^2+\left(\frac{\partial u}{\partial y}+\frac{\partial v}{\partial x}\right)^2\right\}$$

$$C_1=1.44,C_2=1.92,C_D=0.09,\sigma_k=1.0,\sigma_\varepsilon=1.3,\sigma_H=1.0,\sigma_C=1.0$$

需要指出上述经验常数的适应性问题。上述各个常数是在符合一定条件的特殊情形下通过试验得出的，但是仍具有一定的适用性。随着 k-ε 模型的广泛应用，实践证明它对于边界层型流动、管内流动、剪切流动、平面倾斜冲击流动、有回流的流动以及三维边界层流动，都能取得满意的模拟结果。

借助式(6-82)表示的统一形式的通用微分方程，就可以开发通用的流体流动和传热传质数值计算程序。该式适用于各种变量，所不同的只是等效扩散系数、广义源项和初值、边界条件这三方面。目前世界上研究数值计算传热学和流体力学的主要组织所编制的程序大多数针对该通用微分方程式，如著名的 PHOENICS 等。

表 6-5 所列出的 k-ε 模型通常又称为标准的 k-ε 模型或者高 Re 数 k-ε 模型。它对壁面附近黏性底层的适用性很差,会导致较大的误差。于是 Launder 和 Spalding 等对其进行修正,提出了低 Re 数的 k-ε 模型,从而可以运用到近壁面的黏性底层。但是这种方法要求在温度和速度梯度较大的黏性底层布置很多节点,多达数十个。对于室内空气流动数值模拟而言,通常会有 6 面墙壁,这样对整个室内空气流场进行模拟时需要的节点数目是相当巨大的,从而计算量也很大,对于需要预测大量工况的场合,如室内空气流动气流组织的不同方案优化比较,也不大适用。为此,可采用另一种处理手段——壁面函数法专门处理近壁面的流动。

三、典型数值计算方法

1. 方程的离散

(1) 网格的划分方法

对室内空气流动和换热进行数值计算时,需要先将计算域划分成许多互不重叠的子区域,通过对区域划分,可以得到如下几种几何要素:

① 节点(node):需要求解的未知物理量的几何位置。

② 控制容积(control volume):应用控制方程的最小几何单位。

③ 界面(face):各控制容积的分界面。

节点通常被当做控制容积的代表。划分计算域时,一般又有两种做法:① 外节点法——先划节点后划界面;② 内节点法——先划界面后划节点,节点位于控制体的中心。

(2) 有限容积法

有限容积法(Finite Volume Method)具有物理意义明显和总能满足守恒定律的优点。这种方法实际就是在离散控制体内对控制微分方程积分,选择合适的内插函数,用节点值表示有关界面的值以及各阶导数,从而将微分方程离散为一组以各网格节点表示的代数方程。

采用有限容积法离散时,通常需要保证所谓的四项基本法则:

法则 1:控制容积面上的连续性 当一个面作为两个相邻控制容积的公共面时,在这两个控制容积的离散化方程内必须用相同的表达式来表示通过该面的热流密度、质量流量以及动量通量。

法则 2:正系数 离散方程中所有的系数都必须为正(或者同号)。这实际表明了这样一个物理意义:一个节点处的变量值增加会导致相邻节点上相应变量值的增加,这是由于我们考虑的方程是对流扩散方程所决定的。

法则 3:源项的负斜率线性化 当把源项线性化处理时,应保证其斜率为负值。这表明了实际物理过程的特性,不致产生不稳定性或者物理上不真实的解。

法则 4:相邻结点系数之和 对于某个离散代数方程而言,该方程表示的某节点系数应为相邻节点系数之和。表明中心节点值是相邻节点值的加权平均值。这也是由对流扩散微分方程本身的特性决定的(对于源项是因变量函数的情况除外)。

以上四项基本法则保证了离散方程符合实际的物理意义,应在离散时注意保证符合之。

由于流动控制微分方程组都可以用统一的通用微分方程式(6-82)表示,因此可在控制容积内对此方程积分,从而实现对所有物理量的求解。其步骤可总结为:

① 采用内节点法,将计算域划分为控制体,网格中心即网格节点。

② 在每一个网格或控制体内对有关微分方程动量方程、能量方程等积分。

③ 利用 Gauss 公式 $\int_V \nabla \cdot \phi dV = \oiint_S n \cdot \phi dS$，将体积分转换为控制体表面的积分。

④ 选择内插方式(线性分布、阶梯分布等)，将变量 ϕ 各界面以及各阶导数值用节点值表示。

⑤ 整理离散结果为代数形式。

2. 离散方程的求解

在对室内空气流动控制方程进行离散得到代数方程之后，需要对其求解以获得流场各物理量的分布信息。同时，实际应用中还必须考虑影响流场的其他变量，如压力、温度、湍流参数等，因为它们与空气流动流速是相互影响的，因此还必须采用一定的算法来考虑它们的耦合性。结合这些算法再进行代数方程组的求解，所得结果才是符合实际物理情形的合理解。为此，形成了一系列算法，而最具代表性、应用最为广泛的就是 SIMPLE 算法了。

(1) 交错网格

对连续方程利用有限容积法离散，会出现速度场不连续的情况，而动量方程中的压力项也将出现上述情况，导致 P 控制体的流动居然与 P 点压力无关，而这与压力差正是流动的驱动力这一物理意义相悖，必将导致不正确的结果。为了解决这个问题，Spalding 和 Patankar 等提出了交错网格(Staggered Grid)的概念，就是对于动量方程，其控制体比其他方程的控制体错移半个网格，也就是对于速度变量 U、V、W，其控制体比其他变量的控制体(温度、浓度等)在该速度方向上错移半个。

对动量方程进行离散，可得：

$$a_p U_p = \sum a_{nb} U_{nb} + b - (P_e - P_w)A_e \tag{6-83}$$

如果采用线性分布选取界面的 P_e 和 P_w 值，并且考虑 w 和 e 分别位于 WP 和 PE 的中点，则此时有：

$$P_e - P_w = \frac{1}{2}(P_E + P_P) - \frac{1}{2}(P_W + P_P) = \frac{1}{2}(P_E - P_W) \tag{6-84}$$

可见，对于 P 点所在控制体，离散所得控制方程中竟不含有 P 点压力，说明 P 点压力对此没有影响，这显然违背物理意义。同理，对于连续方程进行离散也会有类似结果。采用交错网格后，得到控制体速度为：

$$a_w U_w = \sum a_{nb} U_{nb} + b - (P_P - P_W)A_e \tag{6-85}$$

显然，此时不会发生上述情况。于是，今后可用交错网格离散动量方程。

(2) 压力修正

由式(6-85)可见，必须已知压力场才能求解速度场，但实际上压力场是未知的。而数学模型中又没有专门的关于压力的方程。但是应当注意到，至此还没有利用连续方程，因此应该利用连续方程来解决压力场未知的问题。由于对这类非线性问题采用的是迭代求解，于是可以假设迭代初值。故假设一个压力场作为迭代初值，设为 P^*，于是利用式(6-84)求解的速度将成为：

$$a_w U_w^* = \sum a_{nb} U_{nb}^* + b + (P_W^* - P_P^*)A_e \tag{6-86}$$

迭代未收敛时，P^* 与 P 是不等的，用 P' 修正：

$$P = P^* + P' \tag{6-87}$$

同理,对于速度有:

$$U = U^* + U' \tag{6-88}$$

利用式(6-84)减式(6-85)可得:

$$a_w U'_w = \sum a_{nb} U'_{nb} + (P'_W - P'_P) A_e \tag{6-89}$$

迭代收敛时必有 $\sum a_{nb} U'_{nb} \approx 0$,可省略之,于是可得:

$$\begin{cases} U'_w = d_w (P'_W - P'_P) \\ d_W = \dfrac{A_e}{a_w} \end{cases} \tag{6-90}$$

这样就将速度(包括速度修正值)用压力修正值表示出来,这是对连续方程在速度控制体内依有限容积法离散后将速度用式(6-89)中的压力表示出来,整理后可以得到压力修正方程(其本质是连续方程):

$$a_P p'_P = a_E p'_E + a_w p'_w + a_N p'_N + a_s p'_s + a_T p'_T + a_B p'_B + b \tag{6-91}$$

由上可见,压力修正方程的巧妙就在于把连续方程转化为求解没有专门微分方程表示的压力(修正)值。

有了以上基础,就可以提出与压力、温度、湍流参数耦合求解流畅的 SIMPLE 算法。

(3) SIMPLE 算法

压力修正后,就可以对动量方程进行迭代求解了,从而也就可以求解其他变量的方程。基于压力修正的算法就是著名的 SIMPIE 算法:压力耦合的半隐式方法(Semi-Implicit Method for Pressure Linked Equation)。之所以为半隐式,是因为式(6-89)中将 $\sum a_{nb} U'_{nb}$ 忽略了。SIMPE 算法的步骤如下:

① 假设压力场 P^*。

② 求解动量方程得到速度场 U^*。

③ 求解压力修正方程式(6-91),得到 P'。

④ 利用式(6-87)、式(6-88)、式(6-90)修正压力场和速度场。

⑤ 求解其他影响流场的变量,如温度、浓度或湍流动能等。

⑥ 判断收敛,如果收敛则停止迭代;否则以更新后的压力场为新的假设的压力场,跳到②继续计算,直至收敛。

⑦ 求解与速度无关的其他变量。

据以上算法,再结合前述的代数方程求解方法,就可以对室内空气流动和换热、传质的离散方程进行求解,获得需要的场分布情况。

3. 边界条件和初始条件

对于实际物理问题,必须由所谓的定解条件才能封闭方程组,才可以得出问题的解。对于一个一般性的非稳态问题,定解条件包括边界条件和初始条件。

(1)边界条件

边界条件一般有以下几类:

① 给出变量 ϕ 的值,如壁面的温度,非滑移壁面的速度分量为零等。

② 给出 ϕ 沿某方向的导数值 $\dfrac{\partial \phi}{\partial n}$,如已知壁面的热流量,对绝热壁面则 $\dfrac{\partial \phi}{\partial n} = 0$。

③ 给出 $\frac{\partial \phi}{\partial n}$ 和 ϕ 的关系式,如通过表面传热系数以及周围流体温度而限定壁面的等热换热量等。

(2) 初始条件

非稳态问题的初始条件,即已知 $t=0$ 时刻,它可以是个常数值也可以是空间位置的函数。

常可以把非稳态问题看做它在初始时刻处于某个稳定状态,由于某些条件如边界条件的变化引起了非稳态过程。如果这些条件一直保持下去而不发生变化,则最终必定达到另一个稳定状态。实际应用中,如果只对非稳态问题最终达到的那个稳定状态感兴趣,而不关心过程中的瞬时细节的话,那么初始条件的给出就可以有很大的任意性。因为最终的稳定解与如何给出初始条件无关,于是可以借此利用非稳态的方法对稳态问题求解,从而节省计算时间或保证计算不至于发散。

本章符号说明

$A(\tau)$——污染物年龄的概率分布函数;

$\mathrm{ACS}(x,y,z,T)$——在时间段 T,室内位置为 (x,y,z) 处的污染源可及性;

$\mathrm{ASA}(x,y,z,T)$——在时间段 T,室内位置为 (x,y,z) 处的送风可及性;

$B(\tau)$——污染物年龄的累计分布函数;

C——污染物或示踪气体浓度,$\mathrm{kg/m^3}$;

C_e——出风口浓度,$\mathrm{kg/m^3}$;

C_{ej}——实际系统中的第 j 个出口浓度,$\mathrm{kg/m^3}$;

C_{max}——房间污染物最大浓度,$\mathrm{kg/m^3}$;

$C_p(\tau)$——空间中某一点的浓度,$\mathrm{kg/m^3}$;

C_s——送风口的浓度,$\mathrm{kg/m^3}$;

C_{si}——实际系统中的第 i 个出口浓度,$\mathrm{kg/m^3}$;

C_0——房间初始浓度,$\mathrm{kg/m^3}$;

$\bar{C}$——房间内部污染浓度的体平均,$\mathrm{kg/m^3}$;

$f(\tau),F(\tau)$——空气龄的概率分布函数和累计分布函数;

F——窗孔的面积,$\mathrm{m^2}$;

G——质量通风量,$\mathrm{kg/s}$;

H——高度,m;

k_u,k_t——速度不均匀系数,温度不均匀系数;

m——脉冲法释放的示踪气体的质量,kg;

$\dot{m}$——污染物或者示踪气体源散发速率,$\mathrm{kg/s}$;

$M(\tau)$——τ 时刻房间污染物的总量,kg;

n——房间的换气次数,次/h;

Q——体积通风量,$\mathrm{m^3/h}$;

S_i——污染物在室内某处的发生源,编号 i,kg/s;

T——用于衡量通风系统动态特性的有限时段,从开始送风时或从污染物开始扩散时计算,s;

t_i,t_n,t_w——工作区某点的空气温度、室内空气温度和室外空气温度,℃;

$\bar{t}_i,t_e,t_s$——工作区平均温度、排气温度和送风温度,℃;

u_i——工作区某点的空气流速,m/s;

V——房间容积,m³;

V_i——空间第 i 部分的体积,m³;

ΔET——有效温度差,K;

ΔP——窗孔两侧的压力差,P_a;

$\Delta p'_x$——某窗孔的余压,P_a;

$\varepsilon,\varepsilon_p$——房间整体排污效率和某点的排污效率;

η_t——余热排除效率;

η_a,η_i——房间平均的换气效率和房间某点换气效率;

ζ——窗孔局部阻力系数;

ρ——空气密度,kg/m³;

ρ_n,ρ_w——室内空气密度和室外空气密度,kg/m³;

τ——时间变量,s;

τ_n——房间的名义时间常数,s;

$\bar{\tau}_p$——房间空气龄平均值,s;

τ_p,τ_{rl},τ_r——空气龄、残留时间和驻留时间,s;

τ_{pi},τ_{rli}——空间第 i 部分的空气龄和残留时间,s;

τ_{cont}——污染物年龄,s;

τ_t——排空时间,s;

下标

s,e——送风口和出风口;

i,j——楼层或者中送风口和出风口的序号;

in——室内;

l——楼梯间;

out——室外;

p——房间内某一点的值。

思　考　题

1. 自然通风的驱动力是什么?有何特点?一般适用于什么样的场所?

2. 什么是不均匀系数、空气年龄、通风效率、换气效率、能量利用系数?对应其物理含义是什么?

3. 常见的气流组织测试方法有哪些?

4. 稳态通风情况下,在空间均布的单位体积源作用时,室内污染物浓度的分布规律与房间空气年龄的分布规律一样吗?

5. 室内气流组织的主要评价参数包括哪些?

6. 在活塞风作用下,假设通风断面上的污染物浓度一样,试分析下列三种情况下的排空时间和排污效率:(1)污染源位于入口;(2)污染源位于正中部;(3)污染源位于出口。

7. 对于第 6 题的三种情况,假设存在搅拌风扇使污染物在空间均匀混合,排气时间又是多少? 换气效率又是多少? 排污效率是多少?

8. 试分析第 6 题中情况下污染物龄在空间的分布,并与空气龄的分布进行比较。

参 考 文 献

[1] 朱颖心. 建筑环境学[M]. 第 3 版. 北京:中国建筑工业出版社,2010.

[2] 杨晚生. 建筑环境学[M]. 武汉:华中科技大学出版社,2009.

[3] 黄晨. 建筑环境学[M]. 北京:机械工业出版社,2007.

[4] 李念平. 建筑环境学[M]. 北京:化学工业出版社,2010.

[5] 朱奋飞,邵晓亮,李光庭. 关于示踪气体测量法测量房间换气量的讨论[J]. 暖通空调, 2008(38):61-66.

[6] 郑洪男,端木琳,张晋阳. 日本工位空调系统的研究与应用[J]. 制冷空调与电力机械, 2005:58-62.

[7] LI XIANTIAN, LI DONGNING, YANG XUDONG. Total air age:an extension of the air age concept[M]. [s. l.]:Building and Environment,2003.

[8] 许钟麟. 空气洁净技术原理[M]. 第 3 版. 北京:科学出版社,2003.

[9] ZHAO BIN, LI XIANTING, CHEN XI, et al. Determining ventilation strategy to defend indoor environment against contamination by integrated accessibility of contaminant source[M]. [s. l.]:Building and Environment,2004.

第七章　建筑声环境

良好的室内听觉环境能够改进人们的生活环境,创造和谐、健康、愉悦的生存空间。本章将较为系统地介绍有关建筑声环境的知识,涉及声环境的基本概念、室内声学、材料和结构的声学特性、环境噪声的传播与控制等。学习和运用这些知识,对建筑环境与能源应用工程专业的学生来说是十分必要的。

第一节　声音的基本概念及特性

一、声波的基本物理性质

1. 声源和声波

声音来源于振动的物体,通常把受到外力作用而产生振动的物体即发声体称为声音的来源,简称声源。声源具有指向性。声源产生的振动必须通过媒介传播,人耳才能有声音感觉,真空不能传声。

声音包含两方面的含义:在物理学方面,它是一种压力的波动,这是客观声音;从生理学来讲,它是物理波动现象引起的听觉感觉,这是主观声音。通常所讲的声音是指通过人耳获得的听觉,是由空气压力的波动而产生的机械波,又叫声波。

2. 频率、波长和声速

空气质点在1秒钟内位移或振动的次数称为频率,单位为赫兹(Hz)。完成一次振动所经历的时间称为周期,记作T,单位为秒(s)。声波在每次完整的振动周期内传播的距离,称为波长。

在声学领域和日常生活中,通常将声音按频率分类,根据频率高低可分为次声、可听声、超声。正常人耳可能听见的声音频率范围在20~20 000 Hz之间。低于20 Hz的声波称为次声,高于20 000 Hz的称为超声,次声和超声都不能被人耳听到。本教材主要讨论可听声。可听声根据频率高低分为三个频段,300 Hz以下称为低频声,300~1 000 Hz之间的称为中频声,1 000 Hz以上的称为高频声。常见的发声物如图7-1所示。

声速即声波在弹性介质中的传播速度,记作c,单位是m/s。声速不是质点振动的速度而是振动状态的传播速度;它的大小与振动的特性无关,而与介质的弹性、密度以及温度有关。

声波在不同介质中传播速度不同,当温度为0 ℃时,不同介质的声速为:

松木:3 320 m/s　　　　　　　　软木:500 m/s

钢:5 000 m/s　　　　　　　　　水:1 450 m/s

在空气中,声速与温度的关系如下:

$$c = 331.44\sqrt{1 + \frac{Ta}{273}}\tag{7-1}$$

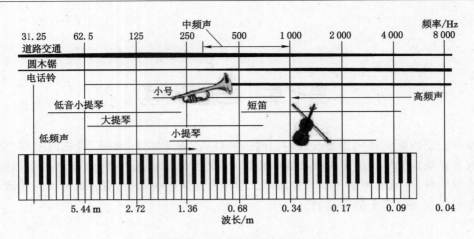

图 7-1　可听声发生频率及发声体

式中　Ta——空气温度,℃。

频率、波长和声速之间的恒定关系为:

$$c = f\lambda \tag{7-2}$$

式中　c——声波的传播速度,m/s;

f——声波的频率,Hz;

λ——声波的波长,m。

二、声音的度量

1. 声功率、声强、声压

(1) 声功率 W

声功率是指声源在单位时间内向外辐射的声能,单位为瓦(W)或微瓦(μW)。声源声功率有时是指在某个有限频率范围所辐射的声功率(通常称为频带声功率),此时需注明所指的频率范围。它是声源本身的一种特性,不因环境条件的不同而变化。

(2) 声强 I

声强是衡量声波在传播过程中声音强弱的物理量,单位为 W/m²。声场中某一点的声强,是指在单位时间内该点处垂直于声波传播方向上的单位面积所通过的声能。

$$I = \frac{W}{S} \tag{7-3}$$

式中　S——声音所通过的面积,m²。

在无反射声波的自由场中,点声源发出的球面波,均匀地向四周辐射声能。因此,距声源中心为 r 的球面上的声强为:

$$I = \frac{W}{4\pi r^2} \tag{7-4}$$

因此,对于球面波,声强与点声源的声功率成正比,而与到声源的距离平方成反比[图 7-2(a)]。

对于平面波,声线互相平行,同一束声能通过与声源距离不同的表面时,声能没有聚集或离散,即与距离无关,所以声强不变[图 7-2(b)]。例如指向性极强的大型扬声器就是利用这一原理进行设计的。其声音可传播十几公里远。

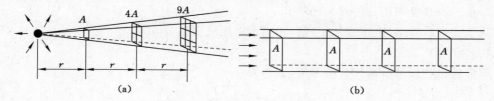

图 7-2　声能通过的面积与距离的关系

(a) 球面波；(b) 平面波

以上现象都是考虑声音在无损耗、无衰减的介质中传播的。实际上，声波在一般介质中传播时声能总是有损耗的。声音的频率越高，损耗也越大。

在实际工作中，指定方向的声强难以测量，通常是测出声压，通过计算求出声强和声功率。

(3) 声压 p

声压是指介质中有声波传播时介质中的压强相对于无声波时介质静压强的改变量，单位为 Pa。任一点的声压都是随时间而不断变化的，每一瞬间的声压称瞬时声压，某段时间内瞬时声压的均方根值称为有效声压。如未说明，通常所指的声压即为有效声压。

声压与声强有着密切的关系。在自由声场中，某处的声强与该处声压的平方成正比，而与介质密度与声速的乘积成反比，即：

$$I = \frac{p^2}{\rho_0 c} \tag{7-5}$$

式中　p——有效声压，N/m^2；

　　　ρ_0——空气密度，kg/m^3；

　　　c——空气中的声速，m/s；

　　　$\rho_0 c$——介质的特性阻抗，20 ℃时其值为 415 $N \cdot S/m^3$。

因此，在自由声场中测得声压和到声源的距离就不难算出该点的声强和声源声功率。

2. 声压级、声强级、声功率级及其叠加

如前所述，在有足够的声强与声压的条件下，能引起正常人耳听觉的频率范围为 $20 \sim 20 \times 10^3$ Hz。正常人耳听觉范围内，人耳刚能感受到的声音为闻阈声（或听阈声），常作为基准声；使人感到疼痛的声音为痛阈声。对于频率为 1 000 Hz 的声音，闻阈声的声强为 10^{-12} W/m^2，其相应声压为 2×10^{-5} N/m^2；而痛阈声的声强为 1 W $/m^2$，其相应声压为 20 N/m^2。可以看出，人耳的容许声强范围为 1 万亿倍，声压相差也达 100 万倍。因此，很难直接用声强或声压来计量。如果改用对数标度，就可以压缩这个范围。同时，人耳对声音大小的感觉也并非与声强、声压成正比，而是近似地与它们的对数值成正比，因此引入了"级"的概念。

(1) 级的概念与声压级

级是指做相对比较的量。如声压以 10 倍为一级划分，声压比值写成 10^n 形式，从可听阈到痛阈可划分为 $10^0 \sim 10^6$ 共 7 级。n 就是级值，但又嫌过少，所以以 20 倍之，把这个区段的声压级划分为 $0 \sim 120$ 分贝（dB），即：

$$L_p = 20\lg \frac{p}{p_0} \tag{7-6}$$

式中 L_p——声压级,dB;

$\quad\quad$ p_0——基准声压,$p_0 = 2 \times 10^{-5}$ Pa。

从上式可以看出,声压变化 10 倍,相当于声压级变化 20 dB。

(2)声强级

声强级也是以可听阈作为参考值,表示为:

$$L_I = 10\lg \frac{I}{I_0} \tag{7-7}$$

式中 L_I——声强级,dB;

$\quad\quad$ I_0——基准声强,$I_0 = 10^{-12}$ W/m^2。

在自由声场中,当空气的介质特性阻抗 $\rho_0 c$ 等于 400 N·s/m^3 时,声强级与声压级在数值上相等。在常温下,空气的 $\rho_0 c$ 近似为 400 N·s/m^3,因此通常可认为两者的数值相等。

(3)声功率级

同上,声功率级的定义为:

$$L_W = 10\lg \frac{W}{W_0} \tag{7-8}$$

式中 L_W——声功率级,dB;

$\quad\quad$ W_0——基准声功率,$W_0 = 10^{-12}$ W。

(4)声级的叠加

当几个不同的声源同时作用于某一点时,若不考虑干涉效应,该点的总声强是各个声强的代数和,即:

$$I = I_1 + I_2 + \cdots + I_n \tag{7-9}$$

而它们的总声压(有效声压)是各声压的均方根值,即:

$$p = \sqrt{p_1^2 + p_2^2 + \cdots + p_n^2} \tag{7-10}$$

声压级叠加时,不能进行简单的算术相加,而要求按对数运算规律进行。例如,n 个声压级为 L_{p1} 的声音叠加,其总声压级为:

$$L_p = 20\lg \frac{\sqrt{n p_1^2}}{p_0} = L_{p1} + 10\lg n \tag{7-11}$$

从上式可以看出,两个数值相等的声压级叠加时,声压级会比原来增加 3 dB,而不是一倍。这一结论同样适用于声强级与声功率级的叠加。

可以证明,两个声压级分别为 L_{P1} 和 L_{p2}(设 $L_{P1} \geqslant L_{p2}$),其叠加的总声压级为:

$$L_p = L_{p1} + 10\lg[1 + 10^{-(L_{p1} - L_{p2})/10}] = L_{p1} + \Delta L \tag{7-12}$$

式中修正量 ΔL 也可根据 $L_{p1} - L_{p2}$ 查图 7-3 获得,将它加到较高的那个声压级 L_{p1} 上即得所求的总声压级。如果两个声压级差超过 10~15 dB,附加值很小,可略去不计。

图 7-3 声压级叠加的修正量

【例 7-1】　测得某风机噪声声压级频谱如表 7-1 所示，试求总声压级。

表 7-1　　　　　　　　　　　　　风机噪声频带声压级

倍频程中心频率/Hz	630	125	250	500	1 000	2 000	4 000	8 000
声压级/dB	90	95	100	93	82	75	70	70

【解】　声压级的大小依次为 $100,95,93,90,82,\cdots$(dB)，将相邻两个声压级依据图 7-3 依次叠加，得：

$$\left.\begin{matrix}100\\95\end{matrix}\right\}-\left.\begin{matrix}101.2\\93\end{matrix}\right\}-\left.\begin{matrix}101.8\\90\end{matrix}\right\}-102.1\approx102\ \text{dB}$$

上述三次叠加后即得 102 dB，与其余未叠加的声压级的差值均超过 15 dB，修正值很小，可见总声压级主要决定于前 4 个数值，其余的作用不大，可以不再计入。

第二节　人的听觉特性与噪声评价

一、人的主观听觉特性

人们对声音的主观要求是十分复杂的，人对某种声音是否愿意听闻，不仅取决于这种声音的响度，还取决于它的频率、连续性、发出的时间和声音信息的内容，同时还取决于发声者的主观意志以及听到声音的人的心理状态和心情。声音要靠人耳做出最后评价，入耳的听觉特征是对音质和噪声环境采取控制手段的根据。因此，要了解人们听觉上的主观要求，首先要了解听觉机构与声音听觉的一些主观因素。

1. 最高和最低的可听极限

不同的人能听到的最高音调范围有很大的差异。而音调高低与声音的频率是相对应的。人的最高可听极限与所听声音的响度大小也有关系。一般青年人可以听到 20 kHz 的声音，而中年人只能听到 12～16 kHz。最低可听频率的下限，通常是 20 Hz。

2. 最小可辨阈

对于频率在 50～10 000 Hz 之间的任何纯音，在声压级超过可听闻 50 dB 时，人耳大约可分辨 1 dB 的声压级变化。在理想的隔声室中，用耳机提供声音时，在中频范围，人耳可察觉到 0.3 dB 的声压级变化。

当频率约为 1 000 Hz 而声压级超过 40 dB 时，人耳能觉察到的频率变化范围为 0.3 dB；声压级相同，但频率少于 1 000 Hz 时，人耳能觉察到 3 Hz 的变化。

3. 响度与响度级

通常声音越响，对人的干扰越大。实践证明，人耳对高频声较低频声敏感，同样声压级的声音，中、高频声显得比低频声更响一些，这是人耳的听觉特性所决定的。为此人们提出响度级这一概念，用以定量地描述声音在人主观上引起的"响"的感觉。

响度级，就是以 1 000 Hz 的纯音作标准，使其和某个声音听起来一样响，那么此 1 000 Hz 纯音的声压级就定义为该声音的响度级。记作 L_N，单位为方(phon)。

对各个频率的声音作这样的试听比较，得出达到同样响度级时频率与声压级的关系曲线,通常称为等响曲线,见图 7-4。从任一条曲线均可以看出,低频部分声压级高,高频部分对应的声压级低,说明人耳对低频声不敏感,对高频声敏感。

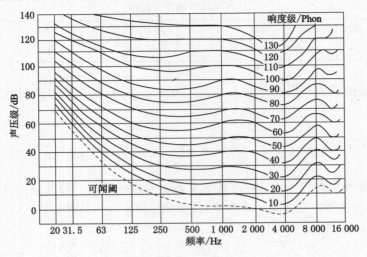

图 7-4 等响曲线

与主观感觉的轻响程度成正比的参量称为响度,符号为 N,单位"宋"(sone),具体说是正常听者判断一个声音比响度级 40 方参考声强的倍数。以 40 方声音产生的响度为标准,称为 1 宋。响度和响度级之间的关系可用下式表示

$$L_N = 40 + 10 \log_2 N \tag{7-13}$$

式中　　N——响度,宋(sone);

　　　　L_N——响度级,方(phon)。

二、声环境的评价方法

1. 计权声级和计权网络

声压级只反映声音强度对人响度感觉的影响,不能反映声音频率对响度感觉的影响。响度级和响度解决了这个问题,但是用它们来反映人们对声音的主观感觉过于复杂,于是提出计权声压级的概念。

为了使声音的客观量度和人耳的听觉主观感受近似取得一致,通常对不同频率声音的声压级经某一特定的加权修正后,再叠加计算可得到噪声的总声压级,此声压级称为计权声级。

测量仪器中,测量声音响度级与声压级时所使用的仪器成为声级计,见图 7-5。

声级计一般由电容式传声器、前置放大器、衰减器、放大器、频率计权网络以及有效值指示表头等组成。在声级计中设有 A、B、C、D 四套计权网络。A 计权网络是参考 40 方等响曲线,对 500 Hz 以下的声音有较大的衰减,以模拟人耳对低频不敏感的特性。C 计权网络具有接近线性的较平坦的特性,在整个可听范围内几乎不衰减,以模拟人耳对 100 方以上的听觉响应,因此它可以代表总声压级。B 计权网络介于两者之间,但很少使用。D 计

图 7-5 声级计

权是用于测量航空噪声的。它们的频率特性如图 7-6 所示。

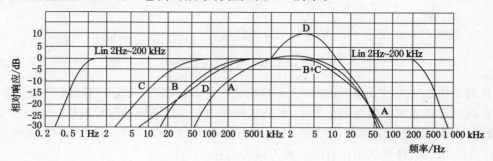

图 7-6 A、B、C、D 计权网络

通常 A 计权的频率响应与人耳对宽频带的声音的灵敏度相当,成为最广泛的评价参量。因此在音频范围内进行测量时,多使用 A 计权网络。

2. A 声级 L_A

A 声级由声级计厂的 A 计权网络直接读出,用 L_A 表示,单位是 dB(A)。A 声级反映了人耳对不同频率声音响度的计权,此外 A 声级同噪声对人耳听力的损害程度也能对应得很好,因此是目前国际上使用最广泛的环境噪声评价方法。对于稳态噪声,可以直接测量 L_A 来评价。

用式(7-14)可以将一个噪声的倍频带谱转换成 A 声级:

$$L_A = 10\lg \sum_{i=1}^{n} 10^{0.1(L_i + \Delta A_i)} \qquad (7-14)$$

式中 L_A——A 声级,dBA;

L_i——第 i 个倍频带声级,dB;

ΔA_i——第 i 个频率 A 计权网络修正值,dB,其值见表 7-2。

表 7-2 A 声级计权修正值

倍频程中心频率 f/Hz	A 计权修正值 ΔA_i/dB	倍频程中心频率 f/Hz	A 计权修正值 ΔA_i/dB
31.5	−39.4	1 000	0
63	−26.2	2 000	+1.2
125	−16.1	4 000	+1.0
250	−8.6	8 000	−1.1
500	−3.2		

3. 等效连续 A 声级 $L_{Aeq,T}$

对于声级随时间变化的起伏噪声,其 L_A 是变化的,等效连续 A 声级利用某一段时间内能量平均的概念,将起伏暴露的几个不同的 A 声级噪声,利用时间加权平均的方法,以一个 A 声级表示该时间段内的噪声大小,简称等效声级,记为 $L_{Aeq,T}$。在 T 时间内各噪声的 A 声级 L_{Ai} 的暴露时间为 T_i,则 T 时间内等效连续 A 声级的数学表达式如下:

$$L_{Aeq,T} = 10\lg\left(\frac{T_1}{T} 10^{0.1L_{A1}} + \frac{T_2}{T} 10^{0.1L_{A2}} + \cdots + \frac{T_n}{T} 10^{0.1L_{An}}\right)$$

$$= 10\lg \sum_{i=1}^{n} \frac{T_i}{T} 10^{0.1L_{Ai}} \qquad (7\text{-}15)$$

当 T 时间内各 n 个 A 声级暴露时间等间距时：

$$L_{Aeq,T} = 10\lg \left[\frac{1}{n} \sum_{i=1}^{n} 10^{0.1L_{Ai}} \right] \qquad (7\text{-}16)$$

在对不稳态噪声的大量调查中,已证明等效连续 A 声级与人的主观反映存在良好的相关性。我国和许多国家的噪声标准中,都用该量作为非连续噪声的评价指标。

【例 7-2】 测得某车间一个工作日的噪声分布为:4 小时,90 dBA;3 小时,100 dBA;2 小时,110 dBA。计算其工作日的等效声级 $L_{Aeq,T}$。

【解】 由式(7-16)得:

$$L_{Aeq} = 10\lg \sum \left(\frac{T_i}{T} 10^{0.1L_{Ai}} \right) = 10\lg \left[\frac{4}{8} \times 10^{0.1 \times 90} + \frac{3}{8} \times 10^{0.1 \times 100} + \frac{1}{8} \times 10^{0.1 \times 100} \right] \text{dBA}$$

$$= 102.2 \text{ dBA}$$

【例 7-3】 已知某操作工每班在 70 dBA 的操作室工作 4 小时,在机房内工作 4 小时,如果噪声允许标准为 85 dBA。试问机房内所允许的最高噪声级是多少?

【解】 因为总声压级 $L_{Aeq,T} = 85$ dBA,$L_{A1} = 70$ dBA,$t_1 = 4$ h,则:

$$L_{A2} = 10\lg \frac{\sum t_i \times 10^{0.1L_{Aeq,T}} - t_1 \times 10^{0.1L_{A1}}}{\sum t_i - t_1} = 10\lg \frac{8 \times 10^{0.1 \times 85} - 4 \times 10^{0.1 \times 70}}{8 - 4} \text{ dBA}$$

$$= 98 \text{ dBA}$$

4. 统计声级 L_x

为描述随机起伏的道路交通噪声,利用概率统计的方法,记录随时间变化的噪声的 A 声级,通过统计分析获得的声级称为统计声级,记作 L_x,它表示 $x\%$ 的测量时间所超过的声级。一般来说,把低声级看做来自所有方向和许多声源形成的"背景噪声",人们很难辨认其中的任何声源。这种背景噪声级占测量时间的 90%,例如 $L_{90} = 70$ dBA 表示整个测量时间内有 90% 的测量时间,噪声都超过 70 dBA,通常将它看成背景噪声。平均噪声级定义为等于 50% 的声级,如 $L_{50} = 74$ dBA 表示 50% 的测量时间内,噪声超过 74 dBA,又称中间值噪声。来自某些干扰的噪声,例如,一辆卡车通过或一架飞机飞越,使噪声达到相当高的"峰值",其所经历的时间大约占 10%,这种噪声称峰值噪声,如 $L_{10} = 80$ dBA 表示 10% 的测量时间内,噪声超过 80 dBA。因此,某一地区一天里特定的一段时间的城市噪声暴露,可以简单地用背景噪声 L_{90}、平均噪声 L_{50}、峰值噪声 L_{10} 描述。

交通噪声基本符合正态分布,其等效连续声级 $L_{Aeq,T}$ 与统计声级 L_x 的关系可近似表示为:

$$L_{Aeq,T} = L_{50} + \frac{(L_{10} - L_{90})^2}{60} \qquad (7\text{-}17)$$

现场实测时,可通过等时间间隔测量数据求得统计声级。首先将测到的 100 个数据从大到小按顺序排列,第 10 个数据即为 L_{10},第 50 个数据为 L_{50},第 90 个数据为 L_{90}。

统计声级主要用于噪声随机变化的交通噪声、城市噪声标准。

5. NR 噪声评价曲线

NR 噪声评价曲线是国际标准化组织 ISO 规定的一组评价曲线,它可作为评价已存在的噪声问题,也可以作为室内达到可接受的背景噪声确定的设计目标,或者工业噪声治理的限值目标。图 7-7 所示 NR 噪声评价曲线反映了 NR 噪声评价数与倍频带声压级之间的关系。NR 曲线的序号表示该曲线通过中心频率 1 000 Hz 的声压级数值,每一条曲线各中心频率下的声压级,均可由图 7-7 查出。NR 数与 A 声级 L_A 具有较大的相关性,可以近似为:

$$L_A = NR + 5 \tag{7-18}$$

（1）设计应用

近年来,各国规定的噪声标准都以 A 声级或等效连续 A 声级作为设计标准,如标准规定为 90 dBA,则根据上式可知相当于 NR85。利用 NR 曲线获得 NR85 曲线上各倍频带声压级值,即为允许标准值。在室内消声设计或空调系统消声设计时,可作为消声设计依据。

【例 7-4】　某剧院室内噪声设计参数为 NR30,室内声学设计或消声设计时,写出室内各频带声压级控制量频谱。

【解】　由图 7-7 查得 NR30 时各频带声压级相应值列于表 7-3 中。

表 7-3　　　　　　　　　　　　计算表

倍频带中心频率 f/Hz	63	125	250	500	1 000	2 000	4 000	8 000
倍频程允许声压级 L_p/dB	62	49	40	35	30	27	25	23

（2）校核应用

NR 曲线还经常应用于通过现场一组实测数据判断室内 NR 噪声数是否达标的场合。其应用方法为:将各倍频带测得的声压级描绘在 NR 曲线上,以实测频谱曲线与 NR 曲线相切的最高 NR 曲线序号,代表该噪声的噪声评价数。例如,图 7-8 中的某建筑环境噪声实测频谱曲线,与 NR35 曲线相切,则该环境噪声为 NR35。

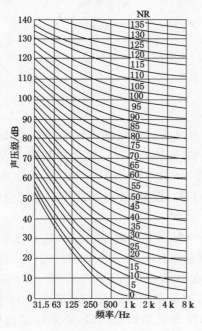

图 7-7　NR 噪声评价曲线

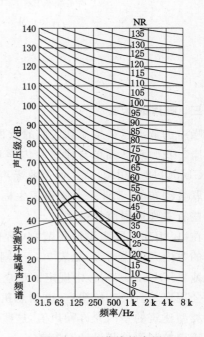

图 7-8　NR 曲线的应用

6. NC,PNC 噪声评价曲线

与 NR 曲线相似的还有 NC 曲线,其评价方法相同,但曲线走向略有不同。

NC 曲线(Noise Criterion Curves)是 Beranek 于 1957 年提出,1968 年开始实施,ISO 推荐使用的一种评价曲线,对低频的要求比 NR 曲线苛刻。与 A 声级和 NR 曲线有以下近似关系 $L_A=NC+10$,$NC=NR-5$。

PNC(Preferred Noise Curves)是对 NC 曲线进行的修正,对低频部分更进一步进行了降低。与 NC 曲线有以下近似关系:$PNC=3.5+NC$。

NC 曲线以及 PNC 曲线适用于评价室内噪声对语言的干扰和噪声引起的烦恼,见图 7-9。

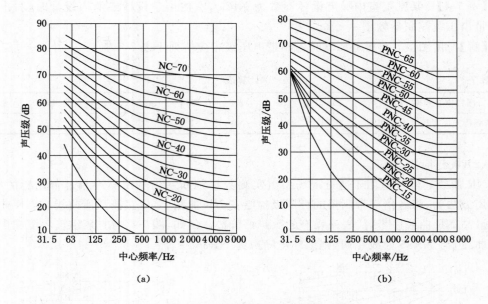

图 7-9 NC 曲线和 PNC 曲线

(a) NC 曲线;(b) PNC 曲线

三、噪声的标准

噪声的危害越来越受到人们的重视,这就要求以立法形式制定噪声标准,保护大家的身心健康。我国现已颁布与建筑室内声环境有关的主要噪声标准有:《民用建筑隔声设计规范》(GB 50118—2010)、《工业企业噪声控制设计规范》(GBJ/T 50087—2013)、卫生部与劳动部联合颁布的《工业企业噪声卫生标准(试行草案)》等。此外,在各类建筑设计规范中,也有一些有关噪声限值的条文。

在《民用建筑隔声设计规范》(GB 50118—2010)中规定了住宅、学校、医院和旅馆四类建筑的室内允许噪声级,见表 7-4。《剧场建筑设计规范》(JGJ 57—2016)和《电影院建筑设计规范》(JGJ 58—2008)中规定了观众席噪声,在《办公建筑设计规范》(JGJ 67—2006)中规定办公用房、会议室、接待室、电话总机房、计算机房、阅览室的噪声标准。表 7-5 中列出了不同类型建筑的室内允许噪声值,这些数值是不同的学者提出的建议值,不是法定的标准。可供噪声控制评价和设计时参考。

表 7-4 民用建筑室内允许噪声标准 dBA

建筑类别	房间名称	时间	特殊标准	较高标准	一般标准	最低标准
住宅	卧室	白天		≤40	≤45	≤50
	书房	夜里		≤30	≤35	≤40
	卧室兼起居室	白天		≤45	≤50	≤50
	起居室	夜里		≤35	≤40	≤40
学校	有特殊安静要求的房间			≤40	—	—
	一般教室无特殊安			—	≤50	—
	静要求的房间			—	—	≤55
医院	病房	白天		≤40	≤45	≤50
	医护人员休息室	夜里		≤30	≤35	≤40
	门诊室			≤55	≤55	≤60
	手术室			≤45	≤45	≤50
	听力测听室			≤25	≤25	≤30
旅馆	客房	白天	≤35	≤40	≤45	≤50
	会议室	夜里	≤25	≤30	≤35	≤40
	多用途大厅		≤40	≤45	≤50	≤50
	办公室		≤40	≤45	≤50	—
	餐厅		≤45	≤50	≤55	≤55
	宴会厅		≤50	≤55	≤60	—

表 7-5 各类建筑室内允许噪声值

房间名称	允许的噪声评价数 NR	允许的 A 声级/dBA
广播录音室	10~20	20~30
音乐厅、剧院的观众厅	15~25	25~35
电视演播室	20~25	30~35
电影院观众厅	25~30	35~40
体育馆	35~45	45~55
个人办公室	30~35	40~45
开敞式办公	40~45	50~55
会议室	30~40	40~50
图书馆阅览室	30~35	40~45

第三节　声音的传播

一、声音遇到障碍物时的传播

1. 波阵面与声线

声波从声源出发,在同一介质中按一定方向传播,在某一时刻,波动所达到的各点包络面称为"波阵面"。波阵面为平面的称为"平面波",波阵面为球面的称为"球面波"。由一点声源辐射的声波就是球面波,但在离声源足够远的局部范围内可以近似地把它看做平面波。

人们常用"声线"表示声波传播的途径。在各向同性的介质中,声线与波阵面相垂直。

2. 声波的反射

声波在前进过程中如果遇到尺寸大于波长的界面,声波将被反射。如果声源发出的是球面波,经反射后仍是球面波,该过程遵循反射定律,即:

① 入射线、反射线和反射面的法线在同一平面内。

② 入射线和反射线分别在法线的两侧。

③ 反射角等于入射角。

在室内,凸的反射面散射声波,凹的反射面将反射声波聚集在一起,如图 7-10 所示。

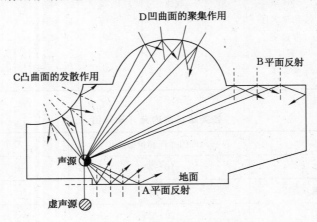

图 7-10　室内声音反射的几种典型情况

A、B——均匀反射;C——凸曲面的发散作用;D——凹曲面的聚焦作用

3. 声波的绕射(衍射)

当声波在传播过程中遇到一块有小孔的障板时,并不像光线那样直线传播,而是能绕到障板的背后继续传播,改变原来的传播方向,这种现象称为绕射。如果孔的尺度(直径 d)与声波波长 λ 相比很小时($d \leqslant \lambda$),小孔处的中心质点可近似看做一个集中的新声源,产生新的球面波,见图 7-11(a)。当孔的尺度比波长大得多时($d \geqslant \lambda$),新的波形则比较复杂,见图 7-11(b)。当声波遇到某一障板,声音绕过障板边缘而进入其背后的现象也是绕射的结果。例如,有一声源在墙的一侧发声,在另一侧虽看不见声源却由于声波的绕射而能听见声音。声波的频率越低,绕射的现象越明显。

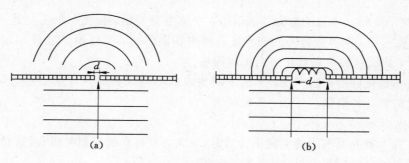

图 7-11　声波通过有孔洞的障板

(a) 小孔对波的影响；(b) 大孔对波的影响

4. 声波的扩散

声波在传播的过程中，如果遇到一些凸形的界面，就会被分解成许多较小的反射声波，并且使传播的立体角扩大，这种现象称为声扩散。声扩散可使室内声场趋于均匀。某些特殊房间，如音乐厅、播音室等需要适当的声扩散，以改善音质效果。实现声扩散的方法有：① 将厅堂内表面处理成不规则形和设置扩散体，如采用半露柱、外露梁、装饰天花板，雕刻的挑台栏杆和锯齿形墙面等。② 在墙面上交替地作声反射和声吸收处理。③ 使各种吸声处理不规则分布。

5. 声波的透射与吸收

当声波入射到建筑构件（如墙、天花）时，声能的一部分被反射，一部分透过构件，还有一部分由于构件的振动或声音在其内部传播时介质的摩擦或热传导而被损耗，通常称为材料的吸收，如图 7-12 所示。

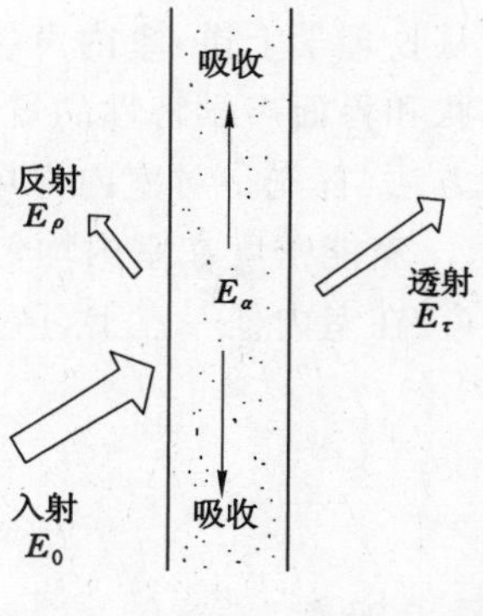

根据能量守恒定律，若单位时间内入射到构件上的声能为 E_0，反射的声能为 E_ρ，构件吸收的声能为 E_α，透过构件的声能为 E_τ，则互相间有如下的关系：

$$E_0 = E_\rho + E_\alpha + E_\tau \tag{7-19}$$

透射声能与入射声能之比称为透射系数，记作 τ；反射声能与入射声能之比称为反射系数，记作 ρ，即：

图 7-12　声能的反射、透射与吸收

透射系数
$$\tau = \frac{E_\tau}{E_0} \tag{7-20}$$

反射系数
$$\rho = \frac{E_\rho}{E_0} \tag{7-21}$$

人们常把 τ 值小的材料称为隔声材料，把 ρ 值小的称为吸声材料。实际上构件的吸收只是 E_α，但从入射波与反射波所在的空间考虑问题，常把透过和吸收的即没有反射回来的声能都看成被吸收了，就可用下式来定义材料的吸声系数 α：

$$\alpha = 1 - \rho = \frac{E_0 - E_\rho}{E_0} \tag{7-22}$$

二、扩散声场

扩散指声音向四面八方扩张和散开的意思，其要点就是散开，使各种声音被混合在一起,散播到整个空间。声音的方向性减弱了,听感变得安稳,松弛。如上所述,在某个区域内,能量密度一样,向各个方向的能量流逝概率相同的声音,叫做扩散音。如果房间中有这样的声音,那么这种声场就是室内扩散声场。

声场若不是良好的扩散声场,那么不同地点或不同频率的声音就会不均匀,有些频率或有些位置的声音特别强,而另一些则很弱。

(1)室内声场

声波在一个被界面围闭的空间中传播时,受到各个界面的反射与吸收,这时所形成的声场要比无反射的自由场复杂得多。

在室内声场中,接收点处除了接收到声源辐射的直达声以外,还接收到从房间界面反射而来的反射声,包括一次反射、二次反射和多次反射,见图7-13。

由于反射声的存在,室内声场的显著特点是:

① 距声源相同距离的接收点上,声音强度比在自由声场中要大,且不随距离的平方衰减。

② 声源在停止发声以后,声场中还存在着来自各

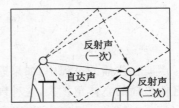

图7-13 室内声音传播示意图

个界面的迟到的反射声,声场的能量有一个衰减过程,产生所谓的"混响现象"。

(2)扩散声场的假定

从物理学上讲,室内声场是一个波动方程在三维空间和边界条件下的求解问题,因为房间形状和界面声学特性的复杂性,难以用数学物理方法求得解析解。于是就发展了统计处理的方法,首先是对室内声场做出扩散声场的假定:

① 声能密度在室内均匀分布,即在室内任一点上声音强度都相等;

② 在室内任一点上,声波向空间各个方向传播的概率是相同的。

第四节　吸声与吸声材料

一、吸声

吸声是声波入射到吸声材料表面上被吸收,降低了反射声。界面吸声对直达声起不到降低的作用。

1. 吸声系数

如前所述,吸声系数用以表征材料和结构的吸声能力,以 α 表示。对于完全反射材料,吸声系数 $\alpha=0$;完全吸收材料,吸声系数 $\alpha=1$;一般材料的吸声系数介于 $0\sim1$。α 越大,吸声性能越好。若 $\alpha=0.7$,则意味着 70% 的声能被吸收。

2. 吸声量

吸声系数反映了吸收声能所占入射声能的百分比,它可以用来比较相同尺寸下不同材料和不同结构的吸声能力,但却不能反映不同尺寸的材料和构件的实际吸声效果。吸声量就是用来表征具体吸声构件实际吸声效果的物理量,对于建筑空间的围护结构,吸声量的定义式为:

$$A = \alpha S \qquad\qquad (7\text{-}23)$$

式中　S——围护结构的面积，m^2；

　　　α——吸声系数。

二、吸声材料与吸声结构

所有建筑材料都有一定的吸声特性，工程中把吸声系数比较大的材料和结构（α 大于 0.2）称为吸声材料或吸声结构。吸声材料和吸声结构的主要用途：在音质设计中控制混响时间，消除回声、颤动回声、声聚焦等音质缺陷；在噪声控制中用于室内吸声降噪以及通风空调系统和动力设备排气管中的管道消声。

吸声材料和吸声结构的种类很多，按其吸声原理基本可分为多孔吸声材料的吸声结构、共振吸声结构以及微穿孔板吸声结构。

1. 多孔吸声材料

多孔吸声材料的构造特点是具有大量内外联通的孔隙和气泡，当声波入射其中时可引起空隙中空气振动。由于空气的黏滞阻力，空气与孔壁的摩擦，使相当一部分声能转化成热能而被损耗。此外，当空气绝热压缩时，空气与孔壁之间不断发生热交换，由于热传导作用，也会使一部分声能转化为热能。

某些保温材料，如聚苯和部分聚氯乙烯泡沫塑料，内部也有大量气泡，但大部分为单个闭合，互不联通，因此吸声效果不好。使墙体表面粗糙，如水泥拉毛做法，并没有改善其透气性，因此并不能提高其吸声系数。

多孔吸声材料吸声频率特性是：中高频吸声系数较大，低频吸声系数较小。

影响多孔吸声材料吸声性能的因素，主要有材料的空气流阻、孔隙率、表观密度和结构因子。其中结构因子是由多孔材料结构特性所决定的物理量。此外，材料厚度、背后条件、面层情况以及环境条件等因素也会影响其吸声特性。

市场上出售的多孔材料可分为三大类：预制吸声板、松散状吸声材料和吸声毡。地毯就是很好的吸声材料。在遭受噪声污染房间内墙面和地面悬挂和铺设地毯，无疑能创造宁静的气氛，而且能获得很理想的降噪效果，它也是控制心理噪声的一种较简便的方法。

2. 薄板和薄膜共振吸声结构

将不透气、有弹性的板状或膜状材料（如硬质纤维板、石膏板、胶合板、石棉水泥板、人造革、漆布、不透气的帆布等）周边固定在框架上，板后留有一定厚度的空气层，就可形成薄板和薄膜共振吸声结构，如图 7-14 所示。当声波入射到薄板和薄膜上时，将激起面层振动，使板或膜发生弯曲变形。由于面层和固定支点之间的摩擦，以及面层本身的内损耗，一部分声能被转化为热能。当入射声波的频率与结构的固有频率一致时，消耗声能最大。该频率称吸声结构的共振频率。

通常硬质薄板结构的共振频率值在 $80\sim300$ Hz 的范围内；对于软质材料，共振频率将向高频偏移，吸声系数一般在 0.2～0.5 之间，可以用做低频吸声结构；薄膜吸声结构的共振频率一般为 $200\sim1\,000$ Hz，最大吸声系数为 0.3～0.4，可作为中频声范围的吸声材料。

若增大薄板（或薄膜）的面密度，或增加空气层厚度，均可进一步提高低频吸声性能。同时，如果在薄板结构的边缘（即板与龙骨架交接处）放置一些橡皮条、海绵条或毛毡等柔软材料，以及在空气层中沿龙骨框四周衬贴一些多孔性材料，其吸声性能可以明显提高。图 7-15 所示是建筑上的一些应用实例。

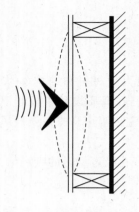

图 7-14 薄板振动吸声结构

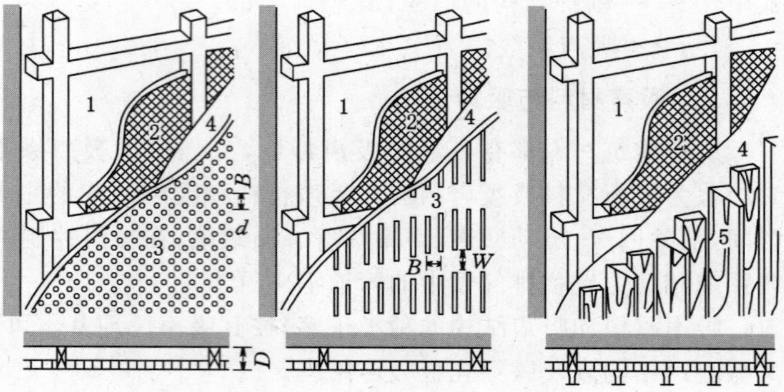

图 7-15 穿孔板组合共振吸声结构实例

1——空气层;2——多孔吸声材料;3——穿孔板;

4——玻璃布等护面层;5——木板条

3. 空腔共振吸声结构

最简单的空腔共振吸声结构是亥姆霍兹(Helmholtz)共振器,它是一个封闭空腔通过一个开口与外部空间相联系的结构。各种穿孔板、狭缝板背后设置空气层所形成的吸声结构,根据它们的吸声机理,均属空腔共振吸声结构。这类结构取材方便,如可用穿孔的石棉水泥板、石膏板、硬质纤维板、胶合板以及金属板等做成。使用这些板材组成一定的结构,可以很容易地根据要求来设计所需要的吸声特性,并在施工中达到设计要求,因材料本身具有足够的强度,故这种材料在建筑中使用较为广泛。

空腔共振器可作为单个吸声体、穿孔板共振器或狭缝共振器使用。单个空腔共振器是规格不一的空的陶土容器。它们的有效吸声范围为 $100 \sim 400$ Hz,属于中低频吸声结构。用按级配搅拌的混凝土制造的带狭缝空腔的标准砌块,称为吸声砌块,是一种新型的空腔共振器,其吸声量在低频时最大,高频时减少。在体育馆、游泳池、工业厂房、机械设备房间等场所采用它作为吸声材料是合适的。

穿孔板共振器是在刚性板上穿孔或穿缝,并与墙壁保持一定距离安装,它实际上是利用了空腔共振器的吸声原理,以形成许多个空腔共振器。影响穿孔板吸声性能的因素是多方面的。在噪声控制工程中,通常把穿孔板共振吸声结构的穿孔率控制在 $1\% \sim 10\%$ 的范围内,最高不能超过 20% ,否则就起不到共振吸声的作用,而仅起到护面板的作用了。为增大吸声系数与提高吸声带宽,可采取以下办法:① 穿孔板孔径取偏小值,以提高孔内阻尼。② 在穿孔板后紧密实贴薄膜或薄布材料,以增加孔颈摩擦。③ 在穿孔板后面的空腔中填放一层多孔吸声材料,增加孔颈附近的空气阻力,多孔材料应尽量靠近穿孔板。④ 组合几种不同尺寸的共振吸声结构,分别吸收一小段频带,使总的吸声频带变宽。

通过采取以上措施,可使吸声系数达到 0.9 以上,吸声带宽可达 $2 \sim 3$ 个倍频程。

4. 空间吸声体

空间吸声体由框架、吸声材料(矿棉、玻璃棉等)和护面(钢、铝、硬纸板条)结构制成。为了适应吸收不同频率的声音,可以将吸声体制作成各种形状悬吊在空间中。通常有平板形、球形、圆锥形等。最突出的特点是具有较高的吸声效率。一般吸声饰面只有一个面与声波接触,吸声系数都小于1;而悬挂在空间的吸声体,根据声波的反射和衍射原理,声波与它的两个或两个以上的面(包括边缘)都接触,在投影相同的情况下,吸声体相应增加了有效吸声面积和边缘效应,这就大大提高了吸声效果。如果按投影面积计算,吸声系数可大于1,高频吸声系数甚至可达到1.5以上。于是,只要较少的吸声面积(约为平顶面积的40%)就能达到相当于整个平顶都布置吸声材料时的吸声效果,使造价大为降低。这类空间吸声体还可以预制,安装和拆卸都比较容易,不影响原有的设备和设施,合理的形状和色彩还可以起到装饰作用。因此,空间吸声体广泛应用于工业厂房的噪声控制、降低大空间(候车室、体育馆等)的混响时间和消除室内音质缺陷,以获得良好的声学效果和建筑效果。

综上所述,多孔吸声材料的吸声结构对中、高频噪声有较高的吸声效果;共振吸声结构(如共振腔吸声结构和薄板共振吸声结构)对低频段的噪声有较好的吸声效果,而微穿孔板吸声结构具有吸声频带宽等优点,如图7-16所示。

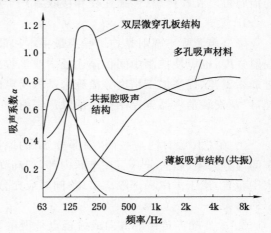

图7-16 不同吸声材料的吸声特性

三、吸声减噪原理

室内有噪声源的房间,人耳听到的噪声为直达声和房间壁面多次反射形成的混响声的叠加。一般工厂车间的内表面多为抹灰墙面、水泥或水磨石地面等对声音反射能力很强的坚硬材料,声音经多次反射后声压级依然较大,在混响声和直达声的共同作用下,使得室内离同一声源一定距离处接收到的声压级比在室外时高出10~15 dB,如果在室内布置吸声材料,使反射声减弱,则操作人员主要听到的是机器设备发出的直达声,被噪声包围的感觉明显减弱,这种通过吸声处理以达到降噪目的的方法称吸声减噪法。

但需要注意以下几点:① 吸声降噪只能降低混响声,不可能把房间内的噪声全吸掉,靠吸声降噪很难把噪声降低10 dB以上。② 吸声降噪在靠近声源、直达声占主导地位的条件下,发挥的作用很小。③ 室内原来的平均吸声系数很小的时候,做吸声降噪处理的效果明显,否则效果不大。

第五节 环境噪声的控制

一、噪声的来源与危害

从物理角度而言,噪声这一复音的构成是杂乱无序的;从心理角度而言,凡是人们不愿听到的各种声音均可称为噪声。

室内噪声主要来源于户外的交通噪声、工业与施工噪声、室内外的社会生活噪声等,在封闭建筑内,经常还有空调系统设备引起的空调噪声等。根据2015年城市声环境质量报告统计,我国52个城市环境噪声构成中,交通噪声占23.5%,工业噪声占10.7%,施工噪声占3.5%,社会生活噪声占51.6%,其他噪声占10.7%。可见,社会生活噪声所占比例最大,其主要指从事文化娱乐、商业经营以及其他人为活动所产生的干扰周围生活环境的声音。如在居室中,儿童哭闹,高声说话,家用电器设备,生活管道如上下水管等的噪声;户外或街道人声喧哗,宣传或做广告用高音喇叭等,是影响范围最广的噪声源。其次是交通噪声。

噪声的危害是多方面的。它可以使人听力衰退,引起多种疾病,同时还影响人们正常工作与生活,降低劳动生产率,特别强烈的噪声还能损坏建筑物,影响仪器设备的正常运行。

二、噪声的传播方式和控制方法

声音的产生与传播过程包括三个基本要素:声源、传声途径和接收者。因此,噪声控制的措施可以在噪声源、传播途径和接收者三个层次上实施。

1. 噪声源的控制

降低声源噪声辐射是控制噪声最根本和最有效的措施。在声源处即使只是局部减弱了辐射强度,也可使控制中间传播途径中或接收处的噪声变得容易。可通过改进结构设计、改进加工工艺、提高加工精度等措施来降低噪声的辐射,还可以采取吸声、隔声、减振等技术措施,以及安装消声器等控制声源的噪声辐射。

2. 在传声途径中的控制

① 在总图设计时应按照"闹静分开"的原则合理布置强噪声源的位置。例如将高噪声车间与办公室、宿舍分开。在车间内部,把高噪声的机器与其他机器设备隔离开来,尽可能集中布置,便于采取局部隔离措施,同时应充分利用噪声在传播中的自然衰减作用,减少噪声的污染。

② 改变噪声传播的方向或途径也是很重要的一种控制措施。例如,对于辐射中高频噪声的大口径管道,将它的出口朝向上空或朝向野外,以降低噪声对生活区的污染。而对车间内产生强烈噪声的小口径高速排气管道,则将其出口引至室外,使高速空气向上排放,这样不仅可以改善室内声环境,也不致严重影响室外声环境。其他沿管道传播的噪声,可以通过烟囱排入高空或地沟,以减轻地面上的噪声污染。

③ 充分利用天然地形如山岗、土坡或已有的建筑物的声屏障作用、绿化带的吸声降噪作用等,也可以收到一定的降噪效果,见图 7-17。当然,由于工艺技术上或经济上的原因,上述考虑均无法实现时,就需要在传播途径中直接采取声学措施,包括吸声、消声、隔声、隔振和减振等几类噪声控制技术。表 7-6 为几种噪声控制措施的降噪原理和适用场所。

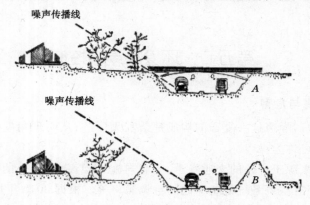

图 7-17　利用屏障降低噪声示意图

A——利用土坡作为屏障;B——利用土丘作为屏障

表 7-6　　　　　　　　　　　　　　常用噪声控制措施与适用场合

控制措施类别	降噪原理	适用场合	减噪效果/dB
吸声减噪	利用吸声材料或结构,降低厂房内反射噪声,如吊挂空间吸声体	车间设备多且分散,噪声大	4~10
隔声	利用隔声结构,将噪声源和接受点隔开,如隔声罩、隔声间和隔声屏等	车间工人多,噪声设备少,用隔声罩;反之用隔声间;以上二者均不允许时,用隔声屏	10~40
消声器	利用阻性、抗性和小孔喷注、多孔扩散等原理,减弱气流噪声	气动设备的空气动力性噪声	15~40
隔振	将振动设备与地面的刚性连接改为弹性接触,隔绝固体声传播	设备振动严重	5~25
减振	用内摩擦损耗大的材料涂贴在振动表面上,减少金属薄板的弯曲振动	设备外壳、管道等振动噪声严重	5~15

3. 在接收点的噪声控制

在声源和传播途径上采取的噪声控制措施不能有效实现,或只有少数人在吵闹的环境中工作时,个人防护是一种经济有效的方法。常用的防护用具有耳塞、耳罩、头盔三种形式。

合理地选择噪声控制措施是根据投入的费用、噪声允许标准、劳动生产效率等有关因素进行综合分析而确定的。

4. 掩蔽作用降低噪声

人们在安静环境中听一个声音可以听得很清楚,即使这个声音的声压级很低时也可以听到,即人耳对这个声音的听阈很低。如果存在另一个声音(称为"掩蔽声"),就会影响到人耳对所听声音的听闻效果,这时对所听声音的听阈就要提高。人耳对一个声音的听觉灵敏度因为另一个声音的存在而降低的现象叫"掩蔽效应"。

在某些情况下,可以用某种设备产生背景噪声来掩蔽不受欢迎的噪声,这种人工制造的噪声通常比喻为"声学香水",用它可以抑制干扰人们宁静气氛的声音并提高工作效率。这种主动式控制噪声的方法对大型开敞式办公室是很有意义的。

适合的掩蔽背景声具有这样的特点:无表达含义、响度不大、连续、无方位感。低响度的空调通风系统噪声、轻微的背景音乐、隐约的语言声往往是很好的掩蔽背景声。在开敞式办公室或设计有绿化景观的公共建筑的门厅里,也可以利用通风和空调系统或水景的流水产生的使人易于接受的背景噪声,以掩蔽电话、办公用设备或较响的谈话声等不希望听到的噪声,创造一个适宜的声环境,也有助于提高谈话的私密性。

三、隔声与隔声材料

1. 隔声

隔声是噪声控制的重要手段之一,它是将噪声局限在部分空间范围内,或是不让外界噪声侵入,或者是把强烈的噪声源封闭在特定的范围,从而为人们提供适宜的声环境。

建筑的围护结构受到外部声场的作用或直接受到物体撞击而发生振动,就会向建筑空间辐射声能,于是空间外部的声音会通过围护结构传到建筑空间中来,这叫做"传声"。围护结构会隔绝一部分作用于它的声能,这叫做"隔声"。如果隔绝的是外部空间声场的声能,称为"空气声隔绝";若是使撞击的能量辐射到建筑空间中的声能有所减少,称为"固体声或撞击声隔绝"。

隔声是控制噪声的重要措施,效果十分显著。如上所述,我们把发声的物体,或把需要安静的场所封闭在一个小的空间内,使其与周围环境隔离,这种方法称为隔声。例如,可以把鼓风机、空压机、发电机等设备放置于隔声性能良好的控制室或操作室内,与发声的设备隔开,以使操作人员免受噪声的危害。此外,还可以采用隔声性能良好的隔声墙、隔声楼板、门、窗等,使高噪声车间与周围的办公室及住宅区等隔开,以避免噪声对人们正常生活和休息的干扰。

2. 隔声量

在工程上,常用隔声量 R 来表示构件对空气声的隔绝能力,它与构件透射系数 τ 有如下关系:

$$R = 10\lg\frac{1}{\tau} \tag{7-24}$$

可以看出,构件的透射系数 τ 越大,则隔声量 R 越小,隔声性能越差;反之,透射系数 τ 越小,则隔声量 R 越大,隔声性能越好。

一般说来,隔声量 R 与声波的入射角有关。

四、围护结构隔声

同一结构对不同频率的入射声波有不同的隔声量。在工程应用中,常用中心频率为 125~4 000 Hz 的 6 个倍频带的隔声量来表示某一个构件的隔声性能。有时为了简化,也用单一数值表示构件的隔声性能。图 7-18 给出的是部分构件的平均隔声量,也就是是各频带隔声量的算术平均。

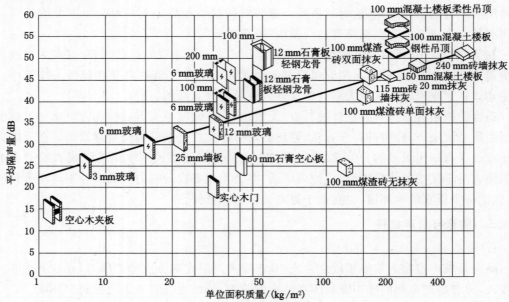

图 7-18   部分构件的平均隔声量

1. 单层匀质密实墙的空气声隔绝性能

单层匀质密实墙的隔声性能和入射声波的频率 f 有关,还取决于墙本身的单位面积质量、刚度、材料的内阻尼以及墙的边界条件等因素。严格地从理论上研究单层均质密实墙的隔声是相当复杂和困难的。如果忽略墙的刚度、阻尼和边界条件,只考虑质量效应,则在声波垂直入射时,可从理论上得到墙的隔声量 R_0 的计算公式:

$$R_0 = 20\lg \frac{\pi mf}{\rho_0 c} = 20\lg m + 20\lg f - 43 \tag{7-25}$$

式中　m——墙体的单位面积质量,又称面密度,kg/m^2;

　　　ρ_0——空气的密度,取 $1.18\ kg/m^3$;

　　　c——空气中的声速,取 $344\ m/s$。

如果声波是无规则入射,则墙的隔声量大致比正入射时的隔声量低 5 dB,即:

$$R_0 = 20\lg \frac{\pi mf}{\rho_0 c} = 20\lg m + 20\lg f - 48 \tag{7-26}$$

上面的两个式子说明墙的单位面积质量越大,隔声效果越好,单位面积质量每增加一倍,隔声量增加 6 dB,同时还可看出,入射声频率每增加 1 倍,隔声量也增加 6 dB,上述规律通常称为“质量定律”。

上述理论公式是在一系列假设条件下导出的,一般来说实测值往往比理论值偏小。墙的单位面积质量每增加 1 倍,实测隔声量增加 4~5 dB;入射声频率每增加 1 倍,实测隔声量增加 3~5 dB。

2. 双层墙的空气声隔绝特性

从质量定律可知,单层墙质量增加了 1 倍,实际隔声量增加却不到 6 dB。显然,靠增墙厚度来提高隔声量是不经济的。如果把单层墙一分为二,做成双层墙,中间留有空气间层,空气间层可以看做与两层墙板相连的“弹簧”,声波入射到第一层墙板时,使墙板发生振动,此振动通过空气间层传至第二层墙板,再由第二层墙板向邻室辐射声能。由于空气间层的弹性变形具有减振作用,传递给第二层墙体的振动大为减弱,从而提高了墙体总的隔声量。这样墙的总质量没有变,而隔声量却比单层墙有了显著提高。

在双层墙空气间层中填充多孔材料(如岩棉、玻璃棉等),可以在全频带上提高隔声量。

3. 组合墙的隔声量和房间的噪声降低值

(1) 组合墙的隔声量

当隔墙的构造不是一种均匀结构,而是由两种以上的构件组成,则称组合墙。如隔墙与其上的门以及门缝有不同的透射系数,则净隔声量可通过计算隔层的透射系数获得。设组成某隔墙的几种构件的面积分别为 $S_1,S_2,\cdots,S_n$,相应的透射系数为 $\tau_1,\tau_2,\cdots,\tau_n$,则平均透射系数为:

$$\bar{\tau} = \frac{S_1\tau_1 + S_2\tau_2 + \cdots + S_n\tau_n}{S_1 + S_2 + \cdots + S_n} \tag{7-27}$$

则组合墙的净隔声量为:

$$\bar{R} = 10\lg \frac{1}{\bar{\tau}} dB \tag{7-28}$$

【例 7-5】 某墙面积为 $20\ m^2$,墙上有一门,面积 $2\ m^2$。墙体的隔声量为 50 dB,门的隔声量为 20 dB,求该墙的综合隔声量。

【解】 墙体 $R_1 = 50$ dB，$S_1 = 18$ m^2，门 $R_2 = 20$ dB，$S_2 = 2$ m^2，由式（7-27）和式（7-28），得：

$$\bar{\tau} = \frac{S_1\tau_1 + S_2\tau_2}{S_1 + S_2} = \frac{S_1 \times 10^{-R_1/10} + S_2 \times 10^{-R_2/10}}{S_1 + S_2}$$

$$= \frac{18 \times 10^{-5} + 2 \times 10^{-2}}{18 + 2} = 0.001\,009$$

$$\bar{R} = 10\lg\frac{1}{\bar{\tau}} = 10\lg\frac{1}{0.001\,009} = 30 \text{ dB}$$

综合隔声量只有 30 dB，比墙体隔声量降低了 20 dB。

若组合墙由两种构件组成，只要知道两种构件的面积和隔声量，就可以在图 7-23 中查出其隔声量损失值，方便地计算出组合墙的隔声量，如图 7-19 所示。

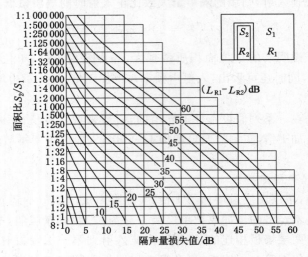

图 7-19 组合构件隔声量计算图

由上例可知，透射系数较大的构件将大大降低组合墙的隔声量，为提高隔墙的隔声量，重点考虑隔声薄弱环节的处理，否则，单纯追求原本隔声效果好的构件的高隔声特性是无效的。

（2）房间的噪声降低量

噪声通过墙体传至邻室后，其声压级为 L_2，而发声室的声压级为 L_1，两室的声压级差值 $D = L_1 - L_2$。D 值是判断房间噪声降低的实际效果的最终指标。D 值首先取决于隔墙的隔声量 R，同时还与接收室的总吸声量 A 和隔墙的面积 S 有关。它们之间的关系为：

$$D = R + 10\lg A - 10\lg S = R + 10\lg\frac{A}{S} \tag{7-29}$$

由上式可以看出，同一隔墙，当房间的吸声量与隔墙面积不同时，房间噪声的降低值是不同的。因此，除了提高隔墙的隔声量之外，增加房间的吸声量与缩小隔墙面积也是降低房间噪声的有效措施。

式（7-29）在实际隔声设计中是非常有用的。首先，它可以检查在使用已知隔声量 R 的隔墙时，房间的总效果是否能满足"允许噪声"标准的要求。例如已知发声室的噪声级为 L_1，而接收室的允许噪声级为 L_2' 时，则要求的噪声降低值为 $L_1 - L_2'$。如已知墙的隔声量

R 与房间吸声量 A 以及墙面积 S 时,则利用式(7-29)即可求出实际的声压级差 D,如 $D \geqslant L_1 - L'_2$,则说明隔墙的设计满足了隔声要求,否则需要采用隔声量更大的隔墙,或者增加房间的吸声量。

利用式(7-29)还可以选择隔墙的隔声量 R,如已知 L_1 与 L'_2、接收室的吸声量 A 与隔墙面积 S,则可令 $L_1 - L'_2 = D$,代入式(7-30),即可求出隔墙应有的 R 值,即:

$$R = D - 10\lg \frac{A}{S} \tag{7-30}$$

求出 R 值后,即可利用已有资料选出恰当的隔墙构造方案。

4. 门窗隔声

一般门窗结构轻薄,而且存在较多缝隙,因此门窗的隔声能力往往比墙体低得多,形成隔声的"薄弱环节"。若要提高门窗的隔声,一方面要改变轻、薄、单的门窗扇,另一方面要密封缝隙,减少缝隙透声。

对于隔声要求较高的门,门扇的做法有两种:一种是简单地采用厚而重的门扇,如钢筋混凝土门;一种是采用多层复合结构,用多层性质相差很大的材料(钢板,木板,阻尼材料如沥青,吸声材料如玻璃棉等)相间而成,因为各层材料的阻抗差别很大,使声波在各层边界上被反射,提高了隔声量。

如果单道门难以达到隔声要求,可以设置双道门。如同双层墙一样,因为两道门之间的空气间层有较大的附加隔声量。如果加大两道门之间的空间,扩大成为门斗,并在门斗内表面作吸声处理,则能进一步提高隔声效果。这种门斗又叫做"声闸",见图 7-20。

对于窗,因为采光和透过视线的要求,只能采用玻璃。对于隔声要求高的窗,可采用较厚的玻璃,采用双层或多层玻璃。在采用双层或多层玻璃时,若有可能,各层玻璃不要平行,各层玻璃厚度不要相同。玻璃之间的窗樘上可布置吸声材料。

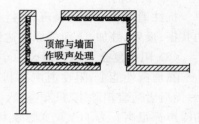

顶部与墙面作吸声处理

图 7-20 声闸示意图

五、消声降噪

消声器是一种可使气流通过而能降低噪声的装置。对于消声器有三个方面的基本要求:① 消声性能。以消声量、消声系数和消声指数大小来评价,其值越大越好。② 空气动力性能。以压力损失、阻力系数大小来评价,其值越小越好。③ 结构性能。几何尺寸越小、寿命越长、价格越低,则性能越好。其中消声量是评价消声器性能优劣的重要指标。

1. 消声量的表示方法

(1)插入损失

插入损失是指在声源与测点之间插入消声器前后,在某一固定点所测得的声压级之差。

用插入损失作为评价量的优点是比较直观实用,易于测量,是现场测量消声器消声效果最常用的方法。插入损失值不仅取决于消声器本身的性能,而且与声源种类、末端负载以及系统总体装置的情况密切相关,因此该量适合在现场测量中用来评价安装消声器前后的综合消声效果。

(2)传递损失

传递损失是指消声器进口端入射声的声功率级与消声器出口端透射声的声功率级

之差。

声功率级不能直接测得,一般通过测量声压级值来计算声功率级和传递损失。传递损失反映了消声器自身的特性,与声源种类和末端负载等因素无关。因此,该参数适用于理论分析计算和在实验室中检验消声器自身的消声性能。

2. 消声器原理及种类

目前应用的消声器种类很多,但根据其消声原理,大致可分为阻性消声器、抗性消声器以及各种阻抗复合式等三大类。根据其消声器原理不同,不同种类的消声器有不同的频率作用范围。

(1) 阻性消声器

设有一均匀且无限长的管道,如果管壁为刚性,即不吸收声能,则平面声波沿管道传播时就不会有衰减。当管壁有一定吸声性能时,声波沿管壁传播的同时就会伴随着衰减。阻性消声器的原理是利用布置在管内壁上的吸声材料或吸声结构的吸声作用,使沿管道传播的噪声迅速随距离衰减,从而达到消声的目的,对中、高频噪声的消声效果较好。

阻性消声器的种类很多,按气流通道的几何形状可分为直管式、片式、折板式、迷宫式、蜂窝式、声流式和弯头式等。

(2) 抗性消声器

抗性消声器不使用吸声材料,主要是利用声阻抗的不连续性来产生传输损失,利用声音的共振、反射、叠加、干涉等原理达到消声目的。抗性消声器适用于中、低频噪声的控制。

(3) 阻抗复合式消声器

在消声性能上,阻性消声器和抗性消声器有着明显的差异。前者适宜消除中、高频噪声,而后者适宜消除中、低频噪声。但在实际应用中,宽频带噪声是很常见的,即低、中、高频的噪声都很高。为了在较宽的频率范围内获得较好的消声效果,通常采用宽频带的阻抗复合式消声器。它将阻性与抗性两种不同的消声原理,结合具体的噪声源特点,通过不同的结构复合方式恰当地进行组合,形成了不同形式的复合消声器。各种消声器的形式如图 7-21 所示。

六、隔振与减振降噪

1. 振动的基本原理

振动的干扰对人体、建筑物和设备都会带来直接的危害,而且振动往往是撞击噪声的重要来源。

振动对人体的影响可分为全身振动和局部振动。人体能感觉到的振动按频率范围分为低频振动(30 Hz 以下)、中频振动(30~100 Hz)和高频振动(100 Hz 以上)。对于人体最有害的振动频率是与人体某些器官固有频率相吻合的频率。这些固有频率为:人体在 6 Hz 附近,内脏器官在 8 Hz 附近,头部在 25 Hz 附近,神经中枢在 250 Hz 附近。

物体的振动除了向周围空间辐射在空气中传播的声波外,还通过其基础或相连的固体结构传播声波。如果地面或工作台有振动,会传给工作台上的精密仪器而导致作业精密度下降。

对于振动的控制,除了对振动源进行改进,减弱振动强度外,还可以在振动传播途径上采取隔离措施,用阻尼材料消耗振动的能量并减弱振动向空间的辐射。因此振动的控制方法可分为隔振和阻尼减振两大类。

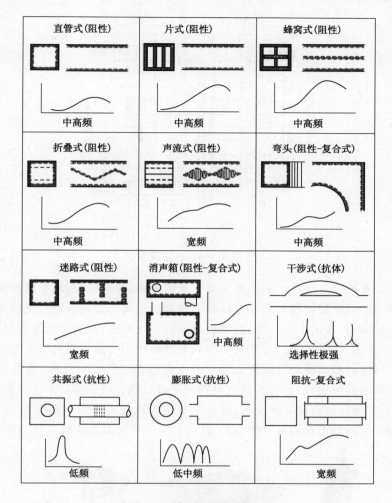

图 7-21　各种类型的消声器

2. 隔振原理

机器设备运转时,其振动会通过基础向地面四周传播。隔振的基本思想是消除振动源与基础的刚性连接,以削弱振源传给基础的振动,即在振源和其基础之间安设避振构件(如弹簧减振器或橡胶、软木等),使振源传到基础的振动得到一定程度的减弱。

振动传递率 T 是常用的表征隔振效果的评价指标,它是振源通过隔振系统作用于基础的力与振源总干扰力之比。振动传递率 T 越小,隔振效果越好。其数学表达式为:

$$T = \frac{1}{(f/f_0)^2 - 1} \tag{7-31}$$

式中,f,f_0 为振源(机组)和弹性减振支座的固有频率。

T 与 f/f_0 的关系如图 7-22 所示,图中虚线表示有一定阻尼时的情况。从式(7-31)与图 7-22 可以看到,只有在 $f/f_0 > \sqrt{2}$ 时,才有隔振作用。

3. 隔振减噪措施

如上所述,常用的隔振措施是在振源与基础之间安装隔振器或隔振材料,使振源与基础

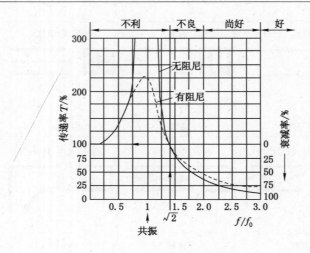

图 7-22　减振传递曲线

之间的刚性连接变成弹性连接。隔振器主要有金属弹簧、橡胶隔振器、空气弹簧等。隔振材料主要有橡胶、软木、酚醛树脂玻璃纤维板和毛毡等。金属弹簧减振器广泛应用于允许振动较大的机械设备隔振,常用于内燃机、电动机、鼓风机、冷冻机、油泵等设备的隔振,隔振频率能设计得较低,可达 5 Hz 以下。金属弹簧与阻尼材料联用可取得对高频更有效的隔振与降低噪声效果。弹性材料减振垫层隔振装置一般由橡胶、软木、玻璃纤维、毡类等弹性材料制成。其中橡胶减振器使用较为广泛,其主要特点是适合隔高频振动。由于橡胶具有弹性,使用时,必须留有空间任其自由膨胀变形,所以主要用于对隔振要求不高的场合,如用来支承小型仪器仪表和设备的消极隔振。图 7-23 提供了几种不同型式的减振器结构示意图。

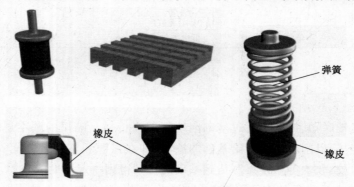

图 7-23　几种不同型式的减振器结构示意图
(a) 压缩型;(b) 剪切型;(c) 复合型

4. 阻尼减振

(1) 阻尼减振原理

固体振动向空间辐射声波的强度,与振动的幅度、辐射体的面积和声波频率有关。各类输气管道、机器外罩的金属薄板本身阻尼很小,而声辐射效率很高。降低这种振动和噪声,普遍采用的方法是在金属薄板结构上喷涂或粘贴一层高内阻的黏弹性材料,如沥青、软橡胶或高分子材料。由于阻尼层的作用,薄板振动的能量耗散在阻尼中,一部分振动能量转变为热能。这种使振动和噪声降低的方法称阻尼减振。

（2）阻尼材料和阻尼减振措施

在振动板件上附加阻尼的常用方法有自由阻尼层结构和约束阻尼层结构两种。将一定厚度的阻尼材料粘贴或喷涂在金属板的一面或两面形成自由层结构，当金属板受激发产生弯曲振动时，阻尼层随之产生周期性的压缩与拉伸，由阻尼层的高黏滞性内阻尼来损耗能量。阻尼层的厚度为金属板厚度的 2～5 倍。阻尼层除了减振作用外，还同时增加了薄板的单位面积质量，因而增大了传声损失。约束阻尼层结构是在基板和阻尼材料上再附加一层弹性模量较高的起约束作用的金属板。当板受到振动而弯曲变形时，原金属层与附加的约束层的弹性模量比阻尼层大得多，上下两层的相应弯曲基本保持并行，从而使中间的阻尼层产生剪切形变，以消耗振动能量，提高阻尼减振效果。

七、通风、空调系统的噪声控制

1. 通风空调设备噪声

空调通风系统噪声源主要有通风机：排风机、送风机；空调设备：风机盘管及空气处理机组等；机房设备：制冷机组、水泵、冷却塔等。

（1）通风机的噪声

影响空调房间的主要噪声源是通风机。通风机噪声由空气动力噪声、机械噪声和电磁噪声组成，通常以空气动力噪声为主要成分。空气动力噪声由涡流噪声、撞击噪声和回转噪声组成。涡流噪声是气流在吸入口和叶轮中脱流而形成的。撞击噪声是气流进入或离开叶片时产生的，它和风机的流量，叶片的入口、出口角度有关，当流量增加，风机工作点偏离最佳工作点时撞击声随之增加。回转噪声又称为叶片噪声，是旋转叶片对气流产生周期性的压力，引起气体压力和速度的脉动变化而产生的，它与风机的转速和叶轮直径有关，当转速增高或叶轮直径增大时，回转噪声随之增大。机械噪声是轴承摩擦、传动件加工安装不良和旋转部分的不平衡产生的。电磁噪声是由于电动机线圈磁场中交变力相互作用而产生的。

风机噪声主要取决于风机结构形式、风量、风压及转速等。在通风空调系统中，常用风机的噪声频率为 200～800 Hz，主要是中低频噪声。

（2）空调设备的噪声

整体式空调设备的噪声主要来自通风机。立柜式空调机组的噪声主要来自通风机和压缩机。窗式空调机的噪声主要来自送风机和排风机、制冷压缩机。风机盘管空调器的噪声主要来自通风机和电动机。随着节能和舒适性要求的不断提高，空调系统中的下送风、座椅送风不断为人们所引用，为此风口噪声近年来逐渐为人们所关注。

（3）机房噪声

对于机房中的设备，如水泵、制冷压缩机甚至布置在室外的冷却塔等设备的噪声，它们虽不直接与送排风系统直接连通，但噪声很强，它们会通过建筑结构影响室内声环境。如果机房中有多个噪声源，因各噪声源频谱特性不同，则需要通过理论叠加计算或实验测得其频谱获得机房噪声频谱的技术参数，以指导控制噪声的设计。

2. 空调通风系统中噪声的传播及其一般控制

空调通风系统中噪声可归纳为风机噪声、环境噪声、再生噪声、固体噪声等。它们通过通风管道传声和建筑物固体传声两种途径影响室内声环境，如图 7-24 所示。

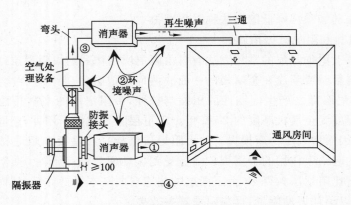

图 7-24　通风、空调系统噪声传播途径示意图
①——风机噪声;②——环境噪声;③——再生噪声;④——固体噪声

（1）通风管道传声

通风管道好像一个传声筒,通风设备的噪声在风道中除部分高频噪声因管壁和空气吸收及弯头反射等自然衰减外,大部分声能被传到很远的通风或空调房间,这种传声过程在送风管道和回风管道大体一样。管道外的环境噪声因管壁隔声差而透过管壁沿管道传入室内。气流通过阻力部件(如消声器、阀门等)时,气流冲击产生振动将辐射噪声,如果气流速度较高时,因与管壁的摩擦产生的湍流脉动引起的噪声就会加强,还有风口噪声等,这些由于气流本身流动所产生的噪声称再生噪声,又称二次噪声,它们叠加在原有的管道噪声上随着管道系统传递到房间。

工程中常采用在管道中设置消声器的方法降低通风管道传递的噪声。同时,在管道系统设计时,尽可能减少风管系统的阻力并控制管内流速,一般控制风速在 6 m/s 以内。当风速高于 8 m/s 时,再生噪声会大幅度增加。对于安静程度要求较高的房间,应控制主风道风速不大于 5 m/s,支风道风速不大于 3 m/s,送、回风口风速不大于 1～2 m/s。送回风口最好采用无格栅或无百叶的敞式风口,或在出风口处作局部的消声处理。风量调节尽量采用调整风机转速的方法。

（2）固体传声

通风空调系统运行时引起的管道振动(由管道内的气流噪声与连接的设备振动产生的噪声引起)、设备噪声,特别是机房内的噪声和振动等,它们通过与建筑的连接件、机器基础,经建筑结构固体传声而向室内辐射噪声,因此有时称此为固体噪声。这部分噪声一般都处于低频不为人所察觉,但却影响着人们的身心健康和工作效率。

防止固体噪声的基本思路是将噪声源或者振动源与建筑结构隔开,或者缓冲、减少向建筑结构传递的力。对于通风空调系统设备(包括风机、水泵、冷冻机组等)引起的机械振动,常采用设备或机组底座设置减振器等措施与建筑物隔开,以防止固体传声。对于管道传递的固体噪声,则采用设备与管道之间的软连接实现噪声的控制。

3. 消声器的应用

消声器在通风、空调工程中有大量的应用,在空调、通风管道系统常用的阻性消声器、抗性消声器、消声弯头等如图 7-25 所示。

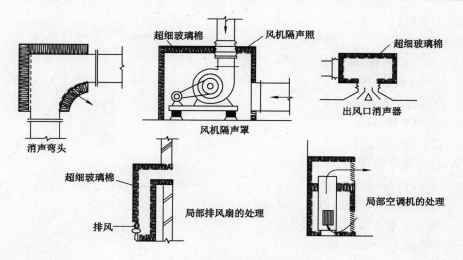

图 7-25　几种类型的消声处理方案

本章符号说明

A——吸声量,dB;

c——空气中的声速,m/s;

DI——指向性指数,dB;

D_0——稳态声能密度,单位体积中包含的声能,J/m³;

D_d——直达声的声能密度,J/m³;

D_s——反射声的声能密度,J/m³;

E_0——入射声能,W;

E_ρ——反射声能,W;

E_a——吸收声能,W;

E_r——透射声能,W;

f——频率,Hz;

f_0——共振频率,Hz;

f_c——上限失效频率,Hz;

I——声强,W/m²;

IL——插入损失,dB;

L_A——A 声级,dB;

$L_{AEq,T}$——等效连续 A 声级,dB;

L_I——声强级,dB;

L_P——声压级,dB;

L_W——声功率级,dB;

L_X——累积分布声级,dB;

m——转速,r/min;

n——正整数；

p——声压，Pa；

P_0——空气静压强，通常取 10 325 Pa；

P_m——声压幅值，Pa；

r——声波传播的距离，m；

r_0——混响半径，m；

R——隔声量，dB；

$\overline{R}$——综合隔声量，dB；

S_0——声源面积，m²；

S——房间吸收声音界面的总面积，m²；

S_i——第 i 个吸声界面的面积，m²；

t——时间，s；

T_a——空气的温度，K；

T——周期，s；

T——振动传递比，无量纲；

T_{60}——混响时间，s；

Q——指向性因素，无量纲；

W——声功率，W；

V——容积，m³；

α——吸收系数，无量纲；

$\overline{\alpha}$——室内界面平均吸收系数，无量纲；

φ_a——消声系数，无量纲；

λ——波长，m；

γ——气体常数，对于空气 $\gamma=1.4$；

ρ_0——空气密度，kg/m³；

ρ——反射系数，无量纲；

τ——透射系数，无量纲；

$\overline{\tau}$——平均透射系数，无量纲。

思 考 题

1. 什么是掩蔽效应现象？

2. 什么是双耳听闻效应？

3. 等响曲线 NR、NC 曲线有什么异同？

4. 声音的评价标准是什么？

5. 隔声材料与吸声材料有什么区别与联系？

6. 为什么微孔不连通的多孔材料吸声效应不好？

7. 扩张式消声器为什么有消声作用？

8. 从建筑环境学的角度出发，环境噪声控制的途径是什么？

9. 有一车间尺寸为 12 m×40 m×6 m，1 000 Hz 时的平均吸声系数为 0.05，一机器的噪声声功率为 96 dB，试计算距机器 10 m 处与 30 m 处的声压级。其混响半径为多少？当半径改为 0.5 时，再计算上述两点处的声压级与混响半径，有何变化？

10. 多孔吸声材料具有怎样的吸声特性？随着材料密度、厚度的增加，其吸声特性有何变化？试以超细玻璃棉为例说明。

11. 常见的消声器的原理有哪些？如何选择消声器？

12. 简述音质的主观和客观评价指标。

13. 根据自己的生活感受，举例说明噪声和振动的干扰。

参 考 文 献

[1]　朱颖心.建筑环境学[M].第 3 版.北京:中国建筑工业出版社,2010.

[2]　黄晨.建筑环境学[M].北京:机械工业出版社,2007.

[3]　李念平.建筑环境学[M].北京:化学工业出版社,2010.

[4]　杨晚生.建筑环境学[M].武汉:华中科技大学出版社,2009.

[6]　李铌等.环境工程概论[M].北京:中国建筑工业出版社,2008.

[7]　宋德萱.建筑环境控制学[M].南京:东南大学出版社,2003.

[8]　RANDALL MACMULLAN.建筑环境学[M].张楠,译.北京:机械工业出版社,2007.

第八章　建筑光环境

　　建筑光环境是建筑环境中的一个非常重要的组成部分。舒适的室内光环境不仅可以减少人的视觉疲劳、提高劳动生产率,对人的身体健康特别是视力健康也有直接影响。光线不足,会使工作效率降低,并容易导致事故的发生。而对于身体正处于发育时期的中、小学生,若教室和居室的采光照明条件不好,对其视力和生理健康的影响将十分严重。因此,了解和掌握建筑光学的基本知识,建筑环境领域的专业人员所必须具备一定的创造和控制良好光环境的能力。

第一节　光的性质与度量

一、光学基本知识

1. 光的基本特性

　　光是客观存在的一种能量,而且与人的主观感觉有密切的联系。人眼看到的光是一种能够在人的视觉系统上引起光感觉的电磁辐射,其波长范围为 $380\sim780$ nm。对于波长大于 780 nm 的红外线、无线电波等,以及波长小于 380 nm 的紫外线、X 射线等,人眼都是感觉不到的(图 8-1)。因此,光的度量必须与人的主观感觉联系起来。

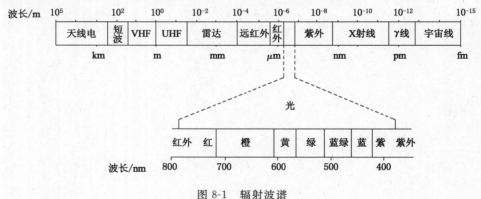

图 8-1　辐射波谱

　　不同波长的光在视觉上形成不同的颜色。例如 770 nm 的光呈红色,580 nm 呈黄色,470 nm 呈蓝色。单一波长的光呈现一种颜色,称为单色光。日光和灯光都是由不同波长的光混合而成的复合光,它们呈白色或其他颜色。将复合光中各种波长辐射的相对功率量值按对应波长排列连接起来,就形成该复合光的光谱功率分布曲线,它是光源的一个重要物理参数。光源的光谱组成不但影响光源的表面颜色,而且决定被照物体的显色效果。

　　人眼对不同波长单色光的明亮感受程度也不一样,这是光在视觉上反映的另一特征。在光亮的环境中,辐射功率的单色光看起来是波长为 555 nm 的黄绿光最明亮,并且明亮程度向波长短的紫光和长波的红光方向递减。国际照明委员会(CIE)根据大量的实验结果,将视亮度感觉相等的波长为 λ 和 $λ_m$ 的两个辐射通量之比,定义为波长 λ 的单色光的光谱光视效率(也称视见函数),以 $V(λ)$ 表示。$λ_m$ 选在最大比值等于 1 处,即 $λ_m = 555$ nm 时,$V(λ) = 1$;其他波长 $V(λ)$ 均小于 1(图 8-2)。这就是明视觉光谱光视效率。在较暗的环境中,人的单色光明亮感受程度发生变化,以 $λ = 510$ nm 的蓝绿光最为敏感。按照这种特定光环境条件确定的 $V'(λ)$ 函数称为暗视觉光谱光视效率(见图 8-2)。

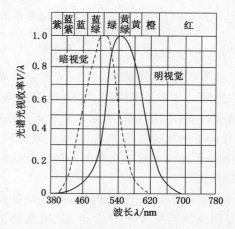

图 8-2 CIE 光谱光视效率 $V(λ)$ 曲线

实线——明视觉;虚线——暗视觉

CIE 规定的 $V(λ)$ 和 $V'(λ)$ 函数是光度学计算和测量的重要基础。相对光谱灵敏度曲线符合这一函数的人或辐射接收器称为 CIE 标准光度观测者。

2. 基本光度单位

光环境的设计和评价离不开定量的分析和说明,这就需要借助于一系列的物理光度量来描述光源和光环境的特征。常用的光度量有光通量、照度、发光强度和亮度。

(1) 光通量

光源所发出的光能是向所有方向辐射的,对于在单位时间内通过某一面积的光能,称为通过这一面积的辐射能通量。各色光的频率不同,眼睛对各色光的敏感度也有所不同,即使各色光的辐射能通量相等,在视觉上并不能产生相同的明亮程度,在各色光中,黄、绿色光能激起最大的明亮感觉。如果用绿色光作基准,令它的光通量等于辐射能通量,则对其他色光来说,激起明亮感觉的本领比绿色光为小,光通量也小于辐射能通量。

由于人眼对不同波长的电磁波具有不同的灵敏度,我们就不能直接用光源的辐射功率或辐射通量且来衡量光能量,所以必须采用以人眼对光的感觉量为基准的单位——光通量来衡量。

光通量常用符号 Φ 表示,单位为流明(lm)。光通量是由辐射通量及 $V(λ)$ 经下式得出:

$$Φ = K_m \sum Φ_{c,λ} V(λ) \tag{8-1}$$

式中 $Φ$——光通量,lm;

$Φ_{c,λ}$——波长为 λ 的光谱辐射通量,W;

$V(λ)$——CIE 光谱光视效率,可从图 8-2 查出;

K_m——最大光谱光视效能,在明视觉时 K_m 为 683 lm/W。

建筑光学中,常用光通量表示一个光源发出的光能多少,它成为光源的一个基本参数。例如 100 W 普通白炽灯发出 1 250 lm 的光通量,40 W 日光色荧光大约发出 2 400 lm 的光通量。

【例 8-1】 已知钠灯发出波长为 589 nm 的单色光,设其辐射通量为 10.3 W,试计算其发出的光通量。

【解】 从图 8-2 的明视觉(实线)光谱光视效率曲线中可查出,对应于波长 589 nm 的

$V(\lambda)=0.77$，代入式（8-1），则该单色光源发出的光通量为：

$$\Phi_{589}=683\times10.3\times0.77\approx5\ 417\ \text{lm}$$

（2）发光强度

如上所述，光通量是指某一光源向四周空间发射出的总光能量，但不同光源发出的光通量在空间的分布是不同的。例如悬吊在桌面上空的一盏 100 W 的白炽灯，它发出 1 250 lm 光通量，但用不用灯罩，投射到桌面的光线就不一样。加了灯罩后，灯罩将往上的光向下反射，使向下的光通量增加，因此我们就感到桌面上亮一些。所以，只知道光源发出的光通量还不够，还需要了解它在空间中的分布状况，就是光通量的空间密度，称为发光强度，常用符号 I 来表示。

图 8-3 所示为一空心球体，球心 O 处放一点光源，它向由 $abcd$ 所包的面积 A 上发出 Φ lm 的光通量。而面积 A 对球心形成的角称为立体角（Ω），它是以 A 的面积和球的半径 r 平方之比来度量，即：

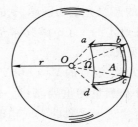

$$\Omega=A/r^2 \qquad (8-2)$$

立体角的单位为球面度（sr）。即当 $A=r^2$ 时，它在球心处形成的立体角 $\Omega=1$ sr。点光源在某方向上的无限小立体角 $d\Omega$ 内发出的光通量为 $d\Phi$ 时，则该方向上的发光强度 $I_a=d\Phi/d\Omega$。

图 8-3 立体角的概念

如果在有限立体角 Ω 内传播的光通量 Φ 均匀分布的，上式可写成：

$$I_a=\Phi/\Omega \qquad (8-3)$$

发光强度的单位为坎德拉（cd），它表示光源在 1 sr 立体角内均匀发射出 1 lm 的光通量，即 1 cd＝1 lm/1sr。

40 W 白炽灯泡正下方具有约 30 cd 的发光强度。而在它的正上方，由于有灯头和灯座的遮挡，在这方向上没有光射出，故此方向的发光强度为零。如加上一个不透明的搪瓷伞形罩，向上的光通量除少量被吸收外，都被灯罩朝下面反射，因此，向下的光通量增加，而灯罩下方立体角未变，故光通量的空间密度加大，发光强度由 30 cd 增加到 73 cd 左右。

（3）照度

对于被照面而言，常用落在其单位面积上的光通量多少来衡量它被照射的程度，这就是常用的照度，符号为 E，它表示被照面上的光通量密度。设无限小被照面面积 dA 接受的光通量为 $d\Phi$ 中，则该点处的照度为 $E=d\Phi/dA$，当光通量由均匀分布在被照表面 A 上时，则此被照面的照度为：

$$E=\frac{\phi}{A} \qquad (8-4)$$

照度的常用单位为勒克斯（lx），它等于 1 lm 的光通量均匀分布在 1 m² 的被照面上，即 1 lx＝1 lm/1 m²。

下面这些常见的例子，可以帮助我们建立一些有关照度的概念。在 40 W 白炽灯下 1 m 处的照度约为 30 lx；该灯加一伞形的搪瓷质灯罩后该处的照度就增加到 73 lx；阴天中午室外照度为 8 000～20 000 lx；晴天中午在阳光下的室外照度可高达 80 000～120 000 lx。

（4）发光强度和照度的关系

一个点光源在被照面上形成的照度,可从发光强度和照度这两个基本量之间的关系求出。

如图 8-4(a)所示,表面 A_1、A_2、A_3;距点光源 O 分别为 r、$2r$、$3r$,在光源处形成的立体角相同,则表面 A_1、A_2、A_3 的面积比为它们距光源的距离平方比,即 $1:4:9$。设光源 O 在这三个表面方向的发光强度不变,即单位立体角的光通量不变,则落在这三个表面的光通量相同,由于它们的面积不同,故落在其上的光通量密度也不同,即照度是随它们的面积而变,由此可推出发光强度和照度的一般关系。从式(8-4)知道,表面的照度为 $E=\Phi/A$,由式(8-3)可知 $\Phi=I_\alpha\Omega$(其中 $\Omega=A/r^2$),将其带入式(8-4),则得:

$$E=\frac{I_\alpha}{r^2} \tag{8-5}$$

式(8-5)表明,某表面的照度 E 与点光源在这方向的发光强度 I 成正比,与距光源的距离 r 的平方成反比。这就是计算点光源产生照度的基本公式,称为距离平方反比定律。

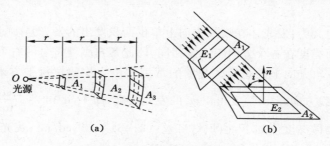

图 8-4 点光源产生的照度示意图

以上所讲的是指光线垂直入射到被照表面即入射角 i 为零时的情况。当入射角不等于零时,如图 8-4(b)所示表面 A_2,它与 A_1 成 i 角,A_1 的法线与光线重合,则 A_2 的法线与光源射线成 i 角,由于 $\Phi=A_1E_1=A_2E_2$ 且 $A_1=A_2\cos i$,故 $E_2=E_1\cos i$;由式(8-5)可知 $E_1=\dfrac{I_\alpha}{r^2}$,故:

$$E_2=\frac{I_\alpha}{r^2}\cos i \tag{8-6}$$

式(8-6)表示:表面法线与入射光线成 i 角处的照度,与它至点光源的距离平方成反比,而与光源在 i 方向的发光强度和入射角 i 的余弦成正比。

式(8-6)适用于点光源。一般当光源尺寸小于至被照面距离的 1/5 时,即将该光源视为点光源。

【例 8-2】 如图 8-5 所示,在距桌面高 2.1 m 处挂一只 40 W 白炽灯,设 α 角在 $0°\sim45°$ 内该白炽灯的发光强度均为 30 cd,试求灯下桌面点 1 及点 2 处的照度 E_1、E_2。

【解】 因为 $I_{0\sim45}=30$ cd,所以按式(8-6)算得:

$$E_1=\frac{I_\alpha}{r^2}\cos i=\frac{30}{2.1^2}\cos 0°=6.8\ \text{lx}$$

$$E_2=\frac{I_\alpha}{r^2}\cos i=\frac{30}{2.1^2+1^2}\cos 25.46°=5\ \text{lx}$$

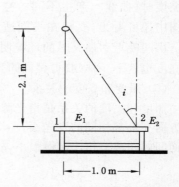

图 8-5 点光源在桌面上形成的照度

（5）亮度

在房间内同一位置，放置了黑色和白色的两个物体，虽然它们的照度相同，但在人眼中引起不同的视觉感觉，看起来白色物体亮得多，这说明物体表面的照度并不能直接表明人眼对物体的视觉感觉。

一个发光（或反光）物体，在眼睛的视网膜上成像，视觉感觉与视网膜上的物像的照度成正比，物像的照度越大，我们觉得被看的发光（或反光）物体越亮。视网膜上物像的照度是由物像的面积（它与发光物体的面积有关）和落在这面积上的光通量（它与发光体朝视网膜上物像方向的发光强度有关）所决定。它表明：视网膜上物像的照度是和发光体在视线方向的投影面积成反比，与发光体朝视线方向的发光强度 I_α 成正比。将这一概念称为亮度，符号为 L_α，并可写成：

$$L_\alpha = \frac{I_\alpha}{A \cos \alpha} \tag{8-7}$$

因此亮度可定义为：发光体在视线方向上单位面积发出的发光强度。

由于物体表面亮度在各个方向不一定相同，因此常在亮度符号的右下角注明角度，它表示与表面法线成 α 角方向上的亮度。亮度的常用单位为坎德拉每平方米（cd/m^2）；它等于 $1\ m^2$ 表面上，沿法线方向（$\alpha = 0°$）发出 1 cd 的发光强度，即 $1\ cd/m^2 = \dfrac{1\ cd}{1\ m^2}$。

常见的一些物体亮度值如下：白炽灯灯丝：$(3 \sim 5) \times 10^6\ cd/m^2$；荧光灯管表面：$(8 \sim 9) \times 10^3\ cd/m^2$；太阳：$2 \times 10^9\ cd/m^2$。

亮度反映了物体表面的物理特性，而我们主观所感受到的物体明亮程度，除了与物体表面亮度有关外，还与我们所处环境的明暗程度有关。为了区别这两种不同的亮度概念，常将前者称为"物理亮度（或称亮度）"，后者称为"表观亮度（或称明亮度）"。例如，同一亮度的表面，分别放在明亮和黑暗环境中，我们就会感到放在黑暗中的表面比放在明亮环境中的亮。图 8-6 是通过大量主观评价获得的实验数据整理出来的亮度感觉曲线。从图中可看出，相同的物体表面亮度（横坐标），在不同的环境亮度时（曲线），产生不同的亮度感觉（纵坐标）。从图中还可看出，要想在不同适应亮度条件下（如同一房间晚上和白天时的环境明亮程度不一样，适应亮度也就不一样）获得相同的亮度感觉，就需要根据以上关系，确定不同的表面亮度。

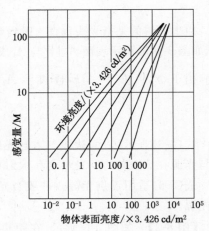

图 8-6　物理亮度与表观亮度的关系

（6）照度和亮度的关系

照度和亮度的关系是指光源亮度和它所形成的照度间的关系。如图 8-7 所示，设 A_1 为各方向亮度都相同的发光面，A_2 为被照面。在 A_1 上取一微元面积 dA_1，由于其尺寸和距被照面间的距离 r 相比显得很小，故可视为点光源。这样它在 A_2 上的 O 点处形成的照度为：

$$dE = \frac{dI_\alpha}{r^2} \cos i \tag{8-8a}$$

由亮度与光强的关系式（8-7）可得：

$$dI_\alpha = L_\alpha dA_1 \cos\alpha \tag{8-8b}$$

将式(8-8b)代入式(8-8a)则得：

$$dE = L_\alpha \frac{dA_1 \cos\alpha}{r^2} \cos i \tag{8-8c}$$

式中，$\frac{dA_1 \cos\alpha}{r^2}$ 是微元面 dA_1 对 O 点所张开的立体角 $d\Omega$，故式(8-8c)可写成 $dE = L_\alpha d\Omega \cos i$，整个发光表面在 O 点形成的照度为 $E = \int\limits_\Omega L_\alpha \cos i d\Omega$。

因光源在各方向的亮度相同，则：

$$E = L_\alpha \Omega \cos i \tag{8-8d}$$

式(8-8d)称为立体角投影定律，它表示某一亮度为 L_α 的发光表面在被照面上形成的照度值的大小，等于这一发光表面的亮度 L_α 与该发光表面在被照点上形成的立体角 Ω 的投影($\Omega \cos i$)的乘积。这一定律表明：某一发光表面在被照面上形成的照度，仅与发光表面的亮度及其在被照面上形成的立体角投影有关。在图 8-7 中 A_1 和 $A_1 \cos\alpha$ 的面积不同，但由于它对被照面形成的立体角投影相同，故只要它们的亮度相同，它们在 A_2 面上形成的照度就一样。立体角投影定律适用于光源尺寸相对于它和被照点距离较大时。

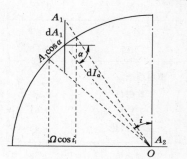

图 8-7　照度和亮度的关系

以上介绍了 4 个常用的光度单位。光通量表示发光体发出的光能数量；发光强度是发光体在某方向发出的光通量密度，它表明了光通量在空间的分布状况；光照度表示被照面接受的光通量密度，用来鉴定被照面的照明情况；光亮度表示发光体单位表面积上的发光强度，它表明了一个物体的明亮程度。

二、材料的光学性质

在日常生活中，我们所看到的光大多数是经过物体反射或透射的光。在窗扇中装上不同的玻璃，就产生不同的光效果。我们应对材料的光学性质有所了解，根据它们的不同特点，合理地应用于不同的场合，才能达到预期的目的。

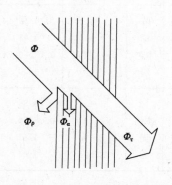

图 8-8　光的反射、吸收和透射

光在传播过程中，遇到介质(如玻璃、空气、墙……)时，会发生反射、透射与吸收现象。入射光通量(Φ)中的一部分被反射(Φ_ρ)，一部分被吸收(Φ_a)，一部分透过介质(Φ_τ)，见图 8-8。

根据能量守恒定律，这三部分之和应等于入射光通量，即：

$$\Phi = \Phi_\rho + \Phi_a + \Phi_\tau \tag{8-9}$$

将反射、吸收与透射的光通量与入射光通量之比，得出反射率 ρ，吸收率 α，透过率 τ。

三者相加为 1，即 $\rho + \alpha + \tau = 1$。表 8-1 与表 8-2 分别列出了饰面材料的光反射率及采光材料光透射率值。

表 8-1 饰面材料的反射比 ρ 值

材料	P 值	材料	P 值	材料	P 值
石膏	0.91	混凝土地面	0.20	深咖啡色	0.20
大白粉刷	0.75	沥青地面	0.10	普通玻璃	0.08
水泥砂浆抹面	0.32	钢板地面	0.15	大理石	
白水泥	0.75			白色	0.60
白色乳胶漆	0.84	瓷釉地面		乳色间绿色	0.39
		白色	0.80	红色	0.32
调和漆		黄绿色	0.62	黑色	0.08
白色和米黄色	0.70	粉色	0.65		
中黄色	0.57	天蓝色	0.88	水磨石	
		黑色	0.08	白色	0.70
红砖	0.33			白色间灰黑色	0.52
灰砖	0.28	无釉陶土地砖		白色间绿色	0.66
		土黄色	0.53	黑灰色	0.10
塑料墙纸		朱砂	0.19		
黄白色	0.72				
蓝白色	0.61	马赛克地砖		塑料贴面板	
浅粉白色	0.65	白色	0.59		
		浅蓝色	0.42	浅黄色木纹	0.36
胶合板	0.58	浅咖啡色	0.31	中黄色木纹	0.30
广漆地板	0.10	绿色	0.25	深棕色木纹	0.12
菱苦土地面	0.15				

表 8-2 采光材料的透射比 τ 值

材料	颜色	厚度/mm	τ 值	材料	颜色	厚度/mm	τ 值
普通玻璃	无	3～6	0.78～0.82	聚苯乙烯板	无	3	0.78
钢化玻璃	无	5～6	0.78	聚氯乙烯板	本色	2	0.60
磨砂玻璃（花纹深密）	无	3～6	0.55～0.60	聚碳酸酯板	无	3	0.74
压花玻璃（花纹深密）	无	3	0.57	聚酯玻璃钢板	本色	3～4 层布	0.73～0.77
（花纹浅稀）	无	3	0.71		绿	3～4 层布	0.62～0.67
夹丝玻璃	无	6	0.76				
				小波玻璃瓦	绿	—	0.38
压花夹丝玻璃（花纹浅稀）	无	6	0.66	大波玻璃瓦	绿	—	0.48
夹层安全玻璃	无	3+3	0.78	玻璃钢罩	本色	3～4 层布	0.72～0.74
双层隔热玻璃（空气厚 5 mm）	无	3+5+3	0.64	钢窗纱	绿		0.70
吸热玻璃	蓝	3～5	0.52～0.64	镀锌铁丝网	—	—	0.89
乳白玻璃	乳白	3	0.60	茶色玻璃	茶色	3～6	0.08～0.50
有机玻璃	无	2～6	0.85	中空玻璃	无	3+3	0.81
乳白有机玻璃	乳白	3	0.20	安全玻璃	无	3+3	0.84

1. 定向反射和透射

光线射到表面很光滑的不透明材料上，就出现定向反射现象（图 8-9）。它具有以下特点：① 光线入射角等于反射角；② 入射光线、反射光线以及反射表面的法线处于同一平面。如玻璃镜、抛光的金属表面都属于定向反射材料。在反射方向能够清楚地看到光源的形象。但眼睛（或光滑表面）稍微移动到另一位置，不处于反射方向，就看不见光源形象。

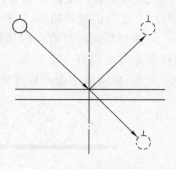

图 8-9　定向反射与透射

如果光线射到透明材料上则会产生定向透射。若材料的两个表面彼此平行，则透过材料的光线方向和入射方向保持一致。例如，隔着质量好的窗玻璃就能很清楚地毫无变形地看到另一侧的景物（图 8-9）。

但如果玻璃质量不好，两个表面不平、各处厚薄不匀，则各处的折射角不同，透过材料的光线互不平行，隔着它所见到的物体形象就发生变形。人们利用这种效果，将玻璃的一面制成各种花纹，使玻璃两侧表面互不平行，因此光线折射不一，使外界形象严重歪曲，达到模糊不清的程度。这样既看不清另一侧的情况，不致分散人们的注意力，又不会过分地影响光线的透过，保持室内的采光效果，同时也避免室内活动一览无余。

2. 扩散反射和透射

半透明材料使入射光线发生扩散透射，表面粗糙的不透明材料使入射光线发生扩散反射，使光线分散在更大的立体角范围内。这类材料又可按它的扩散特性分为均匀扩散材料和定向扩散材料两种。

（1）均匀扩散材料

这类材料将入射光线均匀地向四面八方反射或透射，从各个角度来看，其亮度完全相同，看不见光源形象。均匀扩散反射（漫反射）材料有氧化镁、石膏等。但大部分无光泽、粗糙的建筑材料，如粉刷、砖墙等都可以近似地看成这一类材料。均匀扩散透射（漫透射）材料有乳白玻璃和半透明塑料等，透过它看不见光源形象或外界景物，只能看见材料的本色和亮度上的变化，常将它用于灯罩、发光顶棚，以降低光源的亮度，减少刺眼程度。这类材料用矢量表示的亮度和发光强度分布见图 8-10，图中实线为亮度分布，虚线为发光强度分布。均匀扩散材料表面的亮度可用下列公式计算：

对于反射材料：
$$L = \frac{E \times \rho}{\pi} \quad cd/m^2 \tag{8-10}$$

对于透射材料：
$$L = \frac{E \times \tau}{\pi} \quad cd/m^2 \tag{8-11}$$

均与扩散材料的最大发光强度在表面的法线方向，其他方向的发光强度和发现方向的发光强度的关系如下：

$$I_i = I_0 \cos i \tag{8-12}$$

式中　i——表面法线和某一方向间的夹角；

　　　I_i——反射光与表面法线夹角为 i 方向的光强，cd；

　　　I_0——反射光在反射表面法线方向上的最大光强，cd。

式(8-12)称为朗伯余弦定律。

（2）定向扩散材料

某些材料同时具有定向和扩散两种性质。它在定向反射（透射）方向，具有最大的亮度，而在其他方向也有一定亮度。这种材料的亮度和发光强度分布见图 8-11。图中实线表示亮度分布，虚线表示发光强度分布。

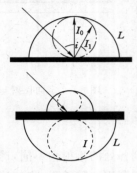

图 8-10　均匀扩散反射和透射

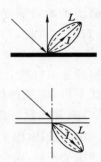

图 8-11　定向扩散反射和透射

例如光滑的纸、较粗糙的金属表面、油漆表面等属于定向扩散材料。这时在反射方向可以看到光源的大致形象，但轮廓不像定向反射那样清晰，而在其他方向又类似扩散材料具有一定亮度，但不像定向反射材料那样没有亮度。这种性质的透光材料如磨砂玻璃，透过它可看到光源的大致形象，但不清晰。

3. 光的折射

光在透明介质中传播，当从密度小的介质进入密度大的介质时，光速减缓；反之，光速加快。这种由于光速的变化而造成光线方向改变的现象，称为折射，见图 8-12。

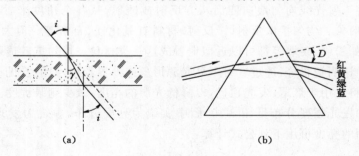

图 8-12　光的折射

（a）光通过平行表面的折射；（b）光通过三角形棱镜的折射

光的折射的规律是：

$$\frac{\sin i}{\sin \gamma} = \frac{n_2}{n_1} \tag{8-13}$$

式中　n_1, n_2——第一、二种介质的折射率；

i, γ——入射角、折射角。

从式(8-13)可以看出，光线通过两种介质的界面时，在折射率大的一侧光线与法线的夹角较小。利用折射能改变光线方向的原理制成的折光玻璃砖、各种棱镜灯罩，能精确地控制光分布,见图 8-12(b)。

第二节 视觉与光环境

为设计良好的光环境,首先需要了解人的视觉机能,研究有哪些因素影响视觉功效和视觉舒适,以及如何发生影响。据此建立评价光环境质量的客观(物理)标准,并作为设计的依据和目标。

一、眼睛与视觉

1. 眼睛

人的视觉感觉通过眼睛来完成。人的眼睛近似球形,直径约 23 mm。眼睛的构造主要由角膜、虹膜、瞳孔、水晶体、视网膜等构成。

位于眼球前方的部分是透明的角膜,角膜后是虹膜。虹膜是一个不透明"光圈",瞳孔为虹膜中央的圆形孔,它可根据环境的明暗程度,自动调节其孔径,以控制进入眼球的光能数量。

虹膜后面的水晶体,为一扁球形的弹性透明体,它受睫状肌收缩或放松的控制,使其形状改变,从而改变其屈光度,它能够自动改变焦距,使远近不同的外界景物都能在视网膜上形成清晰的影像。

眼球内壁约 2/3 的面积为视网膜。它是眼睛的视觉感受部分。视网膜上布满了感光细胞——锥体细胞和杆体细胞。光线射到它们上面就产生光刺激,并把光信息传输至视神经,再传至大脑,产生视觉感觉。

两种感光细胞有各自的功能特征:

① 杆状细胞对于光非常敏感,但不能分辨颜色。在眼睛能够感光的亮度阈限(约为 10^{-6} cd/m^2)到 0.03 cd/m^2 的亮度水平,主要是杆状细胞起作用,称为暗视觉。

② 锥体细胞对于光不甚敏感,在亮度高于 3 cd/m^2 的水平时,锥状细胞才充分发挥作用,这时称为明视觉。锥状细胞有辨认细节和分辨颜色的能力,这种能力随亮度的增加而达到最大。所有的室内照明,都是按明视觉条件设计的。

③ 当适应亮度处在 0.03～3 cd/m^2 之间时,眼睛处于明视觉和暗视觉的中间状态,称为中间视觉。一般道路照明的亮度水平相当于中间视觉的条件。

2. 视觉

视觉活动与人的所有知觉一样,不仅需要某种外界条件对神经系统的刺激,而且需要大脑对由此产生的神经脉冲信号进行解释与判断。视觉形成的过程中可分解为四个阶段:

① 光源发出的光辐射。

② 外界景物在光照射下产生颜色、明暗和形体的差异,相当于产生二次光源。

③ 二次光源发出不同强度、颜色的光信号进入人眼瞳孔。借助于眼球调视,在视网膜上成像。

④ 视网膜上接受的光刺激(即物像)变为脉冲信号,经视神经传给大脑,通过大脑的解释、分析、判断产生视觉。

视觉的形成既依赖于眼睛的生理机能和大脑积累的视觉经验,又与照明状态密切相关。

二、视觉特性

人眼的视觉特性有很多,本节主要选取与视觉环境关系比较密切的一些特性,如亮度阈限、视觉敏锐度、对比感受性、识别时间、眩光等进行简要介绍。

1. 亮度阈限

对于在眼中长时间出现的大目标,视觉阈限亮度为 10^{-6} cd/m^2。在呈现时间少于 0.1 s,视角不超过 $1°$ 的条件下,其视觉阈限值遵守里科定律,即亮度×长度=常数,也遵守邦森—罗斯科定律,即亮度×时间=常数。这就是说,目标越小,或呈现时间越短,越需在更高的亮度才能引起视知觉。

视觉可以忍受的亮度上限约为 10^6 cd/m^2,超过这个数值,视网膜就可能因辐射过强而受到损伤。

2. 视觉敏锐度

人眼凭借视觉器官辨认目标或细节的敏锐程度,称为视觉敏锐度,医学上称为视力。一个人能分辨的细节越小,它的视觉敏锐度就越高。在数量上,视觉敏锐度等于刚好能分辨的视角的倒数,即:

$$V = \frac{1}{\alpha_{\min}} \tag{8-14}$$

物体的大小对眼睛所形成的张角,称为视角,如图 8-13 所示。视角 α 大小为:

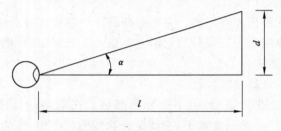

图 8-13　视角的定义

$$\alpha = \arctan\frac{d}{l} \tag{8-15a}$$

式中,α 为视角,$(°)$;d 为目标大小,m;l 为从眼睛角膜到该目标的距离。

当 α 较小时,可用近似公式计算,即:

$$\alpha = \frac{d}{l} \tag{8-15b}$$

通常以"分"为单位表示视角的大小,其公式为:

$$\alpha = \frac{180}{\pi} \times 60 \times \frac{d}{l} = 3\ 400\ \frac{d}{l} \tag{8-15c}$$

眼睛分辨细节的能力主要是中心视野的功能,这一能力因人而异。医学上常用兰道尔环或"E"形视标检验人的视力。

它们在横向与纵向都由 5 个细节单位构成（5 d）,例如"C"形兰道尔环的黑线条宽度与缺口宽度均为直径的 1/5,如图 8-14 所示。在 5 m 远的距离看视力表上的视标,当 $d=$ 11.46 mm 时,视角恰好是 $1'$。能分辨 $1'$ 的视标缺口,视力等于 1,说明一个人的视力正常;如果仅能分辨 $2'$ 的视标缺口,则视力等于 1/2,即 0.5。

图 8-14 检验视力用的视标

视觉敏锐度随背景亮度、对比、细节呈现时间、眼睛的适应状况等因素而变化。在呈现时间不变的条件下,提高背景亮度或加强亮度对比,都能改善视觉敏锐度,看清视角更小的物体或细节。

3. 对比感受性

任何视觉目标都有它的背景。例如,看书时白纸是黑字的背景,而桌子又是书本的背景。目标和背景之间在亮度或颜色上的差异,是我们在视觉上能认知世界万物的基本条件。

亮度对比即观看对象和其背景之间的亮度差异,差异愈大,视度愈高(图 8-15)。常用亮度对比系数 C 来表示亮度对比,它等于视野中目标和背景的亮度差与背景(或目标)亮度之比。

$$C = \frac{|L_1 - L_b|}{L_b} = \frac{|\Delta L|}{L_b} \tag{8-16}$$

式中 L_1——目标亮度,cd/m^2;

      L_b——景亮度,cd/m^2;

      ΔL——目标与背景的亮度差,cd/m^2。

图 8-15 亮度对比和视度的关系

对于均匀照明的无光泽的背景和目标,亮度对比可用光反射比表示:

$$C = \frac{|\rho_t - \rho_b|}{\rho_b} \tag{8-17}$$

式中 ρ_t——目标光反射比;

      ρ_b——背景光反射比。

视功能实验表明:物体亮度(与照度成正比),视角大小和对比三个因素对视度的影响是相互有关的。图 8-16 所示辨别概率为 95%(即正确辨别视看对象的次数为总辨别次数的 95%)时三个因素之间的关系。

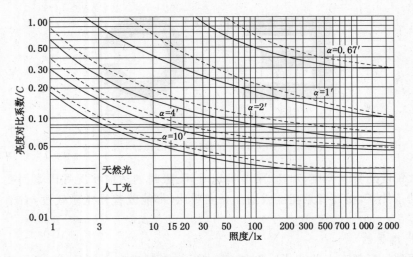

图 8-16　视功能曲线

从图 8-16 中的曲线可看出：① 从同一根曲线来看,它表明观看对象在眼睛处形成的视角不变时,如对比下降,则需要增加照度才能保持相同视度。也就是说,对比的不足,可用增加照度来弥补。反之,也可用增加对比来补偿照度的不足。② 比较不同的曲线(表示在不同视角时)后看出：目标越小(视角越小),需要的照度越高。③ 天然光(实线)比人工光(虚线)更有利于视度的提高。但在观看大的目标时,这种差别不明显。

4. 识别时间

眼睛观看物体时,只有当该物体发出足够的光能,形成一定的刺激,才能产生视觉感觉。如前所述,在一定条件下,亮度×时间＝常数(邦森—罗斯科定律),也就是说,呈现时间越少,越需要更高的亮度才能引起视感觉。这就是为什么在照明标准中规定,识别对象在活动面上,识别时间短促而辨认困难,则要求采用照度标准值范围内的高值。

在生活中,当人(或视线)移动时,就会看到不同亮度的环境,这里又出现另一种识别时间问题。当人们从明亮环境走到黑暗处(或相反),这时就会产生一个原来看得清,突然变成看不清,经过一段时间才由看不清东西到逐渐又看得清的变化过程,这叫做"适应"。从暗到明的适应时间短,称"明适应",适应过程见图 8-17。这说明在设计中应考虑人们流动过程中可能出现的视适应问题。当出现环境亮度变化过大的情况,应考虑在其间设置必要的过渡空间,使人眼有足够的视适应时间。在需要人眼变动注视方向的工作场所中,视线所及的各部分的亮度差别不宜过大,以减少视疲劳。

5. 避免眩光

眩光就是在视野中由于亮度的分布或范围不适宜,或在空间或时间上存在着极端的亮度对比,以致引起不舒适和降低物体可见度的视觉条件。根据眩光对视觉的影响程度,可分为失能眩光和不舒适眩光。降低视觉功效和可见度的眩光称为失能眩光。出现失能眩光后,就会降低目标和背景间的亮度对比,使视度下降,甚至丧失视力,从而引起不舒适感觉,但并不一定降低视觉功效或可见度的眩光,称为不舒适眩光。不舒适眩光会影响人们的注意力,长时间就会增加视疲劳。如常在办公桌上玻璃板里出现灯具的明亮反射现象就是这样,这是一种常见的又容易被人们忽视的一种眩光。对于室内光环境来说,只要将不舒适眩光限制在允许的限度内,失能眩光也就消除了。

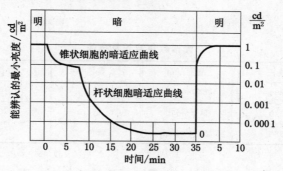

图 8-17　眼睛的适应过程

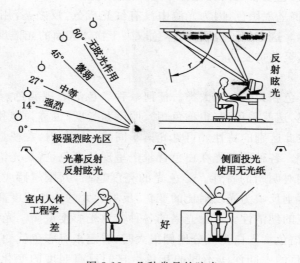

图 8-18　几种常见的眩光

从形成眩光过程来看,可把眩光分为直接眩光和反射眩光。直接眩光是由视野中的高亮度的或未曾充分遮蔽的光源所产生的,而反射眩光是由视野中的光泽表面的反射所产生的。反射眩光往往难以避开,故比直接眩光更为讨厌。

眩光产生的原因:不恰当的自然采光口;不合理的光亮度;不恰当的强光方向。可能产生眩光的地方:玻璃办公桌面;局部照明的展板;不恰当的工作面照明。黄种人眼睛的黑色素较白种人的多,对眩光的忍受力比白种人强。白种人比黄种人的耐暗程度强。

三、颜色对视觉的影响

在人们的日常生活中,经常要涉及各种各样的颜色。颜色就是光作用于人眼引起除形象以外的视觉特性。颜色是影响光环境质量的要素,同时对人的生理和心理活动产生作用,影响人们的工作效率。颜色问题涉及物理光学、视觉心理和美学等方面的知识,在此主要讨论颜色的基本特性、表色系统和色表与显色性等相关内容。

1. 颜色的基本特性

(1) 颜色的形成

颜色来源于光。可见光包含的不同波长的单色辐射在视觉上反映出不同的颜色。表

8-3 是各种颜色的波长和光谱的范围。在两个相邻颜色范围的过渡区,人眼还能看到各种中间颜色。

表 8-3 光谱颜色波长及范围

颜色	波长	范围/nm	颜色	波长	范围/nm
红	700	640～750	绿	510	480～550
橙	620	600～640	蓝	470	450～480
黄色	580	550～600	紫色	420	400～450

物体色是物体对光源的光谱辐射有选择地反射或透射对人眼所产生的感觉。例如,若用白光照射某一表面,它吸收的白光包含绿光和蓝光,反射红光,这一表面就呈红色;若用蓝光照射同一表面,它将呈现黑色,因为光源中没有红光成分,反之,若用红光照射该表面,它将呈现出鲜艳的红色。这个例子说明,物体色取决于物体表面的光谱反射率,同时光源的光谱组成对于显色也是至关重要的。

（2）颜色的分类

颜色可以分为彩色和无彩色两大类。任何一种彩色的表现颜色,都可以按照三个独立的主观属性分类描述,这就是色调（也称色相）、明度和彩度（也称为饱和度）。

色调是各彩色彼此区别的特性。可见光谱不同波长的辐射,在视觉上表现为各种色调,如红、橙、黄、绿、蓝等。各种单色光在白色背景上呈现的颜色,就是光谱的色调。

明度是指颜色相对明暗的特性。彩色光的亮度越高,人眼越感觉明亮,它的明度就越高。物体颜色的明度则反映为光反射比的变化,反射比大的颜色明度高,反之明度低。

彩度指的是彩色的纯洁性。可见光谱的各种单色光彩度最高。光谱色掺入白光成分越多,彩度越低。当光谱色渗入白光成分比例很大时,看起来有彩色就变成无彩色了。

无彩色指白、黑色的中间深浅不同的灰色。它们只有明度的变化,没有色调和彩度的区别。

（3）颜色的混合

人眼能够感知和辨认的每一种颜色都能用特定波长的红、绿、蓝三种颜色匹配出来。但是,这三种颜色中无论哪一种都不能由其他两种颜色混合产生。因此,在色度学中将红（700 nm）、绿（546.1 nm）、蓝（435.8 nm）称为三原色。

颜色混合可以是颜色光的混合,也可以是物体色（颜料）的混合。

2. 颜色的定量

定量的表示颜色称为表色（color specification）,所表示的数值称为表色值（color specification value）。把为了表色而采用的一系列规定和定义所形成的体系称为表色系统（color system）。

显色系统中采用色卡的孟塞尔表色系统是目前国际通用的物体色表色系统。

孟塞尔表色系统是由美国画家孟塞尔（A. H. Munsell）于 1905 年提出,1930 年末由美国光学学会色度委员会将其进行尺度修正后形成的表色系统。

孟塞尔表色系统按颜色的 3 个基本属性:色调（H）、明度（V）和彩度（C）对颜色进行分类与标定。

可以用一个颜色立体图来说明这一表色系统，如图 8-19 所示。中央轴代表无彩色（中性色）明度等级，理想白色为 10，理想黑色为 0，共有感觉上等距离的 11 个等级。颜色样品离开中央轴的水平距离，代表彩度的变化。中央轴上的彩度为 0，离开中央轴越远，彩度越大。

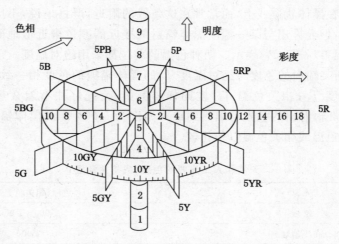

图 8-19　孟塞尔颜色立体图

色调不同的颜色其最大彩度是不一样的，个别最饱和的颜色彩度可达 20。颜色立体水平剖面各个方向表示 10 种孟塞尔色调，其中包括红（R）、黄（Y）、绿（G）、蓝（B）、紫（P）5 种主色调和黄红（YR）、绿黄（GY）、蓝绿（BG）、紫蓝（PB）和红紫（RP）5 种中间色调。为了对色调的差异划分更详细，每种色调又分为 10 个等级，主色调与中间色调的等级都定为 5。

孟塞尔表色系统对一种颜色的表示方法是先写出色调（H），然后写明度值（V），再在斜线后面写出彩度（C），即 HV/C＝色调 明度/彩度。例如，标号为 10Y8/12 的颜色，其色调是黄与绿黄的中间色，明度值为 8，彩度值为 12。无彩色用 N 表示。只写明度值，斜线后不写彩度，即 NV/。例如，N7/ 表示明度值为 7 的中性色（无彩色）。

孟塞尔明度值与光反射比有对应的关系，它们的换算近似公式为：

$$\rho = \frac{V(V-1)}{100} \tag{8-18}$$

例如，明度值为 9 的一块颜色，其反射比约等于 $\rho = 9 \times (9-1)/100 = 0.72$。

3. 光源的颜色

在光环境设计实践中，光源的颜色质量常用两个性质不同的术语来表征。光源的色表和光源的显色性。

（1）光源的色表

在照明应用领域内，常用色温定量描述光源的色表。当一个光源的颜色与完全辐射体（黑体）在某一温度时发出的光色相同时，完全辐射体的温度就叫做此光源的色温，用符号 T_c 表示，单位是 K（绝对温度）。

完全辐射体也称黑体。它既不反射，也个透射，但它是能把透射在它上面的辐射全部吸收的物体。黑体加热到高温便产生辐射；黑体辐射的光谱功率分布完全取决于它的温度。在 800～900 K 温度下，黑体辐射呈红色，3 000 K 为黄白色，5 000 K 左右呈白色；在 8 000

～10 000 K 之间为淡蓝色。热辐射光源如白炽灯,其光谱功率分布与黑体辐射非常相近,都是连续光谱。白炽灯的色坐标点正好落在黑体轨迹上,因此,用色温来描述它的色表很恰当。

非热辐射光源,如荧光灯和高压钠灯,它们的光谱功率分布与黑体辐射相差甚大,其色坐标点不一定落在黑体轨迹线上,而常常在这条线的附近,严格地说,不应当用色温来描述这类光源的色表,但允许用与某一温度黑体辐射最接近的颜色来近似地确定这类光源的色温,称为相关色温,以符号 T_{CP} 表示。两种色温的单位都采用绝对温度。

色温 T_C 是指某辐射的色度与绝对温度 T_C 的黑体辐射的色度相一致,而这种辐射源没必要热到绝对温度 T_C;相关色温 T_{CP} 也同样。例如,荧光灯并不怎么热而它的 T_{CP} 达到 6 000 K,即这种灯辐射出的色光与加热到绝对温度为 6 000 K 的黑体辐射最接近。表 8-4 列有若干光源的色温或相关色温以作比较。

表 8-4 　　　　　　　　　天然和人工光源的色温(或相关色温)

光源	色温(相关色温)/K
蜡烛	1 900～1 950
高压钠灯	2 000
白炽灯 W	2 700
白炽灯 150～500 W	2 800～2 900
日光	5 300～5 800
昼光(日光＋晴天天空)	5 800～6 500
全阴天空	6 400～6 900
荧光灯	3 000～7 500

经实验证实:学生在 4 000～4 500 K 色温值的下阅读,发生看错的概率最低。学生看书适合使用 4 000～4 500 K 色温值的护眼灯。卧室使用的灯具可以选择偏黄的灯具,色温值可在 3 000 K 左右。办公室可选择 4 500 K 左右的灯具。需要注意的是,不要选择色温值过大的灯具,高色温值的光源产生的光中可能蓝光成分偏多,长时间在其下工作,可能对眼睛造成损伤。

(2) 光源的显色性

物体色随不同照明条件而变化。将物体在待测光源下的颜色同它在参照光源下的颜色相比的符合程度定义为待测光源的显色性。

参照光源,是能呈现出物体"真实"颜色的光源。一般公认中午的日光是理想的参照光源。实际上,日光的光谱组成在一天中有很大的变化。但是这种大幅度的变化被人眼的颜色适应补偿了,所以人们察觉不到物体颜色的相应变化。因此,以日光作为评定人工照明光源显色性的参照光源还是合理的,唯一的前提条件是两者的色温要相近。

CIE 及我国制订的光源显色性评价方法,都规定相关色温低于 5 000 K 的待测光源以黑体辐射作为参照光源,它与早晨或傍晚时日光的色温相近;色温高于 5 000 K 的待测光源以组合昼光作为参照光源,它相当于中午的日光。

目前在显色性评价上多采用 CIE 显色评价方法。CIE 显色评价方法是把在待测光源下物体色外观和在参照光下物体色外观的一致程度进行数值化,即计算显色指数 Ra。

显色指数的最大值定为 100。一般认为在 $Ra=80\sim100$ 范围内,显色性优良;在 $Ra=50\sim79$ 范围内,显色性一般;$Ra<50$ 时显色性较差。表 8-5 列有我国生产的部分电光源显色指标。

表 8-5   **电光源的显色指标**

光源	色温(相关色温)/K	Ra
白炽灯 500 W	2 800~2 900	95~100
荧光灯(日光色 40 W)	6 600	70~80
荧光高压汞灯(400 W)	5 500	30~40
高压钠灯(400 W)	2 000	20~25

4. 色彩与视觉心理

色彩的知觉过程是人们对色彩感觉所经历的物理——生理——心理过程。色彩通过视觉器官为人们感知,可以改变空间的量感,形成不同的氛围,还可以通过心理感受影响人们的情绪,甚至影响工作效率。

(1)色彩的冷暖感

色彩的冷暖感通常是由色相的差别决定的,其大致范围是红—橙—黄有暖感;蓝绿—蓝—蓝紫有冷感;绿—黄绿和紫—红紫为中性。根据实验心理学派的测试报告,在不同色光的照射下,人们的反映不同,其影响由弱到强的色光顺序是蓝—绿—黄—橙—红。例如,在蓝绿色的室内环境色下。人们在 15 ℃室内温度时觉得冷;在红橙色的室内环境色下,人们在 11~12 ℃室内温度时觉得冷,主观温差效果可达到 3~4 ℃。

(2)色彩的轻重感

决定色彩轻重感的是明度。明亮的色有轻感,深暗的色有重感。例如,相同材料不同色彩的物体,黑色感觉重,红色次之,白色感觉最轻;室内装饰时,通常是天花板和墙为明亮的浅色,地面、地毯和家具为中深色,给人以沉着、稳重、安定感。

(3)色彩的明快、忧郁感

决定这一感觉的主要因素是明度和纯度,而色调的对比则是次要因素,即明亮、鲜艳呈明快感,而深暗、灰浊的颜色呈忧郁感。

(4)色彩的兴奋、沉静感

这一色感与色彩的三属性均有关联,而以纯度的影响为大。高纯度或高明度的色为兴奋色,而中、低纯度或中、低明度的色是沉静色。以色调分析,紫、绿为中性,蓝紫、蓝、蓝绿属沉静色,而红紫、红、品红、橙、黄、黄绿都属于兴奋色。在色彩中,应依据用途、环境对比作不同选择,如娱乐场所、城市广告、标语及儿童用品以用兴奋色为宜,而家庭室内装饰、休息场所及医院等则用沉静色为多。

第三节   天然光环境

天然光是一种最洁净的绿色光源。由于人类长期生活在自然环境中,人眼对天然光最适应,在天然光下人眼有更高的视觉功效,会感到更舒适,也更有益于身心健康。再好的人工照明环境,人眼的舒适程度也不会达到天然光下的效果。因此,室内的工作环境必须充分利用天然采光,同时,利用天然采光还可以节约大量照明用电,进而节约能源,降低空调能耗,有利于可持续发展。

一、光气候与采光标准

1. 天然光组成和影响因素

由于地球与太阳相距很远,故可认为太阳光是平行地射到地球上。太阳光穿过大气层时,一部分透过它射到地面,称为太阳直射光,它形成的照度大,并具有一定方向性,在被照射物体背后出现明显的阴影;另一部分碰到大气层中的空气分子、灰尘、水蒸气等微粒,产生多次反射,形成天空漫射光,使天空具有一定亮度,它在地面上形成的照度较小,没有一定方向,不能形成阴影;太阳直射光和天空漫射光射到地球表面上后产生反射光,并在地球表面与天空之间产生多次反射,使地球表面和天空的亮度有所增加。在进行采光计算时,除地表面被白雪或白沙覆盖的情况外,可不考虑地面反射光影响。因此,全云天时只有天空漫射光;晴天时室外天然光由太阳直射光和天空漫射光两部分组成。这两部分光的比例随天空中的云量和云是否将太阳遮住而变。太阳直射光在总照度中的比例由无云天时的 90% 到全云天时的 0;天空漫射光则相反,在总照度中所占比例由无云天的 10% 到全云天的100%。随着两种光线所占比例的不同,地面上阴影的明显程度也改变,总照度大小也不一样。

晴天是指天空无云或很少云。这时地面照度来源于日光和天空光,其比例随太阳高度与天气而变化。通常按照天空中云的覆盖面积将天气分为 3 类:

① 晴天——云覆盖天空的面积占 0~0.3;

② 多云天——云覆盖天空的面积占 0.4~0.7;

③ 全阴天——云覆盖天空的面积占 0.8~1。

晴天时,地面照度主要来自直射日光;随着太阳高度角的增大,直射日光照度在总照度中占的比例也加大。全阴天则几乎完全是天空扩散光照明;多云天介于两者之间,太阳时隐时现,照度很不稳定。

2. 我国光气候概况

影响天然光变化或变动的一些气象因素称为光气候。例如,日照率、太阳高度角、云量、云状、大气透明度等,都属于光气候的范围。

日照率指太阳实际出现的时间和可能出现的时间之比,也是光气候中的主要内容。我国地域辽阔,从日照率来看,由北、西北往东南逐渐变动,东北、华北、新疆高,华中居中,东南沿海次之,四川、贵州低;从云量来看,由北向南逐渐变动,新疆南部、华北、东北少,华中较多,华南最多,四川、贵州极多;从云状来看,南方以低云为主,向北逐渐以高、中云为主。根据这些气象因素考虑,在天然光照度中,南方的散射光照度较大,北方以直射光照度为主。

通过对全国各地不同气候特点的日射站进行逐时的照度和辐射的对比观测,将全国光气候划分为 5 个分区,编制出全国年平均总照度分布图,如图 8-20 所示。全国总照度的分布特点如下:

① 全国各地夏季总照度最大,冬季总照度最小,春季总照度大于秋季总照度。

② 春、秋、冬和全年的总照度的高值和低值中心位于北纬 25°~30° 的地带,高值中心位

于青藏高原南部,低值中心位于四川盆地。夏季总照度值增大,高值中心出现在青藏高原东北部,低值中心出现在四川盆地和贵州东部。

③ 全国东部北纬 40°以北地区,春、秋、冬和全年总照度值从东北往西南呈递增趋势;夏季由于受云天和水汽的影响,总照度值从东往西呈径向增大趋势。

④ 新疆地区冬季和全年的总照度值从北往南随纬度减少而递增,夏、秋季总照度在北疆和南疆分别出现闭合低值中心;在南疆的低值中心明显,在北疆的低值中心则不明显。

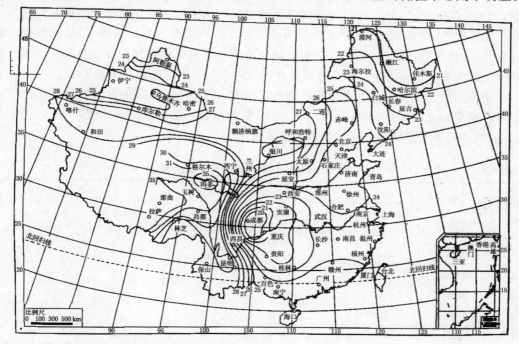

图 8-20 全国年平均总照度分布图

3. 采光标准

施行的《建筑采光设计标准》(GB 50033—2013)是采光设计的依据。下面介绍该标准的主要内容。

(1) 采光系数

室外照度是经常变化的,这必然使室内照度随之而变,不可能是一固定值,因此对采光数量的要求,我国和其他许多国家都用相对值。这一相对值称为采光系数(C),它是在全阴天空漫射光照射下,室内某一点给定平面上的天然光照度(E_n)和同一时间、同一地点,在室外无遮挡水平面上的天空漫射光照度(E_w)的比值,即:

$$C = \frac{E_n}{E_w} \times 100\% \tag{8-19}$$

式中　　E_n——室内某一点的照度,lx;

　　　　E_w——与 E_n 同一时间的室外照度,lx。

利用采光系数这一概念,就可根据室内要求的照度换算出需要的室外照度,或由室外照度值求出当时的室内照度,而不受照度变化的影响,以适应天然光多变的特点。

（2）采光系数标准

不同情况的视看对象要求不同的照度，而照度在一定范围内是越高越好，照度越高，工作效率越高。但高照度意味着投资大，故它的确定必须既考虑到视觉工作的需要，又照顾到经济上的可能性和技术上的合理性。采光标准综合考虑了视觉试验结果，对已建成建筑的采光现状进行的现场调查、采光口的经济分析、我国光气候特征，以及我国国民经济发展等因素，将视觉工作分为Ⅰ～Ⅴ级，提出了各级视觉工作要求的天然光照度最低值为 250 lx、150 lx、100 lx、50 lx、25 lx。我们把室内天然光照度等于采光标准规定的标准值时的室外照度称为临界照度，用 E_1 表示，也就是开始需要采用人工照明时的室外照度值，E_1 值的确定影响开窗大小、人工照明使用时间等，有一定的经济意义。采光标准规定我国Ⅲ类光气候区的临界照度值为 5 000 lx。确定这一值后就可将室内天然光照度换算成采光系数。

由于不同的采光类型在室内形成不同的光分布，故采光标准按采光类型分别提出不同的要求。顶部采光时，室内照度分布均匀，采用采光系数平均值。侧面采光时，室内光线变化大，故用采光系数最低值。采光系数标准值见表 8-6。

表 8-6　　　　　　　　　　　　　视觉作业场所工作面上的采光系数标准

采光等级	视觉作业分类		侧面采光		顶部采光	
	作业精细	识别对象的最小尺寸 d/mm	采光系数最低值 C_{min}/%	室内天然光临界照度/lx	采光系数平均值 C_{av}/%	室内天然光临界照度/lx
Ⅰ	特别精细	$d \leqslant 0.15$	5	250	7	350
Ⅱ	很精细	$0.15 < d \leqslant 0.3$	3	150	4.5	225
Ⅲ	精细	$0.3 < d \leqslant 1.0$	2	100	3	150
Ⅳ	一般	$1.0 < d \leqslant 5.0$	1	50	1.5	75
Ⅴ	粗糙	$d > 5.0$	0.5	25	0.7	35

（3）光气候分区

我国地域辽阔，各地光气候有很大区别，从图 8-20 中可以看出：西北广阔高原地区室外总照度年平均值高达 31.46 klx，而四川盆地及东北北部地区则只有 21.18 klx，两者相差达50%，若采用同一标准值是不合理的，故标准将全国划分为Ⅰ～Ⅴ类光气候区（图 8-21）。表 8-6 中所列采光系数值适用于Ⅲ类光气候区。其他地区应按光气候分区，选择相应的光气候系数，各区具体标准为表 8-6 中所列值乘上各区的光气候系数。光气候系数 K 值见表 8-7。

表 8-7　　　　　　　　　　　　　　　　　光气候系数 K

光气候区	Ⅰ	Ⅱ	Ⅲ	Ⅳ	Ⅴ
K 值	0.85	0.90	1.00	1.10	1.20
室外天然光临界照度值 E_1/lx	6 000	5 500	5 000	4 500	4 000

（4）采光均匀度

视野内照度分布不均匀，易使人眼疲乏，视功能下降，影响工作效率。因此，要求房间内照度分布应有一定的均匀度（照度均匀度是指在假定工作面上的采光系数的最低值与平均

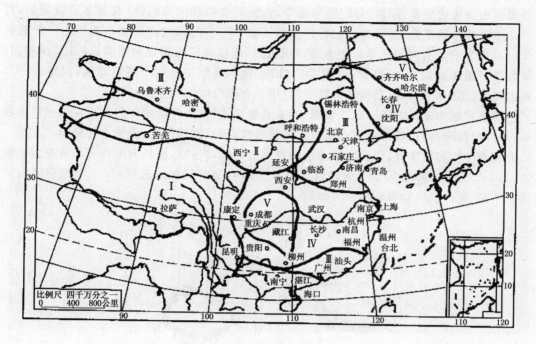

图 8-21　光气候分区图

值之比,也可认为是室内照度最低值与室内照度平均值之比),故标准提出顶部采光时,Ⅰ～Ⅳ级采光等级的采光均匀度不宜小于0.7。

侧面采光时,室内照度不可能做到均匀;以及顶部采光时,Ⅴ级视觉工作需要的开窗面积小,较难照顾均匀度,故对均匀度均未作规定。

二、采光口及天然光环境

为了获得天然光,人们在房屋的外围护结构(墙、屋顶)上开了各种形式的洞口,装上各种透光材料,如玻璃、乳白玻璃或磨砂玻璃等,以免遭受自然界的侵袭,这些装有透光材料的孔洞统称为采光口。按照采光口所处位置,可分为侧窗(安装在墙上,称侧面采光)和天窗(安装在屋顶上,称顶部采光)两种。有的建筑同时兼有侧窗和天窗,称为混合采光。下面介绍几种常用采光口的采光特性,以及影响采光效果的各种因素。

1. 侧窗

侧窗是在房间的一侧或两侧墙上开的采光口,是最常见的一种采光形式,如图 8-22所示。

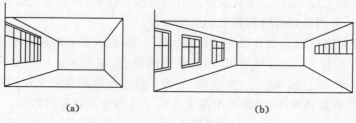

(a)　　　　　　　　　　　　　　(b)

图 8-22　侧窗的几种形式

　　侧窗由于构造简单、布置方便、造价低廉,光线具有明确的方向性,有利于形成阴影,对观看立体物件特别适宜,并可通过它看到外界景物,扩大视野,故使用很普遍。它一般放置在1 m高度左右。有时为了争取更多的可用墙面,或提高房间深处的照度,以及其他原因,将窗台提高到2 m以上,称高侧窗[图8-22(b)右侧],高侧窗常用于展览建筑,以争取更多的展出墙面;用于厂房以提高房间深处照度;用于仓库以增加贮存空间。

　　侧窗通常制作成长方形。实验表明,就采光量来说(室内各点照度总和),在采光口面积相等,并且窗台标高一致时,正方形窗口采光量最高,竖长方形次之,横长方形最少。

　　但从照度均匀性来看,竖长方形在房间进深方向均匀性好,横长方形在房间宽度方向较均匀(图8-23),而方形窗居中。所以窗口形状应结合房间形状来选择,如窄而深房间宜用竖长方形窗,宽而浅房间宜用横长方形窗。

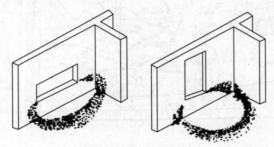

图8-23　不同形状侧窗的光线分布

　　图8-24列出了几种常用的侧窗形式。高而窄的侧窗与低而宽的侧窗相比,在面积相等的条件下,前者有较大的照射进深,如图8-24(a)和图8-24(b)所示。但是,如果有一排侧窗被实墙分开,而且窗间墙比较宽,那么在窗间墙背后就会出"阴影区",平行于窗墙方向(纵向)的昼光分布不均匀,窗之间的地板和墙面也会显得昏暗,如图8-24(c)所示。

　　长向带形窗与面积相同的高而窄的窗相比较,其照射进深小,但视域开阔,昼光等照度曲线是长轴与窗墙相平行的椭圆。提高窗上槛的高度增加进深,这种称为带形高侧窗,如图8-24(d)所示。如果仅在一面墙上设高侧窗,窗下墙区域一定相当暗。

　　在凸窗附近有充足的昼光,而且视野开阔,但是凸窗的顶板遮住了一部分天空,使照射进深比普通的侧窗减小,如图8-24(e)所示。这种窗适用于旅馆客房、住宅起居室等窗前区域活动多的场合。

　　角窗让光线沿侧墙射进房间,把角窗邻近的侧墙照得很亮,使室内空间的边界轮廓更为清晰,如图8-24(f)所示。侧墙对昼光的反射形成一个由明到暗的过渡带,缓和了窗与墙面的亮度对比。一般来说,角窗要与其他形式的侧窗配合使用,否则采光质量是不理想的。但是在某些情况下,单用角窗能得到特殊的采光效果。

　　窗台的高度对室内采光也有很大的影响。图8-25表示窗上沿高度不变,用提高窗台来减少窗面积。从图中不同曲线可看出,随着窗台的提高,室内深处的照度变化不大,但近窗处的照度明显下降,而且出现拐点(空心圈,它表示这里出现照度变化趋势的改变)往内移。

　　图8-26表明窗台高度不变,窗上沿高度变化给室内采光分布的影响。这时近窗处照度变小,但不像图8-25变化大,而且未出现拐点,但离窗远处照度的下降逐渐明显。

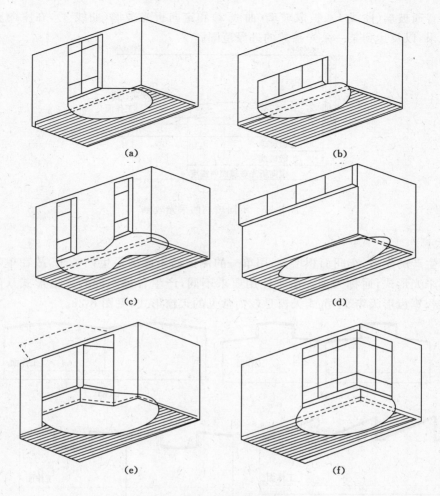

图 8-24　各种形式的侧窗

(a) 高而窄的侧窗；(b) 低而宽的侧窗；(c) 被隔墙隔开的侧窗；(d) 带形高侧窗；(e) 凸窗；(f) 角窗

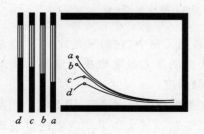

图 8-25　窗台高度变化对室内采光的影响

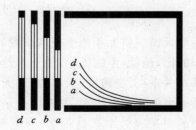

图 8-26　窗上沿高度变化对室内采光的影响

　　为了克服侧窗采光照度变化剧烈，在房间深处照度不足的缺点，除了提高窗位置外，还可采用乳白玻璃、玻璃砖等扩散透光材料，或采用将光线折射至顶棚的折射玻璃。这些材料在一定程度上能提高房间深处的照度，有利于加大房屋进深，降低造价。图 8-27 表明侧窗上分别装普通玻璃(曲线 1)、扩散玻璃(曲线 2)和定向折光玻璃(曲线 3),在室内获得的不同采光效果,以及达到某一采光系数的进深范围。

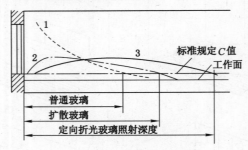

图 8-27　不同玻璃的采光效果

2. 天窗

随着生产的发展,车间面积增大,用单一的侧窗已不能满足生产需求,故在单层房屋中出现顶部采光形式,通称天窗。由于使用要求不同,产生各种不同的天窗形式。而矩形天窗、平天窗、锯齿形天窗、下沉式天窗是较为常见的天窗形式,见图 8-28。

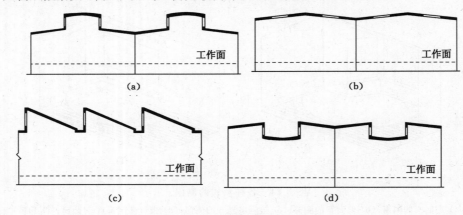

图 8-28　常见的天窗形式
(a) 矩形天窗;(b) 平天窗;(c) 锯齿形天窗;(d) 下沉式天窗

矩形天窗实质上相当于提高位置的高侧窗。在各类天窗中,它的采光效率(进光量与窗洞面积的比)最低,但眩光小,便于自然通风。矩形天窗的采光效率取决于窗与房间剖面尺寸的基本关系:天窗跨度、天窗位置、天窗间距、窗的倾斜度。

平天窗的形式有很多,其共同点是采光口位于水平面或接近水平面,因此它们比所有其他类型的窗采光效率都高得多,为矩形天窗的 2~2.5 倍。平天窗采用透明的窗玻璃材料时,日光很容易长时间照进室内,不仅产生眩光,而且夏季强烈的热辐射会造成室内过热。所以,热带地区使用平天窗一定要采取措施遮蔽直射日光,加强通风降温。

锯齿形天窗的特点是屋顶倾斜,可以充分利用顶棚的反射光,采光效率比矩形天窗高15%~20%。当窗口朝北布置时,完全接受北向天空漫射光,光线稳定,直射日光不会照进室内,因此减小了室内温湿度的波动及眩光。根据这些特点,锯齿形天窗非常适于在纺织车间和美术馆等建筑使用。大面积的轧钢车间、轻型机加工车间、超级市场及体育馆也有利用锯齿形天窗采光的实例。

下沉式天窗介于降低位置的高侧窗和加了遮蔽的平天窗之间的天窗。横向和纵向下沉式天窗在天棚形成横向、纵向光带,又可避免直射日光,还可在需要位置设置天井式天窗。因此,下沉式天窗有良好的通风、采光效果。

三、天然光照明设计

1. 设 计 内 容

天然光环境设计是以建筑方案设计为基础互相结合进行的。天然光环境设计内容可考虑以下项目:

① 根据房间的使用功能和使用人的情况,明确视觉工作的类别、工作环境的要求和室外环境的影响。

② 根据光气候、采光标准确定采光窗的位置、形式、大小、构造、材料,从而保证室内的空间、表面、色彩效果。

③ 进行采光计算,并进行必要的修正。

④ 采取避免眩光、遮光、控光、增加辅助照明、隔热等措施。

⑤ 运用光的处理技法,创造天然光的环境艺术。

⑥ 进行经济分析比较,取得节能效益。

2. 采 光 设 计 主 要 步 骤

① 收集资料,了解设计对象所处的周围环境、室内采光要求及其他基础资料。

② 根据房间的特性与使用要求,选择采光口形式,如单一类型采光形式,还是多类型混用的采光形式。

③ 根据现有标准确定相应采光形式所需的窗口面积。表 8-8 列出了常用采光口的窗地面积比推荐值,用于估计采光口尺寸,采光计算。

④ 布置采光窗。应综合考虑通风、采光、美观等要求,选出最佳方案。

⑤ 根据实际确定的采光窗形式、面积、位置,进行采光系数的校核验算,使其符合规范和标准。

表 8-8 窗地面积比 A_c/A_d

| 采光等级 | 房间名称 | | 顶部采光 | | | | | |
| | 侧窗 | | 矩形天窗 | | 锯齿形天窗 | | 平天窗 | |
	民用建筑	工业建筑	民用建筑	工业建筑	民用建筑	工业建筑	民用建筑	工业建筑
Ⅰ	1/2.5	1/2.5	1/3	1/3	3	150	1/6	1/6
Ⅱ	1/3.5	1/3	1/4	1/3.5	1/6	1/5	1/8.5	1/8
Ⅲ	1/5	1/4	1/6	1/4.5	1/8	1/7	1/11	1/10
Ⅳ	1/7	1/6	1/10	1/8	1/12	1/10	1/18	1/13
Ⅴ	1/12	1/10	1/14	1/11	1/19	1/15	1/27	1/23

第四节　人工光环境

天然光有很多优点,但是人们对天然光的利用受到时间和地点的限制。建筑物内不仅在夜间必须采用人工照明,在某些场合,白天也要用人工照明。人工照明主要可分为工作照明(功能性照明)和装饰照明(艺术性照明)。前者主要着眼于满足人们生理上、生活上和工作上的实际需要,具有实用性的目的;后者主要满足人们心理、精神上和社会上的观赏需要,具有艺术性的目的。

一、人工光源

人工光源按其发光机理可分为热辐射光源和气体放电光源。前者靠通电加热钨丝,使其处于炽热状态而发光;后者靠放电产生的气体离子发光。

1. 电光源的性能指标

电灯所应达到的性能指标有以下几种:

① 光通量,表征电灯的发光能力,单位为 lm。能否达到额定光通量是考核电灯质量的首要评判标准。

② 光效(光视效能),表征电灯发出的光通量与它消耗的电功率之比,单位为 lm/W。

③ 电灯的寿命,以小时计,通常有有效寿命和平均寿命两种指标:电灯从开始使用至光通量衰减到初始额定光通量的某一百分比(通常是 70%～80%)所经过的点燃时数为有效寿命。超过有效寿命的灯继续使用就不经济了,其中白炽灯、荧光灯多采用有效寿命指标。

④ 灯的发光体的平均亮度,以 cd/m² 表示。

⑤ 灯的色表,指灯光颜色给人的直观感受,有冷、暖与中间之分,常以色温或相关色温为数量指标。

⑥ 电特性,指电源电压波动对其他参数的影响。

以上基本特性是评判电灯质量与确定电灯的合理使用范围的依据。

2. 电光源的种类

(1) 热辐射光源

① 普通白炽灯:白炽灯是一种利用电流通过细钨丝所产生的高温而发光的热辐射光源。它发出的可见光以长波辐射为主,与天然光相比,其光色偏红,因此白炽灯不适合用于需要仔细分辨颜色的场所。此外,白炽灯灯丝亮度很高,易形成眩光。

如前所述,人工光源发出的光通量与它消耗的电功率之比称为该光源的发光效率,简称光效,单位为 lm/W,是表示人工光源节能性的指标。白炽灯的光效不高,仅为 12～20 lm/W,也就是说,只有 2%～3% 的电能转化为光能,97% 以上的电能都以热辐射的形式损失掉了。

白炽灯也具有其他一些光源所不具备的优点:无频闪现象,适用于不允许有频闪现象的场合;高度的集光性,便于光的再分配;良好的调光性,有利于光的调节;开关频繁程度对寿命影响小,适应于频繁开关的场所;体积小,构造简单,价格便宜,使用方便等优点。所以仍是一种广泛使用的光源。

② 卤钨灯:普通白炽灯的灯丝在高温下会造成钨的汽化,汽化后的钨粒子附着在灯的

外玻璃壳内表面,使之透光率下降。将卤族元素,如碘、溴等充入灯泡内,它能和游离态的钨化合成气态的卤化钨。这种化合物很不稳定,在靠近高温的灯丝时会发生分解,分解出的钨重新附着在灯丝上,而卤族又继续进行新的循环,这种卤钨循环作用消除了灯泡的黑化,延缓了灯丝的蒸发,将灯的发光效率提高到 20 lm/W 以上,寿命也延长到 1 500 h 左右。卤钨循环必须在高温下进行,要求灯泡内保持高温,因此,卤钨灯要比普通白炽灯体积小得多。卤钨灯的光色与光谱效率分布与普通白炽灯类似。

（2）气体放电光源

① 荧光灯:荧光灯是一种低压汞放电灯。直管型荧光灯灯管的两端各有一个密封的电极,管内充有低压汞蒸气和少量帮助启燃的氮气。灯管内壁涂有一层荧光粉,当灯管两极加上电压后,由于气体放电产生紫外线,紫外线激发荧光粉发出可见光。荧光粉的成分决定荧光灯的光效和颜色。根据不同的荧光粉成分,产生不同的光色,故可制成接近天然光光色、显色性良好的荧光灯。荧光灯的光效高,一般可达 45 lm/W,有的甚至可达 100 lm/W 以上。寿命也很长,有的寿命已达到 10 000 h 以上。

荧光灯发光面积大,管壁负荷小,表面亮度低,寿命长,广泛用于办公室、教室、商店、医院和部分工业厂房,但荧光灯与所有气体放电光源一样,其光通量随着交流电压的变化而产生周期性的强弱变化,使人眼观察旋转物体时产生不转动或倒转或慢速旋转的错觉,这种现象称频闪现象,故在视看对象为高速旋转体的场合不能使用。为适应不同的照明用途,除直管型荧光灯外,还有“U”型、环型荧光灯、反射型荧光灯等异型荧光灯。

② 荧光高压汞灯:荧光高压汞灯发光原理与荧光灯相同,只是构造不同,灯泡壳有两层,分透明泡壳和涂荧光粉层,由于它的内管中汞蒸气的压力为 1~5 个大气压而得名。荧光高压汞灯具有光效高(一般可达 50 lm/W),寿命长(可达 5 000 h)的优点,其主要缺点是显色性差,主要发绿、蓝色光。在此灯照射下,物体都增加了绿、蓝色调,使人不能正确分辨颜色,故该灯通常用于街道、施工现场和不需要认真分辨颜色的大面积照明场所。

③ 金属卤化物:金属卤化物灯的构造和发光原理与荧光高压汞灯相似,区别在于灯的内管充有碘化铟、碘化钪、溴化钠等金属卤化物、汞蒸气、惰性气体等,外壳和内管之间充氮气或惰性气体,外壳不涂荧光粉。由电子激发金属原子,直接发出与天然光相近的可见光,光效可达 80 lm/W 以上。金属卤化物灯与汞灯相比,不仅提高了光效,显色性也有很大改进。由于其光效高、光色好、单灯功率大,适用于高大厂房和室外运动场照明。

④ 高压钠灯:高压钠灯内管中含 99% 的多晶氧化铝半透明材料,有很好的抗钠腐蚀能力。管内充钠、汞蒸气和氙气,汞量是钠量的 2~3 倍。氙气的作用是起弧,汞蒸气则起缓冲剂和增加放电电抗的作用,仍然是由钠蒸气发出可见光。随着钠蒸气气压的增高,单色谱线辐射能减小,谱带变宽,光色改善。高压钠灯已成为目前一般照明应用的电光源中光效最高(120 lm/W),寿命最长的灯(10 000 h 以上)。除了上述优点,高压钠灯的透雾能力也很强,因此,在街道照明方面,高压钠灯的应用非常普及,在高大厂房也有应用高压钠灯的实例。

⑤ 低压钠灯:低压钠灯是钠原子在激发状态下发出 589.0 nm 和 589.6 nm 的单色可见光,故不用荧光粉,光效最高可达 300 lm/W,市售产品大约为 140 lm/W。由于低压钠灯发出的是单色光。所以在它的照射下物体没有颜色感,不能用于区别颜色的场所,在室内极少

使用。但由于 589.0 nm 和 589.6 nm 的单色光接近人眼最敏感的 555.0 nm 的黄绿光,透雾性很强,故常用于灯塔的指示灯和航道、机场跑道的照明,可获得很高的能见度和节能效果。

⑥ 紧凑型荧光灯。从上述各种电光源的优缺点中可看出,光效与显色性之间是相互矛盾的,除了金属卤化物灯光效与显色性均好以外,其他灯的高光效是以牺牲显色性为代价的。另外,光效高的灯往往单灯功率大,因而光通量也大,这使它们无法在小空间使用。为此,近年来出现了一些功率小、光效高、显色性较好的新光源,如紧凑型荧光灯,即所谓的节能灯,其体积和 100 W 普通白炽灯相近,显色性指数在 63~85 的范围内,色温范围比较大,为 2 700~6 400 K,单灯光通量在 425~1 200 lm 范围内。由于采用稀土三基色荧光粉和电子镇流器,比采用卤素荧光粉和电磁式镇流器的普通荧光灯光效要高,可达 70 lm/W。灯头也被做成白炽灯那样,附件安装在灯内,适用于低、小空间的照明,可以直接替代白炽灯。

图 8-29 表示各种灯发出的光通量范围。图中虚线所框的范围表明,在小空间适用的光通范围。

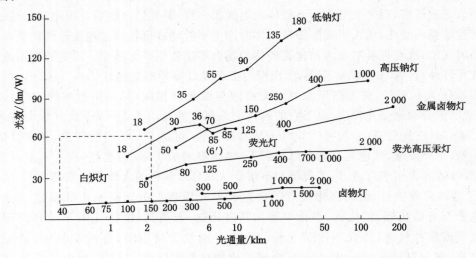

图 8-29　各种光源发出的光通量和光效的关系

（3）半导体光源

半导体发光二极管,简称 LED;是采用半导体材料制成的,可直接将电能转化为光能,电信号转换成光信号的发光器件。传统的 LED 主要用于信号显示领域,如建筑物航空障碍灯、航标灯、汽车信号灯、仪表背光照明。目前在建筑物室内外、景观照明中应用也越来越广泛。

LED 的特点是具有功耗低、高亮度、色彩艳丽、抗振动、寿命长,发热量低等优点。同样亮度下,LED 的耗电仅为普通白炽灯的 1/10,寿命可达到 10 万小时。目前 LED 光效最高达到 100 lm/W 甚至 125 lm/W 的水平。如果能够解决 LED 的光效、显色性、单灯功率、价格等问题,LED 会在将来的照明领域发挥重要作用。

现将上述常用照明电光源的主要光电特性列于表 8-9 中,以作比较。

表 8-9 常用照明电光源的主要特性比较表

光源名称	普通白炽灯	卤钨灯	荧光灯	荧光高压汞灯	高压钠灯	金属卤化物灯	LED 灯
光效/(lm/m)	6.5～19	19.5～21	25～67	30～50	90～100	60～80	80～140
平均寿命/h	1 000	1 500	200～3 000	2 500～5 000	3 000	2 000	50 000
一般显色指数 Ra	95～99	95～99	70～80	30～40	20～25	65～85	75～90
启动稳定时间	瞬时	瞬时	1～3 s	4～8 min	4～8 min	4～8min	瞬时
再启动时间	瞬时	瞬时	瞬时	5～10 min	10～20 min	10～15 min	瞬时
频闪效应	不明显		无				
表面亮度	大	大	小	较大	较大	大	大
电压变化对光通的影响	大	大	较大	较大	大	较大	较大
环境温度对光通的影响	小	小	大	较小	较小	较小	较小
耐振性能	较差	差	较好	好	较好	好	好
所需附件	无	无	镇流器 启辉器	镇流器	镇流器	镇流器 触发器	无

3. 电光源的使用

在选用光源时,应该慎重考虑下列因素。

(1) 光谱特性

尽量选用显色性好的大功率节能光源。对显色性要求较高的房间,如美术馆、商店、餐厅等,应该选用平均显色指数大于 85 的光源。为了改善光色,还可采用混光照明。

(2) 光色质量

由于各种光源的颜色各不相同,所产生的环境气氛及其表现的环境艺术效果也不一样。例如,白色光显得和谐,红色光显得热烈,淡蓝色显得清爽,绿色光显得开阔。

光源的颜色会给人们以冷暖的感觉。例如,色温低的光源呈现红、橙、黄色,给人们以热情、兴奋的感觉,因而称为暖色光;色温高的光源呈现蓝、绿、紫色,给人们以宁静、寒冷的感觉,因而称为冷色光。

光源的颜色和建筑功能之间应该协调。例如办公室、医院病房等宜采用冷色光源,以创造宁静的气氛;剧院、舞厅等宜采用暖色光源,以创造热情的气氛。

(3) 光源特性

光源的启动时间和再启动时间对于选用光源也有影响。例如,由于高强度的气体放电灯的启动时间都较长,不宜用于宴会厅等房间,也不宜用于应急照明;又由于它不能调光等原因,不宜用在有调光要求及可能停电的场所。

(4) 环境条件

环境条件常常限制光源的使用。例如,预热式荧光灯在低温时启动困难,当环境温度过低或过高时,其光通量的下降较多,因此只能在环境温度为 10～40 ℃ 的房间内使用;又如,在有空调房间内不宜使用发热量大的光源,如白炽灯、卤钨灯等,以减少冷负荷的用电量。

二、照明灯具

灯具是光源、灯罩及附件的总称,可分为功能灯具和装饰灯具两大类。装饰灯具一般采用装饰部件围绕光源组合而成,它的主要作用是美化环境和烘托气氛,故将造型、色泽放在首位考虑,适当兼顾效率和限制眩光等要求。功能灯具则以提高光效、降低光影响,保护光源不受损伤为目的,同时也起到一定的装饰效果。

灯具类型主要有直接型、扩散型和间接型三大类。直接型是光源直接向下照射,上部灯罩用反射性能良好的不透光材料制成。扩散型灯具用扩散型透光材料罩住光源,使室内的照度分布均匀。间接型灯具是用不透光反射材料把光源的光通量投射到顶棚,再通过顶棚扩散反射到工作面,从而避免了灯具的眩光。实际上,多数的灯具都是上述两种或三种方式的灵活结合,例如直接型的在顶棚上的暗装灯具在下部开口处加设磨砂玻璃等扩散透光罩以增加光的扩散作用。

灯具在使用过程中会产生大量的热量,将灯具和空调末端装置结合在一起可得到较好的节能效益。这种将灯具与回风末端相结合的装置主要有吊顶压力通风和管道通风两类。它通过灯具回风,由回风系统带走灯具产生的大部分热量,使这些热量不进入室内空间,从而减小空调设备的负荷,同时又使灯具内的灯处于最佳工作状态,可以提高光效并达到节能的目的。这种灯具与空调末端装置结合的方式有三种,见图8-30。

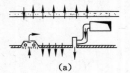 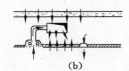 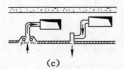

(a)　　　　　　　　(b)　　　　　　　　(c)

图 8-30　照明与空调系统的结合

(a) 管道送风、压力排风;(b) 压力送风、管道回风;(c) 管道送风、管道排风

三、照明方式和照明种类

1. 照明方式

在照明设计中,照明方式的选择对光质量、照明经济性和建筑艺术风格都有重要的影响。合理的照明方式应当既符合建筑的使用要求,又与建筑结构形式相协调。

照明方式可分为:一般照明、分区一般照明、局部照明和混合照明。

(1) 一般照明

它是在工作场所内不考虑特殊的局部需要,以照亮整个工作面为目的的照明方式称一般照明,如图8-31(a)所示。一般照明时,灯具均匀分布在被照面上空,在工作面形成均匀的照度。这种照明方式适合于工作人员的作业对象位置频繁变换的场所以及对光的投射方向没有特殊要求,或在工作面内没有特别需要提高视度的工作点,或工作点很密的场合。但当工作精度较高,要求的照度很高或房间高度较大时,单独采用一般照明,就会造成灯具过多,功率过大,导致投资和使用费太高,这是非常不经济的。

(2) 分区一般照明

当同一房间内由于使用功能不同,各功能区所需要的照度值不相同,此时需首先对房间进行分区,再对每一分区做一般照明,这种照明方式称分区一般照明。例如在大型厂房内,会有工作区与交通区的照度差别,不同工段间也有照度差异;在开敞式办公室内有办公区和休息区之别,两区域对照度和光色的要求均不相同。这种情况下,分区一般照明不仅满足了各区域的功能需求,还达到了节能的目的,见图 8-31(b)。

（3）局部照明

这是在设计时不考虑对周围环境而只对面积较小、区域限定的局部进行照明的方式。局部照明的照度,要保证满足非常精细的视觉工作的需要。在某处一般照明照射不到时,或需要从特定的方向加强照明时,都需要采用局部照明;如车间内的车床灯、商店里的重点照明射灯以及办公桌上的台灯等均属于局部照明。由于这种照明方式的灯具靠近工作面,故可以在少耗费电能的条件下获得较高的照度。为避免直接眩光,局部照明灯具通常都具有较大的遮光角,照射范围非常有限,故在大空间单独使用局部照明时,整个环境得不到必要的照度,造成工作面与周围环境之间的亮度对比过大,人眼一离开工作面就处于黑暗之中,易引起视觉疲劳,因此,在一个工作场所内不应只装设局部照明,见图 8-31(c)。

（4）混合照明

工作面上的照度由一般照明和局部照明合成的照明方式称为混合照明。混合照明是一种分工合理的照明方式,在工作区需要很高照度的情况下,常常是一种最经济的照明方法。这种照明方式适合用于要求高照度或要求有一定的投光方向,或工作面上的固定工作点分布稀疏的场所,见图 8-31(d)。

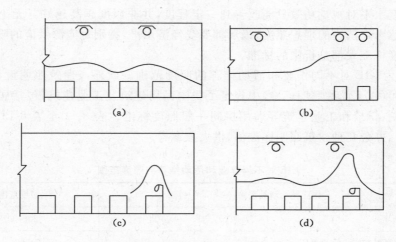

图 8-31　不同照明方式及照度分布
(a) 一般照明;(b) 分区一般照明;(c) 局部照明;(d) 混合照明

为保证工作面与周围环境的亮度比不致过大,获得较好的视觉舒适性,一般照明提供的照度占总照度的比例在 60% 以上为宜。

2. 照明种类

照明种类分为正常照明、应急照明、值班照明、警卫照明和障碍照明。其中应急照明包括备用照明、安全照明和疏散照明,其适用原则应符合下列规定:

① 当正常照明因故障熄灭后,对需要确保正常工作或活动继续进行的场所,应装设备用照明;对需要确保处于危险之中的人员安全的场所,应装设安全照明;对需要确保人员安

全疏散的出口和通道,应装设疏散照明。

② 值班照明宜利用正常照明中能单独控制的一部分或利用应急照明的一部分或全部。

③ 警卫照明应根据需要在警卫范围内装设。

④ 障碍照明的装设,应严格执行所在地区航空或交通部门的有关规定。

四、光环境质量的评价标准

评价一个光环境的质量好坏,用户的意见和反映当然是重要的,但是他们往往在事先提不出具体的物理指标作为设计的依据。为了建立人对光环境的主观评价与客观的物理指标之间的对应关系,世界各国的科学工作者进行了大量的研究工作,大部分成果已列入各国照明规范、照明标准或照明设计指南,成为光环境设计和评价的依据和准则。

下面讨论优良光环境的基本要素与评价方法。

1. 适当的照度水平

人眼对外界环境明亮差异的知觉,取决于外界景物的亮度,但是规定适当的亮度水平相当复杂,因为它涉及各种物体不同的反射特性。所以,实践中还是以照度水平作为照明的数量指标。

(1)照度标准

确定照度水平要综合考虑视觉功效、舒适感与经济、节能等因素。

提高照度水平对视觉功效只能改善到一定程度,并非照度越高越好。无论从视觉功效还是从舒适感考虑选择的理想照度,最后都要受经济水平,特别是能源供应的限制,所以,实际应用的照度标准大都是折中的标准。

表 8-10 为 CIE 对不同作业和活动推荐的照度范围。此外,《建筑照明设计标准》(GB 50034—2013)(以下简称照明标准)中规定了我国民用建筑及工业建筑,包括居住、办公、商业、旅馆、医院、学校和工业建筑等通用房间一般照度标准。表 8-11 至表 8-13 分别列出了居住、图书馆、办公几种建筑照明标准值,供大家参考。

表 8-10   CIE 对不同作业和活动推荐的照度范围

作业和活动类型	照度范围/lx
室外人口区域	20～30～50
交通区、简单地判别方位或短暂逗留	50～75～100
非连续工作时用的房间,例如工业生产监视、贮藏、衣帽间、门厅	100～150～200
有简单视觉要求的作业,如粗加工、讲堂	200～300～500
有中等视觉要求的作业,如普通机械加工、办公室、控制室	200～500～750
有一定视觉要求的作业,如缝纫、检验和试验、绘图室等	500～750～1 000
延续时间长,且有精细视觉要求的作业,如精密加工和装配、颜色辨认	750～1 000～1 500
特殊视觉作业,如手工雕刻,很精确的工作检验	1 000～1 500～2 000
完成很严格的视觉作业,如微电子装配、外科手术	＞2 000

表 8-11   居住建筑照明标准值

房间或场所		参考平面及其高度	照度标准值/lx	Ra
起居室	一般活动	0.75 m 水平面	100	80
	书写、阅读		300*	
卧室	一般活动	0.75 m 水平面	75	80
	床头、阅读		150*	
餐厅		0.75 m 餐桌面	150	80
厨房	一般活动	0.75 m 水平面	100	80
	操作台	台面	150*	
卫生间		0.75 m 水平面	100	80

注:* 宜用混合照明。

表 8-12   图书馆建筑照明标准值

房间或场所	参考平面及其高度	照度标准值/lx	Ra
一般阅览室	0.75 m 水平面	300	80
国家、省市及其他重要图书馆的阅览室	0.75 m 水平面	500	80
老年阅览室	0.75 m 水平面	500	80
珍善本、舆图阅览室	0.75 m 水平面	500	80
陈列室、目录厅(室)、出纳厅	0.75 m 水平面	300	80
书库	0.25 m 垂直面	50	80
工作间	0.75 m 水平面	300	80

表 8-13   办公建筑照明标准值

房间或场所	参考平面及其高度	照度标准值/lx	Ra
普通办公室	0.75 m 水平面	500	80
高档办公室	0.75 m 水平面	300	80
会议室	0.75 m 水平面	300	80
接待室、前台	0.75 m 水平面	300	80
营业厅	0.25 m 垂直面	300	80
设计室	实际工作面	500	80
文件整理、复印、发行室	0.75 m 水平面	300	80
资料、档案室	0.75 m 水平面	200	80

(2) 照明均匀度

照度均匀度指规定表面上的最小照度与平均照度之比。光线分布越均匀说明照度越好,视觉感受越舒服,照度均匀度越接近 1 越好;反之越小越增加视觉疲劳。照度均匀度＝最小照度值/平均照度值。

照明相关标准规定,公共建筑的工作房间和工业建筑作业区域内的一般照明照度均匀度,不应小于0.7,而作业面邻近周围的照度均匀度不应小于0.5。房间或场所内的通道和其他非作业区域的一般照明的照度值不宜低于作业区域一般照明照度值的1/3。

2. 适宜的亮度分布

人眼的视野很宽,在工作房间里,除了视看对象外,工作面、顶棚、墙、窗户和灯具等都会进入视野,这些物体的亮度水平和亮度对比构成人眼周围视野的适应亮度,如果它们与中心视野内的工作对象亮度相差过大,就会加重眼睛瞬时适应的负担,或产生眩光,降低视觉功效。此外,房间主要表面的平均亮度,形成房间明亮程度的总印象,其亮度分布使人产生不同的心理感受。因此,舒适并且有利于提高工作效率的光环境还应该具有合理的亮度分布。

对于办公、图书馆、学校等房间,其室内各表面的反射比可参考表8-14。

表 8-14 室内表面反射比

表面名称	反射比
顶棚	0.70～0.80
墙面	0.50～0.70
地面	0.20～0.40
桌面、工作台面、设备表面	0.25～0.45

3. 光源的色温与显色性

在本章第二节,我们已经对色温和显色性的概念做了介绍。如前所述,室内照明的常用光源按他们的相关色温可分成三类。

光源色表的选择取决于光环境所要形成的气氛,比如,照度水平低的"暖"色灯光(低色温)接近日暮黄昏的情调,能在室内创造亲切轻松的氛围;而希望紧张、活跃、精神振奋地进行工作的房间,宜于采用"冷"色灯光(高色温),提高较高照度。见表8-15。

表 8-15 不同相关色温光源的应用场所

色表类别	色表	相关色温/K	用途
1	暖	<3 300	客房、卧室、病房、酒吧
2	中间	3 300～5 300	办公室、教室、商城、诊室、车间
3	冷	>5 300	高照度空间、热加工车间

五、照明计算

明确了设计对象的视看特点,选择了合适的照明方式,确定了需要的照度和各种质量指标以及相应的光源和灯具之后,就可以进行照明计算,求出需要的光源功率,或按预定功率核算照度是否达到要求。照明计算方法很多,这里仅介绍较为常用的利用系数法。

这种方法是从平均照度的概念出发,灯具利用系数 C_u 等于光源实际投射到工作面上的有效光通量(Φ_u)和全部灯的额定光通量($N\Phi$)之比,这里 N 为灯的个数。

利用系数法的基本原理如图8-32所示。图中表示光源光通量分布情况。从某一个光源发出的光通量中,在灯罩内损失了一部分,当射入室内空间时,一部分直达工作面(Φ_d),

形成直射光照度;另一部分射到室内其他表面上,经过一次或多次反射才射到工作面上(Φ_ρ),形成反射光照度。光源实际投射到工作而上的有效光通量(Φ_u)为:

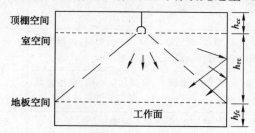

图 8-32　室内光通量分布

$$\Phi_u = \Phi_d + \Phi_\rho \tag{8-20}$$

很明显,Φ_u越大,表示光源发出的光通量被利用的愈多,利用系数 C_u 值越大,即:

$$C_u = \frac{\varphi_u}{N\phi} \tag{8-21}$$

根据上面分析可见,C_u值与下列因素有关:

① 灯具类型和照明方式。射到工作面上的光通量中,Φ_d 是无损耗的到达,故 Φ_d 越大,C_u值越高。单纯从光的利用率讲,直接型灯具较其他型灯具有利。

② 灯具效率 η。光源发出的光通量,只有一部分射出灯具,灯具效率越高,工作面上获得的光通量越多。

③ 房间尺寸。工作面与房间其他表面相比的比值越大,接受直接光通量的机会就越多,利用系数就大,这里用室空间比(RCR)来表征这一特性:

$$RCR = \frac{5h_{rc}(l+b)}{l \cdot b} \tag{8-22}$$

式中　h_{rc}——灯具至工作面高度,m;

　　　l,b——房间的长和宽,m。

从图 8-33 可看出,同一灯具,放在不同尺度的房间内,Φ_d 就不同。在宽而矮的房间中,Φ_d 就大。

④ 室内顶棚、墙、地板、设备的光反射比。光反射比越高,反射光照度增加得越多。

只要知道灯具的利用系数和光源发出的光通量,就可以通过下式算出房间内工作面上的平均照度:

$$E = \frac{\Phi_u}{l \cdot b} = \frac{NC_u\Phi}{l \cdot b} = \frac{NC_u\Phi}{A} \tag{8-23}$$

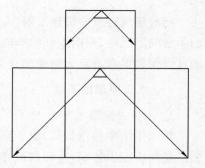

图 8-33　房间尺度与 Φ_d 的关系

换而言之,如需要知道达到某一照度要求安装多大功率的灯泡(即发出光通量)时,则可将上式改写为 $\Phi = \frac{AE}{NC_u}$。

照明设施在使用过程中要遭受污染,光源要衰减等,因此照度下降,故在照明设计时应将初始照度提高,即将照度标准值除以表 8-16 所列维护系数 K。

表 8-16 维护系数 K

环境污染特征		房间或场所举例	灯具最少擦拭次数/(次/年)	维护系数值
室内	清洁	卧室、办公室、餐厅、阅览室、教室、病房、客房、仪器仪表装配间、电子元器件装配间、检验室等	2	0.80
	一般	商店营业厅、候车室、影剧院、机械加工车间、机械装配车间、体育馆等	2	0.70
	污染严重	厨房、锻工车间、铸工车间、水泥车间等	3	0.6
室外		雨篷、站台	2	0.65

因此利用系数法的照明计算式为：

$$\Phi = \frac{AE}{NC_uK} \tag{8-24}$$

式中　Φ——一个灯具内灯的总额定光通量，lm；

　　　E——照明标准视定的平均照度值，lx；

　　　A——工作面面积，m^2；

　　　N——灯具个数；

　　　C_u——利用系数。

采用利用系数法进行照明最关键的是利用系数的确定，而利用系数取决于灯具类型、照明方式、房间尺寸、室内各表面光学特性等因素，实际计算时可通过《建筑照明设计标准》(GB 50034—2013)查阅相应的数值。

第五节　照明的节能措施

随着建筑行业的快速发展，人们对建筑的各个方面要求越来越高，节能减排成为了建筑的主要问题之一，照明电气的节能设计既促进了现代化建筑的发展，还对社会、环境和能源的可持续发展有着重大的现实意义。

一、人工照明的节能

1. 充分应用高效节能光源

传统生活中的白炽灯，由于安装简单和价格便宜等优势，在日常建筑电气照明设备中得到广泛的应用。然而，这种白炽灯电能转化效率、发光效率较低。因此，科学合理地选择高效、节能光源和灯具变得十分重要。当前，随着 LED 灯、高压钠灯、荧光灯技术的成熟，其不仅发光效率高、电能能耗少，且使用寿命较长，务必在满足光线和眩光的要求下，根据不同的场合选择不同的光源。如果光源要安装在较高的位置，则优先选择金卤灯或高压钠灯；反之，则优先选用紧凑荧光灯或直管荧光灯；如果建筑照明系统有显色性要求，则优先选用金卤灯，负责优先选择高压钠灯。除此而外，还应当选取效率较高的灯具，使高效光源得到充分发挥。

2. 优化照明控制系统方式

合理的照明控制方式对于降低建筑电气照明的能耗有着至关重要的作用,务必根据自然光的照明程度,合理确定照明范围和照明亮度。在具体设计中,对于需求光度不同的环境,灵活运用不同的照明值,采用非均匀的照明,使不同的灯光各尽其用。例如,在远离自然光的地方,可以采取较高的照明值,在距离自然光较近的地方,采用较低的照明值;对于人员密集和人流量较多的地方,选择集中控制的方式,由管理人员统一操作,确保正常有序的提供光源。例如,在各类候车厅、餐饮、商场等场所。对于一些不经常出入或出入频率较低的地方,可以设置智能照明控制方式,通过大力应用声音、红外线等技术,确保在不需要光照的时刻自动熄灭或采用较低的照明值,一旦需要光源,能够在第一时间提供光源,有效避免了人为忘记关闭电源,造成电能的不必要浪费。例如,地下车库、旅馆客房等场所。对于白天有充足的自然或天然光源,夜间需要照明的地方,可以采取定时控制的方式,一旦进入夜间,则自动开启光源,例如,路灯、室外照明等;对于一些吸引眼球、比较高档,需要对灯具发光亮度进行调节的场所,可以采用自动调光方式,对灯具的输入功率进行调节,达到节能的目的。

3. 合理选用启动设备

在大多数光源设置中都配备了镇流器,一般情况下,镇流器不仅光闪烁情况严重,而且功率较大,其镇流器的使用效果直接影响着照明的质量和照明能效。在镇流器具体选择中,避免选择一些耗能较大的普通电感型镇流器。

二、新型天然光采光的节能

在建筑设计中采用天然光,能够为人们提供一个轻松、愉悦的居所环境,在一定程度上能够影响人们的情绪,有效地满足人们的生理需求。同时,天然光是一种绿色、可再生的清洁能源,不仅能够降低对环境造成的破坏,同时还能够有效地节约能源。

建筑中如何有效地利用天然光,近年来国内外建筑采光工作者提出了不少利用天然光的采光方法和设想,归纳起来主要有两类:直接利用法和间接利用法。

1. 直接应用法

(1) 使用平面反向镜的一次反射法

用反光镜一次将太阳光反射到室内需要采光的地方。这种方法对提高侧窗采光的均匀度具有较明显的效果。

(2) 导光管法

用导光管将太阳集光器收集的光线传送到室内需要采光的地方(图8-34)。

(3) 棱镜组多次反射法

用一组传光棱镜将集光器收集的太阳光传送到需要采光的部位。如美国加州大学的贝克利试验室提出用于解决一座十层大楼的采光问题的方法;澳大利亚用这种方法把光送到房间10 m进深的部位进行照明;在英国用于解决地下和无窗建筑的采光等,都收到了比较好的采光效果(图8-35)。

(4) 光导纤维法

此法是采用光率的光导纤维将光线引到需要采光的地方。如日本阳光大楼的中庭采光,就是用这种方法,通过一组光纤把阳光引入室内,照明中庭的绿色植物,照明效果也很好(图8-36)。

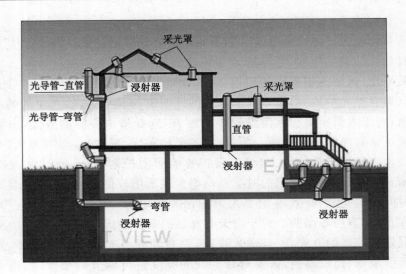

光导照明系统可以采集各
个方向的太阳光和自然光

图 8-34　导光管法

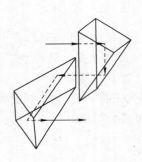

图 8-35　棱镜组多次反射法

图 8-36　光导纤维

（5）卫星反射镜法

用高空卫星反射镜把太阳光反射送到需要光线的地区。如美国计划用一卫星反射镜解决整个纽约地区的夜间照明。这就是不夜城的照明计划,实现此计划有三个问题需要解决,即经费问题、环境影响问题、卫星轨道位置问题。

2. 间接应用法

（1）光—热—电—光转换法

用太阳光辐射产生的热发电供照明使用,也就是用太阳光集光器将吸收的光转化为热能产生的蒸汽,用蒸汽驱动汽轮机发电,作为照明电源。

（2）光电效应法

根据光电效应把太阳光直接变成电能供照明使用,太阳能电池就属于这类换能器件。

目前常用的硅太阳能电池的换能效率可达 13％～20％。这种电池在航标灯,道路照明,尤其是在无电的边远地区、高山、沙漠和偏僻农村使用,优点十分突出。

（3）太阳能高空发电法

把太阳能电池安装在卫星上,将光变为电能,而后用微波方式送到地球接收天线上,地面接收站再把微波转换为电能,供照明和其他方面使用。

本章符号说明

A_z——太阳与垂直面法线间的平面,(°);

a——大气层消光系数,无量纲;

C——亮度对比,采光系数,无量纲;

E——照度,lx;

E_{dn}——直射日光法线照度,lx;

E_{xt}——大气层外太阳照度,年平均值为 133.8 klx;

E_{dH}——地平面直射日光照度,lx;

E_{dV}——垂直面直射日光照度,lx;

K_m——最大光谱光视效能,K_m＝683 lm/W;

I——发光强度,cd;

L——亮度,nt,sb;

m——大气层质量,无量纲;

R_a——显色指数,无量纲;

S——对比光敏感度,无量纲;

$V(\lambda)$——CIE 标准光度观测值明视光谱光视效率,无量纲;

α——光吸收比,无量纲;

α_i——太阳入射角,垂直两法线与太阳射线间的角度,(°);

β——太阳高度角,(°);

ρ——光发射比,无量纲;

τ——光透射比,无量纲;

Φ——光通量,lm;

$\Phi_{e,\lambda}$——波长为 λ 单色辐射通量,W。

思　考　题

1. 描述光环境的基本物理量有哪些?

2. 建筑对光环境的控制要求是什么?

3. 天然光采光设计的基本要求及其标准是什么?

4. 人工照明和天然采光在舒适性和建筑能耗方面有何差别?

5. 灯光环境质量的评价标准及其要求是什么?

6. 看电视时,房间内是全黑暗好还是有一定对比亮度好? 为什么?

7. 电光源的发光有几种？各自有什么特点？

8. 在天然采光设计中主要考虑是太阳直射光、扩散光还是总辐射照度？为什么？直射光和扩散光有什么区别？

9. 从舒适光环境的评价标准出发，综合考虑室内装修、采光口、窗间墙等因素来设计一个教室的光环境。

参 考 文 献

[1] 朱颖心.建筑环境学[M].第 3 版.北京:中国建筑工业出版社,2010.

[2] 杨晚生.建筑环境学[M].武汉:华中科技大学出版社,2009.

[3] 詹庆旋.建筑光环境[M].北京:清华大学出版社,1988.

[4] 中国建筑科学研究院.GB 50034—2013 中国标准书号[S].北京:中国建筑工业出版社,2004.

[5] 中国建筑科学研究院.GB 50033—2013 中国标准书号[S].北京:中国建筑工业出版社,2012.

[6] 廖耀发.建筑物流[M].武汉:武汉大学出版社,2003.

[7] 陈小丰.建筑灯具与装饰照明手册[M].北京:中国建筑工业出版社,2000.

[8] 华南理工大学.建筑物理[M].广州:华南理工大学出版社,2002.

第九章　绿色建筑的评价

第一节　绿色建筑体系及绿色建筑设计

一、绿色建筑的概念

绿色建筑是在建筑的全寿命期内最大限度地节约资源(节能、节地、节水、节材),保护环境和减少污染,为人们提供健康、适用和高效的使用空间,与自然和谐共生的建筑。它并不是指一般意义的立体绿化、屋顶花园,而是代表一种概念或象征,指建筑对环境无害,能充分利用环境自然资源,并且在不破坏环境基本生态平衡条件下建造的一种建筑,又可称为可持续发展建筑、生态建筑、回归大自然建筑、节能环保建筑等。

绿色建筑体系主要由自然生态环境、人类建筑活动及社会、经济系统三部分组成,自然生态环境主要为自然资源(土地、空气、水、能源、资源、食物等)和地域环境(气候、地貌、水域、山体、植被等);人类建筑活动主要为营建程序与法则(决策、设计、施工、使用以及技术、材料、设备等)和人工环境(建筑物、基础设施、景观等);社会、经济系统主要为人类活动形成的经济条件、社会水平、文化环境等。

二、绿色建筑与传统建筑的区别

传统的建筑体系及营建观念,是一个以人为中心的自然、经济与社会复合起来的人工环境系统。在这一体系中营造舒适的人工环境是第一需求,是从掠夺式利用自然资源中发展的,科学技术帮助人类战胜自然和享用自然资源。为了追求建筑自身的最优化,它的营建方式和技术原则是线性的和非循环性的,其运行模式是"资源—建筑—废物"。这种营建过程是以大量消耗自然资源和大量排放废弃污染物为特征,是一种典型的"享用浪费型"体系。这一体系在一定尺度内可以维持但发展到跨越临界点时,地球生物圈已没有能力支持这种营建体系持续发展下去。

相对于传统建筑体系,绿色建筑体系就构成因子本身而言并没有本质上的增减,也不是问题的关键所在,如果简单地罗列一个庞大的因子构成表,名曰绿色建筑体系框架,是毫无意义的,我们需着重分析体系各因子之间的关系以及格局的变化。

绿色建筑和传统建筑的本质区别在于它不再局限于建造业以往超越生物圈的时空限制,孤立地考虑自身系统随心所欲的发展,而是建立在发展与环境相互协调的基础上,以生态系统(自然与人文)的良性循环为基本原则,建立在自然环境允许的负荷范围内,综合考虑了决策、设计、施工、使用、管理的全过程,在一定的区域范围内结合环境、资源、经济和社会发展状况而建立起来的营建系统。绿色建筑体系首先是唤起一种新的生态意识,即把维护生态平衡和保护人类生存环境,看得同发展经济、增加财富同等重要,其核心就是按照生态原则调整人类的行为模式。

三、绿色建筑设计

绿色建筑设计是在设计中体现可持续发展的理念,在满足建筑功能的基础上,实现建筑全寿命期内的资源节约和环境保护,为人们提供健康、适用和高效的使用空间。

绿色建筑在设计过程中必须针对其各个构成因素,确定相应的设计原则和设计目标。同时,这些构成要素又是设计人员具体操作的对象。在绿色建筑设计体系中,目标及原则的分析和把握具有重要的实践意义。这里以生态要素为主要对象,扼要阐述其设计目标和原则。事实上,很少有建筑能对其所有的方面做出深入的响应,而绝大多数的绿色建筑都是根据其所在地域的经济条件、气候特征、文化传统等具体因素对不同的方面有所强调和侧重。

1. 能源

地球上的含碳能源如石油、煤、天然气等是有限的,而且这些传统能源的大量耗费对环境带来了极大的负面影响。因此,能源利用的目标应是通过对传统能源的可持续利用。为将来的能源使用提供潜力和灵活性,并达到保护环境和生态系统、改善环境质量、增进居民身体健康、节约资金的目的。

能源利用的原则如下:

① 提高能源效率:能源效率的概念是西方在研究绿色设计、分析及评价建筑环境运行效果的一个常用概念,是指以尽可能少的能源使用及尽可能小的环境破坏为使用者带来尽可能多的效用。

在设计阶段可通过多种设计考虑来达到节能的目的。通过对某地自然条件的分析,尽可能地利用基地的有利因素以减少建筑运作能耗,如自然的通风、自然的空调系统、自然采光;对建筑外围护结构的设计、良好的外围护结构提供的保温、隔热作用能减少建筑运作过程中不必要的能耗;能源效率的提高必须考虑所使用建筑材料在生产、运输、加工过程中的蕴能量。设计过程对材料的选择必须将建材在使用过程中的节能量与其生产、加工和运输过程中的蕴能量结合起来辩证地看待。

② 尽可能使用可再生的能源:再生的能源包括:太阳能和直接源自太阳能的初级能源,如水落差的能量、风能、潮汐能、地热能等;以太阳能为来源但要经过燃烧等过程进行转换的二级能源,如生物能,包括木材、沼气等。

2. 资源

对资源进行分类有助于我们认识资源的性质和价值。以明确相应的设计目标和原则,地球资源可分为不可耗尽资源、可替代资源和不可替代资源。

① 不可耗尽资源:由于地球生物圈的封闭特点,这类资源的总量并不会减少,但是如果受到一些永久性的有害影响如污染,则可能不适于生物生存,如空气、水、太阳能等。

② 可替代和可维持资源:包括特定场所的水资源和动植物群落。生态系统环境的一个主要功能就是生产这些资源。如果条件适合,上述资源可以得到再生产,而环境损害会减少资源的再生产量。

③ 不可替代资源:包括矿物、土壤、土地和原始条件下的景观。不可替代资源是经过复杂的地球物理化学变化而形成的,具有恒定的数量。一般认为,人类对不可替代资源的利用已经远远超出了自然生态系统的再生能力。

基于以上分析,应该尽可能减少对不可替代资源的耗费,控制不可耗尽资源及可替代和可维持资源的利用强度,保护资源再生所必需环境条件。具体措施如下:

① 水资源：保护水资源使其免受有害排放物的污染；生产、生活废水的净化、回收和再利用；雨水的收集及有效利用。

② 土地：规划设计将节约土地与高效利用土地相结合，特别是在人多地少的国家和地区；尽可能减少建筑面积以减少占地；保护土壤使其免受有害排放物的污染。

③ 空气：减少有害气体的排放，保持洁净的空气；保护臭氧层；规划设计应鼓励步行系统、城市公交系统及自行车交通系统的使用，尽量减少汽车废气的排放。

④ 阳光：规划设计应鼓励采用自然采光系统，尽可能减少人工采光系统的依赖。

⑤ 动植物：尽可能扩大绿化面积；慎用以木材为基础的建筑原料；保持地区动植物种类的多样性。

3. 废弃物

转变传统的废弃物的概念，树立废弃物等于原料的生态观念。尽可能减少废弃物的产生，用寿命周期的方法协同组织建筑构建；废弃物的处理不应对环境产生再次污染；不同种类的废弃物的回收，形成再生资源系统。

4. 建筑材料

建筑材料的使用有两种模式，即线性使用模式和环形使用模式。线性使用模式是指物质材料的单向流动，大致的过程是：从地球资源中获得原料—加工—使用—废弃；环形使用模式是借鉴自然生态系统基本的物质材料使用模式，通过再利用、再生和循环利用等恢复作用，以最小资源输入为代价，使得各种物质材料都可以得到一定程度的回收利用。

基于以上分析，我们的设计目标是使建筑材料的使用模式趋于环形，既可将资源消费、废弃物的产生及行为过程中的损失减至最小化，又不产生额外的环境损害，保持生态环境的稳定性。可采用以下措施：

① 建立材料的寿命周期的概念；

② 使用耐久性强的材料；

③ 提倡使用地域的自然材料及当地建筑制品；

④ 提倡使用经过无害化加工处理的材料；

⑤ 使用易于分别回收再利用的材料。

5. 灾害

① 选址和基地环境分析应考虑可能的自然灾害，如洪水、台风、海啸等，并考虑相应的对策；

② 建筑防噪音的对策；

③ 高安全性的防火系统；

④ 防震、耐震构造的应用。

6. 文脉

目标在于保持历史文化与景观的连续性，鼓励城市及社区生活的活力，具体包括以下内容：

① 保护城市历史敏感地段的景观及建筑；

② 继承和发展传统街区、民居，并运用现代技术使之保持与环境相协调；

③ 尊重地方文化，继承和发展地方传统的施工技术和生产技术；

④ 与城市机理相融合；

⑤ 对风景、地景、水景的继承,并积极建造城市新景观;

⑥ 通过规划设计为居民生活提供交往的可能,并激发城市和社区生活的活力。

7. 室内环境

规划设计的目标是基于人的生理和心理要求的研究,创造健康、舒适的室内环境。

① 使用对人体无害的材料;

② 对危害人体的有害辐射、电磁波及气体进行有效控制;

③ 充足的通风、换气,空气的除菌、除尘及除异味处理;

⑤ 符合人体工学的设计;

⑤ 环境温度、湿度的控制;

⑥ 优良的光线及声环境;

⑦ 室内外空间的过渡,对自然景观的享用。

8. 技术

对待技术选择这一问题,绿色规划设计主张采用适当技术以达到保护生态环境、提高能源、资源利用率、创造舒适的生存环境的目的。

绿色建筑规划设计技术选择的原则是:在一定的时间和地点前提下,由特定场所的生态环境、技术和经济状况以及当地的气候、文化传统等综合因素的合力来决定采用何种技术路线。

第二节 国内外绿色建筑的认证体系

一、国外绿色建筑评价体系

近十年来,世界许多国家和地区都相继开发了各自的绿色建筑评价体系,如美国绿色建筑评估体系 LEED,英国绿色建筑评估体系 BREEAM,日本绿色建筑评估体系 CASBEE,澳大利亚绿色建筑评估体系 NABERS 及德国可持续建筑认证体系 DGNB 等。这些评价体系的制定、推广及应用,对推动全球绿色建筑发展起到了重要作用。在这些绿色建筑评价体系中,英国的 BREEAM 和美国的 LEED 开发较早,影响也较为广泛。日本的 CASBEE 虽然开发较晚,但却是亚洲国家开发的首个绿色建筑评价体系,对我国有较大的借鉴意义。绝大多数的绿色建筑评价体系的评价对象都包括新建建筑和既有建筑,也有个别评价体系将短期使用建筑、改建建筑、热岛现象缓和对策等方面列入评价范围内。参评建筑的类型以住宅、办公、商业建筑为主,有的评价体系也包括工业建筑、学校、集会场所等。

纵观各国家和地区的绿色建筑评价体系,其评价内容主要涉及场地、能源和资源、水资源利用、污染、室内环境质量和设计这几方面。场地包括保持场址的生态平衡、场址的环境设计、交通规划、缓和热岛效应、对物种多样性的影响等;能源和资源包括对可再生能源的利用、CO_2 的释放量、石油和煤等不可再生能源的消耗,对水、土地等自然资源的消耗;水资源利用包括耗水量、节水措施、雨水回收、污水处理等;污染包括土壤污染、噪音污染、电磁污染、空气污染、臭氧层破坏等;室内环境质量包括采光、通风、温度控制、湿度调节、隔音措施等;设计包括设计中改进建筑绿色性能的手法及措施等。这些指标可分出子项和次子项等多个层次,数量从几十到上千条不等。

绿色建筑评价体系一般采用如下的评价程序:第一步,获取数据。一般由相关专业机构获取建筑规划、设计、施工、运行、管理等方面的数值与文件资料,这些资料可以通过实验模拟、实测、计算、用户调查等手段获得。第二步,综合评分。由专业评审人员根据有关评价标准,对各项目进行打分。第三步,评定等级。根据建筑得分多少,参照评价体系制定的各评价等级,确定该绿色建筑的实际等级,并颁发相应的等级证书。以美国 LEED 及日本 CASBEE 为例简述国外绿色建筑的评价体系。

1. LEED(Leadership in Energy and Environmental Design)

USGBC(美国绿色建筑委员会)于 1993 年建立了 LEED(美国能源和环境先导)认证体系,创立和实施全球认可和接受的标准工具和性能指标,在 2000 年 3 月更新发布了它的2.0版本。目前在世界各国的各类建筑环保评估、绿色建筑评估以及建筑可持续评估标准中认为 LEED 评估体系是最完善,最有影响力的评估标准,已成为世界各国建立各自绿色建筑及可持续评估标准的范本。

目前的 LEED 通过 6 方面对建筑项目进行绿色评估。分别是 LEED-NC(LEED for New Construction&Major Renovation)主要是面向新建和重大改建建筑;LEED-EB(LEED for Existing Buildings)主要是针对现有建筑的运营。与前者加在一起,就涵盖了建筑的整个生命周期;LEED-CS(LEED for Core&Shell)则是针对发展商的。其内部装修由租户完成;而 LEED-CI(LEED for Commercial Interiors)则是面向租户的店铺内部装修的,与前者加在一起,形成了完整的建筑内外整体;LEED-H(LEED for Homes)是面向住宅;LEED-ND(LEED for Neighborhood Development)则是面向社区的整体规划。

LEED 评估体系及其技术框架由五大方面及若干指标构成,主要从可持续建筑场址、水资源利用、建筑节能与大气、资源与材料、室内空气质量几个方面对建筑进行综合考察、评判其对环境的影响,并根据每个方面的指标进行打分,通过评估的建筑,按分数高低分为白金、金、银、铜四个认证级别,以反映建筑的绿色水平。LEED 认证评价要素如下:

① 可持续场地评价(14 分):可持续产地评价里面包括有建筑过程中水土保持与地表沉积控制;保持和恢复公共绿色;减少室外光污染;合理的租户设计和施工指南。

② 建筑节水(5 分):LEED-CS 在建筑节水这一部分,将节水分为"景观用水量降低,利用先进的科学技术节约用水,减少一般性日常用水"三个分项。可采用雨水回收技术、中水回收技术等。

③ 能源利用与大气保护(17 分):首先建筑过程中必须达到最低耗能标准,在 ASHRAE STANDARD 中对建筑过程中最低能耗量有比较明确的解释,LEED 也是参照这个能耗标准确定在能耗上是否达到 LEED 所要求的能源消耗标准,主要采用的技术措施有不使用含氟利昂的制冷剂;双层 Low-e 玻璃;优化保温和遮阳系统;被动设计;安装分户计量系统;选用节能空调;安装太阳能、风能等可再生能源系统等。

④ 材料与资源(13 分):针对建筑材料浪费这一实际情况,LEED 认证过程中开创性地加了材料与资源利用这一项得分点。此得分点旨在推广建造过程中合理利用资源,尽量使用可循环材质,并以加分的形式体现在 LEED 认证过程中。在材料与资源评估中主要参考了以下几条:可回收物品的储存和收集,施工废弃物的管理,资源再利用,循环利用成分,本地材料使用率。

⑤ 室内环境质量(15 分):室内环境空气质量监控,主要是对建成后的建筑物,室内环境品质进行检测,在这一项实施过程中,以下几项要考虑:最低室内环境品质要求,吸烟环境

控制,新风监控,加强通风,施工室内空气环境品质管理,低挥发性材料的适用,室内化学物质的使用和控制,系统的可控性,热舒适性和自然采光与视野分布。采用的技术措施有安装新风监控系统;在危险气体或化学制品储存和使用区域采用独立排风系统。

⑥ 创新设计流程(5分):设计创新是指如在楼宇设计过程中,添加了合理的,具有开创性的,对节能环保有很大益处的设计理念,可获得额外的创新得分。

项目总计(69分):26~32分认证通过;33~38分银级;39~51分金级;52~69分白金级。

虽然 LEED 为自愿采用的标准,但自从发布以来,已被美国 48 个州和国际上 7 个国家所采用,美国俄勒冈州、加利福尼亚州、西雅图市已将该标准列为法定强制标准加以实行,美国国务院、环保署、能源部、美国空军、海军等部门也已将其列为所属部门建筑的标准,如美国驻中国大使馆新馆就采用了该标准。国际方面,加拿大政府正在讨论将 LEED 作为政府建筑的法定标准。中国、澳大利亚、日本、西班牙、法国、印度等国都在对 LEED 进行深入研究,并在此基础上制定本国绿色建筑的相关标准。

截止到 2009 年 9 月,在美国和世界各地已有 3 855 个工程通过了 LEED 评估,被认定为绿色建筑;另外有 25 611 个工程已注册申请进行 LEED 绿色建筑评估,每年新注册申请 LEED 评估的建筑都以 20%以上的速度增长。凡通过 LEED 评估的工程都可获得由美国绿色建筑协会颁发的绿色建筑标识。

中国国家建设部门目前也在借鉴 LEED 认证标准,现行的《绿色奥运建筑评估体系》、《中国生态住宅技术评估手册》和上海通过的《绿色生态小区导则》也在一定程度上借鉴了 LEED 认证标准的内容。

2. CASBEE(Comprehensive Assessment System for Building Environmental Efficiency)

在可持续发展观的大潮流背景下,于 2001 年 4 月开始,历时 3 年,日本国内由产(企业)、政(政府)、学(学者)联合成立了"建筑物综合环境评价研究委员会",并合作开展了项目研究,最终开发出"建筑物综合环境性能评价体系"——CASBEE。CASBEE 是日本重要的建筑环境综合性能评价体系。CASBEE 建筑物综合环境性能评价方法以各种用途、规模的建筑物作为评价对象,从"环境效率"定义出发进行评价。试图评价建筑物在限定环境性能下,通过措施降低环境负荷的效果。

CASBEE 提出了建筑物环境效率 BEE(Building Environmental Efficiency)的新概念,CASBEE 就是评价 Q(Quality:建筑物环境质量与性能)与 L(Load:建筑物的环境负荷)相对关系的系统,以 BEE 作为综合评价建筑物"绿色"程度的定量指标。这对于澄清了绿色建筑的实质,全面评价建筑的环境品质有积极的作用。

CASBEE 提出了以用地边界和建筑最高点之间的假想封闭空间作为建筑物环境效率评价的封闭体系,即从 Q 和 L 两个维度,将 Q 定义为"对假想封闭空间内部建筑使用者舒适性的改善",将 L 定义为"假想空间外部公共区域的负面环境影响",分别对 Q 和 L 进行评价,其中 Q 包括 Q-1:室内环境、Q-2:服务质量、Q-3:室外环境(建筑用地)3 个评价项目;L包括 L-1:能源、L-2:资源与材料、L-3:建筑用地外环境 3 个评价子项目。CASBEE 提出了一批对能源消耗、大气污染、室外环境质量、建材全生命周期环境影响等方面的定量化评价指标,从而彻底解决了难以全面对绿色建筑进行定量评价的关键问题,可以综合地、多角度地描绘被评价对象的特征,拓宽了环境绩效审计评价指标的范围,使环境审计在指标设定时更有说服力。

CASBEE(建筑物综合环境性能评价)方法,以各种用途、规模的建筑物作为评价对象,从环境效率定义出发进行评价。它试图评价建筑物在限定的环境性能下,通过措施降低环境负荷的效果。CASBEE采用5分评价制。满足最低要求评为1;达到一般水平评为3。参评项目最终的Q或L得分为各个子项得分乘以其对应权重系数的结果之和,得出SQ与SL。评分结果显示在细目表中,接着可计算出建筑物的环境性能效率,即Bee值,BEE＝SQ/SL,比值越高,环境性能越好

二、我国绿色建筑评价体系与评价标准

我国接受绿色建筑的概念较晚,20世纪80年代,随着建筑节能问题的日益突出,绿色建筑概念开始进入我国。1996年国家自然科学基金委员会正式将"绿色建筑体系研究"列为"九五"重点资助课题。1998年又将"可持续发展的中国人居环境研究"列为重点资助项目。2001年,"绿色建筑关键技术研究"被列为国家"十五科技攻关项目"。2004年,作为科技奥运十大项目之一的"绿色建筑标准及评估体系研究"项目顺利通过验收,首先应用于奥运建设项目。同时,以"围绕我国发展绿色建筑必须解决的突出问题,瞄准国际前沿,结合我国实际和潜在需求,重点研究我国绿色建筑评价标准和规划设计指南"为目的的国家科技重大攻关项目——"绿色建筑关键技术研究"已步入成熟的阶段,并踏入了建立和完善节能、节地、节水、节材和环境保护的综合性发展规划和标准体系的进程。2005年,中国首次颁布已编制5年之久的《中国绿色建筑导则》。2005年修订了《民用建筑节能管理规定》,颁布实施了《公共建筑节能设计标准》,2006年颁布了《绿色建筑评价标准》。以上回顾表明,绿色建筑逐渐成为我国建筑行业的发展重点。

下面总结了我国主要的一些绿色建筑评估体系和评价标准。

1.《中国生态住宅技术评估手册》

为了使人们全面认识生态住宅,使生态住宅区的环境规划、建筑设计、施工管理有标准可依,2001年9月,《中国生态住宅技术评估手册》正式出版,这是我国第一部生态住宅评估标准;是我国在绿色建筑评估研究上正式走出的第一步,在随后的两年中,《中国生态住宅技术评估手册》进行了两次修订。2002版《中国生态住宅技术评估手册》的指标体系主要参考了美国的《绿色建筑评估体系(第二版)》和我国《国家康居示范工程建设技术要点》、《商品住宅性能评定方法和指标体系》有关内容,分5个子项。2003板的《中国生态住宅技术评估手册》评估体系保持2002版5个子项不变,只对部分评估指标进行了增删、修改,重点修订了与居住健康息息相关的条款。

这本评估手册的编写,参考了国外绿色建筑的评估体系以及有关的资料,从小区环境规划设计、能源与环境、室内环境质量、小区水环境、材料与资源等五个方面,并兼顾社会、环境效益和用户权益,对居住小区进行全面评估。主要包括规划设计的综合评价,基本性能评价,建筑寿命周期环境评价及后期验证四个方面。

2.《绿色奥运建筑评价体系》

2003年,我国推出了针对奥运建筑及其相关附属建筑的"绿色奥运建筑评价体系",其开发过程参考了日本CASBEE和美国LEED,同时结合我国的实际国情,具有良好的可操作性。2003年8月,绿色奥运建筑研究课题正式出版了《绿色奥运评价体系》和《实施指南》

以及相应的评价软件;2003年10月,北京一批建筑项目开始采用《绿色奥运建筑评价体系》作全程管理。

绿色奥运建筑评价体系将建筑评价分为规划、设计、施工、验收与运行管理四个阶段。参评建筑只有满足前一阶段的评价要求,才能进行下一阶段的评价。其评价内容包括环境、能源、水资源、材料与资源、室内环境质量等五个方面。该体系借鉴了日本CASBEE的方法,将评价项目分成建筑物环境质量Q(Quality)和环境负荷L(Load)两个类,用Q与L的比值判断建筑物的绿色水平,共分A、B、C、D、E五级,比值越大,表示建筑物的绿色水平越高。为便于具体的评价操作及评价结果的计算,绿色奥运建筑评价体系将环境、能源、水资源、材料与资源、室内环境质量这5个方面包含的评价细项进行分类重组,分别归纳到Q与L两大项中。评分时,采用五级评分制,并根据评价项目在不同阶段的重要性,分别制定了相应的权重系数。参评建筑各细项得分要乘以相应的权重系数后才能相加,最后用Q/L计算出建筑物的绿色等级。

绿色奥运建筑评价体系对每一个参评项目都规定了详细的评分方法,并在附录中给出了评分所依据的原理和相应条目说明。使绿色建筑的评价有了具体、量化的依据,并且有助于设计人员学习绿色建筑技术和对方案进行自评。

为方便评价过程,绿色奥运建筑课题组开发了相应的计算机软件。该软件可对办公建筑、住宅、体育场馆和园区等4种不同的建筑类型进行分阶段评价,评价的阶段包括规划与方案阶段、设计阶段和施工阶段。

绿色奥运建筑评价体系填补了我国在绿色建筑评价方面的空白,其开发成功对我国建筑行业的发展具有深远意义。首先,它的出现使绿色建筑的评价有了量化标准,规范了建筑市场,澄清了以往对绿色建筑的错误认识。第二,它对于建筑和工程设计人员的设计、施工工作具有指导意义。设计人员可以通过这些评分标准学习先进技术和思想,提高设计方案的绿色水平,也可以将其用于对方案进行自评。第三,它对积极引导绿色建筑关键技术在我国的研究与发展,推进我国进一步开发针对各种类型建筑的绿色建筑评价体系积累了必要的技术基础和法规架构。

3.《绿色建筑技术导则》

在"十五"国家科技攻关项目——"绿色建筑关键技术研究与示范"中课题"绿色建筑的规划设计导则和评估体系研究"的研究成果基础上,形成了我国第一部《绿色建筑技术导则》(以下简称《导则》)。《导则》从绿色建筑应遵循的原则、绿色建筑指标体系、绿色建筑规划设计技术要点、绿色建筑施工技术要点、绿色建筑的智能技术要点等方面阐述了绿色建筑的技术规范和要求。绿色建筑指标体系由节地与室外环境、节能与能源利用、节水与水资源利用、节材与材料资源、室内环境质量和运营管理等六类指标组成。这六类指标涵盖了绿色建筑的基本要素,包含了建筑物全寿命周期内的规划设计、施工、运营管理及回收各阶段的评定指标的子系统。《导则》用于指导绿色建筑(主要指民用建筑)的建设,适用于建设单位、规划设计单位、施工与监理单位、建筑产品研发企业和有关管理部门等。

4.《绿色建筑评价标准》

2006年6月1日,我国第一部绿色建筑方面的国家标准出台,即由建设部与质检总局联合发布的工程建设国家标准《绿色建筑评价标准》(GB/T 50378—2006),明确提出了绿色建筑"四节一环保"的概念,提出发展"节能省地型住宅和公共建筑"。这是我国第一部从住宅和公共建筑全寿命周期出发,多目标、多层次,对绿色建筑进行综合性评价的推荐性国家标准。《标准》用于评价住宅建筑和办公建筑、商场、宾馆等公共建筑。评价指标体系包括以下六大指标:节地与室外环境;节能与能源利用;节水与水资源利用;节材与材料资源利用;室内环境质量;运营管理(住宅建筑)、全生命周期综合性能(公共建筑),各指标中的具体指标分为控制项、一般项和优选项三类。

5.《绿色建筑评价技术细则》

《绿色建筑评价技术细则》是绿色建筑评价的技术原则。是依据《绿色建筑评价标准》(GB/T 50378—2006),在系统总结我国绿色建筑工程实践的基础上,集中众多国内绿色建筑领域专家的集体智慧而编制完成的。编写《绿色建筑评价技术细则》的目的是为绿色建筑的规划、设计、建设和管理提供更规范的具体指导,为绿色建筑评价标识提供更加明确的技术原则。依据《绿色建筑评价技术细则》,从六大技术体系对住宅和公共建筑进行考核,即节地与室外环境、节能与能源利用、节水与水资源利用、节材与材料资源利用、室内环境质量、运营管理,并且根据考核内容对其六方面执行标准的情况予以判定,并对六个方面的权重系数选择合适的数据,最后予以归纳评价。

三、我国绿色建筑评价标识的组织实施

1. 绿色建筑评价标识组织管理

《绿色建筑评价标识管理办法》明确了绿色建筑评价标识的含义、适用条件、申请原则、工作原则等。规定了绿色建筑等级由低到高分为一星级、二星级和三星级三个星级;审定的项目由建设部发布,并颁布证书。标志绿色建筑评价标识的组织实施等日常管理工作由建设部委托建设部科技发展促进中心负责。

2007 年 11 月,建设部科技发展促进中心印发了《绿色建筑评价标识实施细则》,开始受理绿色建筑评价标识的申请。

2. 绿色建筑评价标识含义

绿色建筑评价标识,是指对申请进行绿色建筑等级评定的建筑物,依据《绿色建筑评价标准》和《绿色建筑评价技术细则(试行)》,按照《办法》确定的程序和要求,确认其等级并进行信息性标识的一种评价活动。标识包括证书和标志。

3. 绿色建筑评价标识申请主体

申请单位可组织技术支撑单位编写相关技术文件,向建筑部科技发展促进中心报送申请材料。申请应由业主单位或房地产开发单位提出,鼓励设计、施工和物业管理等相关单位共同参与申请。

4. 绿色建筑评价标识基本申请条件

申请绿色建筑评价标识的建筑物必须是通过工程验收并投入使用一年以上,未发生重大质量安全事故,无拖欠工资和工程款,并在节能、节地、节水、节材,室内环境与运营管理等方面综合效果明显的住宅或公共建筑。处于规划设计阶段和施工阶段的住宅建筑或公共建筑,可比照《办法》对其规划设计进行评价。其他类型建筑,也可参照《办法》开展绿色建筑评价标识工作。申请单位应当提供真实、完整的申报材料,填写评价标识申报书,提供工程立项批件、申报单位的资质证书,工程用材料、产品、设备的合格证书、检测报告等材料,以及必须的规划、设计、施工、验收和运营管理资料。

5. 绿色建筑评价标识申报程序

① 申报单位可从建设部网站或建设部科技中心网站下载"绿色建筑评价标识申报书"，按要求准备申报材料，并按照程序进行申报。

② 建设部科技中心受理评价标识申请后，负责对申报材料进行形式审查。

③ 通过形式审查的项目，其申报单位需委托相关测评机构进行测评，并向建设部科技中心提交测评报告。

④ 没有通过形式审查的项目，建设部科技中心应对其提出形式审查意见，申报单位可根据审查意见修改申报材料后，重新组织申报。

⑤ 评价标识申请在通过申请材料的形式审查后，由组成的评审专家委员会对其进行评审，并对通过评审的项目进行公示，公示期为 30 天。

⑥ 经公示后无异议或有异议但已协调解决的项目，由建设部审定。

⑦ 对有异议而且无法协调解决的项目，将不予进行审定并向申请单位说明情况，退还申请资料。

建立绿色建筑评价体系是建筑学领域的一次革命。它从多个方面进行创新和有机综合。对绿色建筑的推动作用无论从技术、经济或社会角度都是以前的建筑法规和规范无法相比的。其优势体现在以下几个方面：

① 系统整体性：绿色建筑评价体系改变了以往局部、片面的设计方法，从建筑全寿命角度出发，将各单项技术整合，保证绿色建筑设计从整体到局部的统一。

② 多学科综合性：绿色建筑评价体系将建筑学、生态学、社会学、经济学、人类学、信息技术、计算机技术等多学科综合，提高了技术深度。此外，绿色建筑评价体系不仅从纯技术层面出发，还引入政府监督、鼓励机制，考虑地方文脉、历史等因素，促进绿色建筑与社会经济、文化体系的融合。

③ 评价标准明确性：绿色建筑评价体系一改以往建筑规范的模糊性，采用评分制，每个评价项目都规定了明确的得分点，从而量化了对建筑的评判。此外，通过最后得分还可以为建筑评定等级、贴绿色标签，使绿色建筑的设计和评价更加规范。

第三节　绿色建筑关键技术及案例

一、绿色建筑关键技术

从节能方面，可采用以下技术：

① 太阳能光热系统：太阳能供暖利用太阳能转化为热能，通过集热设备采集太阳光的热量，再通过热导循环系统将热量导入至换热中心，然后将热水导入地板采暖系统，通过电子控制仪器控制室内水温。在阴雨雪天气系统自动切换至燃气锅炉辅助加热让冬天的太阳能供暖得以完美的实现。春夏秋季可以利用太阳能集热装置生产大量的免费热水。

② 太阳能光伏发电：光伏发电是利用半导体界面的光生伏特效应而将光能直接转变为电能的一种技术。

③ 地源热泵系统：地源热泵是利用地球表面浅层水源（如地下水、河流和湖泊）和土壤源中吸收的太阳能和地热能，并采用热泵原理，既可供热又可制冷的空调系统。

④ 毛细管三维辐射采暖制冷系统：冬季，毛细管内流淌着较低温度的热水，均匀柔和地

向房间辐射热量;夏季毛细管内流动着温度较高的冷水,均匀柔和的向房间辐射冷量。由于毛细管换热面积大,传热速度快,因此传热效率更高。

⑤ 温湿度独立控制空调系统:独立新风除湿机组向室内送入干燥的空气,通过调节送风状态点控制室内湿度;室内干工况末端处理室内空气的显热来调节室内温度。

⑥ 用光导管进行自然采光:导光管日光照明系统作为一种无电照明系统,采用这种系统的建筑物白天可以利用太阳光进行室内照明。其基本原理是,通过采光罩高效采集室外自然光线并导入系统内重新分配,再经过特殊制作的导光管传输后由底部的漫射装置把自然光均匀高效的照射到任何需要光线的地方,从黎明到黄昏,甚至阴天,导光管日光照明系统导入室内的光线仍然很充足。

⑦ 智能照明系统:会议室中安装人体感应,有人工作时自动打开该区的灯光和空调;无人时自动关灯和空调,有人工作而又光线充足时只开空调不开灯,自然又节能。

⑧ 墙体节能:墙体节能技术又分为复合墙体节能与单一墙体节能。

a. 复合墙体节能是指在墙体主体结构基础上增加一层或几层复合的绝热保温材料来改善整个墙体的热工性能。根据复合材料与主体结构位置的不同,又分为内保温技术、外保温技术及夹心保温技术。

b. 单一墙体节能指通过改善主体结构材料本身的热工性能来达到墙体节能效果,目前常用的墙材中加气混凝土、空洞率高的多孔砖或空心砌块可用做单一节能墙体。

⑨ 窗户节能:窗户节能技术主要从减少渗透量、减少传热量、减少太阳辐射能三个方面进行。如电控智能遮阳,根据太阳运行角度,室内光线强度要求,采用机翼性电控遮阳系统在太阳辐射强烈的时候打开,遮挡太阳辐射,降低空调能耗。在冬季和阴雨天的时候打开,让阳光射入室内,降低采暖能耗。

⑩ 屋面节能:有屋顶花园的建筑不一定是绿色建筑,屋顶花园却是绿色建筑的之一。

⑪ 雨水回用:把自然雨水进行收集、集中处理和储存待用,是从水文循环中获取类所用的一种方式。

从节材方面,可采用以下措施:

① 建筑材料就地取材,至少 20％(按价值计)的建筑材料产于距施工现场 500内。

② 使用耐久性好的建筑材料,如高强度钢、高性能混凝土、高性能混凝土外加

③ 建筑垃圾资源化综合再利用,可再循环材料(按价值计)占所用总建筑材

④ 在保证性能的前提下,优先使用利用工业或生活废弃物生产的建筑材料

⑤ 使用可改善室内空气质量的功能性装饰装修材料。

⑥ 结构施工与装修工程一次施工到位,避免重复装修与材料浪费。

从节地方面,可采用以下措施:

① 建筑场地选址无洪灾、泥石流及含氡土壤的威胁,建筑场地安全范围危害和火、爆、有毒物质等危险源。

② 住区建筑布局保证室内外的日照环境、采光和通风的要求,满足《城计规范》(GB 50180—93(2016 版))中有关住宅建筑日照标准的要求。

③ 绿化种植适应当地气候和土壤条件的乡土植物,选用少维护、耐候

对人体无害的植物。

④ 住区的绿地率不低于 30%，人均公共绿地面积 1~2 m²/人。

二、绿色建筑典型案例

1. 北京奥运村

① 采用了与建筑一体化的太阳能热水系统：系统包括集热系统、储热系统、换热系统、生活热水系统，奥运会期间可为 16 800 名运动员提供洗浴热水的预加热；奥运会后，供应全近 2 000 户居民的生活热水需求。

② 奥运村将利用清河污水处理厂的二级出水，建设"再生水源热泵系统"提取再生水中，为奥运村提供冬季供暖和夏季制冷。

③ 景观与水处理花房相结合，在阳光花房中组成植物及微生物食物链处理生活污水，水利用。

合理利用了木塑、钢渣砖和农业作物秸秆制作的建材制品、水泥纤维复合井盖等再约资源。

村部分建筑赛后需拆迁，多采用拆迁后可回收再利用无毒无味无污染材料，有控制环境污染。

场馆——中国馆

系，半室外玻璃廊：中国国家馆造型层叠出挑，在夏季上层形成对下层的自然为半室外玻璃廊，用被动式节能技术为地区馆提供冬季保温和夏季拔风；馆园"还将运用生态农业景观等技术措施有效实现隔热。

统，制冰技术：中国国家馆在建筑形体的设计层面，力争实现单体建筑自筑表皮技术层面，充分考虑环境能源新技术应用的可能性。比如，所有的双层玻璃。中国馆的制冰技术的应用将大大降低用电负荷，建筑传统模式降低 25% 以上。

工湿地技术：在景观设计层面，加入循环自洁要素。在国家馆屋顶以实现雨水的循环利用，利用天然的雨水进行绿化浇灌、道路冲景观和南面的园林设计中，引入小规模人工湿地技术，利用人工量用地的前提下为城市局部环境提供生态化的景观。

中国馆不仅通风性能良好，还采用了许多太阳能技术。中国能电池，以确保提供强大的能源，有望使中国馆实现照明用

空间给人的印象大多是昏暗与沉闷，然而世博轴的"阳型圆锥状"阳光谷"分别分布在世博轴的入口及中部，入地下，既利于提高空气质量，又能节省人工照明带

技术展现冬暖夏凉的宜人特点。设计巧妙利用700 公里长的管道，形成地源热泵。地源热泵制冷的高效节能空调系统，比如利用世博轴靠态绿色节能技术营造舒适宜人的室内环境。

③ 环状玻璃幕墙：与其他场馆的雨水收集概念相类似，每个"阳光谷"形似广口花瓶的环状玻璃幕墙，除了形成良好的透视效果，还可用于雨水收集。大量雨水被储存在地下室，经过层层过滤，不仅可以自用，还用于周围其他场馆的灌溉与清洁。

绿色建筑的设计可以从屋顶绿化、围护结构节能优化、室内健康技术、空调与通风优化、能源再生电梯、室内照明节能设计、中空玻璃百叶遮阳、太阳能光电地下车库照明及绿色施工与行为节能灯方面入手，但没有一幢建筑物能够在所有的方面都能符合绿色建筑的要求，但是，只要建筑设计能够反映建筑物所处的独特气候情况和所肩负的功能，同时又能尽量减少资源消耗和对环境的破坏的话，便可称为绿色建筑。

思 考 题

1. "绿色建筑"的设计涉及哪些内容？
2. 什么是绿色建筑？绿色建筑的控制指标体系有哪些？
3. 谈谈你认为的绿色建筑与传统建筑相比的优点有哪些？
4. 通过查找资料，列举国内外绿色建筑的案例，并分析其绿色的措施。

参 考 文 献

[1] 孙佳媚，等.绿色评价体系在国内外的发展现状[J].建筑技术，2008，39(1)：63.
[2] 黄晨.建筑环境学[M].北京：机械工业出版社，2007.
[3] 李念平.建筑环境学[M].北京：化学工业出版社，2010.
[4] 周勃.我国绿色建筑评价体系现状及发展探讨[J].现代商贸工业，2008，20(8)：12-13.
[5] 张峰.实施绿色建筑评价的标识制度[J].建筑科技，2008(6)：18-19.
[6] 蒋兴林，等.实现 LEED-NC 的绿色住宅技术[J].西南给排水，2007(1)：26-29.